大数据与人工智能技术丛书

云计算与大数据技术

第2版·微课视频·题库版

◎ 吕云翔 钟巧灵 柏燕峥 许鸿智 张 璐 王佳玮 韩雪婷 仇善召 杜宸洋 编著

清华大学出版社

北京

内 容 简 介

本书在阐述云计算和大数据关系的基础上，介绍了云计算和大数据的基本概念、技术及应用。全书内容分为三部分。第一部分为云计算理论与技术，第1～5章讲述云计算的概念和原理，包括云计算的概论、基础、机制、虚拟化和应用。第二部分为大数据理论与技术，第6～9章讲述大数据概述及基础，包括大数据概念和发展背景、大数据系统架构概述、分布式通信与协同、大数据存储；第10～15章讲述大数据处理，包括分布式处理、Hadoop MapReduce 解析、Spark解析、流计算、集群资源管理与调度、机器学习。第三部分为综合实践，第16～22章由多个实验和案例组成。

本书结合实际应用及实践过程来讲解相关概念、原理和技术，实用性较强，适合作为本科院校计算机、软件工程、云计算、大数据及信息管理等相关专业的教材，也适合计算机爱好者阅读和参考。

图书在版编目(CIP)数据

云计算与大数据技术：微课视频·题库版/吕云翔等编著.—2版.—北京：清华大学出版社，2023.7(2023.9重印)

(大数据与人工智能技术丛书)

ISBN 978-7-302-63164-4

Ⅰ.①云… Ⅱ.①吕… Ⅲ.①云计算 ②数据处理 Ⅳ.①TP393.027 ②TP274

中国国家版本馆 CIP 数据核字(2023)第 047806 号

策划编辑：魏江江
责任编辑：王冰飞
封面设计：刘　键
责任校对：李建庄
责任印制：宋　林

出版发行：清华大学出版社
    网　　址：http://www.tup.com.cn，http://www.wqbook.com
    地　　址：北京清华大学学研大厦 A 座　　　邮　　编：100084
    社 总 机：010-83470000　　　　　　　　邮　　购：010-62786544
    投稿与读者服务：010-62776969，c-service@tup.tsinghua.edu.cn
    质量反馈：010-62772015，zhiliang@tup.tsinghua.edu.cn
    课件下载：http://www.tup.com.cn,010-83470236
印 装 者：北京嘉实印刷有限公司
经　　销：全国新华书店
开　　本：185mm×260mm　　印　张：26　　插　页：1　　字　　数：606千字
版　　次：2018 年 10 月第 1 版　　2023 年 7 月第 2 版　　印　次：2023 年 9 月第 2 次印刷
印　　数：13801～15800
定　　价：69.80 元

产品编号：095897-01

第2版前言

党的二十大报告中指出：教育、科技、人才是全面建设社会主义现代化国家的基础性、战略性支撑。必须坚持科技是第一生产力、人才是第一资源、创新是第一动力，深入实施科教兴国战略、人才强国战略、创新驱动发展战略，这三大战略共同服务于创新型国家的建设。高等教育与经济社会发展紧密相连，对促进就业创业、助力经济社会发展、增进人民福祉具有重要意义。

《云计算与大数据技术》第1版于2018年10月正式出版以来，经过了几次印刷。许多高校将其作为"云计算与大数据"课程的教材，深受这些学校师生的钟爱，获得了良好的社会效益。但从另外一个角度来看，作者有责任和义务维护好这本教材的质量，及时更新本教材的内容，做到与时俱进。

本教材改动内容如下。

（1）将教材的内容分成了三部分："第一部分 云计算理论与技术"、"第二部分 大数据理论与技术"和"第三部分 综合实践"；

（2）在"第一部分 云计算理论与技术"中，重新对第1版的第1～4章进行了梳理，并加入了第3章"云计算机制"；

（3）在"第二部分 大数据理论与技术"中，加入了第15章"机器学习"；

（4）在"第三部分 综合实践"中，除了对原第14章的综合实践案例进行了改进，还增加了"AWS"、"阿里云"、"Docker"、"Spark"和"Hadoop"等实验或案例，进一步增强了本书的实践内容。

希望通过这样的修改之后，教师和学生能更加喜欢这本教材。希望本教材信息容量大，知识性强，面向云计算与大数据能力的全面培养和实际应用等特点能够很好地延续下去。

为便于教学，本书提供丰富的配套资源，包括教学大纲、教学课件、习题答案、在线作业和微课视频。

资源下载提示

数据文件：扫描目录上方的二维码下载。

在线作业：扫描封底的作业系统二维码，登录网站在线做题及查看答案。

微课视频：扫描封底的文泉云盘防盗码，再扫描书中相应章节的视频讲解二维码，可以在线学习。

本书的作者为吕云翔、钟巧灵、柏燕峥、许鸿智、张璐、王佳玮、韩雪婷、仇善召、杜宸洋，曾洪立进行了部分内容的编写和素材整理及配套资源制作等。感谢刘炜、曾俊豪、叶天宇等对本书的大力支持。

　　最后，请读者能够不吝赐教，及时提出宝贵意见。

编　者

2023 年 5 月

第1版前言

从过去的几十年以来,计算机技术的进步和互联网的发展极大地改变了人们的工作和生活方式。计算模式也经历了从最初的把任务集中交付给大型处理机到基于网络的分布式任务处理再到目前的按需处理的云计算方式的极大改变。自 2006 年亚马逊公司推出弹性计算云(EC2)服务让中小型企业能够按照自己的需要购买亚马逊数据中心的计算能力后,云计算的时代就此正式来临,"云计算"的概念随之由谷歌公司于同年提出,其本质是给用户提供像传统的电、水、煤气一样的按需计算的网络服务,是一种新型的计算使用方式。它以用户为中心,使互联网成为每一个用户的数据中心和计算中心。

互联网技术不断发展,各种技术不断涌现,其中大数据技术已成为一颗闪耀的新星。我们已经处于数据世界,互联网每天产生大量的数据,利用好这些数据可以给我们的生活带来巨大的变化以及提供极大的便利。目前大数据技术受到越来越多的机构重视,因为大数据技术可以创造出巨大的利润,其中典型代表是个性化推荐以及大数据精准营销。

本书的各章内容如下:第 1~4 章讲述云计算的概念和原理,包括云计算的概论、基础、虚拟化、应用;第 5~8 章讲述大数据概述及基础,包括大数据概念和发展背景、大数据系统架构概述、分布式通信与协同、大数据存储;第 9~13 章讲述大数据处理,包括分布式处理、Hadoop MapReduce 解析、Spark 解析、流计算、集群资源管理与调度;第 14 章讲述综合实践(在 OpenStack 平台上搭建 Hadoop 并进行数据分析)。

本书对云计算和大数据的概念和基础讲解详细,力求通过实例进行描述,并可通过综合实践篇章将理论联系实际,适合计算机相关专业的读者,以及计算机爱好者阅读和参考。本书的作者为吕云翔、钟巧灵、张璐、王佳玮,另外,曾洪立、吕彼佳、姜彦华进行了素材整理及配套资源制作等。

在本书的编写过程中,我们尽量做到仔细认真,但由于我们的水平有限,书中还是可能会出现一些疏漏与不妥之处,在此非常欢迎广大读者进行批评指正。同时也希望广大读者可以将自己读书学习的心得体会反馈给我们。

编 者

目 录

资源下载

第一部分　云计算理论与技术

第三部分　综 合 实 践

第一部分

云计算理论与技术

第 **1** 章

云计算概论

本章首先介绍云计算的定义,旨在让读者对云计算有一个大体的了解,然后介绍云计算的产生背景,最后介绍云计算的发展历史。通过本章的学习,读者能够对云计算有一个初步的认识。

1.1 什么是云计算

云计算(cloud computing)是基于互联网的相关服务的增加、使用和交付模式,通常涉及通过互联网来提供动态、易扩展且经常是虚拟化的资源。"云"是网络、互联网的一种比喻说法。过去往往用云表示电信网,后来也用云表示互联网和底层基础设施的抽象概念。因此,云计算可以让用户体验每秒 10 万亿次的运算能力,如此强的计算能力使得它可以模拟核爆炸、预测气候变化和市场发展趋势。用户可通过计算机、笔记本、手机等方式接入数据中心,按自己的需求进行运算。

对云计算的定义有多种说法,至少可以找到 100 种解释。现阶段被人们广为接受的是美国国家标准与技术研究院(National Institute of Standards and Technology,NIST)的定义:云计算是一种按使用量付费的模式,这种模式提供可用的、便捷的、按需的网络访问,进入可配置的计算资源共享池(资源包括网络、服务器、存储、应用软件、服务),这些资源能够被快速提供,只需投入很少的管理工作或与服务供应商进行很少的交互。

1.2 云计算的产生背景

云计算是继 20 世纪 80 年代大型计算机到客户端/服务器大转变之后的又一种信息技术的巨变。

云计算是分布式计算(distributed computing)、并行计算(parallel computing)、效用计算(utility computing)、网络存储(network storage technologies)、虚拟化(virtualization)、负载均衡(load balance)、热备份冗余(high available)等传统计算机和网络技术发展融合的产物。

1.3 云计算的发展历史

1983年,太阳微系统公司(Sun Microsystems)提出"网络是电脑"的概念。2006年3月,亚马逊公司(Amazon)推出弹性计算云(Elastic Compute Cloud,EC2)服务。

2006年8月9日,谷歌公司首席执行官埃里克·施密特(Eric Schmidt)在搜索引擎大会(SES San Jose 2006)上首次提出云计算的概念。谷歌公司的"云端计算"源于Google工程师克里斯托弗·比希利亚所做的"Google 101"项目。

2007年10月,谷歌公司与IBM公司开始在美国大学校园(包括卡内基-梅隆大学、麻省理工学院、斯坦福大学、加州大学伯克利分校及马里兰大学等)推广云计算的计划,这项计划希望能降低分布式计算技术在学术研究方面的成本,并为这些大学提供相关的软/硬件设备及技术支持(包括数百台个人计算机及BladeCenter与System x服务器,这些计算平台将提供1600个处理器,支持Linux、Xen、Hadoop等开放源代码平台)。学生可以通过网络开发各项以大规模计算为基础的研究计划。

2008年1月30日,谷歌公司宣布在我国的台湾省启动"云计算学术计划",与台湾台大、交大等学校合作,将云计算技术推广到校园的学术研究中。

2008年2月1日,IBM公司宣布将在我国无锡的太湖新城科教产业园为我国的软件公司建立全球第一个云计算中心(Cloud Computing Center,CCC)。

2008年7月29日,雅虎、惠普和英特尔公司宣布一项涵盖美国、德国和新加坡的联合研究计划,推进云计算的研究进程。该计划要与合作伙伴创建6个数据中心作为研究试验平台,每个数据中心配置1400～4000个处理器。这些合作伙伴包括新加坡资讯通信发展管理局、德国卡尔斯鲁厄大学的Steinbuch计算中心、美国伊利诺伊大学香槟分校、英特尔研究院、惠普实验室和雅虎。

2008年8月3日,美国专利商标局网站信息显示,戴尔正在申请云计算商标,此举旨在加强对这一未来可能重塑技术架构的术语的控制权。

2010年3月5日,Novell公司与云安全联盟(Cloud Security Alliance,CSA)共同宣布一项供应商中立计划,名为"可信任云计算计划"。

2010年7月,美国国家航空航天局和Rackspace、AMD、英特尔、戴尔等支持厂商共同宣布OpenStack开放源代码计划。微软公司在2010年10月表示支持OpenStack与Windows Server 2008 R2的集成,而Ubuntu已经把OpenStack加至其11.04版本中。

2011年2月,思科公司正式加入OpenStack,重点研制OpenStack的网络服务。

2013年,我国的基础设施即服务(Infrastructure as a Service,IaaS)市场规模约为10.5亿元,增速达到了105%,显示出旺盛的生机。IaaS相关企业不仅在规模、数量上有了大幅度提升,而且吸引了资本市场的关注,UCloud、青云等IaaS初创企业分别获得了千万美元级别的融资。

2020年平台即服务(Platform as a Service,PaaS)全球市场规模为280.5亿元,预计2025年将突破2000亿元。PaaS市场潜力巨大,前景光明。截至2020年,我国PaaS厂商总数约为450家,其中应用开发型PaaS赛道参与者最多,48.6%的厂商有此类产品,大型公有云厂商在PaaS市场竞争中占据优势地位,前三名分别是阿里云、腾讯云和华为云,PaaS厂商普遍表示对通用型SaaS这类潜在竞争者比较担忧。

根据艾瑞咨询发布的2021年中国企业级SaaS行业研究报告,经过2018年的市场回暖和2019年增速小幅回落,受疫情推动,2020年SaaS全球市场增速再度上扬。2020年SaaS市场规模达538亿元,同比增长48.7%。现阶段资本市场对SaaS的态度更加理性,各细分赛道发展也逐渐成熟,预计未来三年市场将维持34%的复合增长率持续扩张。

云计算软件行业从"十二五"开始成为国家重点发展任务。除"十二五"计划外,2012年国家还发布了《中国云科技发展"十二五"专项规划》,对云计算软件相关技术做出规划。2016年,国家发布《"十三五"国家科技创新计划》,其中提到要支撑云计算成为新一代信息通信技术基础设施,进一步推动云计算软件发展。2021年的"十四五"规划中,数字中国建设被提到新的高度,云计算是重点产业之一,云计算软件将迎来新的发展。

经过10多年的发展,云计算已从概念导入进入广泛普及、应用繁荣的新阶段,已成为提升信息化发展水平、打造数字经济新动能的重要支撑。结合"中国制造2025"和"十三五"系列规划部署,工业和信息化部编制印发了《云计算发展三年行动计划(2017—2019年)》。

1.4　如何学好云计算

云计算是一种基于互联网的计算方式,要实现云计算,需要一整套的技术架构去实施,包括网络、服务器、存储、虚拟化等。云计算目前分为公有云和私有云,两者的区别为提供的服务对象不同,一个在企业内部使用,另一个面向公众。云平台底层技术主要是通过虚拟化来实现的,建议读者了解一下虚拟化行业的前景和发展。

虚拟化目前分为服务器虚拟化(以VMware为代表)、桌面虚拟化(以思杰为代表)、应用虚拟化(以思杰为代表)。学习虚拟化需要的基础如下。

(1)掌握Windows操作系统(如Windows Server 2008、Windows Server 2012、Windows 7、Windows 8、Windows 10、Windows 11等)的安装和基本操作,掌握AD域角色的安装和管理,掌握组策略的配置和管理。

(2)安装和使用数据库(如SQL Server等)。

(3)熟悉存储的基础知识(如磁盘性能、RAID、IOPS、文件系统、FC SAN、iSCSI、NAS等)、光纤交换机的使用、使用Open-E管理存储。

(4)熟悉网络的基础知识(如IP地址规划、VLAN、Trunk、STP、EtherChannel等)。

1.5　小结

云计算作为一种新型的计算模式,利用高速互联网的传输能力将数据的处理过程从个人计算机或服务器转移到互联网上的计算机集群中,带给用户前所未有的计算体验。云计算的产生与发展使用户的使用观念发生了彻底变化,用户不再觉得操作复杂,因为他们直接面对的不再是复杂的硬件和软件,而是最终的服务。云计算将计算任务分布在由大量计算机构成的资源池上,使各种应用系统能够根据需要获取计算能力、存储空间和各种软件服务。虽然云计算现在还存在着一些问题,如数据安全问题、网络性能、互操作问题等,但它的优点是毋庸置疑的。云计算不仅大大降低了计算的成本,而且推动了互联网技术的发展。在众多公司和学者的研究下,未来的云计算将会有更好的发展。在不久的将来,一定会有越来越多的云计算系统投入使用。通过本章的学习,希望读者能够对云计算有大体的了解,为后面章节的学习做好铺垫。

习题

一、选择题

1. 云计算是基于互联网的相关服务的(　　)模式。

　　A. 增加　　　　　　　B. 使用　　　　　　　C. 交付　　　　　　　D. 以上都是

2. (　　)年,谷歌公司首次提出云计算的概念。

　　A. 2006　　　　　　　B. 2008　　　　　　　C. 2010　　　　　　　D. 2004

3. 2008 年 2 月 1 日,IBM 公司宣布将在(　　)为我国的软件公司建立全球第一个云计算中心。

　　A. 无锡　　　　　　　B. 北京　　　　　　　C. 上海　　　　　　　D. 广州

4. 国内外,云计算领域最为成熟的细分市场是(　　)。

　　A. PaaS　　　　　　　B. SaaS　　　　　　　C. AssP　　　　　　　D. AppS

5. 实现云计算需要一整套的技术架构,其中不包括(　　)。

　　A. 网络　　　　　　　B. 服务器　　　　　　C. 存储　　　　　　　D. 软件

6. (　　)不属于虚拟化。

　　A. 服务器虚拟化　　　　　　　　　　B. 桌面虚拟化

　　C. 应用虚拟化　　　　　　　　　　　D. 网络虚拟化

7. (　　)不属于云计算现存的问题。

　　A. 数据安全问题　　　　　　　　　　B. 网络性能

　　C. 速度问题　　　　　　　　　　　　D. 互操作问题

8. 学习虚拟化需要的基础是(　　)。

　　A. 了解操作系统　　　　　　　　　　B. 数据库的安装和使用

　　C. 存储的基础知识　　　　　　　　　D. 以上都是

二、判断题

1. 云计算是基于互联网的相关服务的增加、使用和交付模式。　　　　　　　　　(　　)

2. 云计算是一种融合产物。　　　　　　　　　　　　　　　　　　　　　　　(　　)

3. 谷歌公司首席执行官埃里克·施密特在搜索引擎大会上首次提出云计算的概念。

　　　　　　　　　　　　　　　　　　　　　　　　　　　　　　　　　　　(　　)

4. 云计算不仅大大降低了计算的成本,而且推动了互联网技术的发展。 （ ）

5. 目前企业中的私有云不都是通过虚拟化来实现的。 （ ）

6. 虚拟化目前分为服务器虚拟化、桌面虚拟化和应用虚拟化。 （ ）

7. 云计算可以模拟核爆炸、预测气候变化和市场发展趋势。 （ ）

8. 云计算是一种按使用时间付费的模式。 （ ）

9. 谷歌与 IBM 公司最初在美国大学校园推广云计算的计划。 （ ）

三、填空题

1. _____首次提出云计算的概念。

2. 国务院发布了_____,明确了我国云计算产业的发展目标、主要任务和保障措施。

3. 国务院发布了_____,提出到 2025 年,"互联网＋"成为经济社会创新发展的重要驱动力量。

4. 实现云计算需要一整套的技术架构,包括网络、服务器、存储、_____等。

5. 云计算目前分为_____和私有云。

6. 公有云和私有云两者的区别是_____不同。

7. 目前企业中的私有云都是通过_____实现的。

8. 云计算将计算任务分布在_____上,使各种应用系统能够根据需要获取计算力、存储空间和各种软件服务。

四、简答题

1. 云计算目前的分类有哪些?

2. 云计算有哪些优势?

第 2 章

云计算基础

本章主要介绍关于云计算的各种基础知识,包括分布式计算、云计算的基本概念、实现云计算的几种关键技术以及云交付和部署模式,同时介绍云计算的优势以及面临的挑战,还介绍了几种典型的云应用。通过本章的学习,读者能够对云计算有一个基本的认识。

2.1 分布式计算

分布式的概念很广,凡是去中心的架构都可以理解为分布式。人们日常生活中最早接触到的分布式应该就是 P2P(Peer to Peer),用户下载的文件不是集中存放到某个中心,而是分别存储在网络不同的节点中,当用户有下载需求时,可以从网络上的节点中获取相应资源碎片,并形成下载文件。例如,用迅雷下载文件就是采用了 P2P 方式。

除了 P2P 外,还有很多分布式架构的应用场景。例如,CDN 技术,也就是将视频网站中的内容分布存储在附近的服务器上,从而形成分布式网络;在大数据技术中也会应用到分布式存储架构,将数据存储于不同的节点磁盘中,当需要执行分析任务时,将分析任务切分为片段在分散的服务器节点中进行运算;区块链技术实现"去中心化",也是分布式计算的代表,将账目信息记录在不同的节点,当处理交易时,更新网络上所有的账目副本。应用架构中的分布式计算架构多应用于微服务。

分布式计算是一种计算方法,和集中式计算是相对的。随着计算技术的发展,一些应用需要超强的计算能力才能完成,如果采用集中式计算,则需要耗费很长的时间才能完成;而分布式计算将应用分解成许多更小的部分,分配到多台计算机进行处理,这样可以节省整体计算时间,大大提高计算效率。云计算是分布式计算技术的一种,也是分布式计算这种科学概念的商业实现。

　　分布式计算的优点是发挥"集体的力量",将大任务分解成小任务,分配给多个计算节点同时去计算,分布式计算将计算扩展到多台计算机,甚至是多个网络,在网络上有序地执行一个共同的任务。各节点间的通信可以通过 RPC 调用、Q 消息队列或当前最流行的Webservice 方式。在分布式计算发展起来之前,网络协议并不能满足分布式计算的要求,于是产生了 Web Service 技术。

　　分布式计算借助 Web Service 接口实现。Web Service 是一个平台独立的、低耦合的、自包含的、基于可编程的 Web 的应用程序接口,可使用开放的 XML(标准通用标记语言下的一个子集)标准来描述、发布、发现、协调和配置这些应用程序,用于开发分布式的、互操作的应用程序。

　　对于目前比较流行的微服务架构而言,主要采用 RPC 和 Webservice 方式提供服务间访问,基于 Webservice 的 API 访问获得了更多的应用和认可。如图 2.1 所示,微服务的体系结构是基于微服务提供者、微服务请求者、微服务注册中心 3 个角色和发布、发现、绑定 3 个动作构建的。简单地说,微服务提供者就是微服务的拥有者,等待为其他服务和用户提供自己已有的功能;微服务请求者就是微服务功能的使

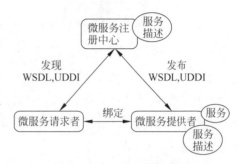

图 2.1　微服务的体系结构

用者,利用 SOAP 或 RESTful 消息向微服务提供者发送请求以获得服务;微服务注册中心的作用是把一个服务请求者与合适的微服务提供者联系在一起,它充当管理者的角色,一般是 UDDI。这 3 个角色是根据逻辑关系划分的,在实际应用中角色之间很可能有交叉:一个微服务既可以是微服务提供者,也可以是微服务请求者,或者二者兼而有之,显示了微服务角色之间的关系。其中,"发布"是为了让用户或其他服务知道某个微服务的存在和相关信息;"发现"是为了找到合适的微服务;"绑定"则是在微服务提供者与微服务请求者之间建立某种联系。在更为复杂的技术架构中,通常还会采用 Webservice 网关实现对服务请求的分发和处理,包括实现熔断、权限控制等高级功能。

　　简单地说,这种技术的功能和中间件的功能有相似之处:微服务技术是屏蔽掉不同开发平台开发的功能模块的相互调用的障碍,从而可以利用 HTTP 和 SOAP/RESTful协议使商业数据在微服务上传输,可以调用这些开发平台上不同的功能模块来完成计算任务。这样看来,如果要在互联网上实施大规模的分布式计算,则需要微服务做支撑。

2.2　云计算的基本概念

　　"云计算"这个名称正在广为流传,它正在成为一个大众化的词语,似乎每个人对于云计算的理解都不相同。通过学习第 1 章,大家已经对云计算有了一个大体的概念,通俗的理解。如图 2.2 所示,云计算的"云"就是存在于互联网上的服务器集群中的资源,包括硬件资源(如服务器、存储器、CPU 等)和软件资源(如应用软件、集成开发环境等),本地计算机只需要通过互联网发送一个需求信息,远端就有成千上万台计算机为用户提供需要

图 2.2　云计算

的资源并将结果返回给本地计算机,这样本地计算机几乎不需要做什么,所有的处理都由云计算提供商提供的计算机集群来完成。简而言之,云计算是一种商业计算模型,它将计算任务分布在由大量计算机构成的资源池上,使用户能够按需获取计算能力、存储空间和信息服务。

最简单的云计算技术在网络服务中已经随处可见,如搜索引擎、网络信箱等,使用者只需要输入简单的指令即可得到大量信息。

云计算的组成可以分为 6 部分,它们由下至上分别是基础设施(infrastructure)、存储(storage)、平台(platform)、应用(application)、服务(services)和客户端(clients)。

(1) 基础设施:云基础设施(IaaS),是经过虚拟化后的硬件资源和相关管理功能的集合,对内通过虚拟化技术对物理资源进行抽象,对外提供动态、灵活的资源服务。其具体应用如 Sun 公司的 Sun 网格(Sun Gird)、亚马逊的弹性计算云。

(2) 存储:云存储是指将存储作为一项服务,包括类似数据库的服务,通常以使用的存储量为计算基础。全球网络存储工业协会(Storage Networking Industry Association,SNIA)为云存储建立了相应标准。它既可以交付作为云计算服务,又可以交付给单纯的数据存储服务。其具体应用如亚马逊的简单存储服务(Simple Storage Service,S3)、谷歌应用程序引擎的 BigTable 数据存储。

(3) 平台:云平台(PaaS),直接提供计算平台和解决方案作为服务,以方便应用程序部署,从而节省购买和管理底层硬件与软件的成本。其具体应用如谷歌应用程序引擎(Google App Engine),这种服务让开发人员可以编译基于 Python 的应用程序,并可以免费使用谷歌的基础设施来进行托管。

(4) 应用:云应用利用云软件架构,往往不再需要用户在自己的计算机上安装和运行该应用程序,从而减轻了软件维护、操作和售后支持的负担。其具体应用如 Facebook 的网络应用程序、谷歌的企业应用套件(Google Apps)。

(5) 服务:云服务是指产品、服务和解决方案都实时地在互联网上进行交付和使用。这些服务可通过访问其他云计算的部件,如软件,直接和最终用户通信。其具体应用如亚马逊的简单排列服务(Simple Queuing Service)、贝宝在线支付系统(PayPal)、谷歌地图(Google

Maps)等。

（6）客户端：云客户端包括专门提供云服务的计算机硬件和计算机软件终端,如苹果手机(iPhone)、谷歌浏览器(Google Chrome)等。

2.3　分布式计算和云计算的区别与联系

大家经常会听到很多新的技术名词,如区块链、大数据、微服务、人工智能、容器等。这些概念(包括 2.1 节介绍的分布式计算)与云计算的关系是怎样的呢? 应该说,云计算是更抽象、更广泛的一个概念。云计算可以简单地理解为,用户的所有需求都可以以服务的形式进行封装,当用户申请一个服务时,云平台可以将服务请求转换为技术请求,自动在云平台的数据中心处理该服务请求,并将处理完的结果返回给用户。在这期间,用户可以更加专注于业务需求本身,而不需要再关注和维护为了实现该业务需求所衍生的安装、调试和维护等工作。因此,无论面对企业内的私有云还是面对公众的公有云,云平台都是对外提供服务的统一窗口,同时借助自动化引擎和策略调度机制将服务进行自动转换和处理。简而言之,云计算解决的是人和 IT 资源的关系。就如 QQ 解决的是人和人的关系,淘宝解决的是人和实体物品的关系,只不过淘宝并不生产物品。简单地说,云计算实现了一个信息交易和共享平台,在某种角度上是一个大的集成商的角色。在云计算平台中,不仅解决交易和信息,而且要实际地提供基础架构和应用与服务的租赁,实现端到端的交付。这也就不难理解为什么 AWS 和阿里云在云计算领域做得最早也发展得最好,因为它们都是在解决人和物以及人和资源的问题。

区块链、大数据、微服务、人工智能、容器,对这些概念进行仔细分析,不难发现它们都不是解决人和服务或者人和物品的关系。这些技术大多是对传统架构的升级和发展或是对于某一个问题提供了更智能的算法模型,抑或是提供了更加高效、可靠、低成本的实现方式和技术变革。因此,这些技术都应涵盖在云计算概念之下。这些技术既可以通过云计算实现,以服务的方式提供给用户进行使用,同时也可以不用云计算技术实现。现在,大家经常发现这些新技术会和云计算技术一起出现,因为这些新技术(包括所运用的分布式技术)都是需要创建多个计算或存储节点来实现的,而大批量地创建和弹性伸缩这些节点,为云计算的弹性服务往往提供了便利的部署和使用。

在 2.1 节中讲述了很多分布式存储的应用场景,云存储作为最典型的一个分布式场景,它也是和云计算最紧密的一种技术形态,云存储和云计算有着天然的结合。正如本节所述,云计算解决的是人和 IT 资源之间的关系,而云存储是作为基础架构中的重要部分对外提供服务。

2.4　云计算的关键技术

云计算是一种新型的超级计算方式,以数据为中心,是一种数据密集型的超级计算。云计算的目标是以低成本的方式提供高可靠、高可用、规模可伸缩的个性化服务。要实现这个目标,需要分布式海量数据存储、虚拟化技术、云平台技术、并行编程技术、数据管理技术等若干关键技术的支持。

2.4.1　分布式海量数据存储

随着信息化建设的不断深入,信息管理平台已经完成了从信息化建设到数据积累的职能转变,在一些信息化起步较早、系统建设较规范的行业,如通信、金融、大型生产制造等领域,海量数据的存储、分析需求的迫切性日益明显。

以移动通信运营商为例,随着移动业务和用户规模的不断扩大,每天都会产生海量的业务、计费及网关数据,然而庞大的数据量使得传统的数据库存储已经无法满足存储和分析需求,主要面临的问题如下。

(1) 数据库容量有限:关系型数据库并不是为海量数据而设计的,在设计之初并没有考虑到数据量能够庞大到 PB 级。为了继续支撑系统,不得不进行服务器升级和扩容,成本高昂,让运营商难以接受。

(2) 并行取数困难:除了分区表可以并行取数外,其他情况都要对数据进行检索才能将数据分块,并行读数效果不明显,甚至增加了数据检索的消耗。虽然可以通过索引来提升性能,但实际业务证明,数据库索引的作用有限。

(3) 对 J2EE 应用来说,JDBC 的访问效率太低:由于 Java 的对象机制,读取的数据都需要序列化,导致读取速度很慢。

(4) 数据库并发访问数太多:由于数据库并发访问数太多,导致产生 I/O 瓶颈和数据库的计算负担太重两个问题,甚至出现内存溢出、崩溃等现象,但数据库扩容成本太高。

为了解决以上问题,使分布式存储技术得以发展,在技术架构上,可以分为解决企业数据存储和分析使用的大数据技术,解决用户数据云端存储的对象存储技术及满足云端操作系统实例需要用到的块存储技术。

对于大数据技术而言,理想的解决方案是把大数据存储到分布式文件系统中,云计算系统由大量服务器组成,同时为大量用户服务,因此云计算系统采用分布式存储的方式存储数据,用冗余存储的方式(集群计算、数据冗余和分布式存储)保证数据的可靠性。冗余的方式通过任务分解和集群,用低配计算机替代超级计算机的性能来保证低成本,这种方式保证分布式数据的高可用、高可靠和经济性,即为同一份数据存储多个副本。在云计算系统中广泛使用的数据存储系统是谷歌的 GFS 和 Hadoop 团队开发的 GFS 的开源系统——HDFS。值得注意的是,大数据技术目前在处理交易系统的时候,较之传统的数据库存储方式,每秒交易量(TPS)表现还差很远,因此大数据多用于分析系统,而在线实时交易还是采用数据库方式。

对于对象存储而言,大家非常熟悉的云盘就是基于该技术实现的。用户可以将照片、文本、视频直接通过图形界面进行云端上传、浏览和下载。其实,上传等操作的界面最终都是通过 Webservice 与后台的对象存储系统交互,前端界面更多的是在用户、权限以及管理层面上提供支持。其主要特点如下。

(1) 所有的存储对象都有自身的元数据和一个 URL,这些对象在尽可能唯一的区域复制 3 次,而这些区域可以被定义为一组驱动器、一个节点、一个机架等。

(2) 开发者通过一个 RESTful HTTP API 与对象存储系统相互作用。

（3）对象数据可以放置在集群的任何地方。

（4）在不影响性能的情况下,集群通过增加外部节点进行扩展。这是相对全面升级性价比更高的近线存储扩展。

（5）数据无须迁移到一个全新的存储系统。

（6）集群可无宕机增加新的节点。

（7）故障节点和磁盘可无宕机调换。

（8）在标准硬件上运行,普通的 x86 服务器即可接入。

云平台中的存储技术,有 S3(Simple Storage Service)这一种存储是不是就足够了?答案是否定的。正所谓“术业有专攻”,S3 搭建的对象存储可以方便地利用普通的计算机服务器组建集群实现对象的分布式存储。但对于商业中的类似数据库和操作系统,都是要在裸存储上进行安装才能发挥其最大的性能,因此块级别存储就是给 MySQL 等传统数据库,通过调用操作系统的系统调用与磁盘交互的软件。其在云平台上可以独立创建,然后挂接到某个云实例上。但如 2.3 节中提到的,云平台的优势在于提供简化的服务给用户使用,因此对于数据块的开通和挂接,云平台会完成相应的处理,用户只需要使用即可,否则按传统方式处理,需要人工在存储上做大量操作和处理才能进行划分和挂接。

2.4.2 虚拟化技术

虚拟化技术是云计算系统的核心组成部分之一,是将各种计算及存储资源充分整合和高效利用的关键技术。云计算的虚拟化技术不同于传统的单一虚拟化,它是涵盖整个IT架构的,包括资源、网络、应用和桌面在内的全系统虚拟化。通过虚拟化技术可以实现将所有硬件设备、软件应用和数据隔离开来,打破硬件配置、软件部署和数据分布的界限,实现 IT 架构的动态化,实现资源集中管理,使应用能够动态地使用虚拟资源和物理资源,提高系统适应需求和环境的能力。

虚拟化技术可以提供以下特点。

（1）资源分享:通过虚拟机封装用户各自的运行环境,有效实现多用户分享数据中心资源。

（2）资源定制:用户利用虚拟化技术配置私有的服务器,指定所需的 CPU 数目、内存容量、磁盘空间,实现资源的按需分配。

（3）细粒度资源管理:将物理服务器拆分成若干虚拟机,可以提高服务器的资源利用率,减少浪费,而且有助于服务器的负载均衡和节能。

基于以上特点,虚拟化技术成为实现云计算资源池化和按需服务的基础。

2.4.3 云管理平台技术

云计算资源规模庞大,服务器数量众多且分布在不同的地点,同时运行着数百种应用。如何有效地管理这些服务器、保证整个系统提供不间断的服务是对管理者巨大的挑战。

云平台技术能够使大量的服务器协同工作,方便地进行业务部署,快速发现和恢复系统故障,通过自动化、智能化的手段实现大规模系统的可靠运营。

云平台的主要特点是用户不必关心云平台底层的实现。用户使用平台或开发者（服务提供商或云平台用户）使用云平台发布第三方应用，只需要调用平台提供的接口就可以在云平台中完成自己的工作。利用虚拟化技术，云平台提供商可以实现按需提供服务，这一方面降低了云的成本，另一方面保证了用户的需求得到满足。云平台基于大规模的数据中心或网络，因此云平台可以提供高性能的计算服务，并且对于云平台用户而言，云平台的资源几乎是无限的。

云平台服务的对象除了个人以外，大部分都是企业，企业级用户无论是内部使用（私有云）还是外部租赁（公有云），都会涉及管理问题，不同部门使用资源的监控、预算、计量、自动化运维、审计、安全管控、流程控制、容量规划和管理等都是云平台上管理中涉及的问题，本书在后续章节会展开介绍。

2.4.4　并行编程技术

目前两种最重要的并行编程模型是数据并行和消息传递，数据并行编程模型的编程级别比较高，编程相对简单，但它仅适用于数据并行问题；消息传递编程模型的编程级别相对较低，但消息传递编程模型有更广泛的应用范围。

数据并行编程模型是一种较高层次上的模型，它给编程者提供了一个全局的地址空间，一般这种形式的语言本身就提供了并行执行的语义，因此对于编程者来说，只需要简单地指明执行什么样的并行操作和并行操作的对象就可实现数据并行的编程。

例如，对于数组运算，使得数组 B 和 C 的对应元素相加后送给 A，则通过语句 A＝B+C 或其他的表达方式就能够实现，使并行机对 B、C 的对应元素并行相加，并将结果并行赋给 A，因此数据并行的表达是相对简单和简洁的，它不需要编程者关心并行机是如何对该操作进行并行执行的。数据并行编程模型虽然可以解决一大类科学与工程计算问题，但是对于非数据并行类的问题，如果通过数据并行的方式来解决，一般难以取得较高的效率。

消息传递是各个并行执行的部分之间通过传递消息来交换信息、协调步伐、控制执行，消息传递一般是面向分布式内存的，但是它也适用于共享内存的并行机。消息传递为编程者提供了更灵活的控制手段和表达并行的方法，一些用数据并行方法很难表达的并行算法都可以用消息传递模型来实现灵活性和控制手段的多样化，这是消息传递并行程序能提供高的执行效率的重要原因。

消息传递编程模型一方面为编程者提供了灵活性，另一方面也将各个并行执行部分之间复杂的信息交换和协调、控制任务交给了编程者，这在一定程度上增加了编程者的负担，这也是消息传递编程模型的编程级别低的主要原因。虽然如此，但消息传递的基本通信模式是简单和清楚的，大家学习和掌握这些部分并不困难。因此，目前大量的并行程序设计仍然采用消息传递编程模型。

云计算采用并行编程模型。在并行编程模型下，并发处理、容错、数据分布、负载均衡等细节都被抽象到一个函数库中，通过统一接口，用户的大型计算任务被自动并发和分布执行，即将一个任务自动分成多个子任务，并行地处理海量数据。

2.4.5　数据管理技术

云计算系统对大数据集进行处理、分析,向用户提供高效的服务。因此,其中的数据管理技术必须高效地管理大数据集。其次,如何在规模巨大的数据中找到特定的数据,也是云计算数据管理技术亟待解决的问题。

应用于云计算的最常见的数据管理技术是谷歌的 BigTable 数据管理技术,由于它采用列存储的方式管理数据,数据存储量巨大,如何提高数据的更新速率及进一步提高随机读速率是未来云计算数据管理技术必须解决的问题。

谷歌提出的 BigTable 技术是建立在 GFS 和 MapReduce 之上的一个大型的分布式数据库,BigTable 实际上是一个很庞大的表格,它的规模可以超过 1PB(1024TB),它将所有数据都作为对象来处理,形成一个巨大的表格。谷歌对 BigTable 给出了如下定义:BigTable 是一种为了管理结构化数据而设计的分布式存储系统,这些数据可以扩展到非常大的规模,如在数千台商用服务器上达到 PB 规模的数据。现在有很多谷歌的应用程序建立在 BigTable 之上,如 Google Earth 等,而基于 BigTable 模型实现的 Hadoop HBase 也在越来越多的应用中发挥作用。

2.5　云交付模型

根据现在最常用,也是比较权威的美国国家标准技术研究院的定义,云计算主要分为3种交付模型,并且这3种交付模型主要是从用户体验的角度出发的。

如图 2.3 所示,这 3 种交付模型分别是软件即服务(SaaS)、平台即服务(PaaS)和基础设施即服务(IaaS)。对于普通用户而言,他们面对的主要是 SaaS 这种服务模式,而且几乎所有的云计算服务最终的呈现形式都是 SaaS。除此之外,大家还经常听到 DaaS、DBaaS、CaaS 等概念,但所有的概念都可以归为 IaaS、PaaS 和 SaaS 中的一种。如 CaaS(容器即服务),它是以容器为核心的公有云平台,作为开发平台的一部分,可以看作 PaaS。

2.5.1　SaaS

SaaS 是一种通过网络提供软件的模式,用户无须购买软件,而是向提供商租用基于 Web 的软件来管理企业经营活动。相对于传统的软件,SaaS 解决方案有明显的优势,包括较低的前期成本、便于维护、快速展开使用、由服务提供商维护和管理软件,并且提供软件运行的硬件设施,用户只需拥有接入互联网的终端即可随时随地使用软件。SaaS 软件被认为是云计算的典型应用之一。

SaaS 的主要功能如下。

(1) 随时随地访问:在任何时间、任何地点,只要接上网络,用户就能访问 SaaS 服务。

(2) 支持公开协议:通过支持公开协议(如 HTML4、HTML5 等),能够方便用户使用。

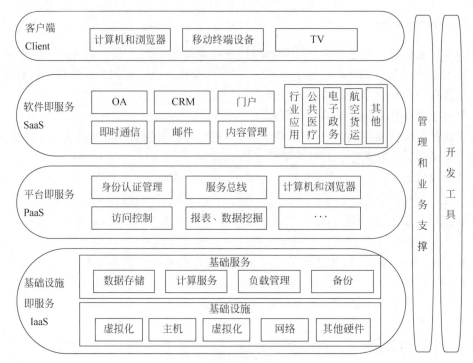

图 2.3　云计算的 3 种交付模型

（3）安全保障：SaaS 供应商需要提供一定的安全机制，不仅要使存储在云端的用户数据处于绝对安全的境地，而且也要在客户端实施一定的安全机制（如 HTTPS 等）来保护用户。

（4）多租户：通过多租户机制，不仅能更经济地支持庞大的用户规模，而且能提供一定的可指定性，以满足用户的特殊需求。

用户消费的服务完全是从网页（如 Netflix、MOG、Google Apps、Box.net、Dropbox 或苹果公司的 iCloud 等）进入这些分类。尽管这些网页服务是用作商务和娱乐（或两者都有），但这也算是云技术的一部分。

一些用作商务的 SaaS 应用包括 Citrix 公司的 GoToMeeting、Cisco 公司的 WebEx 及 Salesforce 公司的 CRM、ADP 等。

2.5.2　PaaS

通过网络进行软件提供的服务称为软件即服务（SaaS），而相应的，将服务器平台或开发环境作为服务进行提供就是平台即服务（PaaS）。所谓 PaaS，实际上指将软件研发的平台作为一种服务，以 SaaS 的模式提交给用户。因此，PaaS 也是 SaaS 模式的一种应用。但是，PaaS 的出现可以加快 SaaS 的发展，尤其是加快 SaaS 应用的开发速度。

在云计算应用的大环境下，PaaS 的优势显而易见。

（1）开发简单：因为开发人员能限定应用自带的操作系统、中间件和数据库等软件的版本，如 SLES 11、WAS 7 和 DB2 9.7 等，这样将非常有效地缩小开发和测试的范围，从而极大地降低开发测试的难度和复杂度。

（2）部署简单：首先，如果使用虚拟器件方式部署，能将本来需要几天的工作缩短到几分钟，能将本来几十步的操作精简到轻轻单击一次鼠标；其次，能非常简单地将应用部署或者迁移到公有云上，以应对突发情况。

（3）维护简单：因为整个虚拟器件都是来自同一个独立软件商（ISV），所以任何软件的升级和技术支持都只要和一个 ISV 联系就可以了，不仅避免了常见的沟通不当现象，而且简化了相关流程。

PaaS 的主要功能如下。

（1）良好的开发环境：通过 SDK 和 IDE 等工具让用户能在本地方便地进行应用的开发和测试。

（2）丰富的服务：PaaS 平台会以 API 的形式将各种各样的服务提供给上层应用。

（3）自动的资源调度：也就是可伸缩特性，它不仅能优化系统资源，而且能自动调整资源来帮助运行于其上的应用更好地应对突发流量。

（4）精细的管理和监控：通过 PaaS 能够提供对应用层的管理和监控，例如，能够观察应用运行的情况和具体数值（如吞吐量和响应时间）来更好地衡量应用的运行状态，还能够通过精确计量应用所消耗的资源来更好地计费。

涉足 PaaS 市场的公司在网上提供了各种开发和分发应用的解决方案，如虚拟服务器和操作系统，既节省了用户在硬件上的费用，也让分散的工作室之间的合作变得更加容易。这些解决方案包括网页应用管理、应用设计、应用虚拟主机、存储、安全及应用开发协作工具等。

一些大的 PaaS 提供商有谷歌（App Engine）、微软（Azure）、Salesforce（Heroku）等。

1. 服务平台交付（IaaS＋）

在严格意义上，标准的 IaaS 提供的是虚拟实例，也就是虚拟机。用户申请的是一个干净的实例或者安装了某个软件的实例。实例开通后，用户需要在实例中安装软件或者做相应的配置，然后再将多个实例进行对接。这显然没有实现云计算开箱即用的服务理念，因此 IaaS＋应运而生。云平台提供了一个典型的开发平台服务，该开发平台基于传统的应用架构，用户申请时，可以直接生成相应的开发平台实例，不需要做相关配置（例如，修改配置文件，让 Web 服务器指向另一个 DB 实例），只需要关注部署业务代码。从某种角度讲，通过 IaaS＋服务开通出来的也是开发平台，用户不需要关注平台本身，只需要在开通出来的计算机上部署业务代码即可。因为它是 IaaS 平台的延伸，所以可以算 PaaS 的一种，属于 IaaS＋方式实现。典型的就是，云平台提供了一个开发平台开通服务，在该服务生成实例时，可以自动部署 Web 节点服务器、中间件节点服务器及数据库节点服务器，当用户申请该服务时，可以自动生成并根据该业务开发平台的特点按顺序安装软件及互相对接访问关系，同时对于该平台安装的软件做好相应的配置。

2. 无服务器架构（Serverless）

顾名思义，Serverless 是无服务器的架构。用户不需要了解底层的部署和配置，开发人员直接编写运行在云上的函数、功能和服务，由云平台提供操作系统、运行环境、网关等一系列的基础环境，开发人员只需要关注编写自己的业务代码即可。过去在实现一段业务逻辑的时候需要调用很多方法或者函数，然后进行程序的编写，为了实现这个目标，用户需要安装操作系统、JDK、Tomcat，并且做大量配置和调试，而目的只有一个，就是基于现有函数进行扩展，从而实现业务。Serverless 的理念就在于此，用户可以直接访问云平台上的服务，可以实现函数调用和程序编写。

那么到底什么是 Serverless 呢？ Serverless 是基于互联网的系统，其中应用开发不使用常规的服务进程。相反，它仅依赖于第三方服务（如 AWS Lambda 服务）、客户端逻辑和服务托管远程过程调用的组合。Serverless 有以下特点。

（1）在 Serverless 应用中，开发者只需要专注业务，对于剩下的运维等工作都不需要操心。

（2）Serverless 是真正的按需使用，当请求到来时才开始运行。

（3）Serverless 是按运行时间和内存来计费的。

（4）Serverless 应用严重依赖于特定的云平台、第三方服务。

Serverless 中的服务或功能代表的只是微功能或微服务，Serverless 是思维方式的转变，从过去"构建一个框架运行在一台服务器上，对多个事件进行响应"变为"构建或使用一个微服务或微功能来响应一个事件"，用户可以使用 Django、Node.js 和 Express 等实现，但是 Serverless 本身超越了这些框架概念，因此框架变得也不那么重要了。

3. 容器即服务（CaaS）

容器即服务（Container as a Service，CaaS）也称为容器云，是以容器为资源分割和调度的基本单位，封装整个软件运行时的环境，为开发者和系统管理员提供用于构建、发布和运行分布式应用的平台。CaaS 具备一套标准的镜像格式，可以把各种应用打包成统一的格式，并在任意平台之间部署迁移，容器服务之间又可以通过地址、端口服务来互相通信，做到了既有序又灵活，既支持对应用的无限定制，又可以规范服务的交互和编排。

容器云的 Docker 容器几乎可以在任何平台上运行，包括物理机、虚拟机、公有云、私有云、个人计算机、服务器等。这种兼容性可以让用户把一个应用程序从一个平台直接迁移到另外一个。容器云的这种特性类似于 Java 的 JVM，Java 程序可以运行在任何安装了 JVM 的设备上，在迁移和扩展方面变得更加容易。

下面介绍 CaaS 与 IaaS 和 PaaS 的关系。

作为后起之秀的 CaaS 介于 IaaS 和 PaaS 之间，起到了屏蔽底层系统 IaaS，支撑并丰富上层应用平台 PaaS 的作用。

CaaS 解决了 IaaS 和 PaaS 的一些核心问题，例如，IaaS 在很大程度上仍然只提供机器和系统，需要自己把控资源的管理、分配和监控，没有减少使用成本，对各种业务应用的支持也非常有限;而 PaaS 的侧重点是提供对主流应用平台的支持,其没有统一的服务接口标准,不能满足个性化的需求。CaaS 的提出可谓是应运而生,以容器为中心的 CaaS 很好地将底层的 IaaS 封装成一个大的资源池,用户只要把自己的应用部署到这个资源池中,不再需要关心资源的申请、管理及与业务开发无关的事情。

所以 Docker 的可移植性方便开发人员基于某个成熟的 Docker 直接部署代码来继续开发,因此其属于 PaaS 平台这个范围。

2.5.3 IaaS

IaaS 使消费者可以通过互联网从完善的计算机基础设施获得服务。基于互联网的服务(如存储和数据库等)是 IaaS 的一部分。在 IaaS 模式下,服务提供商将多台服务器组成的"云端"服务(包括内存、I/O 设备、存储和计算能力等)作为计量服务提供给用户。其优点是用户只需提供低成本硬件,按需租用相应的计算能力和存储能力即可。

IaaS 的主要功能如下。

(1) 资源抽象:使用资源抽象的方法,能更好地调度和管理物理资源。

(2) 负载管理:通过负载管理,不仅使部署在基础设施上的应用能更好地应对突发情况,而且还能更好地利用系统资源。

(3) 数据管理:对云计算而言,数据的完整性、可靠性和可管理性是对 IaaS 的基本要求。

(4) 资源部署:将整个资源从创建到使用的流程自动化。

(5) 安全管理:IaaS 的安全管理的主要目标是保证基础设施和其提供的资源被合法地访问和使用。

(6) 计费管理:通过细致的计费管理能使用户更灵活地使用资源。

几年前,如果用户想在办公室或公司的网站上运行一些企业应用,需要去买服务器或者其他昂贵的硬件来控制本地应用,让业务运行起来。但是使用 IaaS,用户可以将硬件外包到其他地方。涉足 IaaS 市场的公司会提供场外服务器、存储和网络硬件,用户可以租用,这样就节省了维护成本和办公场地,并可以在任何时候利用这些硬件运行其应用。

一些大的 IaaS 提供商有亚马逊、微软、VMware、Rackspace 和 Red Hat 等。这些公司都有自己的专长,例如,亚马逊和微软提供的不只是 IaaS,还会将其计算能力出租给用户来管理自己的网站。

2.5.4 基本云交付模型的比较

SaaS、PaaS 和 IaaS 3 个交付模型之间没有必然的联系,只是 3 种不同的服务模式,都是基于互联网,按需、按时付费,就像水、电、煤气一样。但是在实际的商业模式中,PaaS 的发展确实促进了 SaaS 的发展,因为提供了开发平台后 SaaS 的开发难度降低了。

(1) 从用户体验角度而言,它们之间的关系是独立的,因为它们面向的是不同的用户。

(2) 从技术角度而言,它们并不是简单的继承关系,因为 SaaS 可以基于 PaaS 或者直接部署在 IaaS 之上;其次 PaaS 可以构建在 IaaS 之上,也可以直接构建在物理资源之上。

表 2.1 对 3 种交付模型进行了比较。

表 2.1　3 种交付模型的比较

云交付模型	服 务 对 象	使 用 方 式	关 键 技 术	用户的控制等级	系 统 实 例
IaaS	需要硬件资源的用户	使用者上传数据、程序代码、环境配置	虚拟化技术、分布式海量数据存储等	使用和配置	Amazon EC2、Eucalyptus 等
PaaS	程序开发者	使用者上传数据、程序代码	云平台技术、数据管理技术等	有限的管理	Google App Engine、Microsoft Azure 等
SaaS	企业和需要软件应用的用户	使用者上传数据	Web 服务技术、互联网应用开发技术等	完全的管理	Google Apps、Salesforce CRM 等

这 3 种交付模式都是采用外包的方式,减轻了云用户的负担,降低了管理与维护服务器硬件、网络硬件、基础架构软件和应用软件的人力成本。从更高的层次上看,它们都试图去解决同一个问题,即用尽可能少甚至为 0 的资本支出获得功能、扩展能力、服务和商业价值。成功的 SaaS 和 IaaS 可以很容易地延伸到平台领域。

2.6　云部署模式

部署云计算服务的模式有三大类,即公有云、私有云和混合云,如图 2.4 所示。公有云是云计算服务提供商为公众提供服务的云计算平台,理论上任何人都可以通过授权接入该平台。公有云可以充分发挥云计算系统的规模经济效益,但同时也增加了安全风险。私有云则是云计算服务提供商为企业在其内部建设的专有云计算系统。私有云系统存在于企业防火墙之内,只为企业内部服务。与公有云相比,私有云的安全性更好,但管理复杂度更高,云计算的规模经济效益也受到了限制,整个基础设施的利用率要远低于公有云。混合云则是同时提供公有和私有服务的云计算系统,它是介于公有云和私有云之间

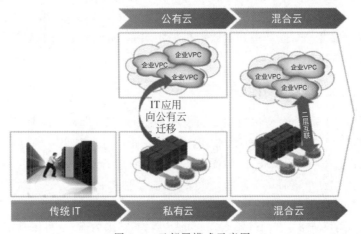

图 2.4　云部署模式示意图

的一种折中方案。

第三方评测机构曾经做过市场调查,发现公有云的使用成本在某些客户中高于私有云的使用成本,这往往和客户建设私有云所采用的厂商品牌有关。同时,公有云对外提供的服务是按月收取,而对于大型部门,有时往往无法及时、准确地洞察下属部门对公有云的使用量,因此造成了很大浪费。

2.6.1　公有云

公有云,指为外部客户提供服务的云,它所有的服务是供别人使用,而不是自己使用。

在此种模式下,应用程序、资源、存储和其他服务都由云服务供应商提供给用户,这些服务多半是付费的,也有部分出于推广和市场占有需要提供免费服务,这种模式只能使用互联网来访问和使用。同时,这种模式在私人信息和数据保护方面比较有保证。这种部署模式通常都可以提供可扩展的云服务并能高效设置。

目前,典型的公有云有微软的 Windows Azure Platform、亚马逊的 AWS,以及国内的阿里巴巴、用友、伟库等。对于用户而言,公有云的最大优点是其所应用的程序、服务及相关数据都存放在公有云的提供者处,自己无须做相应的投资和建设。目前最大的问题是,由于数据不存储在用户自己的数据中心,其安全性存在一定的风险。同时,公有云的可用性不受使用者控制,在这方面也存在一定的不确定性。

2.6.2　私有云

私有云是指企业自己使用的云、私有云所提供的服务不是供别人使用,而是供企业内部人员或分机构使用。私有云基础设施专门为某个企业服务,不管是自己管理还是第三方管理,也不管是自己负责还是第三方托管,都没有关系。

私有云的部署比较适合于有众多分支机构的大型企业或政府部门。随着这些大型企业数据中心的集中化,私有云将会成为他们部署 IT 系统的主流模式。相对于公有云,私有云部署在企业自身内部,因此其数据安全性、系统可用性都可由自己控制。其缺点是投资较大,尤其是一次性的建设投资较大。

2.6.3　混合云

混合云,是指供自己和客户共同使用的云,它所提供的服务既可以供别人使用,也可以供自己使用。

混合云是两种或两种以上的云计算模式的混合体,如公有云和私有云混合。它们相互独立,但在云的内部又相互结合,可以发挥出所混合多种云计算模型的各自的优势。相比而言,混合云的部署方式对提供者的要求较高。

2.7　云计算的优势与挑战

云计算具有以下优势。

(1) 超大规模:"云"具有相当的规模。谷歌云计算已经拥有 100 多万台服务器,亚马逊、IBM、微软、雅虎等的"云"均拥有几十万台服务器。企业私有云一般拥有数百甚至上千台服务器。"云"能赋予用户前所未有的计算能力。

（2）虚拟化：云计算支持用户在任意位置使用任意终端获取应用服务，所请求的资源来自"云"，而不是固定的、有形的实体。应用在"云"中的某处运行，实际上用户无须了解，也不用担心应用运行的具体位置。用户只需一台笔记本式计算机或者一部手机就可以通过网络服务来实现所需要的一切，甚至包括超级计算这样的任务。

（3）高可靠性："云"使用了数据多副本容错、计算节点同构可互换等措施来保障服务的高可靠性，使用云计算比使用本地计算机可靠。

（4）通用性：云计算不针对特定的应用，在"云"的支撑下可以构造出千变万化的应用，同一个"云"可以同时支撑不同的应用运行。

（5）高可扩展性："云"的规模可以动态伸缩，满足应用和用户规模增长的需要。

（6）按需服务："云"是一个庞大的资源池，用户按需购买即可。"云"可以像自来水、电、煤气那样计费。

（7）便利性：无论是公有云还是私有云，其所采用的技术的核心思想就是将人工处理转变为自动化，原来在接到用户请求时，需要由运维人员来开通资源，这往往会花费数天甚至数周的时间，而私有云可以让内部用户随时自动化地开通资源，这将大大缩短项目开发周期、缩短业务交付周期。公有云则对外提供服务运营，用户不需要筹建数据中心，就可以随时获取资源，大幅度提高 IT 开发的效率。

虽然人们看到了云计算在国内的广阔前景，但也不得不面对一个现实，那就是云计算需要应对众多的客观挑战才能够逐渐发展成为一个主流的架构。

对于私有云和混合云来说，建设的成本和管理复杂度都较高，不同于传统数据中心，云数据中心为了实现弹性、可伸缩、自服务、可计量、自动化等特性，需要采用虚拟化、一体化监控、容量规划、CMDB、ITIL、安全、云管理、自动化运维、计费计量等技术，从而带来的是成本的提升和复杂度的提高。在企业端，受到招标要求的限制，往往不能锁定某一个厂商的产品，所以在企业内从各层面看都是采用异构资源，因此也就提升了标准化和管理的复杂度。

对于公有云来说，云计算所面临的挑战如下。

（1）服务的持续可用性：云服务都是部署及应用在互联网上的，用户难免会担心服务是否一直都可以使用。就像银行一样，储户把钱存入银行是基于对银行倒闭的可能性极小的信任。对于一些特殊用户（如银行、航空公司等）来说，他们需要云平台提供全天候服务。遗憾的是，微软公司的 Azure 平台在 2014 年 9 月份运行期间发生的一次故障影响了 10 种服务，包括云服务、虚拟机和网站等，直到两小时之后，才开始处理宕机和中断问题；谷歌的某些功能在 2009 年 5 月 14 日停止服务两小时；亚马逊在 2011 年 4 月发生故障 4 天。这些网络运营商的停机在一定程度上制约了云服务的发展。

（2）服务的安全性：云计算平台的安全问题由两方面构成，一是数据本身的保密性和安全性，因为云计算平台（特别是公共云计算平台）的一个重要特征就是开放性，各种应用整合在一个平台上，对于数据泄露和数据完整性的担心都是云计算平台要解决的问题，这就需要从软件解决方案、应用规划角度进行合理而严谨的设计；二是数据平台上软/硬件的安全性,如果由于软件错误或者硬件崩溃导致应用数据损失,都会降低云计算平台的效能,这就需要采用可靠的系统监控、灾难恢复机制,以确保软/硬件系统的安全运行。

(3)服务的迁移:如果一个企业不满意现在所使用的云平台,可以将现有数据迁移到另一个云平台上吗?如果企业绑定了一个云平台,当这个平台提高服务价格时,该企业又有多少讨价还价的余地呢?虽然不同的云平台可以通过 Web 技术等方式相互调用对方平台上的服务,但在现有技术的基础上还是会面对数据不兼容等各种问题,使服务的迁移非常困难。

(4)服务的性能:既然云计算通过互联网进行传输,那么网络带宽就成为云服务质量的决定性因素。如果有大量数据需要传输,云服务的质量就不会那么理想。当然,随着网络设备的飞速发展,带宽问题将不会成为制约云计算发展的因素。

云计算为产业服务化提供了技术平台,使生产流程的最终交付品是一种基于网络和信息平台的服务。在未来几年中,我国云计算市场将会保持快速增长。目前云计算市场仍处于发展初期,但是只要能把握好云计算这次发展的浪潮,就有机会在各行各业中普及信息化,并且推动我国科技创新的发展。

2.8　典型的云应用

"云应用"是"云计算"概念的子集,是云计算技术在应用层的体现。云应用和云计算最大的不同在于,云计算作为一种宏观技术发展概念而存在,云应用则是直接面对客户解决实际问题的产品。云应用遍及各个方面,如图 2.5 所示。下面重点介绍云存储、云服务及云物联。

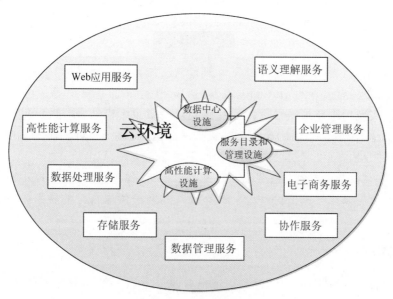

图 2.5　典型的云应用

2.8.1 云存储

云存储是在云计算概念上延伸和发展出来的一个新的概念,是一种新兴的网络存储技术,指通过集群应用、网络技术或分布式文件系统等功能,将网络中大量各种不同类型的存储设备通过应用软件集合起来协同工作,共同对外提供数据存储和业务访问功能的一个系统。

典型的云存储包括 Dropbox、百度云(图 2.6 为百度云的网页界面图)、阿里云等,这些应用可以帮助用户存储资料。例如,大容量文件可以通过云存储留给他人下载,节省了时间和金钱,有很好的便携性。现在,除互联网企业外,许多计算机厂商也开始有自己的云存储服务,以达到稳定客户的作用,如联想的"乐云"、华为的网盘等。

图 2.6 百度云

2.8.2 云服务

云服务如图 2.7 所示,目前很多公司都有自己的云服务产品,如谷歌、微软、亚马逊等。典型的云服务有微软的 Hotmail、谷歌的 Gmail、苹果的 iCloud 等。这些服务主要以邮箱为账号,实现用户登录账号后内容在线同步的效果。当然,邮箱也可以达到这个效果,在没有 U 盘的情况下,人们经常会把文件发到自己的邮箱,以方便回家阅览,这也是云服务最早的应用,可以实现在线运行,随时随地接收文件。

现在的移动设备基本都具备了自己的账户云服务,像苹果的 iCloud,只要用户将数据存入 iCloud,就可以在计算机、平板、手机等设备上轻松读取自己的联系人、音乐和图像数据。

2.8.3 云物联

"物联网就是物物相连的互联网"。这里有两层意思:第一,物联网的核心和基础仍然是互联网,是在互联网基础上延伸和扩展的网络;第二,其用户端延伸和扩展到了任何物品与物品之间,进行信息交换和通信。

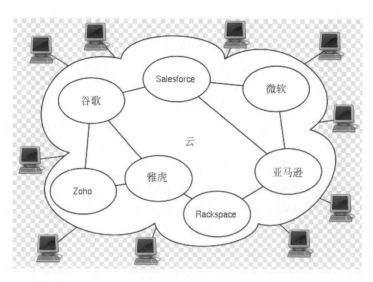

图 2.7　云服务

物联网有以下两种业务模式。

（1）MAI（M2M Application Integration）和内部 MaaS（M2M as a Service）。

（2）MaaS、MMO（M2M Mobile Operator）和 Multi-Tenants（多租户模型）。

随着物联网业务量的增加，对数据存储和计算量的需求将带来对"云计算"能力的要求。

（1）云计算：从计算中心到数据中心，在物联网的初级阶段，拥有独自网址的上网连接点（Point of Presence，PoP）即可满足需求。

（2）在物联网的高级阶段，可能出现（Mobile Virtual Network Operator，MVNO/MMO）营运商（国外已存在多年），需要虚拟化云计算技术、面向服务的体系结构（Service-Oriented Architecture，SOA）等技术的结合实现互联网的泛在服务，即 TaaS（everyThing as a Service）。

图 2.8 是一款叫作 ZigBee 系列智能开关的云物联产品，可应用于家庭、办公、医院和酒店等场合。

图 2.8　ZigBee 云物联产品——
单轨窗帘开关

2.9　云计算与大数据

目前，大数据正在引发全球范围内深刻的技术和商业变革，如同云计算的出现，大数据也不是一个突然而至的新概念。百度的张亚勤说："云计算和大数据是一个硬币的两面，云计算是大数据的 IT 基础，而大数据是云计算的一个杀手级应用。"云计算是大数据成长的驱动力，另外，由于数据越来越多、越来越复杂、越来越实时，这就更加需要云计算去处理，所以二者之间是相辅相成的。

30年前,存储1TB(也就是约1000GB)数据的成本大约是16亿美元,如今存储到云上只需不到100美元,但存储下来的数据,如果不以云计算的模式进行挖掘和分析,将只是"僵死"的数据,没有太大的价值。

　　目前,云计算已经普及并成为IT行业的主流技术,其实质是在计算量越来越大及数据越来越多、越来越动态、越来越实时的需求背景下被催生出来的一种基础架构和商业模式。个人用户将文档、照片、视频、游戏的存档上传至"云"中永久保存,企业客户根据自身需求可以搭建自己的"私有云",或托管、租用"公有云"上的IT资源与服务,这些都已不是新鲜事。可以说,"云"是一棵挂满了大数据的"树"。

　　在技术上,大数据使从数据当中提取信息的常规方式发生了变化。张亚勤说:"在技术领域,以往更多的是依靠模型的方法,现在可以借用规模庞大的数据,用基于统计的方法,有望使语音识别、机器翻译这些技术领域在大数据时代取得新的进展。"在搜索引擎和在线广告中发挥重要作用的机器学习被认为是大数据发挥真正价值的领域,在海量的数据中统计与分析出人的行为、习惯等方式,计算机可以更好地学习和模拟人类智能。随着包括语音、视觉、手势和多点触控等在内的自然用户界面越来越普及,计算系统正在具备与人类相仿的感知能力,其看见、听懂和理解人类用户的能力不断提高。这种计算系统不断增强的感知能力与大数据以及机器学习领域的进展相结合,已使得目前的计算系统开始能够理解人类用户的意图和语境。

　　在商业模式上,对商业竞争的参与者来说,大数据意味着更大的业务与服务创新机会。零售连锁企业、电商业巨头都已在大数据挖掘与营销创新方面有了很多的成功案例,它们都是商业嗅觉极其敏锐、敢于投资未来的公司,也因此获得了丰厚的回报。

　　IT产业链的分工、主导权也因为大数据产生了巨大影响。以往,移动运营商和互联网服务运营商等拥有大量的用户行为习惯的各种数据,在IT产业链中具有举足轻重的地位;而在大数据时代,移动运营商如果不能挖掘出数据的价值,可能会彻底地被管道化。运营商和更懂用户需求的第三方开发者互利共赢的模式已取得大家一定的共识。

　　云计算与大数据到底有什么关系?

　　本质上,云计算与大数据的关系是静与动的关系,云计算强调的是计算,这是动的概念;而数据则是计算的对象,是静的概念。如果结合实际的应用,前者强调的是计算能力,后者看重的是存储能力,但是这样说并不意味着两个概念就如此泾渭分明。大数据需要处理大数据的能力(数据获取、清洁、转换、统计等能力),其实就是强大的计算能力。另一方面,云计算的动也是相对而言的,例如,基础设施(即服务中的存储设备)提供的主要是数据存储能力,所以可谓是动中有静。

　　如果数据是财富,那么大数据就是宝藏,而云计算就是挖掘和利用宝藏的利器。

　　云计算能为大数据带来哪些变化?

　　(1) 云计算为大数据提供了可以弹性扩展、相对便宜的存储空间和计算资源,使得中小企业也可以像亚马逊公司那样通过云计算来完成大数据分析。

　　(2) 云计算的IT资源庞大,分布较为广泛,是异构系统较多的企业及时、准确地处理数据的有力方式,甚至是唯一方式。

　　当然,大数据要走向云计算还有赖于数据通信带宽的提高和云资源的建设,需要确保原始数据能迁移到云环境以及资源池可以随需弹性扩展。

数据分析集逐步扩大,企业级数据仓库将成为主流,未来还将逐步纳入行业数据、政府公开数据等多来源数据。

当人们从大数据分析中尝到甜头后,数据分析集就会逐步扩大。目前大部分企业所分析的数据量一般以 TB 为单位,按照目前数据的发展速度,很快将会进入 PB 时代,目前在 100~500TB 和 500TB 以上范围的分析数据集的数量呈 3~4 倍增长。

随着数据分析集的扩大,以前部门层级的数据集市将不能满足大数据分析的需求,它们将成为企业数据仓库(Enterprise Data Warehouse,EDW)的一个子集。根据 TDWI 的调查,如今大概有 2/3 的用户已经在使用企业数据仓库,未来这一比例将会更高。传统分析数据库可以正常持续,但是会有一些变化,一方面,数据集市和操作性数据存储(Operational Data Store,ODS)的数量会减少;另一方面,传统的数据库厂商会提升他们产品的数据容量、细目数据和数据类型,以满足大数据分析的需要。

大数据技术与云计算的发展密切相关,大数据技术是云计算技术的延伸。大数据技术涵盖了从数据的海量存储、处理到应用多方面的技术,包括海量分布式文件系统、并行计算框架、NoSQL 数据库、实时流数据处理以及智能分析技术(如模式识别、自然语言理解、应用知识库)等。对电信运营商而言,在当前智能手机和智能设备快速增长、移动互联网流量迅猛增加的情况下,大数据技术可以为运营商带来新的机会。大数据在运营商中的应用可以涵盖多个方面,包括企业管理分析(如战略分析、竞争分析)、运营分析(如用户分析、业务分析、流量经营分析)、网络管理维护优化(如网络信令监测、网络运行质量分析)、营销分析(如精准营销、个性化推荐)等。

大数据逐步"云"化,纵观历史,过去的数据中心无论是应用层次还是规模大小,都仅仅是停留在过去有限的基础架构之上,采用的是传统精简指令集计算机和传统大型机,各个基础架构之间相互孤立,没有形成一个统一的有机整体。在过去的数据中心里面,各种资源都没有得到有效、充分利用。传统数据中心的资源配置和部署大多采用人工方式,没有相应的平台支持,使大量人力资源耗费在繁重的重复性工作上,缺少自助服务和自动部署能力,既耗费时间和成本,又严重影响工作效率。当今越来越流行的云计算、虚拟化和云存储等新 IT 模式的出现,再一次说明了过去那种孤立、缺乏有机整合的数据中心资源并没有得到有效利用,并不能满足当前多样、高效和海量的业务应用需求。

在云计算时代背景下,数据中心需要向集中大规模共享平台推进,并且数据中心要能实现实时动态扩容,实现自助和自动部署服务。从中长期来看,数据中心需要逐渐过渡到"云基础架构为主流企业所采用,专有架构为关键应用所采用"阶段,并最终实现"强壮的云架构为所有负载所采用",无论是大型机还是 x86 都融入云端,实现软/硬件资源的高度整合。

数据中心逐步过渡到"云",既包括私有云又包括公有云。

2.10 小结

云计算涵盖了计算机系统结构、计算机网络、并行计算、分布式计算和网格计算等各种技术。云计算的需求,还将融合智能手机、5G、物联网、移动计算及三网合一等各种网络及终端技术。因此，云计算是当今 IT 技术发展的一个相对高级的阶段，必将引领和促进 IT 技术的全面发展，甚至是引发某种理论上的突破。

　　本章从分布式计算出发分别介绍了有关云计算的基础知识，包括上面提到的支撑云计算的一些关键技术；然后介绍了云计算相关的交付模型和部署模式，并总结了云计算在发展过程中体现出的优势及面临的挑战；最后展示了 3 种典型的云应用，并且提到了目前互联网中的热点"大数据"与云计算的关系。通过对本章的学习，读者在概论的基础上可以对云计算建立详细的知识框架。

习题

一、选择题

1. 云计算的各种基础知识，不包括（　　）。
   A. 分布式计算　　　　　　　　　　B. 云计算的基本概念
   C. 实现云计算的几种关键技术　　　D. 云计算方式

2. 在云计算应用的大环境下，PaaS 的优势不包括（　　）。
   A. 开发简单　　　　　　　　　　　B. 部署简单
   C. 维护简单　　　　　　　　　　　D. 成本低

3. 云计算具有的优势是（　　）。
   A. 超大规模　　　　　　　　　　　B. 虚拟化
   C. 高可靠性　　　　　　　　　　　D. 以上都是

4. 对于公有云来说，云计算所面临的挑战不包括（　　）。
   A. 服务的持续可用性　　　　　　　B. 服务的安全性
   C. 服务的速度　　　　　　　　　　D. 服务的性能

5. 云计算是一种新型的超级计算方式，以（　　）为中心，是一种数据密集型的超级计算。
   A. 节点　　　　　B. 数据　　　　　C. 网络　　　　　D. 块

6. 云计算的虚拟化技术不同于传统的单一虚拟化，不包括（　　）虚拟化。
   A. 资源　　　　　B. 网络　　　　　C. 应用　　　　　D. 数据

7. 通过虚拟化技术不能实现将（　　）隔离开。
   A. 硬件设备　　　B. 软件应用　　　C. 数据　　　　　D. 网络

8. SaaS 的主要功能有（　　）。
   A. 随时随地访问　　　　　　　　　B. 支持公开协议
   C. 多用户　　　　　　　　　　　　D. 以上都是

9. IaaS 的主要功能不包括（　　）。
   A. 资源抽象　　　　　　　　　　　B. 负载管理
   C. 数据管理　　　　　　　　　　　D. 资源整合

10. IaaS 的服务对象是（　　）。
    A. 需要硬件资源的用户　　　　　　B. 程序开发者

C. 企业　　　　　　　　　　　　D. 需要软件应用的用户

二、判断题

1. 分布式概念很广，凡是去中心的架构都可以理解为分布式。　　　　　　（　　）

2. 分布式计算是一种计算方法，和集中式计算是相对的。　　　　　　　（　　）

3. 分布式计算将应用分解成许多更小的部分，分配到多台计算机进行处理，这样可以节省整体计算时间，大大提高计算效率。　　　　　　　　　　　　　　（　　）

4. 微服务技术是屏蔽掉不同开发平台开发的功能模块的相互调用的障碍。（　　）

5. 云计算解决的是人和 IT 资源的关系。　　　　　　　　　　　　　　（　　）

6. IaaS、PaaS、SaaS 3 个交付模型之间有必然的联系，只是 3 种不同的服务模式都是基于互联网。　　　　　　　　　　　　　　　　　　　　　　　　（　　）

7. 公有云，是指为外部客户提供服务的云，它所有的服务既供别人使用，也供自己使用。　　　　　　　　　　　　　　　　　　　　　　　　　　　　　（　　）

8. 云存储是作为基础架构中的重要部分对外提供服务。　　　　　　　（　　）

9. 云计算 IT 资源庞大，分布较为广泛，是异构系统较多的企业及时准确处理数据的有力方式，甚至是唯一方式。　　　　　　　　　　　　　　　　　　　（　　）

10. 最简单的云计算技术在网络服务中已经随处可见，如搜索引擎、网络信箱等，使用者只需要输入简单的指令即可得到大量信息。　　　　　　　　　　　　（　　）

三、填空题

1. 云计算的虚拟化技术不同于传统的单一虚拟化，它是涵盖整个 IT 架构的，包括资源、网络、应用和_____在内的全系统虚拟化。

2. 云计算系统对大数据集进行处理、_____向用户提供高效的服务。

3. 容器即_____（Container as a Service，CaaS），也称为_____，是以容器为资源分割和调度的基本单位。

4. 大数据技术与云计算的发展密切相关，大数据技术是云计算技术的_____。

5. 云计算涵盖了计算机系统、计算机网络、并行计算、分布式计算和_____等各种技术。

6. 部署云计算服务的模式有三大类：公有云、私有云和_____。

7. 云计算的组成可以分为 6 部分，它们由下至上分别是基础设施、存储、平台、应用、服务和_____。

8. _____是经过虚拟化后的硬件资源和相关管理功能的集合。

9. 云存储涉及提供数据存储作为一项服务，包括类似数据库的服务，通常以_____为结算基础。

10. _____直接提供计算平台和解决方案作为服务。

四、简答题

1. SaaS、PaaS、IaaS 三者有哪些区别和联系？

2. 云计算面临哪些挑战？

3. 公有云和私有云分别适用于哪些场景？

第3章

云计算机制

本章主要介绍常见的云计算机制,包括云基础设施机制、云管理机制和特殊云机制。通过本章的学习,读者能够对云计算的机制有所了解。

3.1 云基础设施机制

云基础设施机制是云环境的基础构件块,它是形成云技术架构基础的主要构件。云基础设施机制主要针对计算、存储、网络,包括虚拟网络边界、虚拟服务器、云存储设备和就绪环境。

这些机制并非全都应用广泛,也不需要为其中的每一个机制建立独立的架构层。相反,它们应被视为云平台中常见的核心组件。

3.1.1 虚拟网络边界

虚拟网络边界(virtual network perimeter)通常由提供和控制数据中心连接的网络设备建立,一般作为虚拟化环境部署,如虚拟防火墙(VLAN)、虚拟网络(VPN)等。该机制被定义为将一个网络环境与通信网络的其他部分隔开,形成一个虚拟网络边界,包含并隔离了一组相关的基于云的 IT 资源,这些资源在物理上可能是分布式的。

该机制可被用于如下几方面。

(1) 将云中的 IT 资源与非授权用户隔离。

(2) 将云中的 IT 资源与非用户隔离。

(3) 将云中的 IT 资源与云用户隔离。

(4) 控制被隔离 IT 资源的可用带宽。

1. 虚拟防火墙

图 3.1 是虚拟防火墙的示意图。虚拟防火墙是一个逻辑概念,该技术可以在一个单一的硬件平台上提供多个防火墙实体,即把一台防火墙设备在逻辑上划分成多台虚拟防火墙,每台虚拟防火墙都可以被看成是一台完全独立的防火墙设备,可拥有独立的管理员、安全策略、用户认证数据库等。

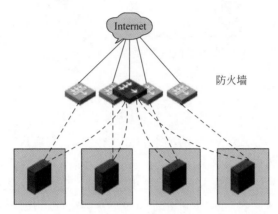

图 3.1　虚拟防火墙的示意图

每个虚拟防火墙都能够实现防火墙的大部分特性,并且虚拟防火墙之间相互独立,一般情况下不允许相互通信。

虚拟防火墙具有以下技术特点。

(1) 每个虚拟防火墙独立维护一组安全区域。

(2) 每个虚拟防火墙独立维护一组资源对象(地址/地址组、服务/服务组等)。

(3) 每个虚拟防火墙独立维护自己的包过滤策略。

(4) 每个虚拟防火墙独立维护自己的 ASPF 策略、NAT 策略、ALG 策略。

(5) 可限制每个虚拟防火墙占用的资源数,如防火墙 Session 及 ASPF Session 数目。

虚拟防火墙不仅解决了业务多实例的问题,更重要的是,通过它可将一个物理防火墙划分为多个逻辑防火墙使用。多个逻辑防火墙可以单独配置不同的安全策略,并且在默认情况下,不同的虚拟防火墙之间是隔离的。

2. 虚拟专用网络

虚拟专用网络(VPN)是一种通过公用网络(如 Internet)连接专用网络(如办公室网络)的方法。

它将拨号服务器的拨号连接的优点与 Internet 连接的方便与灵活相结合。通过使用 Internet 连接,用户可以在大多数地方通过距离最近的 Internet 访问电话号码连接到自己的网络。

VPN 使用经过身份验证的连接来确保只有授权用户才能连接到自己的网络,而且这些用户使用加密来确保他们通过 Internet 传送的数据不会被其他人截取和利用。

Windows 使用点对点隧道协议(PPTP)或第二层隧道协议(L2TP)实现此安全性。

图 3.2 所示为 VPN 的基本原理。VPN 技术使得公司可以通过公用网络(如 Internet)连接到其分支办事处或其他公司,同时又可以保证通信安全。通过 Internet 的 VPN 连接从逻辑上来讲相当于一个专用的广域网(WAN)连接。

图 3.2　VPN 的基本原理

VPN 系统的主要特点如下。

(1) 安全保障:虽然实现 VPN 的技术和方式很多,但所有的 VPN 均应保证通过公用网络平台传输数据的专用性和安全性。在安全性方面,由于 VPN 直接构建在公用网上,实现简单、方便、灵活,但同时其安全问题更为突出。企业必须确保其 VPN 上传送的数据不被攻击者窥视和篡改,并且要防止非法用户对网络资源或私有信息的访问。

(2) 服务质量保证(QoS):VPN 应当为企业数据提供不同等级的 QoS。不同的用户和业务对 QoS 的要求差别较大。在网络优化方面,构建 VPN 的另一重要需求是充分、有效地利用有限的广域网资源,为重要数据提供可靠的带宽。广域网流量的不确定性使其带宽的利用率很低,在流量高峰时会引起网络阻塞,使实时性要求高的数据得不到及时发送;而在流量低谷时又造成大量的网络带宽空闲。QoS 通过流量预测与流量控制策略可以按照优先级实现带宽管理,使得各类数据能够被合理地先后发送,并预防阻塞的发生。

(3) 可扩充性和灵活性:VPN 必须能够支持通过 Intranet 和 Extranet 的任何类型的数据流,方便增加新的节点,支持多种类型的传输媒介,可以满足同时传输语音、图像和数据等应用对高质量传输以及带宽增加的需求。

(4) 可管理性:从用户角度和运营商角度而言,应可方便地进行管理、维护。VPN 管理的目标为减小网络风险,具有高扩展性、经济性、高可靠性等优点。事实上,VPN 管理主要包括安全管理、设备管理、配置管理、访问控制列表管理、QoS 管理等内容。

3.1.2　虚拟服务器

服务器通常通过虚拟机监视器(VMM)或虚拟化平台(hypervisor)来实现硬件设备的抽象、资源的调度和虚拟机的管理。虚拟服务器(virtual server)是一种模拟物理服务器的虚拟化软件。虚拟服务器与虚拟机(VM)是同义词,虚拟基础设施管理器(VIM)用于协调与 VM 实例创建相关的物理服务器。虚拟服务器需要对服务器的 CPU、内存、设备及 I/O 分别实现虚拟化。

通过向云用户提供独立的虚拟服务实例,云提供者使多个云用户共享同一个物理服务器,如图 3.3 所示。

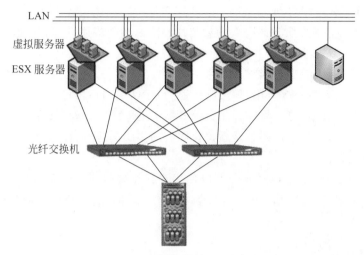

图 3.3 虚拟服务器的基本架构

每个虚拟服务器都可以存储大量的 IT 资源、基于云的解决方案和其他的云计算机制。从映像文件进行虚拟服务器的实例化是一个可以快速且按需完成的资源分配过程。通过安装和释放虚拟服务器,云用户可以定制自己的环境,这个环境独立于其他正在使用由同一底层物理服务器控制的虚拟服务器的云用户。虚拟服务器的具体内容将在 4.2 节详细介绍。虚拟服务器有以下几个特性。

(1)多实例:通过服务器虚拟化,一台物理机上可以运行多个虚拟服务器,支持多个客户操作系统,并且物理系统的资源以可控的方式分配给虚拟机。

(2)隔离性:虚拟服务器可以将同一台物理服务器上的多个虚拟机完全隔离开,多个虚拟机之间就像多个物理机器之间一样,每个虚拟机都有自己独立的内存空间,一个虚拟机的崩溃并不会影响其他虚拟机。

(3)封装性:一个完整的虚拟机环境对外表现为一个单一的实体,便于在不同的硬件设备之间备份、移动和复制。同时,虚拟服务器将物理机器的硬件封装为标准化的虚拟硬件设备提供给虚拟机内的操作系统和应用程序,提高了系统的兼容性。

基于以上这些特性,虚拟服务器带来了如下优点。

(1)实时迁移:实时迁移指在虚拟机运行时,将虚拟机的运行状态完整、快速地从一个宿主平台迁移到另一个宿主平台,整个迁移过程是平滑的,且对用户透明。由于虚拟服务器的封装性,实时迁移可以支持原宿主机和目标宿主机硬件平台之间的异构性。

当一台物理机器的硬件需要维护或更新时,实时迁移可以在不宕机的情况下将虚拟机迁移到另一台物理机器上,大大提高了系统的可用性。

(2)快速部署:在传统的数据中心中,部署一个应用需要安装操作系统、安装中间件、安装应用、配置、测试、运行等多个步骤,通常需要耗费十几小时甚至几天的时间,并且在部署过程中容易产生错误。

在采用虚拟服务器之后,部署一个应用其实就是部署一个封装好操作系统和应用程序的虚拟机,部署过程只需要复制虚拟机、启动虚拟机和配置虚拟机几个步骤,通常只需要十几分钟，且部署过程自动化，不易出错。

（3）高兼容性：虚拟服务器提供的封装性和隔离性使应用的运行平台与物理底层分离，提高了系统的兼容性。

（4）提高资源利用率：在传统的数据中心中，出于对管理性、安全性和性能的考虑，大部分服务器都只运行一个应用，导致服务器的 CPU 使用率很低，平均只有 5%～20%。在采用虚拟服务器之后，可以将原来多台服务器上的应用整合到一台服务器中，提高了服务器资源的利用率，并且通过服务器虚拟化固有的多实例、隔离性和封装性保证了应用原有的性能和安全性。

（5）动态调度资源：虚拟服务器可以使用户根据虚拟机内部资源的使用情况即时、灵活地调整虚拟机的资源，如 CPU、内存等，而不必像物理服务器那样需要打开机箱更换硬件。

3.1.3　云存储设备

云存储设备（cloud storage device）机制指专门为基于云配置所设计的存储设备。这些设备的实例可以被虚拟化。其单位如下。

- 文件（file）：数据集合分组存放在文件夹中的文件里。
- 块（block）：存储的最低等级，最接近硬件，数据块是可以被独立访问的最小数据单位。
- 数据集（dataset）：基于表格的以分隔符分隔的或以记录形式组织的数据集合。
- 对象（object）：将数据及其相关的元数据组织为基于 Web 的资源，各种类型的数据都可以作为 Web 资源被引用和存储，例如，利用 HTTP 的 CRUD（Create、Retrieve、Update、Delete）操作（如 CDMI，全称为 Cloud Data Management Interface）。

图 3.4　云存储的广泛应用

随着云存储的广泛应用（如图 3.4 所示），一个与云存储相关的主要问题出现了，那就是数据的安全性、完整性和保密性，当数据被委托给外部云提供者或其他第三方时，更容易出现危害。此外，当数据出现跨地域或国界的迁移时，也会导致法律和监管问题。

1. 用户的操作安全

当一个用户在公司编辑某个文件后，回到家中再次编辑，那么他再次回到公司时文件已是昨晚更新过的，这是理想状态下的情况，在很多时候用户编辑一个文件后会发现编辑有误，想取回存在公司的文件版本时，可能用户的副本已经在没有支持版本管理的云存储中被错误地更新了。同样的道理，当删除一个文件时，如果没有额外备份，也许到网盘回收站中也找不到了。版本管理在技术上不存在问题，但是会加大用户的操作难度。目前的云存储服务商只有少数的私有云提供商提供有限的支持，多数情况下这种覆盖时常发生。

2. 服务端的安全操作

云存储设备早已成为黑客入侵的目标,因为设备上不仅有大量的用户数据,而且对此类大用户群服务的劫持更是黑色收入的重要来源。也就是说,云存储设备的安全性直接影响着用户上传数据的安全。在虚拟服务器技术的支撑下,V2V(Virtual to Virtual)迁移的可靠性相当高,多数云存储厂商都预备了安全防护方案。

3.1.4 就绪环境

PaaS 平台指云环境中的应用即服务(包括应用平台、集成、业务流程管理和数据库服务等),也可以说是中间件即服务。PaaS 平台在云架构中位于中间层,其上层是 SaaS,其下层是 IaaS,基于 IaaS 之上的是为应用开发(可以是 SaaS 应用,也可以不是)提供接口和软件运行环境的平台层服务。

就绪环境机制是 PaaS 云交付模型的定义组件,基于云平台,已有一组安装好的 IT 资源,可以被云用户使用和定制。云用户利用就绪环境机制进行远程开发及配置自身的服务和应用程序,如数据库、中间件、开发工具和管理工具以及进行开发和部署 Web 应用程序。

Oracle 的共享、高效的 PaaS 框架如图 3.5 所示,其中解释了就绪环境机制的实现位于应用运行环境层(aPaaS),为用户提供了一套完整的运行环境。

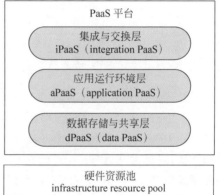

图 3.5 Oracle 的 PaaS 框架

(1) iPaaS:基于 SOA、ESB、BPM 等架构,是云内/云与企业间的集成平台。

(2) aPaaS:共享,基于 Java 等应用技术架构,是应用的部署与运行环境平台。

(3) dPaaS:可灵活伸缩,是数据存储与共享平台,提供多租户环境下高效与安全的数据访问。

(4) 硬件资源池:为 PaaS 平台提供所需要的高性能硬件资源系统。

3.2 云管理机制

云管理(CMP)这个概念的产生来源于私有云和混合云。对于企业来说,企业内部既存在传统架构,也存在云架构,采买和使用的设备以及软件厂商和型号各异,不同的企业又存在不同的环境差异,同时私有云的需求和服务也有差异,因此需要一个云管理平台,从资源池规划、服务目录管理、云 CMDB、流程管控、监控容量等多个方面对数据中心进行管理和治理。

对于公有云本身来说,公有云平台已经将各种管理任务封装为标准的服务,用户在使用公有云时也会涉及管理工作,但其管理工作大多是账号管理、账单管理、权限管理等,例如,在公有云上的资源开通、架构设计、迁移等都属于服务使用范畴,使用者根据业务需求进行使用即可,不需要负责管理工作。

表 3.1 是云管理与传统管理的比较。

表 3.1 云管理与传统管理的比较

	传 统 管 理	云 管 理
管理对象	网络、存储、服务器、OS、数据库、中间件、应用	IaaS、PaaS、SaaS 等各种云服务
管理目标	实现 IT 系统的正常运作	实现云服务的端对端交付及云数据中心运维
管理特色	需要专业的管理技能; 手动管理; 竖井式管理	通过封装屏蔽底层细节; 自服务、自动化; 多租户,共享管理平台
管理平台的易用性	安装配置复杂	自配置、自修复、自优化
管理规模	100 节点	10000＋节点
用户	管理员	分层管理,多租户
整合	基于事件、数据库、私有接口的整合	面向服务的整合
管理手段	离散的工具	充分自动化

经过表 3.1 所示的云管理与传统管理的比较,不难发现基于云的 IT 资源需要被建立、配置、维护和监控。远程管理系统是必不可少的,它们促进了形成云平台与解决方案的 IT 资源的控制和演化,从而形成了云技术架构的关键部分,与管理相关的机制有远程管理系统、资源池化管理、SLA 管理系统、计费管理系统、资源备份、云监控、自动化运维、服务模板管理、云 CMDB 及流程管理、服务目录管理、租户及用户管理、容量规划及管理等。

3.2.1 远程管理系统

远程管理系统(remote administration system)机制通过向外部的云资源管理者提供工具和用户界面来配置并管理基于云的 IT 资源。

图 3.6 远程管理系统的主要功能

如图 3.6 所示,远程管理系统能建立一个入口,以便访问各种底层系统的控制和管理功能,这些功能包括资源管理、SLA(服务等级协议)管理和计费管理。

远程管理系统主要创建以下两种类型的入口。

(1) 使用与管理入口:一种通用入口,集中管理不同的基于云的 IT 资源,并提供资源使用报告。

(2) 自助服务入口:该入口允许云用户搜索云提供者提供的最新云服务和 IT 资源列表,然后云用户向云提供者提交其选项进行资源分配。

这个系统也包括 API,云用户可以通过这些标准 API 来构建自己的控制台。云用户

可能使用多个云提供者的服务,也可能更换提供者。云用户能执行的任务如下:

- 配置与建立云服务。
- 为按需云服务提供和释放 IT 资源。
- 监控云服务的状态、使用和性能。
- 监控 QoS 和 SLA 的实行。
- 管理租赁成本和使用费用。
- 管理用户账户、安全凭证、授权和访问控制。
- 追踪对租赁服务内部与外部的访问。
- 规划和评估 IT 资源供给。
- 容量规划。

3.2.2 资源池化管理

资源池化管理系统(resource pool management system)是云管理平台的关键所在,因为在一个企业内部,传统数据中心往往分散在不同地区,不同地区的数据中心也会有不同的等级以及业务属性。同时,在同一数据中心内,也会根据多个维度进行池化划分。如图 3.7 所示,资源池是以资源种类为基础来进行划分的,因为企业环境中的硬件设备种类繁多、应用架构复杂,用户对于应用的可用性要求较高,在设计时需要充分考虑。资源池建设考虑以下 5 个因素。

图 3.7 资源池化管理系统

(1) 资源种类:企业内部存在多种异构资源,如 x86 环境、小型机环境等,同一种类型中也存在很大差异,如 x86 环境下的 Intel 和 AMD 处理器。在进行总体设计时,要合理规划不同种类的资源池。

(2) 应用架构:应用架构通常把应用分成多个层次,典型的层次如 Web 层、应用层、数据层和辅助功能层等,所以针对应用架构提出的层次化需求是总体设计中第二个需要考虑的因素。

(3) 应用等级保障:面对多样化的用户群体和需求,资源池需要提供不同服务等级的资源服务来满足不同的用户 SLA 需求(如金银铜牌服务)。

(4) 管理需求:从管理角度来说,存在多种管理需求,例如,高可用管理需要划分生产区、同城灾备区和异地灾备区,应用的测试、开发、培训环境,监控和日常操作管理需要划分生产区和管理操作区。

(5) 安全域:应用环境在传统网络上有逻辑隔离或者物理隔离的需求,在资源池中,需要实现同样的安全标准来保证应用正常运行。

3.2.3 服务等级协议管理系统

云计算市场在持续增长,用户如今关注的不仅仅是云服务的可用性,他们想知道厂商能否为终端用户提供更好的服务。因此,用户更关注服务等级协议(Service Level

Agreement，SLA），并需要监控 SLA 的执行情况。

SLA 是服务提供者和客户之间的一个正式合同，用来保证可计量的网络性能达到所定义的品质。

SLA 监控器（SLA monitor）机制被用来专门观察云服务运行时性能，确保它们履行了 SLA 公布的约定 QoS 需求。例如，轮询检测是否在线，检测 QoS 是否达到 SLA 的要求。

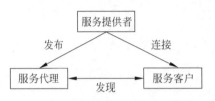

图 3.8　SLA 监控器保证的服务体系架构

SLA 监控器保证的服务体系架构如图 3.8 所示，需要 3 个服务角色，即服务提供者、服务客户和服务代理。

首先，通过在适当的平台上创建一个 Web 服务并生成 WSDL 文档和服务的基本 SLA，服务提供者发布一个由 SLA 保证的 Web 服务。

其次，它把服务细节发送到服务代理，以存储在资源库中。服务客户向代理注册，然后在代理的资源库中搜索并发现适当的 Web 服务，检索服务的 WSDL 和 SLA。

最后，它与提供者协商把 SLA 正规化，确定下来，并绑定到它的 Web 服务。

在使用 SLA 监控器机制时需要注意一些问题，如第三方监控、告警装置、转换 SLA 以及有效的后备设施等。

1. 第三方监控

审计是很重要的一步，能够确保安全，保证 SLA 的承诺和责任归属，保持需求合规。用户可以用第三方监控。如果用户在云中运行业务关键的应用，这项服务应该保证定期审查，确保合规，并督促厂商与 SLA 步调一致。

2. 转换 SLA，帮助整个业务成果

尽管云计算市场正在迅猛发展，但中小型企业的 IT 大多不够成熟，不足以支撑基于基础设施的 SLA 来帮助业务发展。企业应该选择最适合业务需求的 SLA，而不是急急忙忙签署协议。

如果企业操之过急，直接选择基础设施级别的 SLA，可能会导致公司内部产生额外花费。例如，某企业想要 99.999% 的高可用性，服务商就会提供更多冗余和灾难恢复，结果花费大幅度提高。

当聚焦于节俭型业务级别的 SLA 时，云计算 SLA 监控应该具有逻辑性和可行性，而不仅仅是基础设施级别的 SLA。

3. 确保告警装置

为了让 SLA 监控更高效，用户要确保可以通过 Web 门户定期报告可用性和责任时间。用户应该保证及时的 E-mail 告警。

4. 确保厂商有高效的后备设施

不同的厂商对于数据保护的责任分配不同,有的厂商会把责任推给客户,这样客户只好自己保护数据。因此,用户应该确定服务商在签署 SLA 时是否对此负有责任。

3.2.4　计费管理系统

计费管理系统(billing management system)机制专门用于收集和处理使用数据,它涉及云提供者的结算和云用户的计费。计费管理系统依靠按使用付费监控器来收集运行时使用的数据,这些数据存储在系统组件的一个库中,然后为了计费、报告和开发票等,从库中提取数据。图 3.9 是一个由定价与合同管理器和按使用付费测量库构成的计费管理系统。

图 3.9　计费管理系统的组成

3.2.5　资源备份

图 3.10 和图 3.11 分别是传统 IT 架构视角和云计算架构视角的展示。与传统 IT 架构视角不同的是,云计算集中部署计算和存储资源,提供给各个用户,这既避免了用户重复建设信息系统的低效率,又能赋予用户价格低廉且近乎无限的计算能力。云计算提供的资源是弹性可扩展的,可以动态部署、动态调度、动态回收,以高效的方式满足业务发展和平时运行峰值的资源需求。云计算使用了资源备份容错、计算节点同构可互换等措施来保障服务的高可靠性和专业的维护队伍。

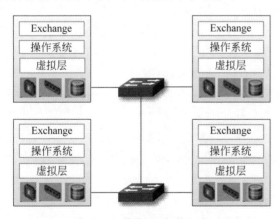

图 3.10　传统 IT 架构视角

图 3.11　云计算架构视角

资源备份(resource backup)可对同一个 IT 资源创建多个实例。资源备份用于加强 IT 资源的可用性和性能。使用虚拟化技术来实现资源备份机制,可以复制基于云的 IT 资源(如整个数据中心中的应用、数据)实现集中的备份和恢复,确保当出现系统故障、误操作等情况时应用系统仍然可用和可恢复。

对于私有数据中心或私有云平台来说,企业可以利用云存储的能力实现云端备份,这样可以降低不可抗力因素造成数据丢失的风险。主流的公有云厂商都提供了云端备份方案，例如，可以把数据库镜像或者文件系统中的文件批量备份到云端，也可以在云端启动数据库实例的副本，并实时复制数据。

对于公有云平台来说，本身就提供了异地多副本备份机制，可以将数据库快照复制到另外一个可用区或者其他区域进行备份。同时，对于数据库的备份，也可以选择在启动一个数据实例时对该实例进行多区域的部署。

3.2.6 云监控

云监控是指为了保证应用和服务的性能，开发者必须依据应用程序、服务的设计和实现机制估算工作负载，确定所需资源和容量，避免资源供应不足或供应过量。

虽然负载估计值可通过静态分析、测试和监控得到，但实际上系统负载变化迅速、难以预测。云提供商通常负责资源管理和容量规划，提供 QoS 保证。因此，监控对于云提供商是至关重要的。提供商根据监控信息追踪各种 QoS 参数的变化，观察系统资源的利用情况，从而准确规划基础设施和资源，遵守 SLA。

在私有云和混合云中，云监控主要是管理员对云环境进行监控管理以及以用户自服务方式进行监控管理。在公有云中，通常不涉及管理员部分的监控，多为以用户自服务方式对自己开通的资源进行监控。

在私有云中，管理员应该可以通过云监控平台获取基础架构资源信息，通过仪表板和报告的方式掌握云平台的资源使用情况。云平台可以发现所有开通的虚拟机以及资源使用情况；自动提供虚拟资源和物理资源的映射，便于发现虚拟资源和物理资源的关系；监控集群、资源池、虚拟主机、具体虚拟机的运行情况，监控的指标涵盖了运行状态、存储、网络、CPU、内存等各方面的性能和状态参数。

在企业内往往遗留了一部分传统非云架构，所以需要企业内的私有云平台可以监控云资源以及非云资源。除了基础架构资源外，有些企业管理员还担负基础架构上层的应用资源监控的职责，如数据库连接池状态、MQ 消息队列状态等。

云监控可以让用户及管理员自己设置监控阈值，当资源使用低于阈值时，自动产生告警并发送到事件告警平台，方便管理员统一查看管理。

从管理员的角度而言，云平台的监控是对云数据中心的监控，这里包括了物理环境监控、虚拟化环境监控、操作系统及组件监控、业务影响分析等。除此之外，对于支撑云数据中心的机房本身也需要做监控管理。

通常，一个云管理平台面向管理员的监控系统应涵盖以下内容。

（1）数据采集：数据采集可采用多种类型的采集模式，如 Webservice、文件接口（FTP）、DB-Link、Socket、CORBA、RMI、CWMP 消息队列等。信息采集接口方式与信息模型松耦合，即无论采取何种接口方式或技术，其交互的信息都应遵循统一的信息模型。采集类别包括容量数据、性能数据、网络监控数据、操作监控数据、应用监控数据、日志数据。

（2）数据处理和分析：能够对收集的数据进行加工处理，发掘其内在规律，为运行决策提供支持；具备对接现有各个数据库的能力，提供网络运行、容量管理、运维流程、业务运行情况等综合性数据分析服务；提供性能动态基线功能，能够根据业务和系统运行规律的变化趋势自动学习各个性能指标特点，加权计算出动态基线，包含小时、周天、周末、日期等基线，以此基线作为动态阈值。

（3）告警事件管理：监控平台能够对云平台的告警事件进行统一管理，对事件进行过滤、压缩、相关性分析、自动化处理、报警升级等工作，建立高效、易用、灵活的事件管理。监控平台自身具有独立的分析引擎，具有良好的事件分析处理功能，为了保证在出现事件风暴的情况下事件处理核心不崩溃，需要提供告警事件处理功能，可以对实时告警事件信息进行采集，根据管理需要进行信息过滤、关联、重复事件压缩、事件关联分析和处理，并将这些信息分发给负责处理的管理员；能够对大事件量进行采集和处理，以支持现在的管理需要和未来的管理扩展。

云计算是对既有的计算资源在一种全新模式下的重组。在云端，数以万计的服务器提供近乎无穷的计算能力，而云用户根据自己的需求获取相应的计算能力。集中的存储和计算形成了云能耗黑洞。云计算系统作为未来信息通信系统中内容与服务的源头与处理核心，也已成为信息通信系统的能耗大户。现在，能量支出已经成为云计算系统运营不断增加的成本的影响因素，甚至有可能超过购买硬件资源的成本。为了充分利用能量，提供系统能效，降低能量成本，需要从监控能耗入手，利用采集来的系统运营状态参数对服务器中的主要耗能部件进行建模分析，为节能策略的构建提供依据。

云计算是一种按使用量付费的模式，使用付费监控器（pay-per-use monitor）机制按照预先定义好的定价参数测量基于云的 IT 资源使用，使用期间生成的日志可以计算费用，日志主要包括请求/响应消息数量、传送的数据量、带宽消耗量等。

3.2.7 自动化运维

在传统数据中心中，一般将开发好的业务交给运维人员，运维人员要保证其可用性，通常从服务器、网络、存储、应用几方面进行运维和管理。在自动化运维中，也可以从这几个角度进行运维和管理。

在上了云平台之后，云平台本身有资源集中和资源上收的要求，IT 组织面临众多挑战，例如，不断增加的复杂性、成本削减要求、合规要求以及更快响应业务需求的压力。许多 IT 组织艰难地应对这些挑战，并承认目前的运营方法根本无法让他们取得成功。手动操作具有被动性，需要大量人工，容易出错，而且严重依赖高素质人员。同时，通过单点解决方案或基于脚本的方法也难以解决手工运维的种种问题，因此企业开始转而寻找能够利用一个集成式平台来满足其所有服务器管理与合规需求的综合解决方案。

云平台可以集成配置自动化与合规保证的独特架构，使 IT 组织能够实施基于策略的自动化解决方案来管理其数据中心，同时确保其关键业务服务的最大正常运行时间。另外，由于用户继续采用虚拟化和基于云计算的技术，服务器自动化运维为跨越所有主要虚拟平台管理物理和虚拟服务器提供了单一平台。在可靠、安全模型的支持下，该解决方案使企业能够通过满足其在配置、指配和合规 3 个领域的需求而大大降低运营成本，提高运营质量和实现运营合规。

那么运维自动化应涵盖哪些方面呢？自动化开通资源解决了从手动到自动的资源创

建过程。那么在资源创建后呢？在资源创建后，更多时间是如何进行运维和保障，而在弹性自服务方式开通时，用户所面对的资源是呈几何倍数增长的。在这种情况下，云平台的自动化运维就显得格外重要，可以从以下几方面考虑运维的自动化，应该注意云平台本身涉及很多自动化技术，本节主要说明对于管理员端该如何自动化运维以及考虑的方面。

（1）配置：配置管理任务在数据中心执行的活动中通常占有相当高的比例，包括服务器打补丁、配置、更新和报告。通过对用户隐藏底层复杂性，云平台能够确保变更和配置管理活动的一致性。同时，在安全约束的范围内，它可以提供关于被管理服务器的足够的详细信息，从而确保管理活动的有效和准确。

（2）合规：大多数 IT 组织都需要使其服务器配置满足一些策略的要求，不管是监管（SOX、PCI 或 HIPAA）、安全（NIST、DISA 或 CIS）还是运营方面。云平台应该可以帮助 IT 组织定义和应用配置策略，从而实现并保持合规。当某个服务器或应用程序配置背离策略时，它会自动生成并打包必要的纠正指令，而且这些指令可以自动或手动部署在服务器上。

（3）补丁：云平台的自助服务往往会让管理员担心服务器成倍增长带来的可控性，尤其是漏洞给企业的生产安全带来的隐患。云平台给管理员提供便捷的补丁自动下载、自动核查现有操作系统补丁状态、自动安装和出具报告等功能，对于不同平台的操作系统，都可以实现联网，自动获取补丁库。

（4）自动发现：对于弹性云环境，资源变化相当频繁，包括主机漂移等，都会给企业的资产维护带来不确定性，尤其是运维人员想了解当下哪些服务器装了哪些操作系统及其版本以及上面运行的组件软件（包括组件间访问关系）等，这些都给运维人员对资产的了解提出了挑战。因此，云平台运维应该可以自动扫描基础架构，能发现服务器、网络、存储的配置信息，并可以自动生成应用组件拓扑。

3.2.8　服务模板管理

服务模板管理也可以理解为服务蓝图。服务蓝图给出了一种可视化、架构式定义服务的全新方式。

（1）提供服务的部署视图：定义部署服务的一种或多种方式（如虚拟部署形态、物理部署形态，甚至公有云部署形态）。

（2）能够说明服务运行所需的资源。

（3）由服务器对象、存储对象和网络对象（含负载均衡/防火墙规则）组成。

服务设计器支持服务组装，以拖曳方式将软件包、操作系统、网络配置定义等原子服务组合为包含多个服务节点并相互关联的复杂服务。底层调度引擎自动根据服务设计器生成的服务描述驱动资源层自动化模块完成服务的创建与配置，无须人工干预。

服务蓝图的构成包括组件定义、组件 OS 以及软件定义、网络配置定义等。通过服务蓝图可以简化服务的维护，并对各服务组成方式进行单独、无耦合的管理和实现。特别是当未来需要增加新的部署模式，需要新的"集群环境（集群部署架构）"时，仅需要对该部署模式进行定义，并挂接到同一个服务蓝图下。松耦合的服务定义方式大大提高了服务管理的能力。

同时,服务蓝图的参数化支持服务前端的高度灵活性。例如,在服务蓝图中可以将数据库组件的数据库实例名及服务端口参数化,这样前端用户就可以在请求该服务时输入期望的值。服务蓝图的管理方式分割了后端实现与前端界面的紧密依赖。事实上,该参数化在服务蓝图上实现后,平台将自动对接更低层的资源管理层,以实现资源部署时的动态逻辑,即在用户请求被确认后,平台发起数据库部署时,动态地将用户给定的值传入,作为创建的数据库服务的实例名和服务端口。基于服务蓝图的特性,用户具备了实现端到端灵活化服务的能力。

3.2.9 云 CMDB 及流程管理

配置管理数据库(Configuration Management DataBase,CMDB)存储与管理企业 IT 架构中设备的各种配置信息,它与所有服务支持和服务交付流程紧密相连,支持这些流程的运转,发挥配置信息的价值,同时依赖于相关流程保证数据的准确性。在实际项目中,CMDB 常常被认为是构建其他 ITIL 流程的基础而优先考虑,ITIL 项目的成败和是否成功建立 CMDB 有非常大的关系。在云数据中心中对 CMDB 提出了新的要求,大家知道,每个 IaaS 都有一个自己的 CMDB,那么如何实现对 IaaS 云的 CMDB 管理? Docker 和其他类似服务化平台出现之后,又如何实现对这类资源的管理?

当云平台到来的时候,传统的 CMDB 依然显示出其重要作用,对于资源管理的核心环节,需要对企业内部形成统一台账。本节并不以过多的篇幅来讲述 CMDB 本身,而只是对在云平台下,如何能够对动态的基础架构信息进行数据管理做一个简单的思路介绍。

和过去的传统运维方式不同,传统方式下的资源发放都是用户提交申请,然后管理员手动开通的,而在手动开通中,管理员是可以对该开通的资源进行表单记录和 CI 项录入的。但是在云环境下,资源都是用户以自助方式开通,同时对于资源配置的修改,例如,纵向扩容增减资源或虚拟机漂移等,都会对 CI 项产生影响。

在云平台中,通过自服务开通的这些云资源项(包括虚拟化平台本身及虚拟化架构、虚拟化架构中的各种配置信息)都需要进行数据填充形成 CI 项,而这些如果通过手动完成,几乎是不可能的,因此需要借助自动发现的能力发现动态中的云环境资源信息,同时自动搜集出 CI 项,填充到 CMDB 中。用户可以为云环境中的 CI 项单独配置一个沙箱,除了从云平台本身自动发现的数据以外,还有业务系统自动产生的一些数据,这些数据可以进行调和,并形成一个准确的 CI 项录入 CMDB。

3.2.10 服务目录管理

无论是在公有云上还是在企业私有云上看到的服务或目录,都是从用户角度看到的。管理员该如何对服务目录进行定义?如果要构建云平台的服务目录,应该具备什么样的能力? 下面做一下简单介绍。

(1)服务目录应该支持对服务的生命周期管理:提供对云服务全生命周期的管理,服务的创建、申请、变更、审批、修改、发布、授权及回收等过程在一个统一的云管理平台上实现。服务创建后可由云平台管理员进行发布。服务发布是对服务库和服务目录中的服务在运营管理系统内进行变更、激活、挂起、撤销等过程的管理。用户只可对发布状态为激活并经过授权的服务进行请求。

（2）服务目录定义了 IT 服务的使用者与 IT 资源之间的标准接口：管理员在服务目录中可以定义、发布、更新和终止 IT 服务，对 IT 服务的名称、描述、资源类别、资源规模、费用等作出规定，同时可以设定不同用户访问服务目录的权限。管理员可以在服务目录中定义计费策略，包括服务中的选项以及选项内容；设计计量标准，例如，CPU、内存等不同实例对应的价格，不同性能磁盘对应的计量、计价等。

（3）服务实例的管理：提供针对服务实例管理的用户界面，支持对服务实例的创建、审批、变更、终止等操作，管理员能够对服务实例的基本信息、服务请求流程的执行状态等进行操作与查询；支持用户提交修改资源配置的申请，如 CPU 个数、内存大小等。用户可针对已有的服务实例提交软件安装或补丁安装申请，例如，申请自动安装数据库软件或为某个软件自动打补丁；用户可针对已有的服务实例提交增加或删除虚拟网卡的需求，可指定网卡所在的网络；另外，用户可针对已有的服务实例提交增加或删除磁盘的需求。

（4）审批设定：针对不同的服务设计流程审批模板。审批管理可以根据用户的请求决定所需要的审批流程，该流程可以是串行、并行，或者单级、多级等模式，支持委托代理审批。管理员可以批准用户的申请，也可以拒绝用户的申请。在审批过程中需要留下详细的审计记录。如果服务申请被批准或拒绝，在自动化操作完后，将自动给申请人以及相关人员发邮件通知。

3.2.11　租户及用户管理

云平台与传统系统一样，都需要涉及租户和用户的管理。私有云通常叫租户管理，而在公有云中通常叫 Account 或 Organization。对于租户管理，云平台允许创建租户，并且第一个创建该租户的具有管理员的角色。对于不同租户的资源和数据隔离，通常可以通过虚拟私有云（Virtual Private Cloud，VPC）逻辑区分，然后再通过 VPC 和相应的网络安全策略进行绑定，从而实现逻辑隔离。

除了租户外，还需要设计权限和用户以及用户组，权限可以赋予用户组，也可以单独赋予某个用户，通过用户组可以更方便地划分用户属性。通过用户组合角色绑定，可以对用户所能看到的页面信息和访问视图进行控制。

在私有云中还会涉及配额管理，在公有云中不会涉及。这主要因为公有云对服务的申请会生成账单，而私有云往往用户申请资源，属于内部核算，不会发生真正的费用，因此需要指定配额，从而对租户以及用户进行使用量的限制。对用户可以设置资源使用额度，包括该用户所能申请的最大 CPU、内存、磁盘和申请的云主机数量的额度。当申请额度达到上限时无法继续申请资源，需要重新调整额度，然后才能申请。云平台管理员可以设置租户管理员额度，租户管理员可以设置租户内用户额度，额度可以设置为无限量。

3.2.12　容量规划及管理

云平台对容量的考量是非常有必要的，无论是公有云还是私有云。云端资源申请是弹性的、动态的，那么管理员什么时候知道该扩容？扩哪里？扩什么资源？在这个时候就需要云管理平台具备容量分析和规划的能力。

　　容量规划是基础设施运维服务的重要组成部分,业务关联度高,整合性强,预测误差小的容量预测工具能够有效预测资源池性能瓶颈和发生的时间点,避免性能问题所造成的服务中断。同时,容量信息也是硬件采购、系统扩容以及节能减排等工作的重要依据。

　　容量管理和规划需要具备分析、预测的能力,具备良好的数据兼容性,能够从网络、服务器、数据库、中间件、业务等监控系统中抽取指定的性能数据,并以直观的方式呈现给容量分析人员。同时系统内置预测/分析模块,支持 what-if、时间序列等分析模式,并绘制资源/服务趋势预测图,出具容量分析和规划报表。

　　系统支持业务场景下的容量分析。系统能够同时对资源指标、服务指标及业务指标进行关联度分析与预测,并提供相应的 what-if 预测,包括如下内容。

　　(1)指定业务 KPI,分析特定条件下的容量需求,例如,访问量增加 30%,保证在系统响应时间不变的条件下系统的可能瓶颈点以及容量需求。

　　(2)指定业务 KPI,分析系统的最大业务容量,保证在系统响应时间不变的条件下当前系统能支持的最大并发用户数。

　　(3)分析基础设施扩容,包括水平及垂直扩展以及业务增长趋势对资源利用率、业务 KPI 的影响。

　　(4)标识可能的性能瓶颈点,例如,为了保证响应的时间,当业务量增加 30%,标识此时系统的性能瓶颈点。

　　(5)根据 SPEC、TPC-C 等机构发布的硬件规格(hardware benchmarks)评估,比较不同的硬件对系统容量的影响,支持定制化 Benchmarks。

　　(6)提供容量面板、分析与规划报表。

3.3　特殊云机制

　　典型的云技术架构包括大量灵活的部分,这些部分应对 IT 资源和解决方案有不同的使用要求。通常有如下特殊云机制。

　　(1)自动伸缩监听器。

　　(2)负载均衡器。

　　(3)故障转移系统。

　　(4)虚拟机监控器。

　　(5)资源集群。

　　(6)多设备代理。

　　(7)状态管理数据库。

　　用户可以把这些机制看成对云基础设施的扩展。

3.3.1　自动伸缩监听器

　　自动伸缩监听器(automated scaling listener)机制是一个服务代理,它监听和追踪用户与云服务之间的通信或 IT 资源的使用情况。实际上就是监听,如果发现超过阈值(大或者小,例如 CPU>70%,用户请求每秒大于 10 个,并持续 10min),通知云用户(VIM 平台），云用户可以进行调整。注意，这只是监听器监听自动伸缩的需求，不是处理自动伸缩。如果扩展需求在同一物理服务器上无法实现，则需要 VIM 执行虚拟机在线迁移，迁移到满足条件的另一台物理服务器上。

对于不同负载波动的条件来说，自动伸缩监控器可以提供不同类型的响应，例如：

（1）根据云用户实现定义的参数，自动伸缩 IT 资源。

（2）当负载超过当前阈值或低于已分配资源时，自动通知云用户。

3.3.2　负载均衡器

负载均衡器（load balancer）机制是一个运行时代理，有下面 3 种方式，它们都是分布式的，而不是主/备（备份）的方式。该机制可以通过交换机、专门的硬件/软件设备及服务代理来实现。

（1）非对称分配（asymmetric distribution）：较大的工作负载被送到具有较强处理能力的 IT 资源。

（2）负载优先级（workload prioritization）：负载根据其优先级别进行调度、排队、丢弃和分配。

（3）上下文感知的分配（content-aware distribution）：根据请求内容分配到不同的 IT 资源。

负载均衡器被程序编码或者被配置成含有一组性能及 QoS 规则和参数，一般目标是优化 IT 资源使用，避免过载并最大化吞吐量。负载均衡器机制可以是多层网络交换机、专门的硬件设备、专门的基于软件的系统、服务代理。

负载均衡的实现方式有以下几类。

1. 软件负载均衡技术

该技术适用于一些中小型网站系统，可以满足一般的均衡负载需求。软件负载均衡技术是在一个或多个交互的网络系统中的多台服务器上安装一个或多个相应的负载均衡软件来实现的一种均衡负载技术。

软件可以很方便地安装在服务器上，并且实现一定的均衡负载功能。软件负载均衡技术配置简单、操作方便，最重要的是成本很低。

2. 硬件负载均衡技术

由于硬件负载均衡技术需要额外增加负载均衡器，成本比较高，所以适用于流量高的大型网站系统。不过对于目前规模较大的企业网站、政府网站来说，都会部署硬件负载均衡设备，原因一方面是硬件设备更稳定，另一方面也是合规性达标的目的。

硬件负载均衡技术是在多台服务器间安装相应的负载均衡设备，也就是通过负载均衡器来完成均衡负载技术，与软件负载均衡技术相比，能达到更好的负载均衡效果。

3. 本地负载均衡技术

本地负载均衡技术是对本地服务器集群进行负载均衡处理。该技术通过对服务器进行性能优化,使流量能够平均分配在服务器集群中的各个服务器上。本地负载均衡技术不需要购买昂贵的服务器或优化现有的网络结构。

4. 全局负载均衡技术

全局负载均衡技术(也称为广域网负载均衡)适用于拥有多个服务器集群的大型网站系统。全局负载均衡技术是对分布在全国各个地区的多个服务器进行负载均衡处理,该技术可以通过对访问用户的 IP 地理位置的判定,自动转向地域最近点。很多大型网站都使用这种技术。

5. 链路集合负载均衡技术

链路集合负载均衡技术是将网络系统中的多条物理链路当作单一的聚合逻辑链路来使用,使网站系统中的数据流量由聚合逻辑链路中所有的物理链路共同承担。这种技术可以在不改变现有的线路结构、不增加现有带宽的基础上大大提高网络数据吞吐量,节约成本。

3.3.3 故障转移系统

故障转移系统(failover system)通过集群技术提供冗余实现 IT 资源的可靠性和可用性。故障转移集群是一种高可用的基础结构层,由多台计算机组成,每台计算机相当于一个冗余节点,整个集群系统允许某部分节点掉线、故障或损坏,而不影响整个系统的正常运作。

一台服务器接管发生故障的服务器的过程通常称为"故障转移"。如果一台服务器变为不可用,则另一台服务器自动接管发生故障的服务器并继续处理任务。集群中的每台服务器在集群中至少有一台其他服务器确定为其备用服务器。故障转移系统有以下两种基本配置。

(1) 主动-主动:IT 资源的冗余实现会主动地同步服务工作负载,失效的实例从负荷均衡调度器中删除(或置为失效)。

(2) 主动-被动:有活跃实例和待机实例(无负荷,可最小配置),如果检测到活跃实例失效,将被重定向到待机实例,该待机实例就成为活跃实例。原来的活跃实例如果恢复或重新建立,可成为新的待机实例。这就是冗余机制。

负载均衡是对新请求进行保护,正在处理的请求(或请求组)是会丢失的。至于采用哪种方式,由具体业务特性决定。

如图 3.12 所示,第一台服务器(Database01)是处理所有事务的活动服务器,仅当 Database01 发生故障时,处于空闲状态的第二台服务器(Database02)才会处理事务。故障转移集群将一个虚拟 IP 地址和主机名(Database10)在客户端和应用程序所使用的网络上公开。

3.3.4 资源集群

资源集群(resource cluster)将多个 IT 资源实例合并成组,使之能像一个 IT 资源那

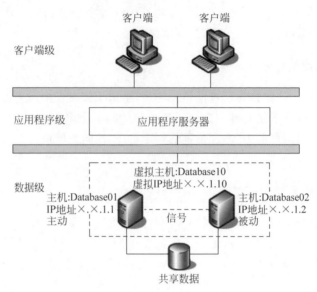

图 3.12　故障转移系统的工作原理

样进行操作,也就是"N in 1"。在实例间通过任务调度、数据共享和系统同步等进行通信。集群管理平台作为分布式中间件,运行在所有的集群节点上。资源集群的类型如下。

（1）服务器集群：运行在不同物理服务器上的虚拟机监控器可以被配置为共享虚拟服务器执行状态（如内存页和处理器寄存器状态）,以此建立起集群化的虚拟服务器,通常需物理服务器共享存储,这样虚拟服务器就可以从一个物理服务器在线迁移到另一个。

（2）数据库集群：具有同步的特性,集群中使用的各个存储设备上存储的数据一致,提供冗余能力。

（3）大数据集集群（large dataset cluster）：实现数据的分区和分布,目标数据集可以有效地花费区域,而不需要破坏数据的完整性或计算的准确性。每个节点都可以处理负载,而不需要像其他类型那样,与其他节点进行很多通信。

其中,HA 集群是资源集群的一种,Linux-HA 的全称是 High-Availability Linux,它是一个开源项目。这个开源项目的目标是通过社区开发者的共同努力,提供一个增强 Linux 可靠性（reliability）、可用性（availability）和可服务性（serviceability）的集群解决方案。

Heartbeat 是 Linux-HA 项目中的一个组件,也是目前开源 HA 项目中最成功的一个例子,它提供了所有 HA 软件需要的基本功能,如心跳监测和资源接管、监测集群中的系统服务、在集群中的节点间转移共享 IP 地址的所有者等。其中涉及节点、资源、事件和动作 4 个相关术语。

1. 节点（node）

运行 Heartbeat 进程的一个独立主机称为节点,节点是 HA 的核心组成部分,每个节点上运行着操作系统和 Heartbeat 软件服务。在 Heartbeat 集群中节点有主次之分,分别称为主节点和备用/备份节点,每个节点拥有唯一的主机名,并且拥有属于自己的一组资源,如磁盘、文件系统、网络地址和应用服务等。在主节点上一般运行着一个或多个应用服务,而备用节点一般处于监控状态。

2. 资源(resource)

资源是一个节点可以控制的实体,并且当节点发生故障时,这些资源能够被其他节点接管。在 Heartbeat 中,可以当作资源的实体有如下几种。

- 磁盘分区、文件系统。
- IP 地址。
- 应用程序服务。
- NFS 文件系统。

3. 事件(event)

事件是集群中可能发生的事情,如节点系统故障、网络连通故障、网卡故障、应用程序故障等。这些事件都会导致节点的资源发生转移,HA 的测试也是基于这些事件进行的。

4. 动作(action)

动作是事件发生时 HA 的响应方式,动作是由 Shell 脚本控制的。例如,当某个节点发生故障后,备份节点将通过事先设定好的执行脚本进行服务的关闭或启动,进而接管故障节点的资源。

图 3.13 是一个 Heartbeat 集群的一般拓扑图。在实际应用中,由于节点的数目、网络结构、磁盘类型配置不同,拓扑结构可能会有所不同。在 Heartbeat 集群中,最核心的是 Heartbeat 模块的心跳监测部分和集群资源管理模块的资源接管部分,心跳监测一般由串行接口通过串口线来实现,两个节点之间通过串口线相互发送报文来告诉对方自己当前的状态,如果在指定的时间内未收到对方发送的报文,那么就认为对方失效,这时资源接管模块将启动,用来接管运行在对方主机上的资源或服务。

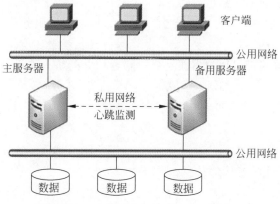

图 3.13　Heartbeat 集群的一般拓扑图

3.3.5　多设备代理

多设备代理（multi-device broker）机制用来帮助运行时的数据转换，使得云服务被更广泛的用户程序和设备所用。

多设备代理通常是作为网关存在的或包含有网关的组件，如 XML 网关、云存储网关、移动设备网关。

用户可以创建的转换逻辑层次包括传输协议、消息协议、存储设备协议、数据模型/数据模式。

3.3.6　状态管理数据库

状态管理数据库（state management database）是一种存储设备，用来暂时存储软件的状态数据。作为把状态数据缓存在内存中的一种替代方法，软件程序可以把状态数据卸载到数据库中，用于降低程序占用的运行时内存量。因此，软件程序和周边的基础设施都具有更大的可扩展性。

3.4　小结

基础机制指在 IT 行业内确立的具有明确定义的 IT 构件，它通常区别于具体的计算模型和平台。云计算具有以技术为中心的特点，这就需要建立一套正式机制作为探索云技术架构的基础。本章介绍了云计算中常用的云计算机制，在实现过程中可以将它们组成不同的组合形式来具体应用。

习题

一、选择题

1. 云基础设施机制不包括（　　）。
    A. 虚拟网络边界　　　　　　　　　　B. 虚拟服务
    C. 云存储设备　　　　　　　　　　　D. 就绪环境
2. 每台虚拟防火墙都可以被看成是（　　）台独立的防火墙设备。
    A. 1　　　　　　　B. 4　　　　　　　C. 8　　　　　　　D. 16
3. Windows 使用（　　）实现安全性。
    A. PPTP　　　　　　　　　　　　　　B. LTTP
    C. AATC　　　　　　　　　　　　　　D. PPST
4. （　　）不是 VPN 系统的特点。
    A. 安全保障　　　　　　　　　　　　B. 服务质量保证
    C. 可扩充性和灵活性　　　　　　　　D. 稳定性
5. （　　）不是虚拟服务器的特点。
    A. 多实例　　　　　　　　　　　　　B. 隔离性

  C. 封装性   D. 可靠性

6. 云存储设备的单位不包括( )。

  A. 文件   B. 块   C. 节点   D. 对象

7. 云架构中位于中间层的是( )平台。

  A. PaaS   B. SaaS   C. IaaS   D. PPST

8. 云架构中位于上层的是( )平台。

  A. PaaS   B. SaaS   C. IaaS   D. PPST

9. 云架构中位于下层的是( )平台。

  A. PaaS   B. SaaS   C. IaaS   D. PPST

10. 为 PaaS 平台提供所需要的高性能硬件资源系统的是( )。

  A. 硬件资源池   B. SaaS

  C. IaaS   D. PPST

二、判断题

1. 虚拟专用网络(VPN)是一种通过公用网络接口连接专用网络的方法。 ( )

2. VPN 使用经过身份验证的链接来确保只有授权用户才能连接到自己的网络。

                              ( )

3. VPN 系统能够提供安全保障。   ( )

4. VPN 系统不能保证服务质量。   ( )

5. 虚拟服务器是一种模拟物理服务器的虚拟化软件。   ( )

6. 云提供者使多个云用户使用多个物理服务器。   ( )

7. 虚拟服务器具有多实例。   ( )

8. 虚拟服务器具有实时迁移的功能。   ( )

9. 云存储设备成为黑客入侵的目标。   ( )

10. PaaS 平台在云架构中位于上层。   ( )

三、填空题

1. _____是基于 SOA、ESB、BPM 等架构,是云内/云与企业间的集成平台。

2. _____是 Java 等应用技术架构,是应用的部署与运行环境平台。

3. _____是为 PaaS 平台提供所需要的高性能硬件资源系统。

4. _____是数据存储与共享平台,提供多租户环境下高效与安全的数据访问。

5. 云管理(CMP)这个概念的产生,是来源于_____和_____。

6. 云管理的管理对象:_____。

7. 云管理的管理规模:_____。

8. 远程管理系统机制向外部的云资源管理者提供_____和_____来配置并管理基于云的 IT 资源。

9. 远程管理系统能建立一个入口以便访问各种底层系统的控制和管理功能包括交付和使用资源管理、SLA 管理、_____。

10. _____机制被用来专门观察云服务运行时的性能。

四、简答题

1. 云管理相比传统管理有哪些优势？

2. 云存储设备通常有哪些？

3. 虚拟服务器有哪些特性？

第 **4** 章

虚 拟 化

本章介绍虚拟化技术,对虚拟化、虚拟化技术的分类、系统虚拟化、虚拟化与云计算、相关开源技术以及虚拟化未来的发展趋势进行讲解,包括虚拟化的发展历史以及虚拟化带来的好处。通过本章的学习,读者能够对虚拟化技术有系统的了解,并对相关技术有一定的认识。

4.1 虚拟化简介

随着近年来多核系统、集群、网格甚至云计算的广泛部署,虚拟化技术在应用上的优势日益体现,通过使用虚拟化不仅可以降低 IT 成本,而且可以增强系统的安全性和可靠性。现在,虚拟化的概念已逐渐渗入人们日常的工作与生活当中。

4.1.1 什么是虚拟化

虚拟化是指计算机元件在虚拟的基础上而不是在真实、独立的物理硬件基础上运行。例如,CPU 的虚拟化技术可以实现单 CPU 模拟多 CPU 并行,允许一个平台同时运行多个操作系统,并且应用程序可以在相互独立的空间内运行,互不影响,从而显著提高计算机的工作效率。这种以优化资源(把有限的、固定的资源根据不同的需求进行重新规划以达到最大利用率)、简化软件的重新配置过程为目的的解决方案就是虚拟化技术。

图 4.1 展示了虚拟化架构与传统架构的对比。简单来讲,虚拟化架构就是在一个物理硬件机器上同时运行多个不同应用的独立的虚拟系统。与传统架构操作中的操作系统直接运行在物理主机上不同,虚拟化架构中操作系统由运行在物理主机的 VMware 管理,具体的应用在虚拟机上运行。一台物理主机可以运行多个操作系统,不同系统之间形成隔离。虚拟服务器的应用如下:

图 4.1 虚拟化架构与传统架构的对比

1. 研发与测试

提到虚拟服务器的应用,人们首先想到的就是研发测试环境,因为在一般情况下,研发和测试人员需要使用不同的操作系统环境,而如果每一种平台都需要使用物理服务器,这将会给准备测试环境的过程带来相当大的困难,一个小小的测试改变就需要重装若干这样的测试用服务器。如果一个测试过程需要成百上千台服务器进行压力测试,准备纯物理服务器的测试环境几乎不可能,虚拟化技术无疑是最佳的选择。

通过在一台物理服务器上实现多个操作系统或实现成百上千个虚拟服务器,可以极大地降低研发和测试的成本。

2. 服务器合并

很多企业用户都不得不面对这样的尴尬:每实施一项应用就要买一台计算机,随着应用的增加,一般要购买很多不易变更的资源;在这个过程中,完成不同任务的服务器越来越多,管理变得越来越复杂;同时服务器的利用率却很低,仅为 15%～20%,将会造成资源的极大浪费。

因此,将各种不同的服务器整合在一起的方案受到了用户的欢迎,但是整合在一起的服务器如何分配资源,并保证每一个应用正常运行呢? 服务器从小变大是一个问题,而将大块计算资源分成小块也是一个问题。虚拟服务器技术的出现轻松解决了服务器合并的问题,从而受到更多企业用户的青睐。

3. 高级虚拟主机

虚拟主机技术的出现大大降低了在互联网上建立站点的资金成本。可以说,正是这样的虚拟技术构筑起了互联网的"大厦"。但随着互联网的普及,用户常常抱怨虚拟主机做了过多的限制,而且稳定性不好,资源很难保证。

现在的虚拟主机用户对虚拟主机服务提出了更高的要求,用户需要安全、稳定的环境,甚至要拥有部分资源的控制权。

4.1.2 虚拟化的发展历史

下面介绍虚拟化的发展历史。

1. 虚拟化技术的萌芽

自 20 世纪 60 年代开始,美国的计算机学术界就有了虚拟技术思想的萌芽。1959

年,Christopher Strachey 发表了一篇学术报告,名为《大型高速计算机中的时间共享》(*Time sharing in large fast computers*),他在文中提出了虚拟化的基本概念,这篇文章也被认为是对虚拟化技术的最早论述。

2. 虚拟化技术的雏形

首次出现虚拟化技术是在 20 世纪 60 年代,当时的应用是使用虚拟化应用于稀有而昂贵的资源——大型机硬件的分区。例如,IBM 当时就已经在 360/67、370 等硬件体系上实现了虚拟化。IBM 的虚拟化通过 VMM 把一个硬件虚拟成多个硬件(Virtual Machine,VM),各 VM 之间可以认为是完全隔离的,在 VM 上可以运行“任何”的操作系统,而不会对其他 VM 产生影响。

3. 虚拟化标准的提出

1974 年,Popek 和 Goldberg 在 *Formal requirements for virtualizable third generation architectures* 一文中提出了一组称为虚拟化准则的充分条件,满足条件的控制程序可以被称为 VMM。

4. 虚拟化的进一步发展

到了 20 世纪 90 年代,一些研究人员开始探索如何利用虚拟化技术解决和廉价硬件激增相关的一些问题,如利用率不足、管理成本不断攀升和易受攻击等问题。

近年来,虚拟化发展出了容器化技术。2014 年 6 月,Docker 发布了第一个正式版本 v1.0。同年,Red Hat 和 AWS 就宣布了为 Docker 提供官方支持。2015 年 7 月 21 日,Kubernetes v1.0 发布。随着 Docker 的兴起,Linux 容器技术也成为当下最时兴的容器虚拟化技术。

直到近几年,软/硬件方面的进步才使得虚拟化技术逐渐出现在基于行业标准的中低端服务器上。毫无疑问,虚拟化正在重组 IT 工业,同时它也正在支撑起云计算。云计算的平台包括 3 类服务,也就是软件基础实施即服务(IaaS)、平台即服务(PaaS)、软件即服务(SaaS),这 3 类服务的基础都是虚拟化平台。把云计算单纯地理解为虚拟化也并不为过,因为没有虚拟化的云计算是不可能实现按需计算的目标的。

4.1.3　虚拟化带来的好处

和传统 IT 资源分配的应用方式相比,使用虚拟化的优势如下。

1. 提高资源利用率

通过整合服务器可以将共用的基础架构资源聚合到资源池中,打破了原有的一台服务器一个应用程序的模式。为了达到资源的最大利用率,虚拟化把一个硬件虚拟成多个硬件,这里的一个硬件指的不是一个个体,而是由若干个体组成的一组资源,如将多个硬盘组成阵列、将多个硬盘视为计算机的硬盘部分。用户将许多资源组成一个庞大的、计算能力十分强大的“巨型计算机”,再将这个巨型计算机虚拟成多个独立的系统,这些系统相互独立,但共享资源,这就是虚拟化的精髓。

传统的 IT 企业为每一项业务应用部署一台单独的服务器,服务器的规模通常是针对峰值配置,服务器的规模(处理能力)远远大于服务器的平均负载,服务器在大部分时间处于空闲状态,资源得不到最大利用。使用虚拟化技术可以动态调用空闲资源,减小服务器规模,从而提高资源利用率。

2. 降低成本,节能减排

现在的能源使用越来越紧张,机房空间不可能无限扩展。通过使用虚拟化,可以使所需的服务器及相关 IT 硬件的数量变少,这样不仅可以减少占地空间,同时也能减少电力和散热需求。通过使用管理工具,可以帮助提高服务器/管理员比率,因此所需的人员数量也将随之减少。总而言之,使用虚拟化可以提高资源利用率、减少服务器的采购数量、降低硬件成本及增加投资的有效性。

3. 统一管理

传统的 IT 服务器资源是一个个相对独立的硬件个体,对每一个资源都要进行相应的维护和升级,这样会使企业耗费大量的人力和物力。虚拟化系统将资源整合,在管理上十分方便,在升级时只需添加动作,避开传统的进行容量规划、定制服务器、安装硬件等工作,从而提高工作效率。

4. 提高安全性

用户可以在一台计算机上模拟多个不同的操作系统,虚拟系统下的各个子系统相互独立(系统隔离技术),即使一个子系统遭受攻击而崩溃,也不会对其他系统造成影响;而且,在使用备份机制后,子系统在遭受攻击后可以被快速恢复,同时可以避免不同系统造成的不兼容性。

4.2 虚拟化的分类

实际上,人们通常所说的虚拟化技术指服务器虚拟化技术。除此之外,虚拟化还有网络虚拟化、存储虚拟化及应用虚拟化。

4.2.1 服务器虚拟化

服务器虚拟化通过区分资源的优先次序,并随时随地将服务器资源分配给最需要它们的工作负载来简化管理和提高效率,从而减少为单个工作负载峰值而储备的资源。

通过服务器虚拟化技术,用户可以动态地启用虚拟服务器(又叫虚拟机),每个服务器实际上可以让操作系统(以及在上面运行的任何应用程序)误以为虚拟机就是实际硬件。运行多个虚拟机还可以充分发挥物理服务器的计算潜能,迅速应对数据中心不断变化的需求。

图 4.2 是一种企业虚拟化服务器的整体解决方案,目前常用的服务器主要有 UNIX 服务器和 x86 服务器。对 UNIX 服务器而言,IBM、惠普、Sun 公司各有自己的技术标准,没有统一的虚拟化技术。目前 UNIX 的虚拟化仍然受具体产品平台的制约,不过 UNIX 服务器虚拟化通常会用到硬件分区技术,而 x86 服务器的虚拟化标准相对开放。下面介绍 x86 服务器的虚拟化技术。

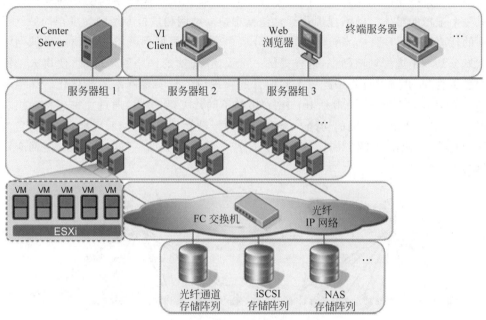

图 4.2　企业虚拟化服务器的解决方案

1. 完全虚拟化

使用 Hypervisor 在 VM 和底层硬件之间建立一个抽象层,Hypervisor 捕获 CPU 指令,为指令访问硬件控制器和外设充当中介。这种虚拟化技术几乎能让任何一款操作系统不加改动就可以安装在 VM 上,而它们不知道自己运行在虚拟化环境下。完全虚拟化的主要缺点是 Hypervisor 会带来额外处理开销。

2. 准虚拟化

完全虚拟化是处理器密集型技术,因为它要求 Hypervisor 管理各个虚拟服务器,并让它们彼此独立。减轻这种负担的一种方法就是改动客户操作系统,让它以为自己运行在虚拟环境下,能够与 Hypervisor 协同工作,这种方法就是准虚拟化。准虚拟化技术的优点是性能高。经过准虚拟化处理的服务器可与 Hypervisor 协同工作,其响应能力几乎不亚于未经过虚拟化处理的服务器。

3. 操作系统层虚拟化

实现虚拟化还有一个方法,那就是在操作系统层面增添虚拟服务器功能。就操作系统层的虚拟化而言,没有独立的 Hypervisor 层。相反,主机操作系统本身就负责在多个虚拟服务器之间分配硬件资源,并且让这些服务器彼此独立。一个明显的区别是,如果使用操作系统层虚拟化,所有虚拟服务器必须运行同一操作系统。

4.2.2　网络虚拟化

图 4.3 是网络虚拟化架构。简单来说,网络虚拟化将不同网络的硬件和软件资源组合成一个虚拟的整体。网络虚拟化通常包括虚拟局域网和虚拟专用网。虚拟局域网是其典型的代表,它可以将一个物理局域网划分成多个虚拟局域网或将多个物理局域网中的节点划分到一个虚拟局域网中,这样提供一个灵活、便捷的网络管理环境,使得大型网络更加易于管理,并且通过集中配置不同位置的物理设备来实现网络的最优化。虚拟专用网(VPN)是将大型网络(通常是 Internet)中的不同计算机(节点)通过加密连接而组成的虚拟网络,具有类似局域网的功能。虚拟专用网帮助管理员维护 IT 环境,防止来自内网或外网的威胁,使用户能够快速、安全地访问应用程序和数据。目前,虚拟专用网应用在大量的办公环境中。

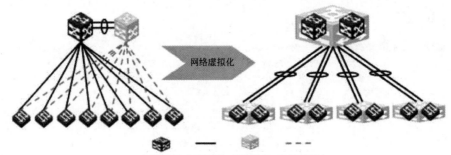

主用设备 主用链路 备用设备 备用链路

图 4.3　网络虚拟化架构

网络虚拟化应用于企业核心和边缘路由。利用交换机中的虚拟路由特性,用户可以将一个网络划分为使用不同规则来控制的多个子网,而不必再为此购买和安装新的机器或设备。与传统技术相比,它具有更少的运营费用和更低的复杂性。

SDN(software defined network)从 2012 年开始在学术界受到了人们广泛的关注。

提到 SDN,大家能想到的基本上绕不过控制转发分离、可编程接口、集中控制这 3 个特点。这 3 个特点很重要,也是 SDN 存在的价值。除此之外,伴随着 SDN 一起成长的还有 NFV,即网络功能虚拟化。

(1) SDN 出身于斯坦福实验室,算是学术界;而 NFV 出身于工业界,相对而言,NFV 是一种技术。

(2) SDN 和 NFV 是可以相互独立存在的,据相关研究表明,二者结合起来效果更优,但是需要处理的问题也会更多。

(3) 从大的方面讲,SDN 和 NFV 都提出将软件和硬件分离的概念。但是细化之后,SDN 侧重于将设备层面的控制模块分离出来,简化底层设备,进行集中控制,底层设备只负责数据的转发,目的在于降低网络管理的复杂度、协议部署的成本和灵活及网络创新;

而 NFV 看中将设备中的功能提取出来,通过虚拟化技术在上层提供虚拟功能模块。也就是 NFV 希望能够使用通用的 x86 体系结构的机器替代底层各种异构的专用设备,然后通过虚拟化技术在虚拟层提供不同的功能,允许功能进行组合和分离。

(4) 在 SDN 中也存在虚拟化技术,但是和 NFV 有本质的区别。SDN 虚拟的是设备,而 NFV 虚拟的是功能。

1. SDN

软件定义网络(Software Defined Network,SDN)是 Emulex 公司提出的一种新型网络创新架构,是网络虚拟化的一种实现方式,其核心技术 OpenFlow 通过将网络设备控制面与数据面分离开,实现了网络流量的灵活控制,使网络作为管道变得更加智能。

SDN 初始于园区网络,一群研究者在进行科研时发现每次进行新的协议部署尝试时都需要改变网络设备的软件,这让他们非常郁闷,于是他们开始考虑让这些网络硬件设备可编程化,并且可以被集中在一个"盒子"里管理和控制,就这样诞生了当今 SDN 的基本定义和元素。

- 分离控制和转发的功能。
- 控制集中化。
- 使用广泛定义的(软件)接口使得网络可以执行程序化行为。

传统 IT 架构中的网络根据业务需求部署上线以后,如果业务需求发生变动,重新修改相应网络设备(路由器、交换机、防火墙)上的配置是一件非常烦琐的事情。在互联网/移动互联网瞬息万变的业务环境下,网络的高稳定与高性能还不足以满足业务需求,灵活性和敏捷性反而更为关键。SDN 所做的事情是将网络设备上的控制权分离出来,由集中的控制器管理,无须依赖底层网络设备(路由器、交换机、防火墙),屏蔽了来自底层网络设备的差异。控制权是完全开放的,用户可以自定义任何想实现的网络路由和传输规则策略,从而更加灵活和智能。在进行 SDN 改造后,无须对网络中每个节点的路由器反复进行配置,网络中的设备本身就是自动化连通的,只需要在使用时定义好简单的网络规则即可。如果用户不喜欢路由器自身内置的协议,可以通过编程的方式对其进行修改,以实现更好的数据交换性能。

另一个使 SDN 成功的环境就是云数据中心,这些数据中心的规模不断扩大,如何控制虚拟机的爆炸式增长,如何用更好的方式连接和控制这些虚拟机,成为数据中心的明确需求。SDN 的思想恰恰提供了一个希望,即数据中心如何可以更可控。

OpenFlow 向标准推进,那么 OpenFlow 是从何处走进 SDN 的视野中的? 在 SDN 初创时,如果需要获得更多的认可,就意味着标准化这类工作必不可少。于是,各网络厂商联合起来组建了开放网络论坛(ONF),其目的就是要将控制平面和转发平面之间的通信协议标准化,这就是 OpenFlow。OpenFlow 定义了流量数据如何组织成流的形式(Flow,也就是流,意味着 OpenFlow 常提到的流表),并且定义了这些流如何按需控制。这是让业界认识到 SDN 益处的关键一步。

2. NFV

网络功能虚拟化（Network Function Virtualization，NFV）通过使用 x86 等通用性硬件及虚拟化技术承载很多功能的软件处理，从而降低网络昂贵的设备成本；可以通过软/硬件解耦及功能抽象使网络设备的功能不再依赖于专用硬件，资源可以充分、灵活地共享，实现新业务的快速开发和部署，并基于实际业务需求进行自动部署、弹性伸缩、故障隔离和自愈等。

NFV 由服务供应商创建，和 SDN 始于研究者和数据中心不同，NFV 由运营商的联盟提出，原始的 NFV 白皮书描述了他们遇到的问题及初步的解决方案。网络运营商的网络通过大型的、不断增长的专属硬件设备来部署。一项新网络服务的推出通常需要另一种变体，而现在越来越难找到空间和动力来推荐这些盒子。除此之外，能耗在增加，资本投入存在挑战，又缺少必要的技巧来设计、整合与操作日趋复杂的硬件设备。

NFV 旨在利用标准的 IT 虚拟化技术解决这些问题，具体是把多种网络设备类型融合到数据中心、网络节点和终端用户企业内可定位的行业标准高容量服务器、交换机与存储中。我们相信，NFV 可应用到任何数据层的数据包进程和固定移动网络架构中的控制层功能。

NFV 的最终目标是通过基于行业标准的 x86 服务器、存储和交换设备来取代通信网中私有、专用的网元设备。由此带来的好处是，一方面基于 x86 标准的 IT 设备成本低廉，能够为运营商节省巨大的投资成本；另一方面，开放的 API 接口也能帮助运营商获得更多、更灵活的网络能力。大多数运营商都有 NFV 项目，这些项目是基于开放计算项目（Open Compute Project，OCP）开发的技术。

4.2.3　存储虚拟化

如图 4.4 所示，存储虚拟化就是把各种不同的存储设备有机地结合起来进行使用，从而得到一个容量很大的"存储池"，可以提供给各种服务器灵活使用，并且数据可以在各存储设备间灵活转移。

存储虚拟化的基本概念是将实际的物理存储实体与存储的逻辑表示分离开来，应用服务器只与分配给它们的逻辑卷（或称虚卷）打交道，而不用关心其数据在哪个物理存储实体上。逻辑卷与物理实体之间的映射关系是由安装在应用服务器上的卷管理软件（称为主机级的虚拟化）或存储子系统的控制器（称为存储子系统级的虚拟化）或加入存储网络 SAN 的专用装置（称为网络级的虚拟化）来管理的。

存储虚拟化技术主要分为硬件和软件两种方式来实现，目前大多数存储厂商都提供了这种技术。微软的分布式文件系统（Distributed File System，DFS）从某种意义上来说也是存储虚拟化的一种实现方式。磁盘阵列（Redundant Array of Independent Disk，RAID）技术是虚拟化存储技术的雏形，目前使用的存储装置还有网络附属存储（Network Attached Storage，NAS）和存储区域网络（Storage Area Network，SAN）。主流的虚拟存储技术产品有 EMC 的 Invista、IBM 的 SVC、HDS 的 UPS 等。

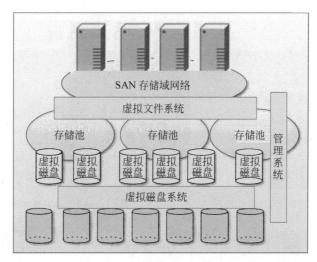

图 4.4　存储虚拟化的解决方案

4.2.4　应用虚拟化

应用虚拟化通常包括两层含义,一是应用软件的虚拟化,二是桌面的虚拟化。所谓的应用软件虚拟化,就是将应用软件从操作系统中分离出来,通过压缩后的可执行文件夹来运行,而不需要任何设备驱动程序或与用户的文件系统相连,借助这种技术,用户可以减小应用软件的安全隐患和维护成本,以及进行合理的数据备份与恢复。

桌面虚拟化技术把应用程序的人机交互逻辑(应用程序界面、键盘及鼠标的操作、音频输入/输出、读卡器、打印输出等)与计算逻辑隔离开来,客户端无须安装软件,通过网络连接到应用服务器上,计算逻辑从本地迁移到后台的服务器完成,实现应用的快速交付和统一管理。

在采用桌面虚拟化技术之后,将不需要在每个用户的桌面上部署和管理多个软件客户端系统,所有应用客户端系统将一次性地部署在数据中心的一台专用服务器上,这台服务器就放在应用服务器的前面。客户端也将不需要通过网络向每个用户发送实际的数据,只有虚拟的客户端界面(屏幕图像更新、按键、鼠标移动等)被实际传送并显示在用户的计算机上。这个过程对最终用户是一目了然的,最终用户的感觉好像是实际的客户端软件正在自己的桌面上运行一样。

例如,思杰的 XenDesktop、戴尔的 WyseThinOS、微软的远程桌面服务、微软企业桌面虚拟化(MED-V)及 VMware View Manager 等软件(如图 4.5 所示的是 View4 桌面虚拟化应用)都已实现桌面虚拟化。

4.2.5　技术比较

从表 4.1 可以看出,在这 4 种虚拟化技术中,服务器虚拟化技术、应用虚拟化技术相对成熟,也是使用较多的技术,而其他虚拟化技术还需要在实践中进一步检验和完善。

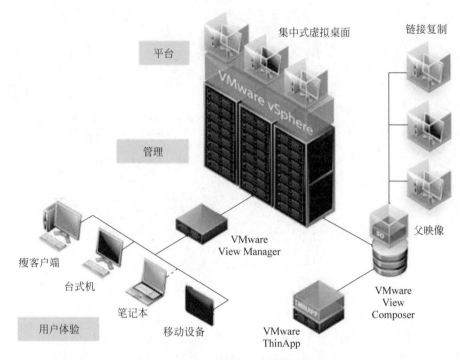

图 4.5 View4 桌面虚拟化应用

表 4.1 4 种虚拟化技术的比较

比 较 项 目	服务器虚拟化	网络虚拟化	存储虚拟化	应用虚拟化
产生年代	20 世纪 60 年代	20 世纪末期	2003 年	21 世纪
成熟程度	高	低	中	低
主流厂商	VMware 微软 IBM 惠普	Cisco 3Com	EMC HDS IBM	思杰 VMware 微软
增强管理性	高	中	中	高
可靠性	高	中	中	中
可用性	高	中	高	高
兼容性	高	低	中	中
可扩展性	高	中	高	中
部署难度	中	中	高	高

4.3 系统虚拟化

系统虚拟化的核心思想是使用虚拟化软件在一台物理机上虚拟出一台或多台虚拟机。其步骤如下。

（1）利用虚拟化评估工具进行容量规划，实现同平台应用的资源整合。首先采用容量规划工具决定每个系统的配置,利用虚拟化评估工具决定整合方案,然后根据总容量需求采用虚拟化进行整合。从整合同平台的应用开始,优先考虑架构相似的、低利用率的、分布式的应用,还要考虑访问高峰时段错开的、多层架构的应用,以减少网络流量。基于类似 System z、Power Systems、System x & Blade 3 种服务器平台的虚拟化方案可以实现应用的整合。

(2) 在服务器虚拟化的基础上虚拟化 I/O 和存储。实现存储虚拟化有助于实现更高的灵活性。存储虚拟化将多套磁盘阵列整合为统一的存储资源池,并通过单一节点对存储资源池进行管理;实现异构存储系统之间资源共享及通用的复制服务,在不影响主机应用的情况下调整存储环境。实现 I/O 虚拟化,即通过将网卡、交换机和网络节点虚拟化,实现 IP 网络及 SAN 网络容量的优化,降低网络设备的复杂度,提高服务器的整合效率。

(3) 实现虚拟资源池的统一管理。在虚拟化平台搭建完成后,需要实施有效管理以确保整个 IT 架构的正常运转。IBM 公司可提供基于行业的最佳实践,从战略规划、设计到实施和维护的 IT 服务,帮助用户实现异构平台管理的整合与统一、快速部署和优化资源使用,减少系统管理的复杂性。

(4) 从虚拟化迈向云计算,通过云计算实现跨系统的资源动态调整。云计算是一种计算模式,在这种模式中,应用、数据和 IT 资源以服务的方式通过网络提供给用户使用。大量的计算资源组成 IT 资源池,用于动态创建高度虚拟化的资源供用户使用。云计算是系统虚拟化的最高境界。

4.4 虚拟化与云计算

云计算是业务模式,是产业形态,不是一种具体的技术,例如,IaaS、PaaS 和 SaaS 都是云计算的表现形式。虚拟化技术是一种具体的技术,虚拟化和分布式系统都是实现云计算的关键技术之一。

换句话说,云计算是一种概念,其"漂浮"在空中,故如何使云计算真正落地,成为真正提供服务的云系统是云计算实现的目标。业界已经形成广泛的共识:云计算将是下一代计算模式的演变方向,而虚拟化则是实现这种转变最为重要的基石。虚拟化技术与云计算几乎是相辅相成的,在云计算涉及的地方,都有虚拟化的存在,可以说虚拟化技术是云计算实现的关键,没有虚拟化技术,谈不上云计算的实现。所以虚拟化与云计算有着紧密的关系,有了虚拟化的发展,使云计算成为可能,而随着云计算的发展,带动虚拟化技术进一步成熟和完善。

图 4.6 是一个典型的云计算平台。在此平台中,由数台虚拟机构成的虚拟化的硬件平台共同托起了全部软件层所提供的服务。在虚拟化与云计算共同构成的这样一个整体架构中,虚拟化有效分离了硬件与软件,而云计算则让人们将精力更加集中在软件所提供的服务上。云计算必定是虚拟化的,虚拟化给云计算提供了坚定的基础。但是虚拟化的用处并不仅限于云计算,这只是它强大功能中的一部分。

虚拟化是一个接口封装和标准化的过程,封装的过程根据不同的硬件有所不同,通过

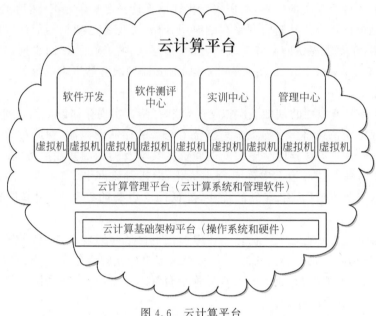

图 4.6　云计算平台

封装和标准化,为在虚拟容器里运行的程序提供适合的运行环境。这样,通过虚拟化技术可以屏蔽不同硬件平台的差异性,屏蔽不同硬件的差异所带来的软件兼容问题;可以将硬件的资源通过虚拟化软件重新整合后分配给软件使用。虚拟化技术实现了硬件无差别的封装,这种方式很适合部署在云计算的大规模应用中。

4.5　开源技术

4.5.1　Xen

Xen 是一个开放源代码的虚拟机监控器,由剑桥大学开发。它可以在单个计算机上运行多达 100 个满特征的操作系统。操作系统必须进行显式修改("移植"),以在 Xen 上运行。

从图 4.7 中可以看出,Xen 虚拟机可以在不停止的情况下在多个物理主机之间进行实时迁移。在操作过程中,虚拟机在没有停止工作的情况下内存被反复地复制到目标机器,在最终目的地开始执行之前会有一次 60～300ms 的暂停,以执行最终的同步化,给用户无缝迁移的感觉。

Xen 是一个基于 x86 架构、发展最快、性能最稳定、占用资源最少的开源虚拟化技术。Xen 可以在一套物理硬件上安全地执行多个虚拟机,与 Linux 是一个完美的开源组合,Novell SUSE Linux Enterprise Server 最先采用了 Xen 虚拟化技术。它特别适用于服务器应用整合,可以有效节省运营成本,提高设备利用率,最大化地利用数据中心的 IT 基础架构。

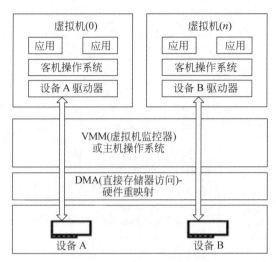

图 4.7 Xen 虚拟机架构

应用案例

1）腾讯公司（我国最大的 Web 服务公司）

腾讯公司经过多方测试比较，最终选择了 Novell SUSE Linux Enterprise Server 中的 Xen 超虚拟化技术。该技术不仅帮助腾讯改善了硬件利用率，并且提高了系统负载变化时的灵活性。客户说："在引入 Xen 超虚拟化技术后，我们可以在每台物理机器上运行多个虚拟服务器，这意味着我们可以显著地扩大用户群，而不用相应地增加硬件成本。"

2）宝马集团（驰名世界的高档汽车生产企业）

宝马集团（BMW Group）利用 Novell 带有集成 Xen 虚拟化软件的 SUSE Linux Enterprise Server 来执行其数据中心的虚拟化工作，从而降低硬件成本，简化部署流程。采用虚拟化技术使该公司节省了高达 70% 的硬件成本，同时也节省了大量的电力成本。

4.5.2 KVM

KVM 是 Kernel-based Virtual Machine 的简称，它是一个开源的系统虚拟化模块，自 Linux 2.6.20 之后集成在 Linux 的各个主要发行版本中。它使用 Linux 自身的调度器进行管理，所以相对于 Xen，其核心源代码很少。KVM 目前已成为学术界的主流 VMM 之一。

KVM 的虚拟化需要硬件支持（如 Intel VT 技术或 AMD V 技术）。它是基于硬件的完全虚拟化。图 4.8 是 KVM 的基本结构，其中从下到上分别是 Linux 内核模式、Linux 用户模式、客户模式。

应用案例

通过在 IBM Systems x Server 和 V7000 上使用 KVM 虚拟化技术，Vissensa（一家传统的系统集成商，提供高质量的数据中心托管服务）能够在各种设备中配置移动企业应用

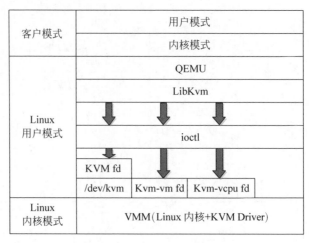

图 4.8　KVM 的基本结构

程序,从而为企业员工实现单一管理平台,确保他们与通用桌面服务和企业应用程序的连接。通过 KVM 解决方案,Vissensa 能以物美价廉的方式为其客户快速分配容量,轻松向上或向下扩展,满足不可预知的需求,按需获得云资源。

4.5.3　OpenVZ

OpenVZ 是 SWsoft 公司开发的专有软件 Virtuozzo 的基础。OpenVZ 的授权为 GPLv2。图 4.9 是 OpenVZ 的基本结构,简单来说,OpenVZ 由两部分组成,即一个经修改过的操作系统核心和用户工具。

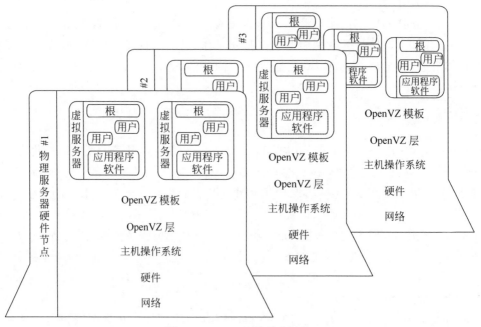

图 4.9　OpenVZ 的基本结构

OpenVZ 是基于 Linux 内核和作业系统的操作系统级虚拟化技术。OpenVZ 允许物理服务器上运行多个操作系统,被称为虚拟专用服务器(Virtual Private Server,VPS)或虚拟环境(Virtual Environment,VE)。与 VMware 这种虚拟机和 Xen 这种半虚拟化技术相比,OpenVZ 的 host OS 和 guest OS 都必须是 Linux(虽然在不同的虚拟环境里可以用不同的 Linux 发行版)。但是,OpenVZ 声称这样做有性能上的优势。根据 OpenVZ 网站上的说法,使用 OpenVZ 与使用独立的服务器相比,只会有 1%～3%的性能损失。

4.6 虚拟化未来的发展趋势

从整体的虚拟化技术的应用及发展来看,以下几点可能会成为虚拟化未来的发展趋势。

1. 连接协议标准化

桌面虚拟化连接协议目前有 VMware 的 PCoIP、Citrix 的 ICA、微软的 RDP 等。未来桌面连接协议标准化之后,将解决终端和云平台之间的广泛兼容性,形成良性的产业链结构。

2. 平台开放化

作为基础平台,封闭架构会带来不兼容性,并且无法支持异构虚拟机系统,也难以支撑开放合作的产业链需求。随着云计算时代的来临,虚拟化管理平台逐步走向开放平台架构,多种厂家的虚拟机可以在开放的平台架构下共存,不同的应用厂商可以基于开放平台架构不断地丰富云应用。

3. 公有云私有化

在公有云场景下(如产业园区),整体 IT 架构构建在公有云之上,在这种情况下对于数据的安全性有非常高的要求,可以说如果不能解决公有云的安全性,就难以推进企业 IT 架构向公有云模式的转变。在公有云场景下,云服务提供商需要提供类似于 VPN 的技术,把企业的 IT 架构变成叠加在公有云之上的"私有云",这样既享受了公有云的服务便利性,又可以保证私有数据的安全性。

4. 虚拟化客户端硬件化

和传统的计算机终端相比,当前的桌面虚拟化和应用虚拟化技术对于"富媒体"(指具有动画、声音、视频或交互性的信息传播方法)的客户体验还是有一定差距的,主要原因是对于 2D、3D、视频、Flash 等"富媒体"缺少硬件辅助虚拟化支持。随着虚拟化技术越来越成熟以及其广泛应用,终端芯片将可能逐步加强对于虚拟化的支持,从而通过硬件辅助处理来提升"富媒体"的用户体验。特别是对于 Pad、智能手机等移动终端设备来说,如果对虚拟化指令有较好的硬件辅助支持,将有利于实现虚拟化技术在移动终端的落地。

云计算时代是开放、共赢的时代,作为云计算基础架构的虚拟化技术将会不断有新的技术变革,逐步增强开放性、安全性、兼容性及用户体验。

4.7　小结

云计算已经是第三代的 IT。第一代是静态的 IT;第二代是一个共享的概念,数据和信息共享;第三代则是动态的 IT,所有的信息和数据都在动态的架构上,否则也就没有"云"。对于存储、服务器的"服务化",一定要让硬件变成动态的,而这一切取决于服务器在虚拟化方面的能力,虚拟化是动态的基础,只有在虚拟化的环境下,"云"才是可能的。

截至目前,大部分云计算基础构架是由通过数据中心传送的可信赖的服务和建立在服务器上的不同层次的虚拟化技术组成的。虚拟化为云计算提供了很好的底层技术平台,而云计算则是最终产品。

在学习了云计算的相关基础概念之后,应对虚拟化技术有一定的了解,本章就是对虚拟化的介绍,读者通过本章的学习能对云计算与虚拟化的关系有一定的认识,并且对虚拟化的相关知识有一定的了解。

习题

一、选择题

1. 下列不属于虚拟化带来的好处的是(　　)。
   A. 提高资源利用率　　　　　　　　　　B. 降低成本,节能减排
   C. 提高安全性　　　　　　　　　　　　D. 提高性能

2. 虚拟化的分类不包括(　　)。
   A. 网络虚拟化　　B. 服务器虚拟化　　C. 存储虚拟化　　D. 连接虚拟化

3. 下列属于虚拟化开源技术的是(　　)。
   A. Xen　　　　　　B. Tenda　　　　　　C. Intel　　　　　D. Nvidia

4. 下列不属于服务器虚拟化技术的是(　　)。
   A. 完全虚拟化　　　　　　　　　　　　B. 准虚拟化
   C. 存储虚拟化　　　　　　　　　　　　D. 操作系统层虚拟化

5. 虚拟化未来的发展趋势不包括(　　)。
   A. 连接协议标准化　　　　　　　　　　B. 平台开放化
   C. 公有云私有化　　　　　　　　　　　D. 硬件公有化

6. NFV 的中文名称是(　　)。
   A. 网络功能虚拟化　　　　　　　　　　B. 网络模块视界化
   C. 网络传输速度化　　　　　　　　　　D. 网络传输虚拟化

7. 首次出现虚拟化的时间是(　　)。
   A. 20 世纪 50 年代　　　　　　　　　　B. 20 世纪 60 年代
   C. 20 世纪 70 年代　　　　　　　　　　D. 20 世纪 80 年代

8. SDN 的中文名称是(　　)。

    A. 软件定义网络　　　　　　　　B. 软件数字网络

    C. 软件数字技术　　　　　　　　D. 软件数码模块

9. KVM 是(　　)。

    A. 开源的系统网络化模块　　　　B. 开源的系统虚拟化模块

    C. 系统工程技术　　　　　　　　D. 网络安全技术

10. Xen 指(　　)。

    A. 连接协议标准化　　　　　　　B. 开放源代码的虚拟监控器

    C. 虚拟主机　　　　　　　　　　D. 虚拟基站

二、判断题

1. 虚拟技术思想萌芽于 20 世纪 60 年代的美国计算机学术界。 (　　)

2. 虚拟化和云计算都是实现分布式系统的关键技术。 (　　)

3. Xen 是一个开放源代码的虚拟机监控器,由剑桥大学开发。 (　　)

4. 虚拟化分为服务器虚拟化、网络虚拟化、存储虚拟化和应用虚拟化 4 类。 (　　)

5. 系统虚拟化的核心思想是通过一台虚拟机映射出一台或多台物理机。 (　　)

6. 云计算是一种具体的技术。 (　　)

7. 网络虚拟化应用于企业核心和边缘路由。 (　　)

8. 存储虚拟化主要分为硬件和软件两种方式来实现。 (　　)

9. 虚拟主机的出现提高了在互联网上建立站点的资金成本。 (　　)

10. SDN 与 NFV 两者不能相互独立存在。 (　　)

三、填空题

1. 虚拟化是指计算机元件在虚拟的基础上而不是在_____基础上运行。

2. 应用虚拟化通常包含两层含义,一是应用软件的虚拟化,二是_____。

3. 虚拟化通常分为服务器虚拟化、网络虚拟化、存储虚拟化和_____4 类。

4. 虚拟化带来的好处有提高资源利用率、降低成本节能减排、统一管理、_____等。

5. 虚拟化未来的发展趋势可能为连接协议标准化、平台开放化、公有云私有化、_____。

6. 存储虚拟化就是把_____。

7. 系统虚拟化的核心思想是_____。

8. 虚拟化是一个_____和标准化的过程。

9. 人们常说的虚拟化技术指_____。

10. 美国计算机学术界的虚拟技术思想萌芽是在_____世纪_____年代。

四、简答题

1. 虚拟化是如何诞生的?

2. 虚拟化有哪些分类?

3. 什么是系统虚拟化?

第 **5** 章

云计算的应用

本章介绍常见的云计算应用,包括亚马逊公司的弹性计算云、微公司的 Azure、谷歌公司的云计算平台、阿里云、IBM 公司的蓝云云计算平台及清华大学的透明计算平台。

5.1　概述

云计算资源规模庞大,服务器数量众多,并分布在不同的地点,同时运行着数百种应用,如何有效地管理这些服务器,保证整个系统提供不间断服务,是巨大的挑战。

云计算作为一种新型的计算模式,目前还处于早期发展阶段,众多提供商提供了各自基于云计算的应用服务。

"云应用"是"云计算"概念的子集,是云计算技术在应用层的体现。

"云应用"的工作原理是把传统软件"本地安装、本地运算"的使用方式变为"即取即用"的服务,通过互联网或局域网连接并操控远程服务器集群,完成业务逻辑或计算任务的一种新型应用。"云应用"的主要载体为互联网技术,以瘦客户端(thin client)或智能客户端(smart client)的形式展现,其界面实际上是 HTML5、JavaScript 等技术的集成。云应用不仅可以帮助用户降低 IT 成本,更能大大提高工作效率,因此传统软件向云应用转型的发展革新浪潮已经不可阻挡。

"云应用"具有"云计算"技术概念的所有特性,概括来讲分为以下 3 方面。

1) 跨平台性

大部分的传统软件应用只能运行在单一的系统环境中,例如,一些应用只能安装在 Windows XP 下,而对于较新的 Windows 10、Windows 11 系统,或 Windows 之外的系统,如 macOS 与 Linux,又或是当前流行的 Android 与 iOS 等智能设备操作系统,则不能兼容使用。当今智能操作系统兴起,在传统计算机操作系统早已不是 Windows XP"一统天下"的情况下,"云应用"的跨平台特性可以帮助用户大大降低使用成本,并提高工作效率。

2)易用性

复杂的设置是传统软件的特色,一般情况下越是强大的软件应用其设置越复杂。云应用不仅完全有能力实现不输于传统软件的强大功能,而且把复杂的设置变得极其简单。云应用不需要用户进行如传统软件一样的下载、安装等复杂部署流程,更可借助与远程服务器集群时刻同步的"云"特性,免去用户永无休止的更新软件之苦。如果云应用有任何更新,用户只需简单地操作(如刷新一下网页),便可完成升级,并开始使用最新的功能。

3)轻量性

安装众多的传统本地软件不仅会拖慢计算机,更带来了隐私泄露、木马病毒等诸多安全问题。"云应用"的界面说到底是 HTML5、JavaScript 等技术的集成,其轻量的特点保证了应用的流畅运行,让计算机重新快速运转。优秀的云应用提供了银行级的安全防护,将传统由本地木马或病毒所导致的隐私泄露、系统崩溃等风险降到最低。

其常见的提供商如下。

1. 我国云应用平台

我国云应用平台为中小型企业提供办公软件、财务软件、营销软件、推广软件、网络营销软件等的在线购买和快速部署,并提供免费的软件试用平台。其独有的应用软件与云计算服务器一体化的概念可以帮助企业快速部署各项软件应用,实现快速的云应用。

2. Gleasy

Gleasy 是一款面向个人和企业用户的云服务平台,可通过网页及客户端两种方式登录,乍看之下和计算机操作系统十分接近,其中包括即时通信、邮箱、OA、网盘、办公协同等多款云应用,用户也可以通过应用商店安装自己想要的云应用。

Gleasy 由杭州格畅科技有限公司开发,该团队认为云应用已经十分普及,但始终无集中管理的平台,用户,特别是企业用户,需要一个登录一次即可解决日常应用需求的平台。

Gleasy 的"一盘"云存储包括了在线编辑和直接共享等功能。

Gleasy 从"系统"上看由 3 个层次组成,即基础环境、系统应用、应用商店和开放平台。

(1)基础环境为运行和管理云应用的基础环境,包括 Gleasy 桌面、账号管理、G 币充值与消费、消息中心等。

(2)系统应用主要包含"一说"(即时通信)、"一信"(邮箱)、"一盘"(文件云存储及在线编辑)、联系人(名片、好友动态、个人主页)及记事本、表格等在线编辑工具,还包括图片查看器、PDF 阅读器等辅助性工具。

(3)应用商店和开放平台接近于计算机上的可安装软件或智能手机中的 App。第三方应用经过改造后可入驻,目前有美图秀秀、金山词霸、挖财记账、虾米音乐等。

3. 燕麦企业云盘（OATOS）

燕麦企业云盘一改云计算技术方案难懂、昂贵、部署复杂等缺点，通过潜心钻研把云计算方案变成"即取即用"的云应用程序，从而方便了企业的"云"信息化转型之路。燕麦企业云盘云应用程序包括云存储、即时通信、云视频会议、移动云应用（支持 iOS 及 Android）等。

4. Google Apps for Business

谷歌公司是云应用的探路人，为云应用在企业（特别是在中小型企业）中的普及做出了卓越的贡献。谷歌企业云应用产品 Google Apps for Business 在全球已经拥有了 400 万企业客户。Google Apps for Business 为企业提供了邮件、日程管理、存储、文档、信息保险箱等众多企业云应用程序。

5. Microsoft Office 365

传统企业办公软件龙头——Microsoft（微软）公司也在近期推出了其云应用产品 Office 365，这预示着微软公司已经清楚地意识到云应用的未来发展价值。Office 365 将微软公司旗下的众多企业服务器软件（如 Exchange Server、SharePoint、Lync、Office 等）以云应用的方式提供给客户，企业客户只需要按需付费即可。

5.2　亚马逊公司的弹性计算云

亚马逊公司是全国互联网上最大的在线零售商，同时也为独立开发人员及开发商提供云计算服务平台。亚马逊公司将其云计算平台称为弹性计算云（Elastic Compute Cloud，EC2），这是最早提供远程云计算平台服务的公司。

5.2.1　开放的服务

与亚马逊公司提供的云计算服务不同，谷歌公司仅为自己在互联网上的应用提供云计算平台，独立开发商或开发人员无法在这个平台上工作，因此只能转而通过开源的 Hadoop 软件支持来开发云计算应用。亚马逊公司的弹性计算云服务也和 IBM 公司的云计算服务平台不一样，亚马逊公司不销售物理的云计算服务平台，没有类似于"蓝云"一样的计算平台。亚马逊公司将自己的弹性计算云建立在公司内部的大规模集群计算的平台之上，用户可以通过弹性计算云的网络界面去操作在云计算平台上运行的各个实例（instance），而付费方式则由用户的使用状况决定，即用户仅需要为自己所使用的计算平台实例付费，运行结束后计费也随之结束。

弹性计算云从沿革上来看，并不是亚马逊公司推出的第一项这种服务，它由名为亚马逊网络服务的现有平台发展而来。早在 2006 年 3 月，亚马逊公司就发布了简单存储服务（Simple Storage Service，S3），这种存储服务按照每个月类似租金的形式进行服务付费，同时用户还需要为相应的网络流量进行付费。亚马逊网络服务平台使用 REST

（Representational State Transfer）和简单对象访问协议（Simple Object Access Protocol, SOAP）等标准接口,用户可以通过这些接口访问到相应的存储服务。

2007 年 7 月,亚马逊公司推出了简单队列服务（Simple Queue Service, SQS）,这项服务使托管主机可以存储计算机之间发送的消息。通过这一项服务,应用程序编写人员可以在分布式程序之间进行数据传递,而无须考虑消息丢失的问题。通过这种服务方式,即使消息的接收方还没有模块启动也没有关系。服务内部会缓存相应的消息,一旦有消息接收组件被启动运行,队列服务就将消息提交给相应的运行模块进行处理。同样,用户必须为这种消息传递服务进行付费,计费的规则与存储计费规则类似,依据消息的个数以及消息传递的大小进行收费。

2016 年,亚马逊公司的云计算平台直接提供 AI SaaS 服务,意味着这方面的创业机会基本消失。

亚马逊云科技连续 11 年被 Gartner 评为"全球云计算领导者",在 2021 年全新 Gartner 魔力象限中被评为"云基础设施与平台服务（IaaS & PaaS）领导者"。从计算、存储和数据库等基础设施技术,到机器学习、人工智能、数据湖和分析及物联网等新兴技术,亚马逊云科技提供了丰富完整的服务及功能。

亚马逊公司在提供上述服务时,并没有从头开始开发相应的网络服务组件,而是对公司已有的平台进行优化和改造,一方面满足了本身网络零售购物应用程序的需求,另一方面也供外部开发人员使用。

在开放了上述的服务接口之后,亚马逊公司进一步在此基础上开发了 EC2 系统,并且开放给外部开发人员使用。

5.2.2　灵活的工作模式

亚马逊公司的云计算模式沿袭了简单、易用的传统,并且建立在亚马逊公司现有的云计算基础平台之上。弹性计算云用户使用客户端通过 SOAP over HTTPS 协议来实现与亚马逊公司弹性计算云内部的实例进行交互。使用 HTTPS 协议的原因是为了保证远端连接的安全性,避免用户数据在传输的过程中造成泄露。因此从使用模式上来说,弹性计算云平台为用户或者开发人员提供了一个虚拟的集群环境,使得用户的应用具有充分的灵活性,同时也减轻了云计算平台拥有者（亚马逊公司）的管理负担。

弹性计算云中的实例是一些真正在运行的虚拟服务器,每个实例代表一个运行中的虚拟机。对于提供给某一个用户的虚拟机,该用户具有完整的访问权限,包括针对此虚拟机的管理员用户权限。虚拟服务器的收费也是根据虚拟机的能力进行计算的,因此实际上用户租用的是虚拟的计算能力,简化了计费方式。在弹性计算云中提供了 3 种不同能力的虚拟机实例,具有不同的收费标准。例如,其中默认的最小的运行实例是 1.7GB 的内存,一个 EC2 的计算单元,160GB 的虚拟机内部存储容量的一个 32b 的计算平台,收费标准为 $10¢/h$（¢为美分）。在当前的计算平台中还有两种性能更加强大的虚拟机实例可供使用,当然价格也更高。

由于用户在部署网络程序的时候一般会使用超过一个运行实例,需要很多个实例共同工作,在弹性计算云的内部也架设了实例之间的内部网络,使得用户的应用程序在不同的实例之间可以通信。在弹性计算云中每一个计算实例都具有一个内部的 IP 地址,用户程序可以使用内部 IP 地址进行数据通信,以获得数据通信的最好性能。每个实例也具有外部的地址,用户可以将分配给自己的弹性 IP 地址分配给自己的运行实例,使得建立在弹性计算云上的服务系统能够为外部提供服务。当然,亚马逊公司也对网络上的服务流量计费,计费规则按照内部传输以及外部传输分开。

5.2.3　带来的好处

亚马逊公司通过提供弹性计算云,减少了小规模软件开发人员对于集群系统的维护,并且收费方式相对简单明了,用户使用多少资源,只需要为这一部分资源付费即可。这种付费方式与传统的主机托管模式不同。传统的主机托管模式让用户将主机放入托管公司,用户一般需要根据最大或者计划的容量进行付费,而不是根据使用情况进行付费,而且可能还需要保证服务的可靠性、可用性等,付出的费用更多,在很多时候,服务并没有被满额资源使用。根据亚马逊公司的模式,用户只需要为实际使用付费即可。

在用户使用模式上,亚马逊公司的弹性计算云要求用户创建基于亚马逊规格的服务器映像——亚马逊机器映像(Amazon Machine Image,AMI)。弹性计算云的目标是服务器映像能够拥有用户想要的任何一种操作系统、应用程序、配置、登录和安全机制,但是当前情况下,它只支持 Linux 内核。通过创建自己的 AMI 或者使用亚马逊公司预先为用户提供的 AMI,用户在完成这一步骤后将 AMI 上传到弹性计算云平台,然后调用亚马逊的应用编程接口(API)对 AMI 进行使用与管理。AMI 实际上就是虚拟机的映像,用户可以使用它们来完成任何工作,例如,运行数据库服务器,构建快速网络下载的平台,提供外部搜索服务,甚至可以出租自己具有特色的 AMI 而获得收益。用户所拥有的多个 AMI 可以通过通信彼此合作,就像当前的集群计算服务平台一样。

在弹性计算云将来的发展过程中,亚马逊公司也规划了如何在云计算平台之上帮助用户开发 Web 3.0 的应用程序。亚马逊公司认为除了它所依赖的网络零售业务之外,云计算也是亚马逊公司的核心价值所在。可以预见,在将来的发展过程中,亚马逊公司必然会在弹性计算云的平台上添加更多的网络服务组件模块,为用户构建云计算应用提供方便。

5.3　Microsoft Azure

5.3.1　简介

Windows Azure 是微软公司基于云计算的操作系统,现在更名为 Microsoft Azure,它和 Azure Services Platform 一样,是微软公司"软件和服务"技术的名称。Microsoft Azure 的主要目标是为开发者提供一个平台,帮助开发可运行在云服务器、数据中心、Web 和计算机上的应用程序。云计算的开发者能使用微软全球数据中心的储存、计算能力和网络基础服务。Azure 服务平台包括以下主要组件：Microsoft Azure；Microsoft SQL 数据库服务、Microsoft. Net 服务；用于分享、储存和同步文件的 Live 服务；针对商业的 Microsoft SharePoint 和 Microsoft Dynamics CRM 服务。

Microsoft Azure 是一种灵活和支持互操作的平台,它可以被用来创建云中运行的应用或通过基于云的特性来加强现有应用。它开放式的架构给开发者提供了 Web 应用、互联设备的应用、个人计算机、服务器或提供最优在线复杂解决方案的选择。Microsoft Azure 以云技术为核心,提供了软件加服务的计算方法。它是 Microsoft Azure 服务平台的基础。Microsoft Azure 能够将处于云端的开发者个人能力与微软全球数据中心网络托管的服务(如存储、计算和网络基础设施服务)紧密结合起来。

微软公司会保证 Microsoft Azure 服务平台自始至终的开放性和互操作性。笔者确信企业的经营模式和用户从 Web 获取信息的体验将会因此改变。最重要的是,这些技术将使用户有能力决定是将应用程序部署在以云计算为基础的互联网服务上,还是将其部署在客户端或根据实际需要将二者结合起来。

5.3.2　Microsoft Azure 的架构

Microsoft Azure 是专为在微软建设的数据中心管理所有服务器、网络及存储资源所开发的一种特殊版本 Windows Server 操作系统,它具有针对数据中心架构的自我管理(autonomous)机能,可以自动监控划分在数据中心的数个不同的分区(微软公司将这些分区称为 Fault Domain)的所有服务器与存储资源,自动更新补丁,自动运行虚拟机部署与镜像备份(snapshot backup)等。Microsoft Azure 被安装在数据中心的所有服务器中,并且定时和中控软件(Microsoft Azure Fabric Controller)进行沟通,接收指令及回传运行状态数据等,系统管理人员只要通过 Microsoft Azure Fabric Controller 就能够掌握所有服务器的运行状态。Fabric Controller 本身融合了很多微软系统管理技术,包含对虚拟机的管理(system center virtual machine manager)、对作业环境的管理(system center operation manager)以及对软件部署的管理(system center configuration manager)等,它们在 Fabric Controller 中被发挥得淋漓尽致,如此才能够达成通过 Fabric Controller 来管理数据中心中所有服务器的能力。

Microsoft Azure 环境除了各种不同的虚拟机外,它也为应用程序打造了分散式的巨量存储环境(distributed mass storage),也就是 Microsoft Azure Storage Services,应用程序可以根据不同的存储需求选择要使用哪一种或哪几种存储方式,以保存应用程序的数据,而微软公司也尽可能地提供应用程序的兼容性工具或接口,以降低应用程序移转到 Windows Azure 上的负担。

Microsoft Azure 不仅是开发给外部的云应用程序使用的,它也作为微软许多云服务的基础平台,像 Microsoft Azure SQL Database 或 Dynamic CRM Online 这类在线服务。

5.3.3　Microsoft Azure 服务平台

Microsoft Azure 服务平台现在已经包含网站、虚拟机、云服务、移动应用服务、大数据支持及媒体等功能的支持。

(1)网站:允许使用 ASP. NET、PHP 或 Node. js 构建,并使用 FTP、Git 或 TFS 进行快速部署,支持 SQL Database、Caching、CDN 及 Storage。

（2）Virtual Machines：在 Microsoft Azure 上可以轻松部署并运行 Windows Server 和 Linux 虚拟机，迁移应用程序和基础结构，而无须更改现有代码。它支持 Windows Virtual Machines、Linux Virtual Machines、Storage、Virtual Network、Identity 等功能。

（3）Cloud Services：Microsoft Azure 中的企业级云平台，使用 PaaS 环境创建高度可用的且可无限缩放的应用程序和服务。它支持多层方案、自动化部署和灵活缩放，支持 Cloud Services、SQL Database、Caching、Business Analytics、Service Bus、Identity。

（4）Mobile 服务：Microsoft Azure 提供的移动应用程序的完整后端解决方案，加速连接的客户端应用程序开发，在几分钟内并入结构化存储、用户身份验证和推送通知。它支持 SQL Database、Mobile 服务，并可以快速生成 Windows Phone、Android 或 iOS 应用程序项目。

（5）大型数据处理：Microsoft Azure 提供的海量数据处理能力，可以从数据中获取可执行洞察力，利用完全兼容的企业准备就绪 Hadoop 服务。此 PaaS 产品/服务提供了简单的管理，并与 Active Directory 和 System Center 集成。它支持 Hadoop、Business Analytics、Storage、SQL Database 及在线商店 Marketplace。

（6）Media 媒体支持：支持插入、编码、保护、流式处理，可以在云中创建、管理和分发媒体。此 PaaS 产品/服务提供从编码到内容保护再到流式处理和分析支持的所有内容，支持 CDN 及 Storage 存储。

5.3.4　开发步骤

1. 使用 Windows Azure 的专用工具

在微软公司的旗舰开发工具 Visual Studio 中有一套针对 Microsoft Azure 开发工作的工具，用户可以通过 Visual Studio 安装 Microsoft Azure 工具，具体的安装步骤可能因版本有所不同。当用户创建一个新项目时，能够选择一个 Microsoft Azure 项目并为自己的项目添加 Web 和 Worker 角色。Web 角色是专为运行微软 IIS 实例设计的，而 Worker 角色则是针对禁用微软 IIS 的 Windows 虚拟机的。一旦创建了自己的角色，用户就可以添加特定应用程序的代码。

Visual Studio 允许用户设置服务配置参数，如实例数、虚拟机容量、使用 HTTP 或使用 HTTPS 及诊断报告水平等。通常情况下，在启动阶段它可以帮助用户在本地进行应用程序代码的调试。与在 Microsoft Azure 中运行应用程序相比，在本地运行应用程序可能需要不同的配置设置，Visual Studio 允许用户使用多个配置文件。用户所需要做的只是为每一个环境选择一个合适的配置文件。

这个工具包还包括了 Microsoft Azure Compute Emulator，这个工具支持查看诊断日志和进行存储仿真。

如果 Microsoft Azure 工具中缺乏一个针对发布用户的应用程序至云计算的过程简化功能，那么这样的工具将是不完整的。这个发布应用程序至云计算的功能允许用户指定一个配置与环境（如生产）及一些先进的功能，如启用剖析和 IntelliTrace，后者是一个收集与程序运行相关详细事件信息的调试工具，它允许开发人员查看程序在执行过程中发生的状态变化。

2. 专门为分布式处理进行设计

在开发和部署代码时,Visual Studio 的 Microsoft Azure 工具是比较有用的。除此之外,用户应当注意这些代码是专门为云计算环境设计的,尤其是为一个分布式环境设计的。以下内容有助于防止出现将导致糟糕性能、漫长调试及运行时分析的潜在问题。

专门为云计算设计的分布式应用程序(或其他的网络应用程序)的一个基本原则就是不要在网络服务器上存储应用程序的状态信息。确保在网络服务器层不保存状态信息可实现更具灵活性的应用程序。用户可以在一定数量的服务器前部署一个负载均衡器而无须中断应用程序的运行。如果计划充分利用 Microsoft Azure 能够改变所部署服务器数量的功能,那么这一点是特别重要的。这一配置对于打补丁升级也是有所帮助的,用户可以在其他服务器继续运行时为一台服务器打补丁升级,这样一来就能够确保用户的应用程序的可用性。

即便是在分布式应用程序的应用中,也有可能存在严重影响性能的瓶颈问题。例如,用户的应用程序的多个实例有可能会同时向数据库发出查询请求。如果所有的调用请求是同步进行的,那么就有可能消耗完一台服务器中的所有可用线程。C♯ 和 VB 两种编程语言都支持异步调用,这一功能有助于减少出现阻塞资源风险的可能性。

3. 为最佳性能进行规划

在云计算中维持足够性能表现的关键就是一方面扩大运行的服务器数量,另一方面分割数据和工作负载。例如,无状态会话的设计功能就能够帮助实现数据与工作负载的分割和运行服务器数量的扩容,完全杜绝(或最大限度地减少)跨多个工作负载地使用全局数据结构将有助于降低在工作流程中出现瓶颈问题的风险。

如果要把一个 SQL 服务器应用程序迁往 Microsoft Azure,那么应当评估如何最好地利用不同云计算存储类型的优势。例如,在 SQL 服务器数据库中存储二进制大对象(Binary Large Object,BLOB)数据结构可能是有意义的,而在 Microsoft Azure 云计算中,BLOB 存储可以降低存储成本,且无须对代码进行显著修改。如果用户使用的是高度非归一化的数据模型,且未利用 SQL 服务器的关系型运行的优势(如连接和过滤),那么表存储有可能是用户为自己的应用程序选择的一个更经济的方法。

5.4 谷歌公司的云计算平台与应用

谷歌公司的云计算技术实际上是针对谷歌公司特定的网络应用程序而定制的。针对内部网络数据规模超大的特点,谷歌公司提出了一整套基于分布式并行集群方式的基础架构,利用软件的能力来处理集群中经常发生的节点失效问题。

从 2003 年开始,谷歌公司连续几年在计算机系统研究领域的顶级会议与杂志上发表论文,揭示其内部的分布式数据处理方法,向外界展示其使用的云计算核心技术。从其近几年发表的论文来看,谷歌公司使用的云计算基础架构模式包括 4 个相互独立又紧密结合在一起的系统,即谷歌建立在集群之上的文件系统 Google File System、针对谷歌公司应用程序的特点提出的 Map/Reduce 编程模式、分布式的锁机制 Chubby 及谷歌开发的模型简化的大规模分布式数据库 BigTable。

5.4.1　MapReduce 分布式编程环境

为了让内部非分布式系统方向背景的员工能够有机会将应用程序建立在大规模的集群基础之上,谷歌公司还设计并实现了一套大规模数据处理的编程规范——MapReduce 系统。这样,非分布式专业的程序编写人员也能够为大规模的集群编写应用程序,而不用去顾虑集群的可靠性、可扩展性等问题。应用程序编写人员只需要将精力放在应用程序本身,对于集群的处理问题则交由平台来处理。

MapReduce 通过"Map(映射)"和"Reduce(化简)"这两个简单的概念来参加运算,用户只需要提供自己的 Map 函数及 Reduce 函数就可以在集群上进行大规模的分布式数据处理。

据称,谷歌公司的文本索引方法(即搜索引擎的核心部分)已经通过 MapReduce 的方法进行了改写,获得了更加清晰的程序架构。在谷歌公司内部,每天有上千个 MapReduce 的应用程序在运行。

5.4.2　分布式大规模数据库管理系统 BigTable

构建于上述两项基础之上的第三个云计算平台就是谷歌公司关于将数据库系统扩展到分布式平台上的 BigTable 系统。很多应用程序对于数据的组织还是非常有规则的。一般来说,数据库对于处理格式化的数据还是非常方便的,但是由于对关系数据库很强的一致性要求,很难将其扩展到很大的规模。为了处理谷歌公司内部大量的格式化以及半格式化数据,谷歌公司构建了弱一致性要求的大规模数据库系统 BigTable。据称,现在谷歌公司有很多的应用程序建立在 BigTable 之上,如 Search History、Maps、Orkut 和 RSS 阅读器等。

BigTable 模型中的数据模型包括行、列及相应的时间戳,所有的数据都存放在表格中的单元里。BigTable 的内容按照行来划分,将多行组成一个小表,保存到某一个服务器节点中,这一个小表就被称为 Table。

以上是谷歌公司内部云计算基础平台的 3 个主要部分,除了这 3 部分外,谷歌公司还建立了分布式程序的调度器、分布式的锁服务等一系列相关的云计算服务平台。

5.4.3　谷歌的云应用

除了上述的云计算基础设施外,谷歌公司还在其云计算基础设施上建立了一系列新型网络应用程序。由于借鉴了异步网络数据传输的 Web 2.0 技术,这些应用程序给予用户全新的界面感受及更加强大的多用户交互能力。其中,典型的谷歌公司云计算应用程序就是谷歌公司推出的与 Microsoft Office 软件进行竞争的 Docs 网络服务程序。Google Docs 是一个基于 Web 的工具,它有跟 Microsoft Office 相近的编辑界面,有一套简单易用的文档权限管理,而且它还可以记录下所有用户对文档所做的修改,Google Docs 的这些功能使它非常适用于网上共享与协作编辑文档。Google Docs 甚至可以用于监控责任清晰、目标明确的项目进度。当前,Google Docs 已经推出了文档编辑、电子表格、幻灯片演示、日程管理等多个功能的编辑模块,能够替代 Microsoft Office 相应的一部分功能。值得注意的是,通过这种云计算方式形成的应用程序非常适合于多个用户共享及协同编辑,为一个小组的人员进行共同创作带来很大的方便。

Google Docs 是云计算的一种重要应用,可以通过浏览器的方式访问远端大规模的存储与计算服务。云计算能够为大规模的新一代网络应用打下良好的基础。

虽然谷歌公司可以说是云计算的最大实践者,但是谷歌公司的云计算平台是私有的环境,特别是谷歌公司的云计算基础设施还没有开放出来。除了开放有限的应用程序接口,如 GWT(Google Web Toolkit)及 Google Map API 等,谷歌公司并没有将云计算的内部基础设施共享给外部的用户使用,上述的所有基础设施都是私有的。

幸运的是,谷歌公司公开了其内部集群计算环境的一部分技术,使得全球的技术开发人员能够根据这一部分文档构建开源的大规模数据处理云计算基础设施,其中最有名的项目即 Apache 旗下的 Hadoop。下面两个云计算的实现则为外部的开发人员及中小公司提供了云计算的平台环境,使得开发者能够在云计算的基础设施之上构建自己的新型网络应用:IBM 公司的蓝云云计算平台是可供销售的计算平台,用户可以基于这些软/硬件产品自己构建云计算平台;亚马逊公司的弹性计算云则是托管式的云计算平台,用户可以通过远端的操作界面直接使用。

5.5 阿里云

阿里云是阿里巴巴集团旗下的云计算品牌,是全球卓越的云计算技术和服务提供商。它创立于 2009 年,在杭州、北京、美国硅谷等地设有研发中心和运营机构。

5.5.1 简介

阿里云创立于 2009 年,是我国的云计算平台,服务范围覆盖全球 200 多个国家和地区。阿里云致力于为企业、政府等组织机构提供最安全、可靠的计算和数据处理能力,让计算成为普惠科技和公共服务,为万物互联的 DT 世界提供源源不断的新能源。

阿里云的服务群体包括微博、知乎、魅族、锤子科技、小咖秀等一大批明星互联网公司。在天猫"双 11"全球狂欢节、"12306"春运购票等极具挑战性的应用场景中,阿里云保持着良好的运行记录。此外,阿里云在金融、交通、基因、医疗、气象等领域广泛输出一站式的大数据解决方案。

2014 年,阿里云曾帮助用户抵御全球互联网史上最大的 DDoS 攻击,峰值流量达到 453.8Gb/s。在 Sort Benchmark 2015 世界排序竞赛中,阿里云利用自研的分布式计算平台 ODPS,377s 完成 100TB 数据排序,刷新了 Apache Spark 1406s 的世界纪录。

2019 年 6 月 11 日,阿里云入选"2019 福布斯中国最具创新力企业榜"。

2022 年 1 月 27 日,阿里云微信公众号发布消息称,北京冬奥会将通过阿里云向全球转播。截至成书时,阿里云已完成"转播云"的最后一轮全球网络测试。

阿里云在全球各地部署高效节能的绿色数据中心，利用清洁计算支持不同的互联网应用。目前，阿里云在杭州、北京、青岛、深圳、上海等城市及新加坡、美国、俄罗斯、日本等国家设有数据中心，未来还将在欧洲、中东等地设立新的数据中心。

5.5.2　阿里云的主要产品

阿里云的产品致力于提高运维效率，降低 IT 成本，令使用者更专注于核心业务发展。

1. 底层技术平台

阿里云独立研发的飞天开放平台（Apsara）负责管理数据中心 Linux 集群的物理资源，控制分布式程序运行，隐藏下层故障恢复和数据冗余等细节，从而将数以千计甚至万计的服务器连成一台"超级计算机"，并且将这台超级计算机的存储资源和计算资源以公共服务的方式提供给互联网上的用户。

2. 弹性计算

（1）云服务器（ECS）：一种简单、高效、处理能力可弹性伸缩的计算服务。

（2）云引擎（ACE）：一种弹性、分布式的应用托管环境，支持 Java、PHP、Python、Node.js 等多种语言环境，帮助开发者快速开发和部署服务端应用程序，并简化系统维护工作。其搭载了丰富的分布式扩展服务，为应用程序提供强大助力。

（3）弹性伸缩：根据用户的业务需求和策略自动调整弹性计算资源的管理服务，其能够在业务增长时自动增加 ECS 实例，并在业务下降时自动减少 ECS 实例。

3. 云数据库（Relational Database Service，RDS）

（1）一种即开即用、稳定可靠、可弹性伸缩的在线数据库服务。基于飞天分布式系统和高性能存储，RDS 支持 MySQL、SQL Server、PostgreSQL 和 PPAS（高度兼容 Oracle）引擎，并且提供了容灾、备份、恢复、监控、迁移等方面的全套解决方案。

（2）开放结构化数据服务（OTS）：构建在阿里云飞天分布式系统之上的 NoSQL 数据库服务，提供海量结构化数据的存储和实时访问。OTS 以实例和表的形式组织数据，通过数据分片和负载均衡技术实现规模上的无缝扩展，应用通过调用 OTS API/SDK 或操作管理控制台来使用 OTS 服务。

（3）开放缓存服务（OCS）：在线缓存服务，为热点数据的访问提供高速响应。

（4）键值存储（KVStore for Redis）：兼容开源 Redis 协议的 Key-Value 类型在线存储服务。KVStore 支持字符串、链表、集合、有序集合、哈希表等多种数据类型以及事务（Transactions）、消息订阅与发布（Pub/Sub）等高级功能。通过内存加硬盘的存储方式，KVStore 在提供高速数据读/写能力的同时满足数据持久化需求。

（5）数据传输：支持以数据库为核心的结构化存储产品之间的数据传输。它是一种集数据迁移、数据订阅和数据实时同步于一体的数据传输服务。数据传输的底层数据流基础设施为数千下游应用提供实时数据流，已在线上稳定运行 3 年之久。

4. 存储与内容分发网络（Content Delivery Network，CDN）

（1）对象存储（OSS）：阿里云对外提供的海量、安全和高可靠的云存储服务。

（2）归档存储：作为阿里云数据存储产品体系的重要组成部分，致力于提供低成本、高可靠的数据归档服务，适合于海量数据的长期归档、备份。

（3）消息服务：一种高效、可靠、安全、便捷、可弹性扩展的分布式消息与通知服务。消息服务能够帮助应用开发者在他们应用的分布式组件上自由地传递数据，构建松耦合系统。

（4）CDN：内容分发网络将源站内容分发至全国所有的节点，缩短用户查看对象的延迟，提高用户访问网站的响应速度与网站的可用性，解决网络带宽小、用户访问量大、网点分布不均等问题。

5. 网络

（1）负载均衡：对多台云服务器进行流量分发的负载均衡服务。负载均衡可以通过流量分发扩展应用系统对外的服务能力，通过消除单点故障提升应用系统的可用性。

（2）专有网络（VPC）：帮助用户基于阿里云构建出一个隔离的网络环境，可以完全掌控自己的虚拟网络，包括选择自有 IP 地址范围、划分网段、配置路由表和网关等，也可以通过专线/VPN 等连接方式将 VPC 与传统数据中心组成一个按需定制的网络环境，实现应用的平滑迁移上云。

6. 大规模计算

（1）开放数据处理服务（ODPS）：由阿里云自主研发，提供针对 TB/PB 级数据、实时性要求不高的分布式处理能力，应用于数据分析、挖掘、商业智能等领域。阿里巴巴的离线数据业务都运行在 ODPS 上。

（2）采云间（DPC）：基于开放数据处理服务（ODPS）的 DW/BI 的工具解决方案。DPC 提供全链路的易于上手的数据处理工具，包括 ODPS IDE、任务调度、数据分析、报表制作和元数据管理等，可以大大降低用户在数据仓库和商业智能上的实施成本，加快实施进度。天弘基金、高德地图的数据团队基于 DPC 完成其大数据处理需求。

（3）批量计算：一种适用于大规模并行批处理作业的分布式云服务。批量计算可支持海量作业并发规模，系统自动完成资源管理、作业调度和数据加载，并按实际使用量计费。批量计算广泛应用于电影动画渲染、生物数据分析、多媒体转码、金融保险分析等领域。

（4）数据集成：阿里集团对外提供的稳定高效、弹性伸缩的数据同步平台，为阿里云大数据计算引擎（包括 ODPS、分析型数据库、OSPS）提供离线（批量）、实时（流式）的数据进出通道。

7. 云盾

（1）DDoS 防护服务：针对阿里云服务器在遭受大流量的 DDoS 攻击后导致服务不

可用的情况下推出的付费增值服务，用户可以通过配置高防IP将攻击流量引流到高防IP，确保源站的稳定、可靠。其免费为阿里云上的客户提供最高5GB的DDoS防护能力。

（2）安骑士：阿里云推出的一款免费的云服务器安全管理软件，主要提供木马文件查杀、防密码暴力破解、高危漏洞修复等安全防护功能。

（3）阿里绿网：基于深度学习技术及阿里巴巴集团多年的海量数据支撑，提供多样化的内容识别服务，能有效帮助用户降低违规风险。

（4）安全网络：一款集安全、加速和个性化负载均衡于一体的网络接入产品。用户通过接入安全网络可以缓解业务被各种网络攻击造成的影响，提供就近访问的动态加速功能。

（5）网络安全专家服务：在云盾DDoS高防IP服务的基础上推出的安全代为托管服务。该服务由阿里云云盾的DDoS专家团队为企业客户提供私家定制的DDoS防护策略优化、重大活动保障、人工值守等服务，让企业客户在日益严重的DDoS攻击下高枕无忧。

（6）服务器安全托管：为云服务器提供定制化的安全防护策略、木马文件检测和高危漏洞检测与修复工作。当发生安全事件时，阿里云安全团队提供安全事件分析、响应，并进行系统防护策略的优化。

（7）渗透测试服务：针对用户的网站或业务系统，通过模拟黑客攻击的方式，进行专业性的入侵尝试，评估出重大安全漏洞或隐患的增值服务。

（8）态势感知：专为企业安全运维团队打造，结合云主机和全网的威胁情报，利用机器学习，进行安全大数据分析的威胁检测平台，可以让客户全面、快速、准确地感知过去、现在、未来的安全威胁。

8. 管理与监控

（1）云监控：一个开放性的监控平台，可以实时监控用户的站点和服务器，并提供多种告警方式（短信、旺旺、邮件）以保证及时预警，为站点和服务器的正常运行保驾护航。

（2）访问控制：一个稳定、可靠的集中式访问控制服务，可以通过访问控制将阿里云资源的访问及管理权限分配给企业成员或合作伙伴。

9. 应用服务

（1）日志服务：针对日志收集、存储、查询和分析的服务。日志服务可收集云服务和应用程序生成的日志数据并编制索引，提供实时查询海量日志的能力。

（2）开放搜索：解决用户结构化数据搜索需求的托管服务，支持数据结构、搜索排序、数据处理自由定制。

（3）媒体转码：为多媒体数据提供的转码计算服务。它以经济、弹性和高可扩展的音/视频转换方法将多媒体数据转码成适合在PC、TV及移动终端上播放的格式。

（4）性能测试：全球领先的SaaS性能测试平台，具有强大的分布式压测能力，可模拟海量用户真实的业务场景，让应用性能问题无所遁形。性能测试包含两个版本，其中

Lite 版适合业务场景简单的系统,免费使用;企业版适合承受大规模压力的系统,同时每月提供免费额度,可以满足大部分企业客户。

(5)移动数据分析:一款移动 App 数据统计分析产品,提供通用的多维度用户行为分析,支持日志自主分析,助力移动开发者实现基于大数据技术的精细化运营,提升产品质量和体验,增强用户黏性。

10. 万网服务

阿里云旗下的万网域名,连续 19 年蝉联域名市场第一,近 1000 万个域名在万网注册。除域名外,它还提供云服务器、云虚拟主机、企业邮箱、建站市场、云解析等服务。2015 年 7 月,阿里云官网与万网网站合二为一,万网旗下的域名、云虚拟主机、企业邮箱和建站市场等业务深度整合到阿里云官网,用户可以在该网站上完成网络创业的第一步。

5.6 IBM 公司的蓝云云计算平台

IBM 公司在 2007 年 11 月 15 日推出了蓝云云计算平台,为客户带来即买即用的云计算平台。它包括一系列的云计算产品,使得计算不仅局限在本地机器或远程服务器农场(即服务器集群)。它通过架构一个分布式、可全球访问的资源结构,使得数据中心在类似于互联网的环境下运行计算。

通过 IBM 公司的技术白皮书,大家可以一窥蓝云云计算平台的内部构造。蓝云云计算平台建立在 IBM 大规模计算领域的专业技术基础之上,基于由 IBM 软件、系统技术和服务支持的开放标准和开源软件。简单地说,蓝云云计算平台是基于 IBM Almaden 研究中心(Almaden Research Center)的云基础架构,包括 Xen 和 PowerVM 虚拟化、Linux 操作系统映像及 Hadoop 文件系统与并行构建。蓝云云计算平台由 IBM Tivoli 软件支持,通过管理服务器来确保基于需求的最佳性能。这包括通过能够跨越多服务器实时分配资源的软件为客户带来一种无缝体验,加速性能,并确保在最苛刻环境下的稳定性。IBM 公司新近发布的蓝云计划能够帮助用户进行云计算环境的搭建。它通过将 Tivoli、DB2、WebSphere 与硬件产品(目前是 x86 刀片服务器)集成,能够为企业架设一个分布式、可全球访问的资源结构。根据 IBM 的计划,首款支持 Power 和 x86 处理器刀片服务器系统的蓝云产品于 2008 年正式推出,并且随后推出基于 System z 大型主机的云环境,以及基于高密度机架集群的云环境。

在 IBM 的云计算白皮书上可以看到蓝云云计算平台的高层架构,如图 5.1 所示。

可以看到,蓝云云计算平台由包含 IBM Tivoli 部署管理软件(Tivoli Provisioning Manager)、IBM Tivoli 监控软件(IBM Tivoli Monitoring)、IBM WebSphere 应用服务器、IBM DB2 数据库及一些虚拟化的组件的数据中心组成。

蓝云云计算平台的硬件平台并没有什么特殊的地方,但是蓝云云计算平台使用的软件平台相较于以前的分布式平台有所不同,主要体现在对于虚拟机的使用及对于大规模数据处理软件 Apache Hadoop 的部署。Hadoop 是网络开发人员根据谷歌公司公开的资

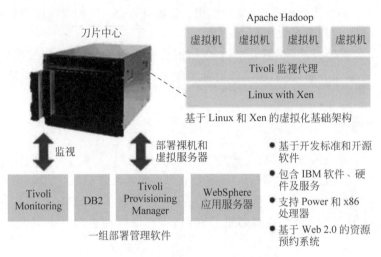

图 5.1　蓝云云计算平台的高层架构

料开发出来的类似于 Google File System 的 Hadoop File System 以及相应的 Map/Reduce 编程规范。现在正在进一步开发类似于谷歌公司的 Chubby 系统及相应的分布式数据库管理系统 BigTable。由于 Hadoop 是开源的，所以可以被用户直接修改，以适合应用的特殊需求。IBM 公司的蓝云云计算平台产品则直接将 Hadoop 软件集成到自己本身的云计算平台之上。

5.6.1　蓝云云计算平台中的虚拟化

从蓝云云计算平台的结构上还可以看出，在每个节点上运行的软件栈与传统的软件栈相比，一个很大的不同在于蓝云云计算平台内部使用了虚拟化技术。虚拟化的方式在云计算中可以在两个级别上实现，其中一个级别是在硬件级别上实现虚拟化。硬件级别的虚拟化可以使用 IBM 的 P 系列服务器，获得硬件的逻辑分区 LPAR。逻辑分区的 CPU 资源能够通过 IBM Enterprise Workload Manager 来管理。这样的方式加上在实际使用过程中的资源分配策略，能够使相应的资源合理地分配到各个逻辑分区。P 系列系统的逻辑分区的最小粒度是一个中央处理器(CPU)的 1/10。

虚拟化的另一个级别可以通过软件来获得，在蓝云云计算平台中使用了 Xen 虚拟化软件。Xen 也是一个开源的虚拟化软件，能够在现有的 Linux 基础之上运行另外一个操作系统，并通过虚拟机的方式灵活地进行软件部署和操作。

通过虚拟机的方式进行云计算资源的管理具有特殊的好处。由于虚拟机是一类特殊的软件，能够完全模拟硬件的执行，所以能够在上面运行操作系统，进而能够保留一整套运行环境语义。这样，可以将整个执行环境通过打包的方式传输到其他物理节点上，从而能够使得执行环境与物理环境隔离，方便整个应用程序模块的部署。从总体上来说，通过将虚拟化的技术应用到云计算的平台，可以获得以下良好的特性。

（1）云计算的管理平台能够动态地将计算平台定位到所需要的物理平台上，而无须停止运行在虚拟机平台上的应用程序，这比采用虚拟化技术之前的进程迁移方法更加灵活。

（2）能够更加有效率地使用主机资源，将多个负载不是很重的虚拟机计算节点合并到同一个物理节点上，从而能够关闭空闲的物理节点，达到节约电能的目的。

（3）通过虚拟机在不同物理节点上的动态迁移，能够获得与应用无关的负载平衡性能。由于虚拟机中包含了整个虚拟化的操作系统以及应用程序环境，所以在进行迁移的时候带着整个运行环境，达到了与应用无关的目的。

（4）在部署上也更加灵活，即可以将虚拟机直接部署到物理计算平台当中。

总而言之，通过虚拟化的方式，云计算平台能够达到极其灵活的特性，如果不使用虚拟化的方式则会有很多的局限。

5.6.2 蓝云云计算平台中的存储结构

蓝云云计算平台中的存储体系结构对于云计算来说也是非常重要的，无论是操作系统、服务程序还是用户应用程序的数据，都保存在存储体系中。云计算并不排斥任何一种有用的存储体系结构，而是需要跟应用程序的需求结合起来获得最好的性能提升。从总体上来说，云计算的存储体系结构包含类似于 Google File System 的集群文件系统以及基于块设备方式的存储区域网络（SAN）系统两种。

在设计云计算平台的存储体系结构的时候，不仅仅是需要考虑存储的容量。实际上随着磁盘容量的不断扩充及硬盘价格的不断下降，使用当前的磁盘技术，可以很容易通过使用多个磁盘的方式获得很大的磁盘容量。相较于磁盘的容量，在云计算平台的存储中，磁盘数据的读/写速度是一个更重要的问题。单个磁盘的速度很有可能限制应用程序对于数据的访问，因此在实际使用的过程中需要将数据分布到多个磁盘之上，并且通过对于多个磁盘的同时读/写达到提高速度的目的。在云计算平台中，数据如何放置是一个非常重要的问题，在实际使用的过程中，需要将数据分配到多个节点的多个磁盘当中。

谷歌文件系统在前面已经做过一定的描述。在 IBM 公司的蓝云云计算平台中使用的是它的开源实现 Hadoop HDFS（Hadoop Distributed File System）。这种使用方式将磁盘附着于节点的内部，为外部提供一个共享的分布式文件系统空间，并且在文件系统级别做冗余以提高可靠性。在合适的分布式数据处理模式下，这种方式能够提高总体的数据处理效率。谷歌文件系统的这种架构与 SAN 系统有很大的不同。

SAN 系统是云计算平台的另外一种存储体系结构选择，在蓝云云计算平台上也有一定的体现，IBM 公司提供 SAN 系统的平台能够接入蓝云云计算平台中。图 5.2 是一个 SAN 系统的结构示意图。

SAN 系统是在存储端构建存储的网络，将多个存储设备构成一个存储区域网络。前端的主机可以通过网络的方式访问后端的存储设备。而且，由于提供了块设备的访问方式，与前端操作系统无关。在 SAN 系统的连接方式上可以有两种选择：一种选择是使用光纤网络，能够操作快速的光纤磁盘，适合于对性能和可靠性要求比较高的场所；另一种选择是使用以太网，采取 iSCSI 协议，能够运行在普通的局域网环境下，从而降低了成本。由于存储区域网络中的磁盘设备并没有与某一台主机绑定在一起，而是采用了非常灵活的结构，所以主机可以访问多个磁盘设备，从而能够获得性能的提升。在存储区域网络中，使用虚拟化的引擎来进行逻辑设备到物理设备的映射，管理前端主机到后端数据的

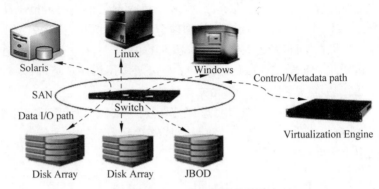

图 5.2　SAN 系统结构示意图

读/写。因此，虚拟化引擎是存储区域网络中非常重要的管理模块。

　　SAN 系统与分布式文件系统（如 Google File System）并不是相互对立的系统，而是在构建集群系统的时候可供选择的两种方案。其中，在选择 SAN 系统的时候，为了应用程序的读/写，还需要为应用程序提供上层的语义接口，此时就需要在 SAN 系统之上构建文件系统；而 Google File System 正好是一个分布式的文件系统，因此能够建立在 SAN 系统之上。总体来说，SAN 系统与分布式文件系统都可以提供类似的功能，如对于出错的处理等，至于如何使用还需要由建立在云计算平台之上的应用程序来决定。

5.7　清华大学的透明计算平台

　　清华大学张尧学教授领导的研究小组从 1998 年开始就从事透明计算系统和理论的研究，到 2004 年前后正式提出，并不断完善了透明计算的概念和相关理论。

　　随着硬件、软件及网络技术的发展，计算模式从大型机的方式逐渐过渡到微型个人计算机的方式，并且近年来过渡到普适计算上，但是用户仍然很难获得异构类型的操作系统及应用程序，在轻量级的设备上很难获得完善的服务。在透明计算中，用户无须感知计算的具体所在位置及操作系统、中间件、应用等技术细节，只需要根据自己的需求，通过连在网络之上的各种设备选取相应的服务。图 5.3 显示了透明计算平台的 3个重要组成部分。

　　用户的显示界面是前端的一些设备，包括个人计算机、笔记本电脑、Pad、智能手机等，统称为透明客户端。透明客户端可以是没有安装任何软件的裸机，也可以是装有部分核心软件平台的轻巧性终端。中间的透明网络则整合了各种有线和无线网络传输设施，主要用来在透明客户端与透明服务器之间完成数据的传递，用户无须意识到网络的存在。与云计算基础服务设施构想一致，透明服务器不排斥任何一种可能的服务提供方式，既可通过当前流行的计算机服务器集群方式来构建透明服务器集群，也可使用大型服务器等。当前透明计算平台已经达到了平台异构的目标，能够支持 Linux 及 Windows 操作系统的运行。用户具有很大的灵活性，能够自主选择自己所需的操作系统运行在透明客户端上。透明服务器使用了流行的计算机服务器集群的方式，预先存储了各种不同的操作平

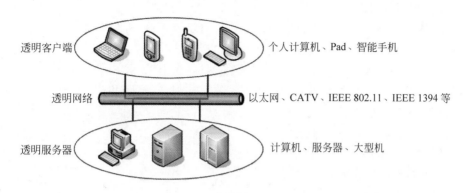

图 5.3　透明计算平台的组成

台,包括操作系统的运行环境、应用程序及相应的数据。每个客户端从透明服务器上获取并建立整个运行环境,以满足用户对于不同操作环境的需求。由于用户之间的数据相互隔离,所以服务器集群可以选取用户相对独立的方式进行存储,使得整个系统能够扩展到很大的规模。在服务器集群上进行相应的冗余出错处理,很好地保护了每个用户的透明计算数据的安全性。

5.8　小结

本章介绍了云应用的基本概念,详细介绍了典型的云应用案例。当前世界上的云应用案例不仅包括本章介绍的这些,还有许多本章未涉及的云应用案例,如新浪的云应用等。由于篇幅限制,本章只列举了部分典型的云应用案例供读者学习参考。通过学习本章,读者可知云应用还有非常广阔的开发空间,云应用目前发展迅速,需要对其多加关注。

习题

一、选择题

1. "云应用"所具有的"云计算"技术概念的特性不包括(　　)。

　　A. 跨平台性　　　　B. 开放性　　　　　C. 易用性　　　　　D. 轻量性

2. 谷歌公司所设计的大规模数据处理编程规范名为(　　)。

　　A. Google File System　　　　　B. Chubby

　　C. MapReduce　　　　　　　　D. BigTable

3. IBM 公司在 2007 年推出了(　　)平台。

　　A. 弹性云计算　　　　　　　　B. 透明云计算

　　C. 蓝云云计算　　　　　　　　D. 阿里云计算

4. 透明客户端不包含(　　)。

　　A. 计算机　　　　　B. Pad　　　　　　C. 手机　　　　　　D. 服务器

5. 下列不是透明计算平台的组成部分的是(　　)。

A. 透明浏览器   B. 透明客户端

C. 透明网络   D. 透明服务器

6. 阿里云的所提供的云数据库 RDS 服务包括( )。

A. 云服务器 ECS   B. 云引擎 ACE

C. 开放结构化数据服务 OTS   D. 对象储存 OSS

7. 阿里云的云盾产品不包含( )。

A. DDoS 防护服务   B. 访问控制服务

C. 安全网络服务   D. 渗透测试服务

8. "云应用"的主要载体为( )。

A. 互联网技术   B. 数据库技术

C. 存储技术   D. 虚拟机技术

9. 以下最早提供远程云计算平台服务的公司是( )。

A. 谷歌   B. 微软   C. IBM   D. 亚马逊

10. 以下对于虚拟化技术应用到云计算平台的优势描述错误的是( )。

A. 云计算的管理平台能够动态地将计算平台定位到所需要的软件平台上

B. 能够更加有效率地使用主机资源

C. 通过虚拟机在不同物理节点上的动态迁移，能够获得与应用无关的负载平衡性能

D. 在部署上更加灵活，可以将虚拟机直接部署到物理计算平台当中

二、判断题

1. Gleasy 是一款面向企业用户的云服务平台，包括云储存、即时通信、云视频会议、移动云应用等功能。   ( )

2. 数据库对于处理格式化的数据较为方便，但由于对非关系数据库很强的一致性要求，很难将其扩展到很大的规模。   ( )

3. 蓝云云计算平台内部使用了虚拟化技术，该技术可分别从硬件和软件两个级别上实现。   ( )

4. 亚马逊公司的弹性计算云使用 HTTPS 的原因是为了保证远端连接的安全性。   ( )

5. SAN 系统和分布式文件系统是相互对立的系统。   ( )

6. 阿里云是阿里巴巴集团旗下的云计算品牌，创立于 2009 年。   ( )

7. 开放数据处理服务 ODPS 是阿里云最重要的产品。   ( )

8. Microsoft Azure 是专门开发作为微软在线的许多云服务的基础平台使用的。   ( )

9. 专门为云计算设计的分布式应用程序的一个基本原则就是不要在网络服务器上存储应用程序的状态信息。   ( )

10. 在 Microsoft Azure 云计算中，应用 BLOB 存储可以降低存储成本，但需要对代码进行较大的更改。   ( )

三、填空题

1. "云应用"是"云计算"概念的子集,是云计算技术在_____的体现。

2. 亚马逊公司将其云计算平台称为_____,其建立在公司内部的大规模集群计算的平台之上。

3. 存储区域网络(SAN)系统在连接方式上包括光纤网络和_____。

4. BigTable 模型中的数据模型包括行、列及相应的时间戳,所有的数据都存放在_____里。

5. 谷歌的云应用借鉴了_____的 Web 3.0 技术。

6. 在用户使用模式上,亚马逊公司的弹性云计算要求用户创建基于亚马逊规格的_____。

7. 蓝云云计算平台包括了一系列产品,使得云计算不仅仅局限在_____。

8. 透明服务器使用了流行的计算机_____的方式,预先存储了各种不同的操作平台。

9. Microsoft Azure 环境除了各种不同的虚拟机之外,也为应用程序打造了分散式的_____。

10. 在云计算中维持足够性能表现的关键就是一方面扩大运行的服务器数量,另一方面_____。

四、简答题

1. 云应用有哪些特点?

2. 除了书中介绍的云应用外,还有哪些云应用?

第二部分

大数据理论与技术

第 **6** 章

大数据概念和发展背景

本章介绍大数据的概念、特点、发展,以及应用。

6.1　什么是大数据

大数据是一个不断发展的概念,可以指任何体量或复杂性超出常规数据处理方法的处理能力的数据。数据本身可以是结构化、半结构化甚至是非结构化的,随着物联网技术与可穿戴设备的飞速发展,数据规模变得越来越大,内容越来越复杂,更新速度越来越快,大数据研究和应用已成为产业升级与新产业崛起的重要推动力量。

从狭义上讲,大数据主要是指处理海量数据的关键技术及其在各个领域中的应用,是指从各种组织形式和类型的数据中发掘有价值的信息的能力。一方面,狭义的大数据反映的是数据规模之大,以至于无法在一定时间内用常规数据处理软件和方法对其内容进行有效的抓取、管理和处理;另一方面,狭义的大数据主要是指海量数据的获取、存储、管理、计算分析、挖掘与应用的全新技术体系。

从广义上讲,大数据包括大数据技术、大数据工程、大数据科学和大数据应用等与大数据相关的领域。大数据工程是指大数据的规划、建设、运营、管理的系统工程;大数据科学主要关注大数据网络发展和运营过程中发现和验证大数据的规律及其与自然和社会活动之间的关系。

6.2　大数据的特点

学术界已经总结了大数据的许多特点,包括体量巨大、速度极快、模态多样、潜在价值大等。

IBM 公司使用 3V 来描述大数据的特点。

（1）Volume（体量）。通过各种设备产生的海量数据体量巨大，远大于目前互联网上的信息流量。

（2）Variety（多样）。大数据类型繁多，在编码方式、数据格式、应用特征等多个方面存在差异，既包含传统的结构化数据，也包含类似于 XML、JSON 等半结构化形式和更多的非结构化数据；既包含传统的文本数据，也包含更多的图片、音频和视频数据。

（3）Velocity（速率）。数据以非常高的速率到达系统内部，这就要求处理数据段的速度必须非常快。

后来，IBM 公司又在 3V 的基础上增加了 Value（价值）维度来表述大数据的特点，即大数据的数据价值密度低，因此需要从海量原始数据中进行分析和挖掘，从形式各异的数据源中抽取富有价值的信息。

IDC 公司则更侧重于从技术角度的考量：大数据处理技术代表了新一代的技术架构，这种架构能够高速获取和处理数据，并对其进行分析和深度挖掘，总结出具有高价值的数据。

大数据的"大"不仅是指数据量的大小，也包含大数据源的其他特征，如不断增加的速度和多样性。这意味着大数据正以更加复杂的格式从不同的数据源高速涌来。

大数据有一些区别于传统数据源的重要特征，不是所有的大数据源都具备这些特征，但是大多数大数据源都会具备其中的一些特征。

大数据通常是由机器自动生成的，并不涉及人工参与，如引擎中的传感器会自动生成关于周围环境的数据。

大数据源通常设计得并不友好，甚至根本没有被设计过，如社交网站上的文本信息流，我们不可能要求用户使用标准的语法、语序等。

因此大数据很难从直观上看到蕴藏的价值大小，所以创新的分析方法对于挖掘大数据中的价值尤为重要，更是迫在眉睫。

6.3 大数据的发展

大数据技术是一种新一代技术和构架，它成本较低，以快速的采集、处理和分析技术从各种超大规模的数据中提取价值。大数据技术不断涌现和发展，使得处理海量数据更加容易、便宜和迅速，成为利用数据的好助手，甚至可以改变许多行业的商业模式。大数据技术的发展可以分为以下六大方向。

（1）大数据采集与预处理方向。这个方向最常见的问题是数据的多源和多样性，导致数据的质量存在差异，严重影响数据的可用性。针对这些问题，目前很多公司已经推出了多种数据清洗和质量控制工具（如 IBM 公司的 Data Stage）。

（2）大数据存储与管理方向。这个方向最常见的挑战是存储规模大，存储管理复杂，需要兼顾结构化、非结构化和半结构化的数据。分布式文件系统和分布式数据库相关技术的发展正在有效地解决这些方面的问题。在大数据存储和管理方向，尤其值得我们关注的是大数据索引和查询技术、实时及流式大数据存储与处理的发展。

（3）大数据计算模式方向。由于大数据处理多样性的需求，目前出现了多种典型的计算模式，包括大数据查询分析计算（如 Hive）、批处理计算（如 Hadoop MapReduce）、流式计算（如 Storm）、迭代计算（如 HaLoop）、图计算（如 Pregel）和内存计算（如 HANA），这些计算模式的混合计算方法将成为满足多样性大数据处理和应用需求的有效手段。

（4）大数据分析与挖掘方向。在数据量迅速增加的同时，还要进行深度的数据分析和挖掘，并且对自动化分析要求越来越高。越来越多的大数据分析工具和产品应运而生，如用于大数据挖掘的 RHadoop 版、基于 MapReduce 开发的数据挖掘算法等。

（5）大数据可视化分析方向。通过可视化方式来帮助人们探索和解释复杂的数据，有利于决策者挖掘数据的商业价值，进而有助于大数据的发展。很多公司也在开展相应的研究，试图把可视化引入其不同的数据分析和展示的产品中，各种可能相关的商品将会不断出现。可视化工具 Tableau 的成功上市反映了大数据可视化的需求。

（6）大数据安全方向。在用大数据分析和数据挖掘获取商业价值时，黑客很可能在进行攻击，以收集有用的信息。因此，大数据的安全一直是企业和学术界非常关注的研究方向。文件访问控制权限 ACL、基础设备加密、匿名化保护技术和加密保护等技术正在最大限度地保护数据安全。

6.4　大数据的应用

大数据在各行各业的应用越来越频繁与深入，接下来将以几个具体的例子讲述大数据在行业中的应用。

（1）梅西百货的实时定价机制。根据需求和库存的情况，该公司基于 SAS 的系统对多达 7300 万种货品进行实时调价。

（2）Tipp24 AG 针对欧洲博彩业构建的下注和预测平台。该公司用 KXEN 软件来分析数十亿计的交易以及客户的特性，然后通过预测模型对特定用户进行动态的营销活动。这项举措减少了 90% 的预测模型构建时间。

（3）沃尔玛的搜索。这家零售业寡头为其网站 Walmart.com 自行设计了最新的搜索引擎 Polaris，利用语义数据进行文本分析、机器学习和同义词挖掘等。根据沃尔玛的说法，语义搜索技术的运用使得在线购物的完成率提升了 10%～15%。

（4）快餐业的视频分析。其主要通过视频分析等候队列的长度，然后自动变化电子菜单显示的内容。如果队列较长，则显示可以快速供给的食物；如果队列较短，则显示利润较高但准备时间相对长的食品。

（5）PredPol 和预测犯罪。PredPol 公司通过与洛杉矶和圣克鲁斯的警方以及一群研究人员合作，基于地震预测算法的变体和犯罪数据来预测犯罪发生的概率，可以精确到500 平方英尺的范围内。在洛杉矶运用该算法的地区，盗窃罪和暴力犯罪分别下降了33% 和 21%。

（6）Tesco PLC(特易购)和运营效率。这家连锁超市在其数据仓库中收集了 700 万部冰箱的数据。通过对这些数据的分析进行更全面的监控，并进行主动的维修以降低整体能耗。

（7）American Express（美国运通，AmEx）和商业智能。以往，AmEx 只能实现事后诸葛式的报告和滞后的预测。专家 Laney 认为，"传统的 BI 已经无法满足业务发展的需要"。于是，AmEx 开始构建真正能够预测忠诚度的模型，基于历史交易数据，用 115 个变量进行分析预测。该公司表示，通过预测，对于澳大利亚将于此后的 4 个月中流失的客户已经能够识别出 24%。

6.5　小结

本章主要介绍了大数据基础知识，包括大数据的基本概念、特点、发展和基本应用。大数据是一个不断发展的概念，大数据表现形式包括结构化数据、半结构化数据和非结构化数据，同时大数据呈现出 3V 特性（Volume、Variety、Velocity）。大数据技术是一种新一代技术和架构，目前大数据技术发展包括大数据采集和预处理、存储和管理、计算模式、分析和挖掘、可视化以及安全这 6 个大的方向，并应用到多个不同的领域。

习题

一、选择题

1. 以下哪个选项不是大数据的特点？（　　　）
　　A. 处理的往往是结构化的数据　　　　B. 处理数据段的速度非常快
　　C. 从超大规模的数据中提取价值　　　D. 处理的数据量非常大
2. 大数据工程是指大数据的_____、_____、_____、_____的系统工程。
（　　　）
　　A. 定义　搜集　核算　保存　　　　B. 规划　建设　运营　管理
　　C. 采集　清洗　分析　治理　　　　D. 设计　开发　集成　测试
3. 以下哪个是结构化数据？（　　　）
　　A. 图片　　　　　　　　　　　　　B. 音频
　　C. 视频　　　　　　　　　　　　　D. 数据库二维表
4. 以下哪些是大数据在各行各业中的应用？（　　　）
① 根据需求和库存的情况，对多种货品进行实时调价。
② 分析交易及客户的特性，通过预测模型对特定用户进行动态的营销活动。
③ 基于地震预测算法的变体和犯罪数据来预测犯罪发生的概率。
④ 搜索引擎利用语义数据进行文本分析、机器学习和同义词挖掘等。
　　A. ①②③④　　　B. ①③④　　　C. ①②④　　　D. ①②③
5. 大数据采集与预处理方向最常见的问题是（　　　）。
　　A. 大数据的安全问题　　　　　　　B. 存储规模大，存储管理复杂
　　C. 数据的多源和多样性　　　　　　D. 对自动化分析要求越来越高

二、判断题

1. 大数据很容易从直观上看到蕴藏价值的大小。　　　　　　　　　　　　（　　　）

2. 大数据是一个不断发展的概念,可以指任何体量或复杂性超出常规数据处理方法的处理能力的数据。　　　　　　　　　　　　　　　　　　　　　　　　　　（　　　）

3. 大数据通常是由人工生成的,涉及人工参与。　　　　　　　　　　　　（　　　）

4. 大数据源通常设计得并不友好,甚至根本没有被设计过。　　　　　　（　　　）

5. 通过各种设备产生的海量数据体量巨大,但还没有目前互联网上的信息流量大。

　　　　　　　　　　　　　　　　　　　　　　　　　　　　　　　　（　　　）

三、填空题

1. 大数据的 4V 特点为 Volume(体量)、Variety(多样)、Velocity(速率)和_____。

2. 列出大数据技术的六大发展方向中的任意两个：_____、_____。

3. 保护数据安全的技术有基础设备加密、_____等。

4. 从广义上讲,大数据包括大数据技术、大数据工程、大数据科学和_____等与大数据相关的领域。

5. 数据本身可以是结构化、_____甚至是非结构化的。

四、简答题

1. 从广义与狭义两方面描述你理解的大数据。

2. 简要描述大数据的 4V 特点。

3. 简要描述大数据发展的六大方向。

4. 结合现实描述两个大数据的应用场景。

第 **7** 章

大数据系统架构概述

　　这里讲的系统架构设计指的是企业大数据系统设计。深处时代变革中的企业又一次面临大数据这一信息技术革命带来的冲击,企业要么积极拥抱变化,提前做出变革;要么静观其变,择机而动。不管选择哪种方式,都是继互联网之后对企业的又一次智慧的考验。

　　企业信息化涉及企业的各个方面,是一项复杂的系统工程,一般要经历从初始到不断成熟的过程。对于数据管理阶段和成熟阶段,美国管理信息系统专家诺兰发表了著名的企业信息系统进化的阶段模型,即诺兰模型。诺兰认为,在数据管理阶段,企业高层已经意识到了企业信息战略的重要性,并开始着手企业信息资源的统一规划;在数据成熟阶段,企业和数据是同步发展的,数据是企业面貌的镜像,企业可以依据数据作出发展决策。

7.1　总体架构概述

7.1.1　总体架构设计原则

　　企业级大数据应用框架需要满足业务的需求:一是要满足基于数据容量大、数据类型多、数据流通快的大数据基本处理需求,能够支持大数据的采集、存储、处理和分析;二是要满足企业级应用在可用性、可靠性、可扩展性、容错性、安全性和保护隐私等方面的基本准则;三是要满足用原始技术和格式来实现的数据分析的基本要求。

1. 满足大数据的 V3 要求

1) 大数据容量的加载、处理和分析

要求大数据应用平台经过扩展可以支持 GB、TB、PB、EB 甚至 ZB 规模的数据集。

2) 各种类型数据的加载、处理和分析

支持各种各样的数据类型,支持处理交易数据、各种非结构化数据、机器数据以及其他新数据结构;支持极端的混合工作负载,包括数以千计的地理上分布的在线用户和程序,这些用户和程序执行各种各样的请求,范围从临时性的请求到战略分析的请求,同时以批量或流的方式加载数据。

3) 大数据的处理速度

在很高速度(GB/s)的加载过程中集成来自多个来源的数据;以至少每秒千兆字节的速度高速加载数据,随时进行分析;以满负荷速度就地更新数据;不需要预先将维表与事实表群集即可将十亿行的维表加入万亿行的事实表;在传入的加载数据上实时执行某些"流"分析查询。

2. 满足企业级应用的要求

1) 高可扩展性

要求平台符合企业未来业务发展要求以及对新业务的响应,能够支持大规模数据计算的节点可扩展,能适应将来数据结构的变化、数据容量增长、用户的增加、查询要求和服务内容的变化,要求大数据架构具备支持调度和执行数百上千节点的负载工作流。

2) 高可用性

要求平台能够具备实时计算环境所具备的高可用性,在单点故障的情况下能够保证应用的可用性,具备处理节点故障时的故障转义和流程继续的能力。

3) 安全性和保护隐私

系统在数据采集、存储、分析架构上保证数据、网络、存储和计算的安全性,具备保护个人和企业隐私的措施。

4) 开放性

要求平台能够支持计算和存储数以千计的、地理位置可能不同的、可能异构的计算节点,能够识别和整合不同技术和不同厂商开发的工具和应用,能够支持移动应用、互联网应用、社交网络、云计算、物联网、虚拟化、网络、存储等多种计算机设备、计算协议和计算架构。

5) 易用性

系统功能操作是否易用,能否满足大多数企业业务、管理和技术人员的操作习惯;平台具有可编程性,能够支持不同编程工具和语言的集成,具备集成编译环境;能否在处理请求内嵌入任意复杂的用户定义函数(UDF),以各种行业标准过程语言执行 UDF,组合大部分或全部使用案例的大量可复用 UDF 库,在几分钟内对 PB 级别大小的数据集执行 UDF"关系扫描"。

3. 满足对原始格式数据进行分析的要求

系统具备对复杂的原始格式数据进行整合分析的能力,如对文本数据、数学数据、统计数据、金融数据、图像数据、声音数据、地理空间数据、时序数据、机器数据等进行分析的能力。

7.1.2　总体架构参考模型

基于 Apache 开源技术的大数据平台总体架构参考模型如图 7.1 所示,大数据的产生、组织和处理主要是通过分布式分拣处理系统来实现的,主流的技术是 Hadoop＋MapReduce,其中,Hadoop 的分布式文件处理系统(HDFS)作为大数据存储的框架,分布式计算框架 MapReduce 作为大数据处理的框架。

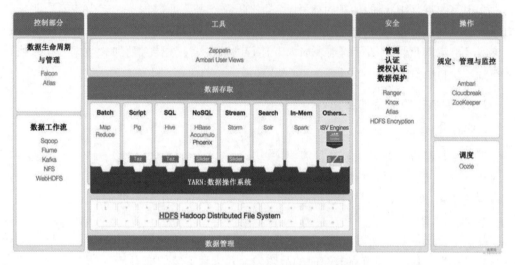

图 7.1　大数据应用平台的总体架构参考模型

1. 大数据基础

这一部分提供了大数据框架的基础,包括序列化、分布式协同等基础服务,构成了上层应用的基础。

(1) Avro。新的数据序列化与传输工具,将逐步取代 Hadoop 原有的 IPC 机制。

(2) ZooKeeper。分布式锁设施,它是一个分布式应用程序的集中配置管理器,用户分布式应用的高性能协同服务由 Facebook 贡献,也可以独立于 Hadoop 使用。

2. 大数据存储

HDFS 是 Hadoop 分布式文件系统,HDFS 运行于大规模集群之上,集群使用廉价的普通机器构建,整个文件系统采用的是元数据集中管理与数据块分散存储相结合的模式,并通过数据的冗余复制来实现高度容错。分布式文件处理系统架构在通用的服务器、操作系统或虚拟机上。

3. 大数据处理

MapReduce 是分布式并行计算框架,是基于 Map(可理解为"任务分解")和 Reduce (可理解为"结果综合")的函数。基于 MapReduce 写出的应用程序能够运行在由上千个普通机器组成的大型集群上,并以一种可靠容错的方式并行处理 TB 级别以上的数据集。

Mapper 和 Reducer 的主代码可以用很多语言编写，Hadoop 的原生语言是 Java，但是 Hadoop 公开 API 用于以 Ruby 和 Python 等其他语言编写代码，还提供了 C++接口。在最底层进行 MapReduce 编程显然提供了最大的潜力，但这种编程层次非常像汇编语言的编程。

4. 大数据访问和分析

在 Hadoop＋MapReduce 之上架构的是基础平台服务，在基础平台之上是大数据访问和分析的应用服务。大数据访问和分析的框架实现对传统关系型数据库和 Hadoop 的访问，主流技术包括 Pig、Hive、Sqoop、Mahout 等。

（1）Pig。Pig 是基于 Hadoop 的并行计算高级编程语言，它提供一种类似于 SQL 的数据分析高级文本语言，称为 Pig Latin，该语言的编译器会把类 SQL 的数据分析请求转换为一系列经过优化处理的 MapReduce 运算。Pig 支持的常用数据分析主要有分组、过滤、合并等，Pig 为创建 Apache MapReduce 应用程序提供了一款相对简单的工具，它有效简化了编写、理解和维护程序的工作，还优化了任务自动执行的功能，并支持使用自定义功能进行接口扩展。

（2）Hive。Hive 是由 Facebook 贡献的数据仓库工具，是 MapReduce 实现的用来查询分析结构化数据的中间件。Hive 的类 SQL 查询语言——Hive SQL 可以查询和分析储存在 Hadoop 中的大规模数据。

（3）Sqoop。Sqoop 由 Cloudera 开发，是一种用于在 Hadoop 与传统数据库间进行数据传递的开源工具，允许将数据从关系源导入 HDFS 以及从 HDFS 导出到关系型数据库。MapReduce 等函数都可以使用由 Sqoop 导入 HDFS 中的数据。

（4）Mahout。Apache Mahout 项目提供分布式机器学习和数据挖掘库。

（5）Hama。基于 BSP 的超大规模科学计算框架。

7.2 运行架构概述

运行架构设计着重考虑的是企业大数据系统运行期的质量属性，比如性能、可伸缩性和持续可用性。大规模用户并发和海量数据处理是企业大数据系统在运行架构设计时重点要解决的问题。

7.2.1 物理架构

企业大数据系统的各层次系统最终要部署到主机节点中，这些节点通过网络连接成为一个整体，为企业的大数据应用提供物理支撑。如前文所述，企业大数据系统由多个逻辑层组成，多个逻辑层可以映射到一个物理节点上，也可以映射到多个物理节点上。

在映射时需要考虑三方面的问题：一是是否容易识别，即通过物理节点的 IP 地址就能知道这个节点的作用域，通过多个物理节点的 IP 地址就能知道这些节点是否为一个集群；二是是否足够集约，对于负载轻的系统，如果每一个软件系统单独部署在一个物理节点，会造成物理节点的浪费；三是是否能够同构，对于物理节点最好能够统一配置，不仅便于统一管理，而且可以实现重用，只需一次配置，多个物理节点同构复制，就可以实现动态扩展。

　　谷歌和 Facebook 公司都采用大量的廉价商用硬件来搭建自己的分布式系统，基于廉价商用硬件搭建的分布式系统在运行效率、可靠性、可扩展性方面都被证明能够经得起大规模、高并发、海量数据的检验。

7.2.2　集成架构

　　企业大数据系统由多个系统集成而成，每个系统都提供了多种协议和接口，以便企业大数据系统的内部系统间集成和外部系统与大数据系统集成。

　　企业大数据系统的集成可以分为总体集成和专项集成。总体集成是指各组成系统间的集成，通过总体集成可以构成高效、可靠、安全运行的企业大数据系统。若企业大数据系统之外的某个应用系统或大数据系统之内的某个应用系统只想与存储系统、调度系统等进行集成，那么可通过调用这些系统开放的接口来实现，这种集成方式就是专项集成。

　　在实现总体集成时，应用功能集成的方法是同意以代理系统为核心，各应用系统的功能以 Web Service 方式注册在统一代理系统中。统一代理系统既可以作为外部系统与应用系统的中介，为外部系统提供功能服务，同时也可以为内部系统间功能的相互调用提供服务。

　　应用系统将 Web Service 的服务注册到统一应用代理服务器，由统一代理应用系统将其转化成统一的对外 Web Server。应用系统门户等内外部系统通过调用统一的对外 Web Service 来向统一代理系统发出服务请求。

7.2.3　安全架构

　　由于企业大数据系统的数据资源和计算资源广泛地分布在多个节点上，所以用户的身份、权限等安全，数据资源的存储、传输、访问等安全，以及计算资源的访问、监控、调整、恢复等安全，都是企业大数据系统在进行安全架构设计时需要考虑的问题。

　　一般来讲，企业大数据的安全架构由针对三层的安全设计构成，这三层分别是用户层、应用层和数据层。针对每一层的关键行为加入安全因素的设计，以确保系统的整体安全。

　　用户层的安全主要是指用户身份安全和用户权限安全，主要由统一代理系统来负责。当用户在登录时和登录后访问应用资源、数据资源时，统一代理系统将对用户身份进行认证，对用户权限进行检查。

　　用户权限也可以直接将原有的用户权限系统集成到大数据系统中，实现对用户权限的管理，但需要对资源目录进行改造。分布式文件的权限管理粒度到文件级，所以在资源目录中对用户的文件授权也只能到文件级。分布式数据的权限管理粒度只能到行级和列级，而不像传统数据库可以到字段表，所以在资源目录中对用户的数据授权也要做出相应的改变。

　　应用层安全主要在于能否保证应用安全、可靠地运行。应用层安全关注的行为包括分布式任务提交、进度和状态监管、运行任务的调整、任务的恢复运行、日志记录和资源权限检查。

Hadoop 和 HBase 都提供了相应的机制，以确保应用任务的安全运行。Hadoop 系统通过 JobTracker 来进行 MapReduce 任务的分配、调度和调整，HBase 系统的 HMaster 主节点和 HRegionServer 为了解决数据库中"脏读"和"脏写"的问题会采用 ZooKeeper 的锁服务。

数据层安全重点放在数据是否会丢失、传送过程是否安全、敏感数据是否有加密、数据的完整性是否被破坏 4 方面。

对于 HDFS 而言，每一个文件的数据库都采用了多副本机制，并将这些副本都保存在不同的节点上。当某个节点的副本失效时，HDFS 还会在一个新的节点上复制一个副本，以确保副本数量与设定要求使用一致。在文件的完整性上，HDFS 对每一个块都采用 CRC32 的校验方式来确保数据的完整性。同样，对于分布式数据库 HBase，它提供了类似的分布式数据库安全机制来确保数据不丢失。

为了保障在网络上的传输安全，利用数据加密技术可在一定程度上确保数据在网络传输过程中不会被截取或窃听。SSL(Secure Socket Layer)是为网络通信提供安全及数据完整性保障的一种安全协议，它已被广泛地应用于 Web 浏览器与服务器之间的身份认证和加密传输方面。HDFS 提供有相应的 HTTPS 方式的文件读/写接口，确保数据传输过程的安全。

7.3　主流大数据系统厂商

如今，越来越多的企业和大型机构在寻求不断发展的大数据问题时，都倾向于使用开源软件基础架构 Hadoop 的服务。因此许多公司推出了各自版本的 Hadoop，也有一些公司围绕 Hadoop 开发产品。本章将以举例主流厂商解决方案的方式呈现不同厂商的处理异同。

7.3.1　Cloudera

Cloudera 是一家专业从事基于 Apache Hadoop 的数据管理软件销售和服务的公司，它发布的实时查询开源项目 Impala 比基于 MapReduce 的 Hive SQL 的查询速度提升了 3～90 倍。Impala 是 Google Dremel 的模仿，但在 SQL 功能上更胜一筹，而且使用简单、灵活。

Cloudera Impala 对存储在 Apache Hadoop HDFS、HBase 的数据提供直接查询互动的 SQL，既可以像 Hive 使用相同的统一存储平台，也使用相同的元数据、SQL 语法(Hive SQL)、ODBC 驱动程序和用户界面(Hue Beeswax)。Impala 还提供了一个面向批量或实时查询的统一平台。

Flume 是 Cloudera 提供的一个高可用性、高可靠性、分布式的海量日志采集、聚合和传输的系统，它支持在日志系统中定制各类数据发送方，用于收集数据；同时，Flume 提供对数据进行简单处理并写到各种数据接收方(可定制)的能力。

Flume 提供了从 console(控制台)、RPC(Thrift-RPC)、text(文件)、tail(UNIX tail)、 syslog(syslog 日志系统，支持 TCP 和 UDP 两种模式)、exec(命令执行)等数据源上收集数据的能力。

Flume 采用了多 Master 的方式。为了保证配置数据的一致性，其引入了 ZooKeeper，用于保存配置数据，ZooKeeper 本身可保证配置数据的一致性和高可用。另外，在配置数据发生变化时，ZooKeeper 可以通知 Flume 的 Master 节点。Flume Master 间使用 Gossip 协议对数据进行同步。

7.3.2 Hortonworks

Hortonworks 的开放式互联平台能帮助企业管理所拥有的数据(动态数据以及静态数据)，为用户组织启用可操作情报。

HDP(Hortonworks Data Platform)是一款基于 Apache Hadoop 的开源数据平台，提供大数据云存储、大数据处理和分析等服务。该平台专门用来应对多来源和多格式的数据，并使其处理起来更简单，更有成本效益。

HDP 还提供了一个开放、稳定和高度可扩展的平台，使其更容易地集成 Apache Hadoop 的数据流业务与现有的数据架构。该平台包括各种 Apache Hadoop 项目以及 Hadoop 分布式文件系统(HDFS)、MapReduce、Pig、Hive、HBase、ZooKeeper 和其他各种组件，使 Hadoop 的平台更易于管理，更加具有开放性以及可扩展性。

7.3.3 亚马逊

亚马逊公司的 AWS 本身就是最完整的大数据平台，Amazon Web Services 提供了一系列广泛的服务，可以快速、轻松地构建和部署大数据分析应用程序。借助 AWS 可以迅速扩展几乎任何大数据应用程序，其中包括数据仓库、点击流分析、欺诈侦测、推荐引擎、事件驱动 ETL、无服务器计算和物联网处理等应用程序。

Amazon EMR 是一种 Web 服务，旨在实现轻松快速并经济高效地处理大量的数据。

Amazon EMR 提供托管的 Hadoop 框架，可以在多个支持动态扩展的 Amazon EC2 实例之间分发和处理大量数据。这里的 Hadoop 也可以替换为其他常用的分发框架，例如 Spark 或 Presto。同时框架中的文件系统可以使用 AWS 数据服务代替，例如 Amazon S3 和 Amazon DynamoDB，用于进行数据交换。Amazon EMR 能够安全、可靠地处理大数据使用案例，包括日志分析、Web 索引、数据仓库、机器学习、财务分析等，还原生支持了全文索引 ElasticSearch。

7.3.4 谷歌

谷歌公司作为大数据研究的引领者，为大数据的研究和应用提供了大量的论文和实现。其中，Google 文件系统(Google File System，GFS)作为 Google 大数据存储与处理的基石，其开源实现 HDFS 也是 Hadoop 的关键组件。GFS 采用大量的低可靠性 PC 构成集群系统的思想也为后来的大数据系统所继承。GFS 采用"主控"服务器、Chunk 服务器与客户端的架构，实现了分布式存储对应用开发者的透明化，使其类似于本地的文件系统，这一机制也被各种分布式文件系统广泛采用。

不止如此,谷歌提出的 MapReduce 计算框架在很多大数据领域得到了非常广泛的应用;谷歌研发的针对分布式系统协调管理的粗粒度锁服务 Chubby 实现了一个实例对上万台机器的协同管理;谷歌针对微服务架构提出的 GRC 远程调用框架实现了分布式系统对不同语言和框架的兼容,让新的编程模型——微服务架构的实际应用成为现实。

可以说,谷歌在大数据领域拥有最多的成熟解决方案,也对大数据技术的发展起到了非常重要的推动作用。

7.3.5　微软

微软公司推出的商业数据分析系统 Microsoft Analytics Platform System 能够通过其扩充的大规模平行处理整合式系统支持混合格式的数据仓库,借此适应数据仓库环境不断发展的需求。它能够运用 Microsoft PolyBase 和从 SQL Server 以来积累的海量数据处理技术,在关系式和非关系式数据库中进行查询。

此外,微软还提供了基于 Hadoop 的分布式解决方案 Microsoft Azure,其中最值得注意的是"云端 Hadoop"——HDInsight,它提供了一系列全面的 Apache 大数据项目的托管服务。Azure HDInsight 使用 Hortonworks Data Platform(HDP)分布式 Hadoop。HDInsight 在云上部署 Hadoop 集群,并提供管理服务和一个处理、分析以及报告大数据的高稳定性和可用性框架。HDInsight 同时还支持 Apache 的 Storm 平台,以提供即时监控和串流数据分析。

7.3.6　阿里云数加平台

数加是阿里云为企业大数据实施提供的一套完整的一站式大数据解决方案,覆盖了企业数仓、商业智能、机器学习、数据可视化等领域,助力企业在 DT 时代更敏捷、更智能、更具洞察力。

数加平台由大数据计算服务(MaxCompute)、分析型数据库(Analytic DB)、流计算(StreamCompute)共同组成了底层强大的计算引擎,速度更快、成本更低。计算引擎之上,数加平台提供了丰富的云端数据开发套件,包括数据集成、数据开发、调度系统、数据管理、运维视屏、数据质量、任务监控等。

数加平台整体架构如图 7.2 所示。

数加平台具有如下优势。

1. 一站式大数据解决方案

从数据导入、查找、开发、ETL、调度、部署、建模、BI 报表、机器学习,到服务开发、发布,以及外部数据交换的完整大数据链路,这种一站式集成开发环境降低了数据创新与创业成本,如图 7.3 所示。

2. 大数据与云计算的无缝结合

阿里云数加平台构建在阿里云云计算基础设施之上,简单、快速地接入 MaxCompute 等计算引擎,支持 ECS、RDS、OCS、AnalyticDB 等云设施下的数据同步,可为企业获得在

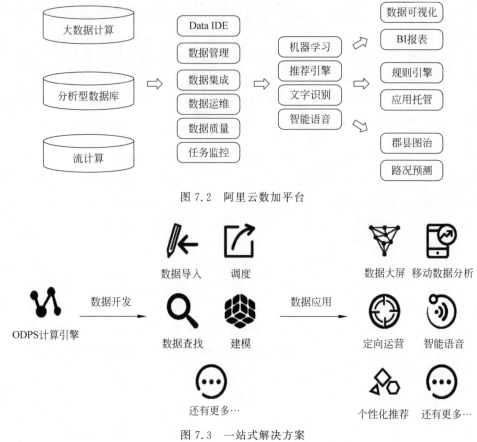

图 7.2　阿里云数加平台

数据导入	调度	数据大屏	移动数据分析

ODPS计算引擎　数据开发　数据查找　建模　数据应用　定向运营　智能语音

还有更多…　　个性化推荐　还有更多…

图 7.3　一站式解决方案

大数据时代最重要的竞争力——智能化。

3. 企业级数据安全控制

数加平台建立在安全性在业界领先的阿里云上，并集成了最新的阿里云大数据产品，这些大数据产品的性能和安全性在阿里巴巴集团内部已经得到多年的锤炼。数加平台采用了先进的"可用不可见"的数据合作方式，并对数据所有者提供全方位的数据安全服务，数据安全体系包括数据业务安全、数据产品安全、底层数据安全、云平台安全、接入 & 网络安全、运维管理安全。

7.4　小结

本章主要介绍了大数据的总体架构，包括大数据基础、大数据存储、大数据处理和大数据分析访问模块。为了支撑大数据的运行，大数据运行需要考虑性能、可伸缩性和可持续性，并从物理架构、集成架构和安全架构等多方面进行设计。最后介绍了多个主流的大数据厂商在大数据上所做的贡献，既有 startup 公司如 Cloudera、Hortonworks，也有大型科技公司如微软、谷歌、亚马逊、阿里等。

习题

一、选择题

1. 以下哪个选项不是企业级大数据总体架构设计的原则?(　　)

A. 满足大数据的 V3 要求

B. 满足对个人信息细致分析的要求

C. 满足企业级应用的要求

D. 满足对原始格式数据进行分析的要求

2. 在映射逻辑层和物理节点时,需要考虑以下哪3方面的问题?(　　)

① 是否容易识别

② 是否足够集约

③ 是否能够同构

④ 是否足够安全

A. ①②③　　　　　B. ①③④　　　　　C. ①②④　　　　　D. ②③④

3. 以下关于主流技术 Hadoop+MapReduce 的说法错误的是(　　)。

A. HDFS 是 Hadoop 分布式文件系统,其运行于大规模集群之上

B. MapReduce 是分布式并行计算框架,它基于 Map 和 Reduce 的函数

C. 大数据访问和分析的框架实现对传统关系型数据库和 Hadoop 的访问,主流技术包括 Pig、Hive、Sqoop、Mahout 等

D. Pig 是基于 Hadoop 的串行计算高级编程语言,它提供一种类似于 SQL 的数据分析高级文本语言

4. 分布式数据的权限管理粒度到(　　)。

A. 行级和列级　　　B. 字段表　　　　C. 文件级　　　　D. 数据级

5. 在大数据领域拥有最多的成熟解决方案,也对大数据技术的发展起到了非常重要的推动作用的主流大数据系统厂商是(　　)。

A. 亚马逊　　　　　B. 微软　　　　　C. 谷歌　　　　　D. 阿里

二、判断题

1. 企业级大数据应用框架需要具备对复杂原始格式数据进行整合分析的能力。

(　　)

2. 在基于 Apache 的大数据平台总体架构中,大数据的产生、组织和处理主要是通过集中式处理系统实现的。 (　　)

3. 安全性和隐私保护是企业大数据系统在运行架构设计时要重点解决的问题。

(　　)

4. 企业大数据系统由多个逻辑层组成,多个逻辑层可以映射到一个物理节点上,也可以映射到多个物理节点上。 (　　)

5. 为了保障在网络上的传输安全,利用数据加密技术能够完全确保数据在网络传输过程中不会被截取或窃听。 (　　)

三、填空题

1. 在满足企业级应用的要求时，大数据应用框架需要满足的方面包括可用性、可靠性和_____。

2. 企业大数据的安全架构由针对 3 层的安全设计构成，这 3 层分别是用户层、应用层和_____。

3. 企业大数据系统的集成可以分为总体集成和_____。

4. 运行架构设计着重考虑的是企业大数据系统运行期的_____属性，比如性能、可伸缩性和持续可用性。

5. 在 Hadoop + MapReduce 之上架构的是基础平台服务，在基础平台之上是_____的应用服务。

四、简答题

1. 简要介绍大数据访问框架的主流实现技术。

2. 简要介绍大数据系统运行框架设计的组成部分。

3. 简述大数据系统物理架构设计中的映射过程需考虑的问题。

4. 简述大数据安全架构设计针对的 3 层内容。

第 **8** 章

分布式通信与协同

在大规模分布式系统中，为了高效地处理大量任务以及存储大量数据，通常需要涉及多个处理节点，需要在多个节点之间通信以及协同处理。高效的节点之间的通信以及节点之间的可靠协同技术是保证分布式系统正常运行的关键。

8.1 数据编码传输

8.1.1 数据编码概述

在分布式系统中需要处理大量的网络数据，为了加快网络数据的传输速度，通常需要对传输数据进行编码压缩，当然数据编码压缩传输技术也在其他电子信息领域中大量使用。数字化的多媒体信息尤其是数字视频、音频信号的数据量特别庞大，如果不对其进行有效的压缩，就难以得到实际的应用，因此数据编码压缩技术已成为当今数字通信、广播、存储和多媒体娱乐中的一项关键的共性技术。

数据压缩是以尽可能少的数码来表示信源所发出的信号，减少容纳给定的消息集合或数据采样集合的信号空间。这里讲的信号空间就是被压缩的对象，是指某信号集合所占的时域、空域和频域。信号空间的这几种形式是相互关联的，存储空间的减少意味着信号传输效率的提高，所占用带宽的节省。只要采取某种方法减少某个信号空间，就能够压缩数据。

一般来说，数据压缩主要是通过数据压缩编码来实现的。要想使编码有效，必须建立相应的系统模型。在给定的模型下通过数据编码来消除冗余，大致有以下 3 种情况。

（1）信源符号之间存在相关性。如果消除了这些相关性，就意味着数据压缩。例如，位图图像像素与像素之间的相关性，动态视频帧与帧之间的相关性。去掉这些相关性通常采用预测编码、变换编码等方法。

（2）信源符号之间存在分布不等概性。根据不同符号出现的不同概率分别进行编码，概率大的符号用较短的码长编码，概率小的符号用较长的码长编码，最终使信源的平均码长达到最短。通常采用统计编码的方法。

（3）利用信息内容本身的特点（如自相似性）。用模型的方法对需传输的信息进行参数估测，充分利用人类的视觉、听觉等特性，同时考虑信息内容的特性，确定并遴选出其中的部分内容（而不是全部内容）进行编码，从而实现数据压缩。通常采用模型基编码的方法。

目前比较认同的、常用的数据压缩的编码方法大致分为以下两大类。

（1）冗余压缩法或无损压缩法。冗余压缩法或无损压缩法又称为无失真压缩法或熵编码法。这类压缩方法只是去掉数据中的冗余部分，并没有损失熵，而这些冗余数据是可以重新插到原数据中的。也就是说，去掉冗余不会减少信息量，而且仍可原样恢复数据。因此，这类压缩方法是可逆的。

（2）熵压缩法或有损压缩法。这类压缩法由于压缩了熵，也就损失了信息量，而损失的信息是不能恢复的。因此，在用门限值采样量化时，如果只存储门限内的数据，那么原来超过这个预置门限的数据将丢失。这种压缩方法虽然可压缩大量的信号空间，但那些丢失的实际样值不可能恢复，是不可逆的。也就是说，在用熵压缩法时数据压缩要以一定的信息损失为代价，而数据的恢复只能是近似的，应根据条件和要求在允许的范围内进行压缩。

8.1.2 LZSS算法

LZSS算法属于字典算法，是把文本中出现频率较高的字符组合做成一个对应的字典列表，并用特殊代码来表示这个字符。图8.1为字典算法原理。

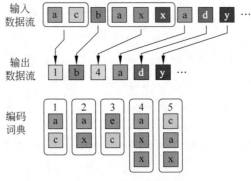

图8.1 字典算法原理

LZSS算法的字典模型使用自适应方式，基本的思路是搜索目前待压缩串是否在以前出现过，如果出现过，则利用前次出现的位置和长度来代替现在的待压缩串，输出该字符串的出现位置及长度；否则，输出新的字符串，从而达到压缩的目的。但是在实际使用过程中，由于被压缩的文件往往较大，一般使用"滑动窗口压缩"方式，即将一个虚拟的、可以跟随压缩进程滑动的窗口作为术语字典。LZSS 算法最大的好处是压缩算法的细节处理不同,只对压缩率和压缩时间有影响,不会影响解压程序。LZSS 算法最大的问题是速度,每次都需要向前搜索到原文开头,对于较长的原文需要的时间是不可承受的,这也是 LZSS 算法较大的一个缺点。

8.1.3 Snappy 压缩库

Snappy 是在谷歌公司内部生产环境中被许多项目使用的压缩/解压缩的链接库,使用该库的软件包括 BigTable、MapReduce 和 RPC 等,谷歌公司于 2011 年开源了该压缩/解压缩库。在 Intel 酷睿 i7 处理器上,在单核 64 位模式下,Snappy 的压缩速度大概可以达到 250MB/s 或者更快,解压缩可以达到大约 500MB/s 甚至更快。如此高的压缩速度是通过降低压缩率来实现的,因此其输出要比其他库大 20%～100%。Snappy 对于纯文本的压缩率为 1.5～1.7,对于 HTML 是 2～4,当然,对于 JPEG、PNG 和其他已经压缩过的数据的压缩率为 1.0。

Snappy 压缩库采用 C++ 实现,同时提供了多种其他语言的接口,包括 C、C♯、Go、Haskell 等。Snappy 是面向字节编码的 LZ77 类型压缩器。Snappy 采用的编码单元是字节(Byte),而不是比特(bit),采用该压缩库压缩后的数据形成一个字节流的格式,格式如下:前面几个字节表示总体为压缩的数据流长度,采用小端方式(little-endian)存储,同时兼顾可变长度编码,每个字节的后面 7 位存储具体的数据,最高位用于表示下一个字节是否为同一个整数;剩下的字节用 4 种元素类型中的一种进行编码,元素类型在元素数据中的第一个字节,该字节的最后两位表示类型。

(1) 00。文本数据,属于未压缩数据,类型字节的高 6 位用于存储每个元素的数据内容长度。当数据内容超过 60 字节时,采用额外的可变长编码方式存储数据。

(2) 01。数据长度用 3 位存储,偏移量用 11 位存储。紧接着类型字节后的第一个字节也用于存储偏移量。

(3) 10。类型字节中剩下的高 6 位用于存储数据长度,在类型字节后的 2 字节用于存储数据的偏移量。

(4) 11。类型字节中剩下的高 6 位用于存储数据长度,数据偏移量存储在类型字节后的 4 字节,偏移量采用小端方式存储数据。

8.2 分布式通信系统

分布式通信研究分布式系统中不同子系统或进程之间的信息交换机制。从各种大数据系统中归纳出 3 种最常见的通信机制:远程过程调用、消息队列和多播通信。其中,远程过程调用的重点是网络中位于不同机器上进程之间的交互;消息队列的重点是子系统之间的消息可靠传递;多播通信是实现信息的高效多播传递。这三者都是黏合子系统的有效工具,同时,它们对于减少大数据系统中构件之间的耦合、增强各自的独立演进有很大的帮助作用。

8.2.1　远程过程调用

远程过程调用（Remote Procedure Call，RPC）是一个计算机通信协议，通过该协议运行于一台计算机上的程序可以调用另一台计算机的子程序，而程序员无须额外为这个交互编程。

通用的 RPC 框架都支持以下特性：接口描述语言、高性能、数据版本支持和二进制数据格式。

Thrift 是由 Facebook 公司开发的远程服务调用框架，它采用接口描述语言定义并创建服务，支持可扩展的跨语言服务开发，所包含的代码生成引擎可以在多种语言中，如C++、Java、Python、PHP、Ruby、Erlang、Perl、Haskell、C♯、Cocoa、Smalltalk 等，创建高效的、无缝的服务。其传输数据采用二进制格式，相对于 XML 和 JSON 体积更小，对于高并发、大数据量和多语言的环境更有优势。

Thrift 包含一个完整的堆栈结构，用于构建客户端和服务器端。服务器包含用于绑定协议和传输层的基础架构，它提供阻塞、非阻塞、单线程和多线程的模式运行在服务器上，可以配合服务器/容器一起运行，可以和现有的服务器/容器无缝结合。

其使用流程大致如下。

（1）使用 IDL 定义消息体以及 RPC 函数调用接口。使用 IDL 可以在调用方和被调用方解耦，比如调用方可以使用 C++，被调用方可以使用 Java，这样给整个系统带来了极大的灵活性。

（2）使用工具根据 IDL 定义文件生成指定编程语言的代码。

（3）在应用程序中连接使用上一步生成的代码。对于 RPC 来说，调用方和被调用方同时引入后即可实现透明的网络访问。

8.2.2　消息队列

消息队列也是设计大规模分布式系统时经常采用的中间件产品。分布式系统构件之间通过传递消息可以解除相互之间的功能耦合，这样就减轻了子系统之间的依赖，使得各个子系统或者构件可以独立演进、维护或重用。消息队列是在消息传递过程中保存消息的容器或中间件，其主要目的是提供消息路由并保障消息可靠传递。

下面通过开源的分布式消息系统 Kafka 介绍消息队列系统的整体设计思路。

Kafka 采用 Pub-Sub 机制，具有极高的消息吞吐量、较强的可扩展性和高可用性，消息传递延迟低，能够对消息队列进行持久化保存，且支持消息传递的"至少送达一次"语义。

一个典型的 Kafka 集群中包含若干 producer、若干 broker、若干 consumer group，以及一个 ZooKeeper 集群。Kafka 通过 ZooKeeper 管理集群配置，选举 leader，以及在consumer group 发生变化时进行 rebalance。producer 使用 push 模式将消息发布到broker，consumer 使用 pull 模式从 broker 订阅并消费消息。

作为一个消息系统，Kafka 遵循了传统的方式，选择由 producer 向 broker push 消息并由 consumer 向 broker pull 消息。push 模式很难适应消费速率不同的 consumer，因为消息发送速率是由 broker 决定的。push 模式的目标是尽可能以最快的速度传递消息，但是这样很容易造成 consumer 来不及处理消息，典型的表现就是拒绝服务以及网络阻塞。pull 模式可以根据 consumer 的消费能力以适当的速率消费信息。

8.2.3 应用层多播通信

分布式系统中的一个重要的研究内容是如何将数据通知到网络中的多个接收方，一般被称为多播通信。与网络协议层的多播通信不同，这里介绍的是应用层多播通信。Gossip 协议就是常见的应用层多播通信协议，与其他多播协议相比，其在信息传递的健壮性和传播效率方面有较好的折中效果，使其在大数据领域中得以广泛使用。

Gossip 协议也被称为"感染协议"（Epidemic Protocol），用来尽快地将本地更新数据通知到网络中的所有其他节点。其具体更新模型又可以分为 3 种：全通知模型、反熵模型和散布谣言模型。

在全通知模型中，当某个节点有更新消息时立即通知所有其他节点；其他节点在接收到通知后判断接收到的消息是否比本地消息要新，如果是，则更新本地数据，否则，不采取任何行为。反熵模型是最常用的"Gossip 协议"，之所以称为"反熵"，是因为"熵"是用来衡量系统混乱无序程度的指标，熵越大说明系统越无序。系统中更新的信息经过一定轮数的传播后，集群内的所有节点都会获得全局最新信息，所以系统变得越来越有序，这就是"反熵"的含义。

在反熵模型中，节点 P 随机选择集群中的另一个节点 Q，然后与 Q 交换更新信息；如果 Q 信息有更新，则类似 P 一样传播给任意其他节点（此时 P 也可以再传播给其他节点），这样经过一定轮数的信息交换，更新的信息就会快速传播到整个网络节点。

散布谣言模型与反熵模型相比增加了传播停止判断。即如果节点 P 更新了数据，则随机选择节点 Q 交换信息；如果节点 Q 已经从其他节点处得知了该更新，那么节点 P 降低其主动通知其他节点的概率，直到一定程度后，节点 P 停止通知行为。散布谣言模型能够快速传播变化，但不能保证所有节点都能最终获得更新。

8.2.4 Hadoop IPC 应用

这里以 Hadoop 中的 RPC 框架 Hadoop IPC 为基础讲述 RPC 框架在大数据系统中的应用。Hadoop 系统包括 Hadoop Common、Hadoop Distributed File System、Hadoop MapReduce 几个重要的组成部分，其中，Hadoop Common 用于提供整个 Hadoop 公共服务，包括 Hadoop IPC。在 Hadoop 系统中，Hadoop IPC 为 HDFS、MapReduce 提供了高效的 RPC 通信机制，在 HDFS 中，DFSClient 模块需要与 NameNode 模块通信、DFSClient 模块需要与 DataNode 模块通信、MapReduce 客户端需要与 JobTracker 通信，Hadoop IPC 为这些模块之间的通信提供了一种便利的方式。

目前实现的 Hadoop IPC 具有采用 TCP 方式连接、支持超时、缓存等特征。Hadoop IPC 采用的是经典的 C/S 结构。

Hadoop IPC 的 Server 端相对比较复杂，包括 Listener、Reader、Handler 和 Responder 等多种类型的线程，Listener 用于侦听来自 IPC Client 端的连接，同时也负责

管理与 Client 端之间的连接,包括 Client 端超时需要删除连接;Reader 线程用于读取来自 Client 端的数据,Handler 线程用于处理来自 Client 端的请求,执行具体的操作;Responder 线程用于返回处理结果给 Client 端。一般配置是一个 Listener、多个 Reader、多个 Handler 和一个 Responder。Hadoop IPC 的组成如图 8.2 所示。

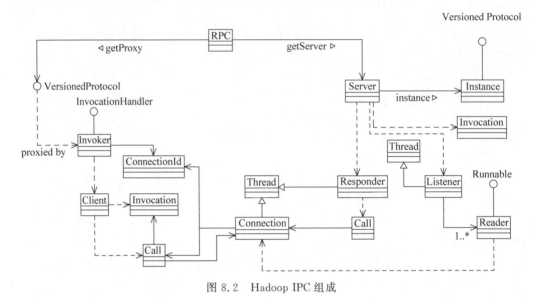

图 8.2　Hadoop IPC 组成

执行 HDFS 读文件操作时,DFSClient 利用 Hadoop IPC 框架发起一次 RPC 请求给 NameNode,获取 DataBlock 信息。

在执行 HDFS 数据恢复操作的时候,DFSClient 需要执行 recoverBlock RPC 操作,发送该请求到 DataNode 节点上。

8.3　分布式协同系统

当前的大规模分布式系统涉及大量的机器,这些机器之间需要进行大量的网络通信以及各个节点之间的消息通信协同。为了减少分布式系统中这些工作的重复开发,解耦出分布式协同系统,有效地提高了分布式计算、分布式存储等系统的开发速度。

8.3.1　Chubby 锁服务

Chubby 是谷歌公司研发的针对分布式系统协调管理的粗粒度服务,一个 Chubby 实例大约可以负责一万台 4 核 CPU 机器之间对资源的协同管理。这种服务的主要功能是让众多客户端程序进行相互之间的同步,并对系统环境或资源达成一致的认知。

Chubby 的理论基础是 Paxos(一致性协议),Paxos 是在完全分布式环境下不同客户端能够通过交互通信并投票对于某个决定达成一致的算法。Chubby 以此为基础,但是也进行了改造,Paxos 是完全分布的,没有中心管理节点,需要通过多轮通信和投票来达成最终的一致,所以效率低;Chubby 出于对系统效率的考虑,增加了一些中心管理策略,在达到同一目标的情况下改善了系统效率。

Chubby 的设计目标基于以下几点：高可用性、高可靠性、支持粗粒度的建议性锁服务、支持小规模文件直接存储。这些当然是用高性能与存储能力折中而来的。

图 8.3 是 Google 论文中描述的 Chubby 的整体架构，可以容易地看出 Chubby 共有 5 台服务器，其中一个是主服务器，客户端与服务器之间使用 RPC 交互。那么，其他服务器是干什么的？它们纯粹是作为主服务器不可用后的替代品。而 ZooKeeper 的多余服务器均是提供就近服务的，也就是服务器会根据地理位置与网络情况来选择对哪些客户端给予服务。

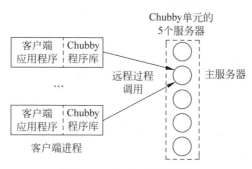

图 8.3 Chubby 整体架构

Chubby 单元中的主服务器由所有服务器选举推出，但是并非从始至终一直都由其担任这一角色，它是有"任期"的，即 Master Lease，一般长达几秒。如果无故障发生，一般系统尽量将"租约"交给原先的主服务器，否则可以通过重新选举得到一个新的全局管理服务器，这样就实现了主服务器的自动切换。

客户端通过嵌入的库程序，利用 RPC 通信和服务器进行交互，对 Chubby 的读/写请求都由主服务器负责。主服务器遇到数据更新请求后会更改在内存中维护的管理数据，通过改造的 Paxos 协议通知其他备份服务器对相应的数据进行更新操作，并保证在多副本环境下的数据一致性；当多数备份服务器确认更新完成后，主服务器可以认为本次更新操作正确完成。其他所有备份服务器只是同步管理数据到本地，保持数据和主服务器完全一致。通信协议如图 8.4 所示。

KeepAlive 是周期性发送的一种消息，它有两方面的功能：延长租约有效期，携带事件信息告诉客户端更新。事件包括文件内容的修改、子节点的增删改、Master 出错等。在正常情况下，租约会由 KeepAlive 一直不断延长。如果 C1 在未用完租约期时发现还需使用，便发送锁请求给 Master，Master 给它 Lease-M1；C2 在过了租约期后，发送锁请求给 Master，可是未收到 Master 的回答。其实此刻 Master 已经宕机了，于是 Chubby 进入宽限期，在这期间 Chubby 要选举出新的 Master。Google 论文里对于这段时期有一个更形象的名字——Grace Period。在选举出 Master 后，新的主服务器下令前主服务器发的 Lease 失效，必须申请一份新的。然后 C2 获得了 Lease-M2。C3 又恢复到正常情况。在图 8.4 中 4、5、6、7、8 是通过 Paxos 算法选举 Master 的颤抖期。在此期间最有可能产生问题，Amazon 的分布式服务就曾因此宕机，导致很长时间服务不可用。

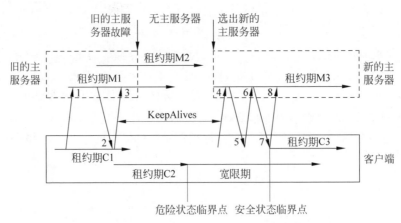

图 8.4　Client 与 Chubby 的通信

8.3.2　ZooKeeper

ZooKeeper 是雅虎公司开发的一套开源高吞吐分布式协同系统，目前已经在各种 NoSQL 数据库及诸多开源软件中获得广泛使用。分布式应用中的各节点可以通过 ZooKeeper 这个第三方来确保双方的同步，比如一个节点是发送，另一个节点是接收，但发送节点需要确认接收节点成功收到这个消息，因而就可以通过与一个可靠的第三方交互来获取接收节点的消息接收状态。

ZooKeeper 也是由多台同构服务器构成的一个集群，共用信息存储在集群系统中。共用信息采用树状结构来存储，用户可以将其看作一个文件系统，只是这些文件是一直存放在内存中的，文件存储容量受到内存的限制。

既然 ZooKeeper 可以被看作一个文件系统，那么它就具有文件系统相应的功能，只是在 ZooKeeper 和文件系统中功能的叫法不同。ZooKeeper 提供创建节点、删除节点、创建子节点、获取节点内容等功能。

ZooKeeper 服务由若干台服务器构成，每台服务器内存中维护相同的树状数据结构。其中的一台通过 ZAB 原子广播协议选举作为主服务器，其他的作为从服务器。客户端可以通过 TCP 连接任意一台服务器，如果是读操作请求，任意一个服务器都可以直接响应请求；如果是写数据操作请求，则只能由主服务器来协调更新操作。Chubby 在这一点上与 ZooKeeper 不同，所有的读/写操作都由主服务器完成，从服务器只是用于提高整个协调系统的可用性。

在带来高吞吐量的同时，ZooKeeper 的这种做法也带来了潜在的问题：客户端可能读到过期的数据。因为即使主服务器已经更新了某个内存数据，ZAB 协议也未能将其广播到从服务器。为了解决这一问题，在 ZooKeeper 的接口 API 函数中提供了 Sync 操作，应用可以根据需要在读数据前调用该操作，其含义是接收到 Sync 命令的从服务器从主服务器同步状态信息，保证两者完全一致。

8.3.3 ZooKeeper 在 HDFS 高可用中使用

HDFS 由 3 个模块构成,分别包括 Client、NameNode 和 DataNode。NameNode 负责管理所有的 DataNode 节点,保存 block 和 DataNode 之间的对应信息,Client 读取文件和写入文件都需要 NameNode 节点的参与,因此 NameNode 发挥着至关重要的作用。在当前设计中,NameNode 是单节点方式,存在单点故障问题,即 NameNode 节点宕机之后 HDFS 无法再对外提供数据存储服务,需要设计一种 HDFS NameNode 节点的高可用方法。总体来讲,维护 HDFS 高可用基于以下两个目的。

(1) 在出现 NameNode 节点故障时,HDFS 仍然可以对外提供数据的读取和写入服务。

(2) HDFS 会出现版本的更新迭代,以保证 HDFS 在更新过程中仍然可以对外提供服务。

HDFS 为了实现上述目的,采用的方式是再提供一个额外的 NameNode 节点,以此达到 HDFS 的高可用目的。在使用过程中部署两个 NameNode 节点,一个 NameNode 节点为 Active 节点,另一个 NameNode 节点为 Standby 节点。在正常情况下,Active 的 NameNode 节点服务正常的请求,一旦出现 Active NameNode 节点故障,Standby NameNode 节点就切换变成 Active 节点,然后这个新的 Active NameNode 继续提供 NameNode 的功能,使 HDFS 可以继续正常工作。但是为了保证上述过程正常运行,需要解决以下问题。

(1) Standby 如何知道 Active 节点出现故障无法正常服务,需要探测系统何时出现故障。

(2) 当出现 Active NameNode 节点故障时,多个 Standby NameNode 节点如何选择一个新的 Active NameNode 节点。

一种解决上述问题的 HDFS 高可用方法是采用 ZK Failover Controller 的方法,具体结构如图 8.5 所示。

采用 ZK(ZooKeeper)设计 HDFS 高可用方案基于以下几点。

(1) ZooKeeper 提供了小规模的任意数据信息的强一致性。

(2) 可以在 ZooKeeper 集群中创建一个临时 znode 节点,当创建该 znode 节点的 Client 失效时,该临时 znode 节点会自动删除。

(3) 能够监控 ZooKeeper 集群中的一个 znode 节点的状态发生改变,并被异步通知。

上述设计的基于 ZK 的 HDFS 高可用方法由 ZKFC、HealthMonitor、ActiveStandbyElector 几个主要部分组成。

(1) HealthMonitor 是一个线程,用于监控本地 NameNode 的状态信息,维持一个状态信息的视图,监控采用 RPC 方式。当状态信息发生改变时,通过 callback 接口方式发送消息给 ZKFC。

(2) ActiveStandbyElector 主要用于和 ZooKeeper 进行协调,ZKFC 与它通信主要由两个函数调用,分别是 joinElection 和 quitElection。

(3) ZKFailoverController 订阅来自 ActiveStandbyElector 和 HealthMonitor 的消息,同时管理 NameNode 的状态。

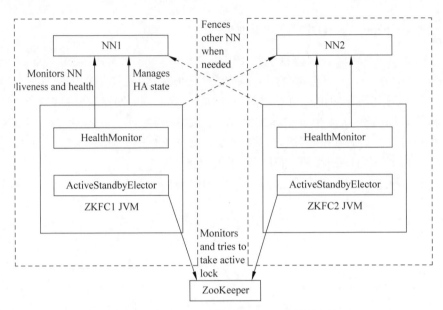

图 8.5　基于 ZooKeeper 的 HDFS 高可用方法

整体运行过程如下：启动时初始化 HealthMonitor 去监控本地 NameNode 节点，同时用 ZooKeeper 信息来初始化 ActiveStandbyElector，不立即把该 NameNode 节点加入选举。同时，随着 ActiveStandbyElector 和 HealthMonitor 状态的改变，ZKFC 做出对应的响应。

8.4　小结

本章主要介绍了大规模分布式系统中多个节点之间的通信和协同方式。在大规模分布式系统中，多个节点之间的高效通信和协同技术是保证分布式系统正常运行的关键。在传输数据内容方面介绍了数据编码技术，通过介绍 LZSS、Snappy 等压缩算法，降低数据传输规模；在分布式协同系统通信方面介绍了远程过程调用、消息队列和应用层多播通信等方式。此外，本章还介绍了分布式协同系统，如分布式锁机制 Chubby，保证多个节点之间可靠、协同地完成任务。

习题

一、选择题

1. 在给定的模型下通过数据编码来消除冗余，大致有以下哪 3 种情况？（　　）

① 信源符号之间存在相关性

② 信源符号之间存在分布不等概性

③ 信源符号之间存在特殊分隔符

④ 利用信息内容本身的特点（如自相似性）

A. ①②③　　　　　B. ①③④　　　　　C. ①②④　　　　　D. ②③④

2. Gossip 协议中的更新模型不包括( )。

  A. 全通知模型
                   B. 反熵模型

  C. 散布谣言模型
                  D. 半通模型

3. Chubby 是谷歌公司研发的针对分布式系统协调管理的粗粒度服务,其理论基础是( )。

  A. Paxos
        B. Raft
        C. Pbft
        D. Poet

4. 通用的 RPC 框架支持的特性为( )。

  ① 接口描述语言

  ② 高性能

  ③ 数据版本支持

  ④ 二进制数据格式

  A. ①②③
        B. ③④
        C. ①②④
        D. ①②③④

5. 远程过程调用的重点是( )。

  A. 实现信息的高效多播传递

  B. 网络中位于不同机器上进程之间的交互

  C. 子系统之间的消息可靠性传递

  D. 解除相互之间的功能耦合

二、判断题

1. Snappy 是面向比特编码的 LZ77 类型压缩器,采用的编码单位是比特而不是字节。 ( )

2. ZooKeeper 提供了小规模的任意数据信息的强一致性。 ( )

3. 散布谣言模型能够快速传播变化,并保证所有节点都能最终获得更新。 ( )

4. Chubby 中多余的服务器是主服务器不可用后的替代品,而 ZooKeeper 的多余服务器均是提供就近服务的。 ( )

5. 哈夫曼编码利用了信源符号之间存在的分布不等概性。 ( )

三、填空题

1. 目前比较认同的、常用的数据压缩的编码方法大致分为两类:无损压缩法和_____。

2. LZSS 算法属于_____算法。

3. 大数据系统中最常见的 3 种通信机制为远程过程调用、消息队列和_____。

4. 目前实现的 Hadoop IPC 具有采用 TCP 方式连接、支持超时、缓存等特征。Hadoop IPC 采用的是经典的_____结构。

5. HDFS 由 3 个模块构成,即 Client、_____和_____。

四、简答题

1. 简述数据编码传输的好处。

2. 简要介绍 Snappy 压缩库,包括功能和数据格式。

3. 简要介绍 Chubby 的工作原理。

4. 简述 ZooKeeper 在 HDFS 高可用方案中发挥作用的理由。

第 9 章

大数据存储

随着结构化数据量和非结构化数据量的不断增长，以及分析数据来源的多样化，之前的存储系统设计已无法满足大数据应用的需求。对于大数据的存储，存在以下几个不容忽视的问题。

1. 容量

大数据时代存在的第一个问题就是"大容量"。"大容量"通常是指可达 PB 级的数据规模，因此海量数据存储系统的扩展能力也要得到相应等级的提升，同时其扩展还必须渐变。为此，通过增加磁盘柜或模块来增加存储容量，这样可以不需要停机。

2. 延迟

大数据应用不可避免地存在实时性的问题，大数据应用环境通常需要较高的 IOPS 性能。为了迎接这些挑战，小到简单的在服务器内用作高速缓存的产品，大到全固态介质可扩展存储系统，各种模式的固态存储设备应运而生。

3. 安全

大数据的分析往往需要对多种数据混合访问，这就催生出了一些新的、需要重新考虑的安全性问题。

4. 成本

成本控制是企业的关键问题之一，只有让每一台设备都实现更高的"效率"，才能控制住成本。目前进入存储市场的重复数据删除、多数据类型处理等技术都可为大数据存储带来更大的价值，提升存储效率。

5. 灵活性

通常,大数据存储系统的基础设施规模都很大,为了保证存储系统的灵活性,使其能够随时扩容及扩展,必须经过详细的设计。

由于传统关系型数据库的局限性,传统的数据库已经不能很好地解决这些问题。在这种情况下,一些主要针对非结构化数据的管理系统开始出现。这些系统为了保障系统的可用性和并发性,通常采用多副本的方式进行数据存储。为了在保证低延时的用户响应时间的同时维持副本之间的一致状态,采用较弱的一致性模型,而且这些系统也普遍提供了良好的负载平衡策略和容错机制。

9.1 大数据存储技术的发展

在 20 世纪 50 年代中期以前,计算机主要用于科学计算,这个时候存储的数据规模不大,数据管理采用的是人工管理的方式;20 世纪 50 年代后期至 20 世纪 60 年代后期,为了更加方便管理和操作数据,出现了文件系统;从 20 世纪 60 年代后期开始,出现了大量的结构化数据,数据库技术蓬勃发展,出现了各种数据库,其中以关系型数据库备受人们喜爱。

在科学研究过程中,为了存储大量的科学计算,有 Beowulf 集群的并行文件系统 PVFS 做数据存储,在超级计算机上有 Lustre 并行文件系统存储大量数据,IBM 公司在分布式文件系统领域研制了 GPFS 分布式文件系统,这些都是针对高端计算采用的分布式存储系统。

进入 21 世纪以后,互联网技术不断发展,其中以互联网为代表企业产生大量的数据。为了解决这些存储问题,互联网公司针对自己的业务需求和基于成本考虑开始设计自己的存储系统,典型代表是谷歌公司于 2003 年发表的论文 *Google File System*,其建立在廉价的机器上,提供了高可靠、容错的功能。为了适应业务发展,谷歌推出了 BigTable 这样一种 NoSQL 非关系型数据库系统,用于存储海量网页数据,数据存储格式为行、列簇、列、值的方式;与此同时,亚马逊公司公布了他们开发的另外一种 NoSQL 系统——DynamoDB。后续大量的 NoSQL 系统不断涌现,为了满足互联网中的大规模网络数据的存储需求,其中,Facebook 结合 BigTable 和 DynamoDB 的优点,推出了 Cassandra 非关系型数据库系统。

开源社区对于大数据存储技术的发展更是贡献重大,其中包括底层的操作系统层面的存储技术,比如文件系统 BTRFS 和 XFS 等。为了适应当前大数据技术的发展,支持高并发、多核以及动态扩展等,Linux 开源社区针对技术发展需求开发了下一代操作系统的文件系统 BTRFS,该文件系统在不断完善;同时也包括分布式系统存储技术,功不可没的是 Apache 开源社区,其贡献和发展了 HDFS、HBase 等大数据存储系统。

总体来讲,结合公司的业务需求以及开源社区的蓬勃发展,当前大数据存储系统不断涌现。

9.2　海量数据存储的关键技术

　　大数据处理面临的首要问题是如何有效地存储规模巨大的数据。无论是从容量还是从数据传输速度，依靠集中式的物理服务器来保存数据是不现实的，即使存在这么一台设备可以存储所有的信息，用户在一台服务器上进行数据的索引查询也会使处理器变得不堪重负，因此分布式成为这种情况的很好的解决方案。要实现大数据的存储，需要使用几十台、几百台甚至更多的分布式服务器节点。为保证高可用、高可靠和经济性，海量数据多采用分布式存储的方式来存储数据，采用冗余存储的方式来保证存储数据的可靠性，即为同一份数据存储多个副本。

　　数据分片与数据复制的关系如图 9.1 所示。

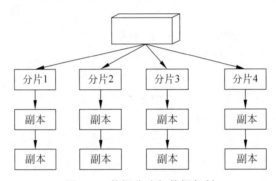

图 9.1　数据分片与数据复制

9.2.1　数据分片与路由

　　传统数据库采用纵向扩展方式，通过改善单机硬件资源配置来解决问题；主流大数据存储与计算系统采用横向扩展方式，支持系统可扩展性，即通过增加机器来获得水平扩展能力。

　　对于海量数据，将数据进行切分并分配到各个机器中的过程叫分片（shard/partition），即将不同数据存放在不同节点。数据分片后，找到某条记录的存储位置称为数据路由。数据分片与路由的抽象模型如图 9.2 所示。

1. 数据分片

　　一般来说，数据库的繁忙体现在不同用户需要访问数据集中的不同部分。在这种情况下，把数据的各个部分存放在不同的服务器/节点中，每个服务器/节点负责自身数据的读取与写入操作，以此实现横向扩展，这种技术称为分片。

　　用户必须考虑以下两点。

　　（1）如何存放数据。可以实现用户从一个逻辑节点（实际多个物理节点的方式）获取数据，并且不用担心数据的存放位置。面向聚合的数据库可以很容易地解决这个问题。聚合结构是指把经常需要同时访问的数据存放在一起，因此可以把聚合作为分布数据的

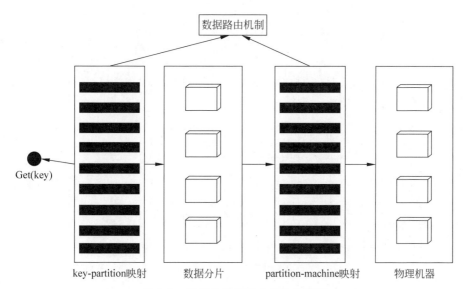

图 9.2 数据分片与路由的抽象模型

单元。

(2) 如何保证负载平衡。即如何把聚合数据均匀地分布在各个节点中,让它们需要处理的负载量相等。负载分布情况可能会随着时间变化,因此需要一些领域特定的规则,如按字典顺序、按逆域名序列等。

下面讲述一下分片类型。

1) 哈希分片

采用哈希函数建立 Key-Partition 映射,其只支持点查询,不支持范围查询,主要有 Round Robin、虚拟桶、一致性哈希三种算法。

(1) Round Robin。其俗称哈希取模算法,这是实际中最常用的数据分片方法。若有 k 台机器,分片算法如下:

$$H(\text{key}) = \text{hash}(\text{key}) \bmod k$$

对物理机进行编号($0 \sim k-1$),根据以上哈希函数,对于以 key 为主键的某个记录,$H(\text{key})$ 的数值即是物理机在集群中的放置位置(编号)。

优点:实现简单。

缺点:缺乏灵活性,若有新机器加入,之前所有数据与机器之间的映射关系都被打乱,需要重新计算。

(2) 虚拟桶。在 Round Robin 的基础上,虚拟桶算法加入一个"虚拟桶层",形成两级映射。所有记录首先通过哈希函数映射到对应的虚拟桶(多对一映射)。虚拟桶和物理机之间再有一层映射(同样是多对一)。一般通过查找表来获知虚拟桶与物理机之间的映射关系。具体以 Membase 为例,如图 9.3 所示。

Membase 在待存储记录的物理机之间引入了虚拟桶层,所有记录首先通过哈希函数映射到对应的虚拟桶,记录和虚拟桶是多对一的关系,即一个虚拟桶包含多条记录信息;第二层映射是虚拟桶和物理机之间的映射关系,同样也是多对一映射,一个物理机可以容

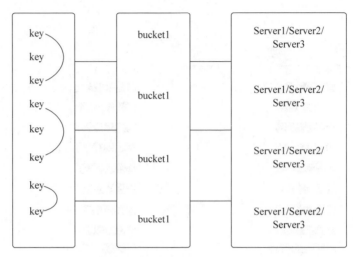

图 9.3 Membase 虚拟桶的运行

纳多个虚拟桶,具体是通过查找表来实现的,即 Membase 通过内存表管理这些映射关系。

对照抽象模型可以看出,Membase 的虚拟桶层对应数据分片层,一个虚拟桶就是一个数据分片。Key-Partition 映射采用映射函数。

与 Round Robin 相比,Membase 引入了虚拟桶层,这样将原先由记录直接到物理机的单层映射解耦成两级映射。当新加入机器时,将某些虚拟桶从原先分配的机器重新分配给各机器,只需要修改 partition-machine 映射表中受影响的个别条目就能实现扩展。

优点:增加了系统扩展的灵活性。

缺点:实现相对麻烦。

(3) 一致性哈希。一致性哈希是分布式哈希表的一种实现算法,将哈希数值空间按照大小组成一个首尾相接的环状序列,对于每台机器,可以根据 IP 和端口号经过哈希函数映射到哈希数值空间内。通过有向环顺序查找或路由表来查找。对于一致性哈希可能造成的各个节点负载不均衡的情况,可以采用虚拟节点的方式来解决。一个物理机节点虚拟成若干虚拟节点,映射到环状结构的不同位置。图 9.4 为哈希空间长度为 5 的二进制数值($m=5$)的一致性哈希算法示意图。

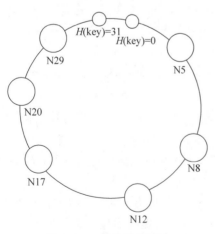

图 9.4 一致性哈希算法

在哈希空间可容纳长度为 32 的二进制数值($m=32$)空间里,每个机器根据 IP 地址或者端口号经过哈希函数映射到环内(图中 6 个大圆代表机器,后面的数字代表哈希值,即根据 IP 地址或者端口号经过哈希函数计算得出的在环状空间内的具体位置),而这台机器负责存储落在一段有序哈希空间内的数据,比如 N12 节点存储哈希值在 9～12 的数据,而 N5 节点负责存储哈希值落在 30～31 和 0～5 的数据。同时,每台机器还记录着自己的前驱和后继节点,成为一个真正意义上的有向环。

2）范围分片

范围分片首先将所有记录的主键进行排序,然后在排好序的主键空间里将记录划分成数据分片,每个数据分片存储有序的主键空间片段内的所有记录。

支持范围查询即给定记录主键的范围而一次读取多条记录,范围分片既支持点查询,也支持范围查询。

分片可以极大地提高读取性能,但对于频繁写的应用帮助不大。同时,分片也可减少故障范围,只有访问故障节点的用户才会受影响,访问其他节点的用户不会受到故障节点的影响。

2. 路由

那么如何根据收到的请求找到储存的值呢?下面介绍 3 种方法。

1）直接查找法

如果哈希值落在自身管辖的范围内,则在此节点上查询,否则继续往后找,一直找到节点 Nx,x 是大于等于待查节点值的最小编号,这样一圈下来肯定能找到结果。

以图 9.4 为例,如有一个请求向 N5 查询的主键为 $H(\mathrm{key})=6$,因为此哈希值落在 N5 和 N8 之间,所以该请求的值存储在 N8 的节点上,即如果哈希值落在自身管辖的范围内,则在此节点上查询,否则继续往后找,一直找到节点 Nx,x 是大于等于待查节点值的最小编号。

2）路由表法

直接查找法缺乏效率,为了加快查找速度,可以在每个机器节点配置路由表,路由表存储每个节点到每个除自身节点的距离,具体示例见表 9.1。

表 9.1　机器节点路由表

距离	1	2	4	8	16
机器节点	N17	N17	N17	N20	N29

在表 9.1 中,第 3 项代表与 N12 的节点距离为 4 的哈希值（12＋4＝16）落在 N17 节点身上,同理,第 5 项代表与 N12 的节点距离为 16 的哈希值落在 N29 节点身上,这样找起来非常快速。

3）一致性哈希路由算法

同样如图 9.4 所示,如请求节点 N5 查询,N5 节点的路由表如表 9.2 所示。

表 9.2　N5 节点路由表

距离	1	2	4	8	16
机器节点	N8	N8	N12	N17	N29

假如请求的主键哈希值为 $H(\mathrm{key})=24$,首先查询是否在 N5 的后继节点上,发现后继节点 N8 小于主键哈希值,则根据 N5 的路由表查询,发现大于 24 的最小节点为 N29

（只有 29，因为 5＋16＝21＜24），因此哈希值落在 N29 节点上。

9.2.2　数据复制与一致性

将同一份数据放置到多个节点（主从 master-slave 方式、对等式 peer-to-peer）的过程称为复制，数据复制可以保证数据的高可用性。

1. 主从复制

master-slave 模式，其中有一个 master 节点，存放重要数据，通常负责数据的更新，其余节点都叫 slave 节点，复制操作就是让 slave 节点的数据与 master 节点的数据同步。

优点：

（1）在频繁读取的情况下有助于提升数据的访问速度（读取 slave 节点分担压力），还可以增加多个 slave 节点进行水平扩展，同时处理更多的读取请求。

（2）可以增强读取操作的故障恢复能力。一个 slave 出故障，还有其他 slave 保证访问的正常进行。

缺点：数据一致性，如果数据更新没有通知到全部的 slave 节点，则会导致数据不一致。

2. 对等复制

主从复制有助于增强读取操作的故障恢复能力，对写操作频繁的应用没有帮助。它所提供的故障恢复能力只有在 slave 节点出错时才能体现出来，master 仍然是系统的瓶颈。对等复制是指两个节点相互为各自的副本，没有主从的概念。

优点：丢失其中一个节点不影响整个数据库的访问。

缺点：因为同时接受写入请求，容易出现数据不一致问题。在实际使用中，通常只有一个节点接受写入请求，另一个 master 作为候补，只有当对等的 master 出故障时才会自动承担写操作请求。

3. 数据一致性

有一个存储系统，其底层是一个复杂的高可用、高可靠的分布式存储系统。一致性模型的定义如下。

（1）强一致。按照某一顺序串行执行存储对象的读/写操作，更新存储对象之后，后续访问总是读到最新值。假如进程 A 先更新了存储对象，存储系统保证后续 A、B、C 的读取操作都将返回最新值。

（2）弱一致性。更新存储对象之后，后续访问可能读不到最新值。假如进程 A 先更新了存储对象，存储系统不能保证后续 A、B、C 的读取操作能读取到最新值。从更新成功这一刻开始算起，到所有访问者都能读到修改后的对象为止，这段时间称为"不一致性窗口"，在该窗口内访问存储时无法保证一致性。

（3）最终一致性。最终一致性是弱一致性的特例，存储系统保证所有访问将最终读到对象的最新值。例如，进程 A 写一个存储对象，如果对象上后续没有更新操作，那么最终 A、B、C 的读取操作都会读取到 A 写入的值。"不一致性窗口"的大小依赖于交互延迟、系统的负载,以及副本个数等。

9.3　重要数据结构和算法

分布式存储系统中存储大量的数据,同时需要支持大量的上层读/写操作,为了实现高吞吐量,设计和实现一个良好的数据结构能起到相当大的作用。典型的如 LSM 树结构,为 NoSQL 系统对外提供高吞吐量提供了更大的可能。在大规模分布式系统中需要查找到具体的数据,设计一个良好的数据结构,以支持快速的数据查找,如 MemC3 中的 Cuckoo Hash,为 MemC3 在读多写少负载情况下极大地减少了访问延迟;HBase 中的 Bloom Filter 结构,用于在海量数据中快速确定数据是否存在,减少了大量的数据访问操作,从而提高了总体的数据访问速度。

因此,一个良好的数据结构和算法对于分布式系统来说有着很大的作用。下面讲述当前大数据存储领域中一些比较重要的数据结构。

9.3.1　Bloom Filter

Bloom Filter 用于在海量数据中快速查找给定的数据是否在某个集合内。

如果想判断一个元素是不是在一个集合内,一般想到的是将集合中的所有元素保存起来,然后通过比较确定,链表、树、散列表(又叫哈希表,Hash Table)等数据结构都是这种思路。但是随着集合中元素的增加,需要的存储空间越来越大,同时检索速度也越来越慢,上述三种结构的检索时间复杂度分别为 $O(n)$、$O(\log n)$、$O(n/k)$。

Bloom Filter 的原理是当一个元素被加入集合时,通过 k 个散列函数将这个元素映射成一个位数组中的 k 个点,把它们置为 1。检索时,用户只要看看这些点是不是都是 1 就(大约)知道集合中有没有它了:如果这些点有任何一个 0,则被检元素一定不在;如果都是 1,则被检元素很可能在。这就是 Bloom Filter 的基本思想。

Bloom Filter 的高效是有一定代价的:在判断一个元素是否属于某个集合时,有可能会把不属于这个集合的元素误认为属于这个集合。因此,Bloom Filter 不适合那些"零错误"的应用场合。在能容忍低错误率的应用场合下,Bloom Filter 通过极少的错误换取了存储空间的极大节省。

下面具体来看 Bloom Filter 是如何用位数组表示集合的。初始状态时如图 9.5 所示,Bloom Filter 是一个包含 m 位的位数组,每一位都置为 0。

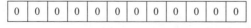

图 9.5　Bloom Filter 初始位数组

为了表达 $S=\{x_1,x_2,\cdots,x_n\}$ 这样一个 n 个元素的集合,Bloom Filter 使用 k 个相互独立的哈希函数(Hash Function),它们分别将集合中的每个元素映射到 $\{1,2,\cdots,m\}$ 的范围中。对任意一个元素 x,第 i 个哈希函数映射的位置 $h_i(x)$ 会被置为 $1(1\leqslant i\leqslant k)$。

注意,如果一个位置多次被置为1,那么只有第一次会起作用,后面几次将没有任何效果。在图9.6中,$k=3$,且有两个哈希函数选中同一个位置(从左边数第5位,即第2个"1"处)。

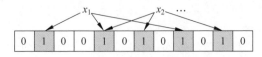

图 9.6　Bloom Filter 哈希函数

在判断 y 是否属于这个集合时,对 y 应用 k 次哈希函数,如果所有 $h_i(y)$ 的位置都是 $1(1 \leqslant i \leqslant k)$,那么就认为 y 是集合中的元素,否则就认为 y 不是集合中的元素。图9.7中的 y_1 就不是集合中的元素(因为 y_1 有一处指向了0位)。y_2 或者属于这个集合,或者不属于这个集合,如图9.7所示。

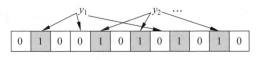

图 9.7　Bloom Filter 查找

这里举一个例子。有 A、B 两个文件,各存放 50 亿条 URL,每条 URL 占用 64B,内存限制是 4GB,试找出 A、B 文件共同的 URL。如果是 3 个乃至 n 个文件呢?

根据这个问题来计算一下内存的占用,$4GB = 2^{32}B$,大概是 43 亿,乘以 8 大概是 340 亿比特,$n=50$ 亿,如果按出错率 0.01 算大概需要 650 亿比特。现在可用的是 340 亿,相差并不多,这样可能会使出错率上升一些。另外,如果这些 URL 和 IP 是一一对应的,就可以转换成 IP,这样就简单多了。

9.3.2　LSM 树

存储引擎和 B 树存储引擎一样,同样支持增、删、读、改、顺序扫描操作,而且可通过批量存储技术规避磁盘随机写入问题。但是 LSM 树和 B+树相比,LSM 树牺牲了部分读性能,用来大幅度提高写性能。

LSM 树的原理是把一棵大树拆分成 n 棵小树,它首先写入内存中,随着小树越来越大,内存中的小树会 flush 到磁盘中,磁盘中的树定期可以做 merge 操作,合并成一棵大树,以优化读性能。

对于最简单的二层 LSM 树而言,内存中的数据和磁盘中的数据做 merge 操作如图9.8所示。

之前存在于磁盘的叶子节点被合并后,旧的数据并不会被删除,这些数据会复制一份和内存中的数据一起顺序写到磁盘。这样操作会有一些空间的浪费,但是 LSM 树提供了一些机制来回收这些空间。

磁盘中的树的非叶子节点数据也被缓存在内存中。

数据查找会首先查找内存中的树,如果没有查到结果,会转而查找磁盘中的树。

为什么 LSM 树的插入数据速度比较快呢?其原因如下。

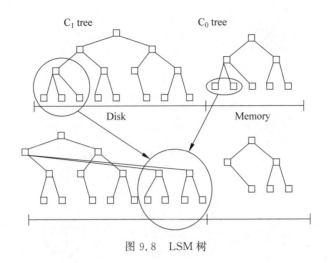

图 9.8　LSM 树

（1）插入操作首先会作用于内存，由于内存中的树不会很大，因此速度快。

（2）合并操作会顺序写入一个或多个磁盘页，比随机写入快得多。

9.3.3　Merkle 哈希树

Merkle Tree 是由计算机科学家 Ralph Merkle 提出的，并以他本人的名字来命名。本书将从数据"完整性校验"（检查数据是否有损坏）的角度介绍 Merkle Tree。

1. 哈希

要实现完整性校验，最简单的方法就是对要校验的整个数据文件做哈希运算，将得到的哈希值发布在网上，当把数据下载后再次运算一下哈希值，如果运算结果相等，就表示下载过程中文件没有任何损坏。因为哈希的最大特点是，如果输入数据稍微变了一点儿，那么经过哈希运算，得到的哈希值将会变得完全不一样。构成的哈希拓扑结构如图 9.9 所示。

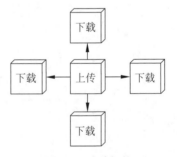

图 9.9　哈希拓扑

如果从一个稳定的服务器上进行下载，那么采用单个哈希进行校验的形式是可以接受的。

2. 哈希列表

但在点对点网络中进行数据传输时，如图 9.10 所示，同时从多个机器上下载数据，而其中很多机器可以认为是不稳定或者是不可信的，这时需要有更加巧妙的做法。在实际中，点对点网络在传输数据的时候都是把比较大的一个文件切成小的数据块。这样的好处是如果有一小块数据在传输过程中损坏了，只要重新下载这一个数据块，不用重新下载整个文件。当然，这要求每个数据块都拥有自己的哈希值。在下载 BT 的时候，在下载真正的数据之前用户会先下载一个哈希列表。这时有一个问题出现了，如此多的哈希，怎么保证它们本身都是正确的呢？

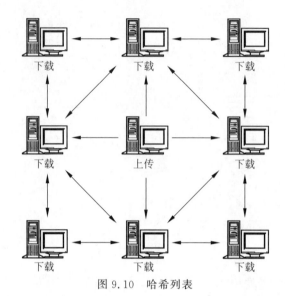

图 9.10　哈希列表

答案是需要一个根哈希，如图 9.11 所示，把每个小块的哈希值拼到一起，然后对这个长长的字符串再做一次哈希运算，最终的结果就是哈希列表的根哈希。如果能够保证从一个绝对可信的网站拿到一个正确的根哈希，就可以用它来校验哈希列表中的每一个哈希是否都是正确的，进而可以保证下载的每一个数据块的正确性。

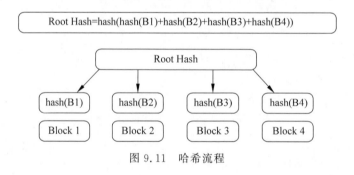

图 9.11　哈希流程

3. Merkle Tree 结构

在最底层，和哈希列表一样，把数据分成小的数据块，有相应的哈希和它对应。但是往上走，并不是直接运算根哈希，而是把相邻的两个哈希合并成一个字符串，然后运算这个字符串的哈希，这样每两个哈希组合得到了一个"子哈希"。如果最底层的哈希总数是单数，那么到最后必然出现一个单哈希，对于这种情况直接对它进行哈希运算，所以也能得到它的子哈希。于是往上推，依然是一样的方式，可以得到数目更少的新一级哈希，最终必然形成一棵倒着的树，到了树根的这个位置就剩下一个根哈希了，将其称为 Merkle Root，如图 9.12 所示。

相对于 Hash List，Merkle Tree 明显的一个好处是可以单独拿出一个分支来对部分数据进行校验，这是哈希列表所不能比拟的方便和高效。

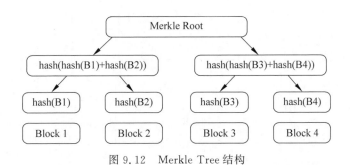

图 9.12　Merkle Tree 结构

9.3.4　Cuckoo 哈希

Cuckoo 哈希是一种解决 Hash 冲突的方法,其目的是使用简易的 hash 函数来提高 Hash Table 的利用率,保证 $O(1)$ 的查询时间也能够实现 hash key 的均匀分布。

基本思想是使用两个 hash 函数来处理碰撞,从而每个 key 都对应到两个位置。

插入操作如下。

(1) 对 key 值哈希,生成两个 hash key 值:hash k1 和 hash k2,如果对应的两个位置上有一个为空,直接把 key 插入即可。

(2) 否则,任选一个位置,把 key 值插入,把已经在那个位置的 key 值踢出。

(3) 被踢出来的 key 值需要重新插入,直到没有 key 被踢出为止。

其查找思路与一般哈希一致。

Cuckoo Hash 在读多写少的负载情况下能够快速实现数据的查找。

9.4　分布式文件系统

9.4.1　文件存储格式

文件系统最后都需要以一定的格式存储数据文件,常见的文件系统存储布局有行式存储、列式存储和混合式存储 3 种,不同的类别各有其优缺点和适用的场景。在目前的大数据分析系统中,列式存储和混合式存储方案因其特殊优点被广泛采用。

1. 行式存储

在传统关系型数据库中,行式存储被主流关系型数据库广泛采用,HDFS 文件系统也采用行式存储。在行式存储中,每条记录的各个字段连续地存储在一起,而对于文件中的各个记录也是连续存储在数据块中,图 9.13 是 HDFS 的行式存储布局,每个数据块除了存储一些管理元数据外,每条记录都以行的方式进行数据压缩后连续存储在一起。

行式存储对于大数据系统的需求已经不能很好地满足,主要体现在以下几方面。

1) 快速访问海量数据的能力被束缚

行的值由响应的列的值来定位,这种访问模型会影响快速访问的能力,因为在数据访问的过程中引入了耗时的输入/输出。在行式存储中,为了提高数据处理能力,一般通过

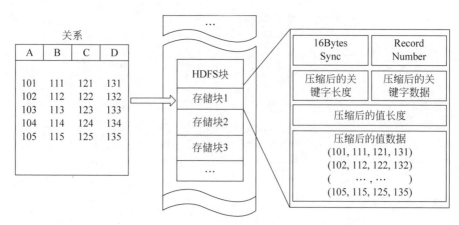

图 9.13　HDFS 的行式存储

分区技术来减少查询过程中数据输入/输出的次数,从而缩短响应时间。但是这种分区技术对海量数据规模下的性能改善效果并不明显。

2) 扩展性差

在海量规模下,扩展性差是传统数据存储的一个致命的弱点。一般通过向上扩展(Scale up)和向外扩展(Scale out)来解决数据库扩展的问题。向上扩展是通过升级硬件来提升速度,从而缓解压力;向外扩展则是按照一定的规则将海量数据进行划分,再将原来集中存储的数据分散到不同的数据服务器上。但由于数据被表示成关系模型,从而难以被划分到不同的分片中等原因,这种解决方案仍然存在一定的局限性。

2. 列式存储

与行式存储布局对应,列式存储布局实际存储数据时按照列对所有记录进行垂直划分,将同一列的内容连续存放在一起。简单的记录数据格式类似于传统数据库的平面型数据结构,一般采取列组(Column Group/Column Family)的方式。典型的列式存储布局是按照记录的不同列对数据表进行垂直划分,同一列的所有数据连续存储在一起,这样做有两个好处,一个好处是对于上层的大数据分析系统来说,如果查询操作只涉及记录的个别列,则只需读取对应的列内容即可,其他字段不需要进行读取操作;另一个好处是,因为数据按列存储,所以可以针对每列数据采取具有针对性的数据压缩算法,从而提升压缩率。但是列式存储的缺陷也很明显,对于 HDFS 这种按块存储的模式而言,有可能不同列分布在不同的数据块,所以为了拼合出完整的记录内容,可能需要大量的网络传输,导致效率低下。

采用列组方式存储布局可以在一定程度上缓解这个问题,也就是将记录的列进行分组,将经常使用的列分为一组,这样即使是按照列式来存储数据,也可以将经常联合使用的列存储在一个数据块中,避免通过不必要的网络传输来获取多列数据,对于某些场景而言会较大地提升系统性能。

在 HDFS 场景下,采用列组方式存储数据如图 9.14 所示,列被分为 3 组,A 和 B 分为一组,C 和 D 各自一组,即将列划分为 3 个列组并存储在不同的数据块中。

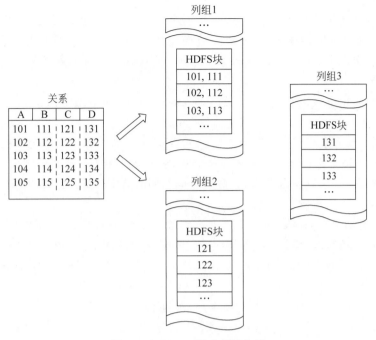

图 9.14　HDFS 列式存储布局

3. 混合式存储

尽管列式存储布局可以在一定程度上缓解上述的记录拼合问题,但是并不能彻底解决。混合式存储布局能够融合行式和列式存储布局的优点,能比较有效地解决这一问题。

混合式存储布局融合了行式和列式存储布局的优点,将记录表按照行进行分组,若干行划分为一组,而对于每组内的所有记录,在实际存储时按照列将同一列内容连续存储在一起。

9.4.2　GFS

GFS(Google File System,Google 文件系统)是谷歌公司为了存储百亿计的海量网页信息而专门开发的文件系统。在 Google 的整个大数据存储与处理技术框架中,GFS 是其他相关技术的基石,既提供了海量非结构化数据的存储平台,又提供了数据的冗余备份、成千台服务器的自动负载均衡以及失效服务器检测等各种完备的分布式存储功能。

考虑到 GFS 是在搜索引擎这个应用场景下开发的,在设计之初就定下了几个基本的设计原则。

(1) GFS 采用大量商业 PC 来构建存储集群。PC 的稳定性并没有很高的保障,尤其是大规模集群,每天都有机器宕机或者硬盘故障发生,这是 PC 集群的常态。因此,数据冗余备份、故障自动检测、故障机器自动恢复等都列在 GFS 的设计目标里。

(2) GFS 中存储的文件绝大多数是大文件,文件大小集中在 100MB 到几吉字节,所以系统设计应该对大文件的读/写操作做出有针对性的优化。

(3) 系统中存在大量的“追加”写操作,即在已有文件的末尾追加内容,已经写入的内容不做更改；而很少有"随机"写行为，即在文件的某个特定位置之后写入数据。

（4）对于数据读取操作来说，绝大多数操作都是"顺序"读，少量的操作是"随机"读，即按照数据在文件中的顺序一次读入大量数据，而不是不断地在文件中定位到指定位置读取少量数据。

在下面的介绍中可以看到，GFS 的大部分技术思路都是围绕以上几个设计目标提出的。

在了解 GFS 整体架构之前首先了解一下 GFS 中的文件和文件系统。在应用开发者看来，GFS 文件系统类似于 Linux 文件系统中的目录和目录下的文件构成的树状结构。这个树状结构在 GFS 中被称为"GFS 命名空间"，同时，GFS 提供了文件的创建、删除、读取和写入等常见的操作接口。

GFS 中大量存储的是大文件，文件大小超过几 GB 是很常见的。虽然文件大小各异，但 GFS 在实际存储的时候首先将不同大小的文件切割成固定大小的数据块，每一个块称为一个 Chunk。通常一个 Chunk 的大小设定为 64MB，这样每个文件就是由若干固定大小的 Chunk 构成的。

GFS 以 Chunk 为基本存储单位，同一个文件的不同 Chunk 可能存储在不同的 ChunkServer 上，每个 ChunkServer 可以存储来自于不同文件的 Chunk。另外，在 ChunkServer 内部会对 Chunk 进一步切割，将其切割为更小的数据块，每一块被称为一个 Block。Block 是文件读取的基本单位，即每次读取至少读一个 Block。

图 9.15 显示了 GFS 的整体架构，在这个架构中，主节点主要用来做管理工作，负责维护 GFS 命名空间和 Chunk 命名空间。在 GFS 系统内部，为了能识别不同的 Chunk，每个 Chunk 都被赋予一个唯一的编号，所有 Chunk 编号构成了 Chunk 命名空间。由于 GFS 文件被切割成了 Chunk，主节点还记录了每个 Chunk 存储在哪台 ChunkServer 上，以及文件和 Chunk 之间的映射关系。

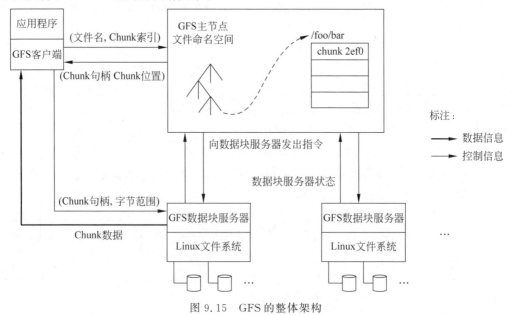

图 9.15　GFS 的整体架构

在 GFS 架构下看看"GFS 客户端"是如何读取数据的。

对于"GFS 客户端"来说，应用开发者提交的数据请求是从文件 file 中的位置 P 开始读取大小为 L 的数据。GFS 在收到这种请求后会在内部做转换，因为 Chunk 的大小是固定的，所以从位置 P 和大小 L 可以计算出要读的数据位于文件 file 的第几个 Chunk 中，请求被转换为 file、Chunk 序号的形式。随后，这个请求被发送到 GFS 主节点，通过"主服务器"可以知道要读的数据在哪台 ChunkServer 上，同时可以将 Chunk 序号转换为系统内唯一的 Chunk 编号，并将这两个信息传回"GFS 客户端"。

"GFS 客户端"知道了应该去哪台 ChunkServer 读取数据后会和 ChunkServer 建立连接，并发送要读取的 Chunk 编号以及读取范围，ChunkServer 接收到请求后将请求的数据发送给"GFS 客户端"，如此就完成了一次数据读取的工作。

9.4.3 HDFS

Hadoop 分布式文件系统（HDFS）被设计成适合运行在商业硬件上的分布式文件系统。Hadoop 分布式文件系统和现有的分布式文件系统有很多共同点，但它和其他的分布式文件系统的区别也是很明显的。HDFS 是一个高度容错性的系统，适合部署在廉价的机器上。HDFS 能提供高吞吐量的数据访问，非常适合大规模数据集上的应用。HDFS 在最开始是作为 Apache Nutch 搜索引擎项目的基础架构开发的。HDFS 是 Apache Hadoop Core 项目的一部分。

HDFS 采用 master/slave 架构。一个 HDFS 集群由一个 NameNode 和一定数目的 DataNode 组成。NameNode 是一个中心服务器，负责管理文件系统的名字空间（namespace）以及客户端对文件的访问。集群中的 DataNode 一般是一个服务器，负责管理它所在节点上的存储。HDFS 呈现了文件系统的名字空间，用户能够以文件的形式在上面存储数据。从内部看，一个文件其实被分成一个或多个数据块，这些块存储在一组 DataNode 上。NameNode 执行文件系统的名字空间操作，比如打开、关闭、重命名文件或目录。它也负责确定数据块到具体 DataNode 节点的映射。DataNode 负责处理文件系统客户端的读/写请求。在 NameNode 的统一调度下进行数据块的创建、删除和复制。HDFS 架构如图 9.16 所示。

NameNode 和 DataNode 被设计成可以在普通的商用机器上运行，这些机器一般运行着 GNU/Linux 操作系统。

HDFS 采用 Java 语言开发，因此任何支持 Java 的机器都可以部署 NameNode 或 DataNode。由于采用了可移植性极强的 Java 语言，使得 HDFS 可以部署到多种类型的机器上。一个典型的部署场景是一台机器上只运行一个 NameNode 实例，而集群中的其他机器分别运行一个 DataNode 实例。这种架构并不排斥在一台机器上运行多个 DataNode，但是这样的情况比较少见。

客户端访问 HDFS 中文件的流程如下。

（1）从 NameNode 获得组成这个文件的数据块位置列表。

（2）根据位置列表得到储存数据块的 DataNode。

（3）访问 DataNode 获取数据。

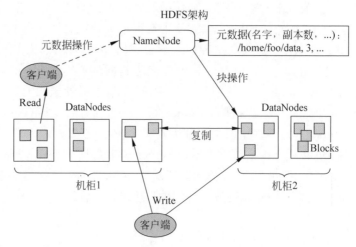

图 9.16　HDFS 架构

HDFS 保证数据存储可靠性的机理如下。

（1）冗余副本策略。所有数据都有副本，对于副本的数目可以在 hdfs-site.xml 中设置相应的副本因子。

（2）机架策略。采用一种"机架感知"相关策略，一般在本机架存放一个副本，在其他机架再存放别的副本，这样可以防止机架失效时丢失数据，也可以提高带宽利用率。

（3）心跳机制。NameNode 周期性地从 DataNode 接收心跳信号和块报告，没有按时发送心跳的 DataNode 会被标记为宕机，不会再给任何 I/O 请求，若是 DataNode 失效造成副本数量下降，并且低于预先设置的阈值，NameNode 会检测出这些数据块，并在合适的时机进行重新复制。

（4）安全模式。NameNode 启动时会先经过一个"安全模式"阶段。

（5）校验和。客户端获取数据通过检查校验和发现数据块是否损坏，从而确定是否要读取副本。

（6）回收站。删除文件会先到回收站，回收站里的文件可以快速恢复。

（7）元数据保护。映像文件和事务日志是 NameNode 的核心数据，可以配置为拥有多个副本。

（8）快照。支持存储某个时间点的映像，需要时可以使数据重返这个时间点的状态。

9.5　分布式数据库 NoSQL

NoSQL 泛指非关系型数据库，相对于传统关系型数据库，NoSQL 有着更复杂的分类，包括 KV 数据库、文档数据库、列式数据库和图数据库等。这些类型的数据库能够更好地适应复杂类型的海量数据存储。

9.5.1　NoSQL 数据库概述

一个 NoSQL 数据库提供了一种存储和检索数据的方法，该方法不同于传统的关系型数据库那种表格形式。NoSQL 形式的数据库从 20 世纪 60 年代后期开始出现,直到 21 世纪早期,伴随着 Web 2.0 技术的不断发展,其中以互联网公司为代表,如谷歌、亚马逊、Facebook 等公司,带动了 NoSQL 这个名字的出现。目前 NoSQL 在大数据领域的应用非常广泛,应用于实时 Web 应用。

促进 NoSQL 发展的因素如下。

(1) 简单设计原则,可以更简单地水平扩展到多机器集群。

(2) 更细粒度地控制有效性。

一种 NoSQL 数据库的有效性取决于该类型 NoSQL 所能解决的问题。大多数 NoSQL 数据库系统都降低了系统的一致性,以利于有效性、分区容忍性和操作速度。当前制约 NoSQL 发展的很大部分原因是因为 NoSQL 的低级别查询语言、缺乏标准接口以及当前在关系型数据的投入。

目前大多数 NoSQL 提供了最终一致性,也就是数据库的更改最终会传递到所有节点上。表 9.3 是当前常用的 NoSQL 列表。

表 9.3　常用 NoSQL 列表

类　　型	实　　例
Key-Value Cache	Infinispan,Memcached,Repcached, Terracotta, Velocity
Key-Value Store	Flare, Keyspace, RAMCloud, SchemaFree, Hyperdex, Aerospike
Data-Structures Server	Redis
Document Store	Clusterpoint, Couchbase, CouchDB, DocumentDB, Lotus Notes, MarkLogic, MongoDB
Object Database	DB4O, Objectivity/DB, Perst, Shoal, ZopeDB

9.5.2　KV 数据库

KV 数据库是最常见的 NoSQL 数据库形式,其优势是处理速度非常快,缺点是只能通过完全一致的键(Key)查询来获取数据。根据数据的保存形式,键值存储可以分为临时性和永久性,下面介绍两者兼具的 KV 数据库 Redis。

Redis 是著名的内存 KV 数据库,在工业界得到了广泛的使用。它不仅支持基本的数据类型,也支持列表、集合等复杂的数据结构,因此拥有较强的表达能力,同时又有非常高的读/写效率。Redis 支持主从同步,数据可以从主服务器向任意数量的从服务器上同步,从服务器可以是关联其他从服务器的主服务器,这使得 Redis 可以执行单层树复制。由于完全实现了发布/订阅机制,使得从数据库在任何地方同步树时可订阅一个频道并接收主服务器完整的消息发布记录。同步对读取操作的可扩展性和数据冗余很有帮助。

对于内存数据库而言,最为关键的一点是如何保证数据的高可用性,应该说 Redis 在发展过程中更强调系统的读/写性能和使用便捷性,在高可用性方面一直不太理想。

如图 9.17 所示,系统中有唯一的 Master(主设备)负责数据的读/写操作,可以有多个 Slave(从设备)来保存数据副本,数据副本只能读取不能更新。Slave 初次启动时从 Master 获取数据,在数据复制过程中 Master 是非阻塞的,即同时可以支持读/写操作。

Master 采取快照结合增量的方式记录即时起新增的数据操作,在 Slave 就绪之后以命令流的形式传给 Slave,Slave 顺序执行命令流,这样就达到 Slave 和 Master 的数据同步。

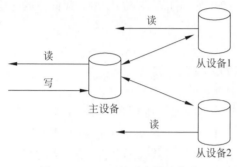

图 9.17　Redis 的副本维护策略

由于 Redis 采用这种异步的主从复制方式,所以从 Master 接收到数据更新操作到 Slave 更新数据副本有一个时间差,如果 Master 发生故障,可能导致数据丢失。而且 Redis 并未支持主从自动切换,如果 Master 发生故障,此时系统表现为只读,不能写入。由此可以看出 Redis 的数据可用性保障还是有缺陷的,那么在现版本下如何实现系统的高可用呢? 一种常见的思路是使用 Keepalived 结合虚拟 IP 来实现 Redis 的 HA 方案。Keepalived 是软件路由系统,主要目的是为应用系统提供简洁强壮的负载均衡方案和通用的高可用方案。使用 Keepalived 实现 Redis 高可用方案如下。

首先,在两台(或多台)服务器上分别安装 Redis 并设置主从。

其次,Keepalived 配置虚拟 IP 和两台 Redis 服务器 IP 的映射关系,这样对外统一采用虚拟 IP,而虚拟 IP 和真实 IP 的映射关系及故障切换由 Keepalived 负责。当 Redis 服务器都正常时,数据请求由 Master 负责,Slave 只需要从 Master 复制数据;当 Master 发生故障时,Slave 接管数据请求并关闭主从复制功能,以避免 Master 再次启动后 Slave 数据被清掉;当 Master 恢复正常后,从 Slave 同步数据以获取最新的数据情况,关闭主从复制并恢复 Master 身份,与此同时 Slave 恢复其 Slave 身份。通过这种方法即可在一定程度上实现 Redis 的 HA。

9.5.3　列式数据库

列式数据库基于列式存储的文件存储格局,兼具 NoSQL 和传统数据库的一些优点,具有很强的水平扩展能力、极强的容错性以及极高的数据承载能力,同时也有接近传统关系型数据库的数据模型,在数据表达能力上强于简单的 KV 数据库。

下面以 BigTable 和 HBase 为例介绍列式数据库的功能和应用。

BigTable 是谷歌公司设计的分布式数据存储系统,针对海量结构化或半结构化的数据,以 GFS 为基础,建立了数据的结构化解释,其数据模型与应用更贴近。目前,BigTable 已经在超过 60 个 Google 产品和项目中得到了应用,其中包括 Google Analysis、Google Finance、Orkut 和 Google Earth 等。

BigTable 的数据模型本质上是一个三维映射表,其最基础的存储单元由行主键、列主键、时间构成的三维主键唯一确定。BigTable 中的列主键包含两级,其中第一级被称为"列簇"(Column Families),第二级被称为列限定符(Column Qualifier),两者共同构成一个列的主键。

在 BigTable 内可以保留随着时间变化的不同版本的同一信息,这个不同版本由"时间戳"维度进行区分和表达。

HBase 是一个开源的非关系型分布式数据库,它参考了 Google 的 BigTable 模型,实现的编程语言为 Java。它是 Apache 软件基金会的 Hadoop 项目的一部分,运行于 HDFS 文件系统之上,为 Hadoop 提供类似于 BigTable 规模的服务。因此,它可以容错地存储海量稀疏的数据。HBase 在列上实现了 BigTable 论文提到的压缩算法、内存操作和布隆过滤器 Bloom Filter。HBase 的表能够作为 MapReduce 任务的输入和输出,可以通过 Java API 来访问数据,也可以通过 REST、Avro 或者 Thrift 的 API 来访问。HBase 的整体架构如图 9.18 所示。

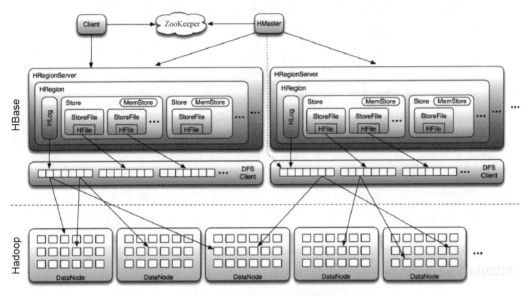

图 9.18 HBase 存储架构图

HBase 以表的形式存放数据。表由行和列组成,每个列属于某个列簇,由行和列确定的存储单元称为元素,每个元素保存了同一份数据的多个版本,由时间戳来标识区分,如表 9.4 所示。

表 9.4 HBase 存储结构

行　　键	时间戳	列"contents:"	列"anchor:"		列"mine:"
"com.cnn.www"	t9		"anchor:cnnsi.com"	"CNN"	
	t8		"anchor:my.look.ca"	"CNN.com"	
	t6	"< html >…"			"text/html"
	t5	"< html >…"			
	t3	"< html >…"			

9.5.4　图数据库

在图的领域并没有一套被广泛接受的术语,存在着很多不同类型的图模型。但是,有人致力于创建一种属性图形模型(Property Graph Model,PGM),以期统一大多数不同的图实现。按照该模型,属性图里信息的建模使用下面 3 种构造单元。

（1）节点（即顶点）。

（2）关系（即边），具有方向和类型（标记和标向）。

（3）节点和关系上面的属性（即特性）。

更特殊的是，这个模型是一个被标记和标向的属性多重图。被标记的图的每条边都有一个标签，它被用来作为那条边的类型。有向图允许边有一个固定的方向，从末或源节点到首或目标节点。属性图允许每个节点和边有一组可变的属性列表，其中的属性是关联某个名字的值，简化了图形结构。多重图允许两个节点之间存在多条边。这意味着两个节点可以由不同边连接多次，即使两条边有相同的尾、头和标记。

图 9.19 是一个被标记的小型属性图。

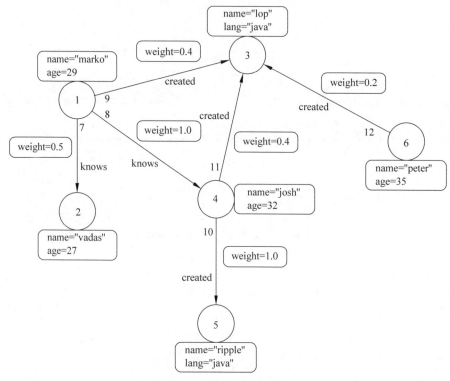

图 9.19　小型属性图

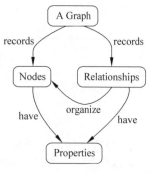

图 9.20　Neo4j 数据类型

下面以 Neo4j 这个具体的图数据库为例介绍图数据库的特性。Neo4j 是基于 Java 开发的开源图数据库，也是一种 NoSQL 数据库。Neo4j 在保证对数据关系的良好刻画的同时还支持传统关系型数据的 ACID 特性，并且在存储效率、集群支持和失效备援等方面都有着不错的表现。

在所支持的数据类型上，Neo4j 支持两种数据类型，具体结构如图 9.20 所示。

（1）节点。节点类似于 E-R 图中的实体（Entity），每个实体可以有 0 到多个属性，这些属性以 Key-Value 对的形式存在,并且对属性没有类别要求,也无须提前定义。另外,还允许给每个节点打上标签,以区别不同类型的节点。

(2)关系。关系类似于 E-R 图中的关系(Relationship),一个关系由一个起始节点和一个终止节点构成。另外和 node 一样,关系也可以有多个属性和标签。

一个实际的图数据库实例如图 9.21 所示。

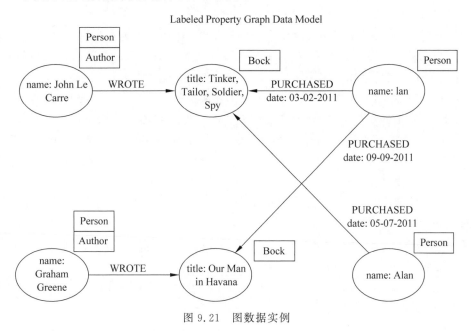

图 9.21 图数据实例

Neo4j 具有以下特性。

(1)关系在创建的时候就已经实现了,因而在查询关系的时候是一个 $O(1)$ 的操作。

(2)所有的关系在 Neo4j 中都是同等重要的。

(3)提供了图的深度优先搜索、广度优先搜索、最短路径、简单路径和 Dijkstra 等算法。

9.5.5 文档数据库

文档数据库中的文档是一个数据记录,这个记录能够对包含的数据类型和内容进行"自我描述",如 XML 文档、HTML 文档和 JSON 文档等。下面是一个以 JSON 为存储格式的文档数据库实例。

```
{
"ID":1,
"NAME":"SequoiaDB",
"Tel":{
    "Office":"123123","Mobile":"132132132"
  }
"Addr":"China,GZ"
}
```

可以看到，数据是不规则的，每一条记录包含所有有关"SequoiaDB"的信息而没有任何外部的引用，这条记录就是"自包含"的。这就使得记录很容易完全移动到其他服务器，因为这条记录的所有信息都包含在里面了，不需要考虑还有信息在其他表没有一起迁移走。同时，因为在移动过程中只有被移动的那一条记录（文档）需要操作而不像关系型中每个有联系的表都需要锁住来保证一致性，这样 ACID 的保证就会变得更快速，读/写的速度也会有很大的提升。

文档数据库中的模型采用的是模型视图控制器（MVC）中的模型层，每个 JSON 文档的 ID 就是它唯一的键，这也大致相当于关系型数据库中的主键。在社交网站领域，文档数据库的灵活性在存储社交网络图片以及内容方面更好，同时并发度也更高。

下面以 MongoDB 这种文档数据库为例讲述文档数据库在实际中的应用。

MongoDB 是一款跨平台、面向文档的数据库。用它创建的数据库可以实现高性能、高可用性，并且能够轻松扩展。MongoDB 的运行方式主要基于两个概念，即集合（collection）与文档（document）。集合就是一组 MongoDB 文档。它相当于关系型数据库（RDBMS）中的表这种概念。集合位于单独的一个数据库中。

（1）集合。集合不能执行模式（schema）。一个集合内的多个文档可以有多个不同的字段。一般来说，集合中的文档都有着相同或相关的目的。

（2）文档。文档就是一组键-值对。文档有着动态的模式，这意味着同一集合内的文档不需要具有同样的字段或结构。

MongoDB 创建数据库采用 use 命令，语法格式为 use DATABASE_NAME，如创建一个 mydb 的数据库：

```
use mydb
```

9.6 HBase 数据库搭建与使用

HBase 是分布式 NoSQL 系统，可扩展的列式数据库，支持随机读写和实时访问，能够存储非常大的数据库表（billion 行×millions 列）。下面简要介绍 HBase 的搭建与使用。

9.6.1 HBase 伪分布式运行

因为 HBase 是运行在 HDFS 的基础之上的，所以需要先启动 HDFS 集群。这里首先运行的是 HBase 伪分布式版本，所以 HDFS 也采用伪分布式版本。

1. 启动 HDFS 集群

HDFS 的核心配置文件 hdfs-site.xml 如图 9.22 所示。

格式化 HDFS 文件系统，输入如下命令：

```
./bin/hdfs namenode - format
```

```
<configuration>
<property>
        <name>dfs.replication</name>
        <value>1</value>
    </property>
</configuration>
```

图 9.22　hdfs-site.xml 配置文件

启动 HDFS 文件系统，输入如下命令：

```
./sbin/start-dfs.sh
```

通过网页形式查看，如果如图 9.23 所示则表明启动成功。

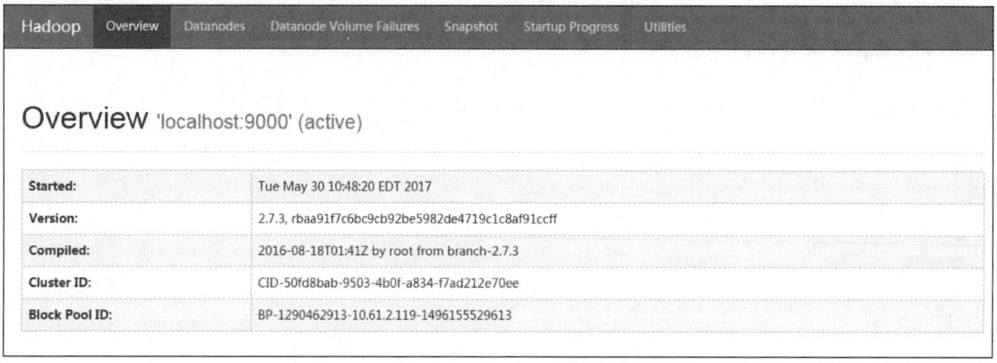

图 9.23　HDFS 集群显示页面

2. 启动 ZooKeeper

HBase 启动需要 ZooKeeper 支持，使用最简单的 ZooKeeper 配置，下载 ZooKeeper 的运行包，下载地址为 http://www-us.apache.org/dist/zookeeper/zookeeper-3.4.9/。

配置 ZooKeeper，执行如下命令：

```
cp conf/zoo_sample.cfg conf/zoo.cfg
```

启动 ZooKeeper，执行如下命令：

```
./bin/zkServer.sh start
```

3. 启动 HBase 集群

下载 HBase 运行 jar 包，HBase 需要与 Hadoop 兼容，这里 Hadoop 的版本是 2.7.3，HBase 的版本是 1.2.4，下载地址是 http://archive.apache.org/dist/hbase/1.2.4/。

配置 hbase-site.xml，如图 9.24 所示。

```
<configuration>
    <property>
        <name>hbase.rootdir</name>
        <value>hdfs://localhost:9000/hbase</value>
    </property>
    <property>
        <name>hbase.cluster.distributed</name>
        <value>true</value>
    </property>
</configuration>
```

图 9.24　hbase-site.xml 文件配置

启动如下命令，运行 HBase 集群：

```
./bin/start - hbase.sh
```

利用 HBase 的页面显示，查看运行状态，在浏览器中输入服务器 IP 地址加上端口号 16010，显示结果如图 9.25 所示。

图 9.25　HBase 伪分布式运行状态

输入如下命令，执行简单的 HBase 集群操作，如图 9.26 所示。

```
hbase(main):001:0> list
TABLE
test_pseudo
1 row(s) in 0.2080 seconds

=> ["test_pseudo"]
hbase(main):002:0> scan 'test_pseudo'
ROW                        COLUMN+CELL
 row1                      column=cf:a, timestamp=1496157474978, value=micmiu.com
1 row(s) in 0.1590 seconds

hbase(main):003:0>
```

图 9.26　HBase 伪分布式简单操作

9.6.2　HBase 分布式运行

现在运行 HBase 分布式版本，HBase 分布式版本与伪分布式版本配置过程差不多，也是分成 HDFS 启动、ZooKeeper 启动和 HBase 集群启动 3 部分。

1. HDFS 集群启动

这里一共用作 HDFS 集群的机器数目为 4 台，一台当作 NameNode 节点，其他 3 台当作 DataNode 节点。

如图 9.27 所示，是 HDFS 集群的 hdfs-site.xml 配置文件。

```
<configuration>
    <property>
        <name>dfs.namenode.secondary.http-address</name>
        <value>20.0.1.122:9001</value>
    </property>

    <property>
        <name>dfs.namenode.rpc-address</name>
        <value>20.0.1.118:9000</value>
    </property>

    <property>
        <name>dfs.datanode.max.transfer.threads</name>
        <value>4096</value>
    </property>

    <property>
        <name>dfs.namenode.name.dir</name>
        <value>/mnt/disk1/hadoop/hdfs/name</value>
    </property>
```

图 9.27 hdfs-site.xml 配置文件

启动 HDFS 集群，输入如下命令：

```
./sbin/start-dfs.sh
```

利用 Web 界面查看 HDFS 运行状态，如图 9.28 所示。

| Hadoop | Overview | Datanodes | Datanode Volume Failures | Snapshot | Startup Progress | Utilities |

Datanode Information

In operation

Node	Last contact	Admin State	Capacity	Used	Non DFS Used	Remaining	Blocks	Block pool used	Failed Volumes	Version
dell121:50010 (10.61.2.121:50010)	1	In Service	1007.8 GB	1.27 GB	892.99 GB	113.54 GB	69	1.27 GB (0.13%)	0	2.7.3
dell120:50010 (10.61.2.120:50010)	0	In Service	1023.5 GB	6.69 GB	327.58 GB	689.23 GB	113	6.69 GB (0.65%)	0	2.7.3
dell119:50010 (10.61.2.119:50010)	1	In Service	1023.5 GB	6.69 GB	396.57 GB	620.24 GB	113	6.69 GB (0.65%)	0	2.7.3

图 9.28 HDFS 集群运行状态

2. 启动 ZooKeeper

HBase 启动需要 ZooKeeper 支持，配置 ZooKeeper，修改 zoo.cfg 文件，具体配置如图 9.29 所示。

```
# the port at which the clients will connect
clientPort=2181
server.1=10.61.2.118:2888:3888
server.2=10.61.2.119:2888:3888
server.3=10.61.2.120:2888:3888
```

图 9.29 ZooKeeper 集群配置

启动 ZooKeeper，执行如下命令：

```
./bin/zkServer.sh start
```

3. 启动 HBase 集群

配置 hbase-site.xml，配置如图 9.30 所示。

```
<configuration>
    <property>
        <name>hbase.cluster.distributed</name>
        <value>true</value>
    </property>
    <property>
        <name>hbase.zookeeper.quorum</name>
        <value>10.61.2.118,10.61.2.119,10.61.2.120</value>
    </property>
    <property>
        <name>hbase.regionserver.lease.period</name>
        <value>240000</value>
    </property>
    <property>
        <name>hbase.rpc.timeout</name>
        <value>280000</value>
    </property>
    <property>
        <name>zookeeper.session.timeout</name>
        <value>120000</value>
    </property>
</configuration>
```

图 9.30　hbase-site.xml 配置文件

启动如下命令，运行 HBase 集群：

```
./bin/start - hbase.sh
```

利用 HBase 的页面显示，查看运行状态，在浏览器中输入服务器 IP 地址加上端口号 16010，显示结果如图 9.31 所示。

图 9.31　HBase 集群运行状态

9.7 大数据存储技术的趋势

目前数据在不断产生,需要存储系统提供更强的存储能力以及更高的检索效率。当前硬件设备的成本不断下降,如内存成本在不断降低,为了满足高并发低延迟的需求,不断出现新的内存存储系统,包括 RAMCloud、Mica、VoltDB 等以内存为存储介质的分布式存储系统。因此,以内存为存储介质的分布式存储系统将是以后的一个发展方向。

随着当前硬件设备性能的不断提升,传统的单纯只考虑软件设计原则显然不适合,需要结合新的硬件特性来做加速和重新设计新的分布式存储系统,比如 NVM 存储介质的出现,在设计以 NVM 为存储介质的分布式系统的时候在可靠性方面必然与易失型内存有显著的区别。同时,多核 CPU、高速网卡等都需要充分发挥性能,因此软/硬件协同也是分布式存储系统的一个技术趋势。

存储系统的通用性和针对性是两个不同的设计选择,目前大多数存储系统都不太可能满足各种场景,比如 HDFS 分布式文件系统是针对大文件存储,Facebook Haystack 是针对小文件,淘宝的 TFS 也是针对小文件存储的。因此,针对性是分布式存储系统的发展趋势。

9.8 小结

本章主要介绍针对结构化和非结构化数据格式的大数据存储技术。面对大数据的大容量、低延迟、高安全、低成本和高灵活等要求,首先分析了大数据存储技术的发展。针对大数据存储面临的问题,展开描述了多种重要的存储关键技术,如数据分片和路由(将数据分发存储到多个存储节点上和设计寻找方式)以及数据复制与一致性(为了保证数据访问的高可靠性,在多个节点上存储多个数据副本,同时保证这些节点上的数据一致)。另外,本章描述了 Bloom Filter、LSM 树、Merkle 哈希树、Cuckcoo 哈希等重要的数据结构,通过这些数据结构可以实现对大规模数据的快速存储和获取。最后,本章呈现了多种大规模存储系统软件,如分布式文件系统和 NoSQL,并结合具体 HBase 案例介绍了大数据存储的详细流程。

习题

一、选择题

1. 数据管理技术至今经历了 3 个阶段,这 3 个阶段不包括( )。

    A. 数据库阶段   B. 批处理阶段   C. 人工管理阶段   D. 手工处理阶段

2. 数据存储领域一些重要的数据结有 4 个相邻的数据块(依次记为 B1、B2、B3、B4),利用这 4 个数据块构造一棵 Merkle 哈希树,该哈希树的根哈希为( )。

    A. hash(B1)+hash(B2)+hash(B3)+hash(B4)

    B. hash(B1+B2)+hash(B3+B4)

C. hash(hash(B1+B2))+hash(hash(B3+B4))

D. hash(hash(B1)+hash(B2))+hash(hash(B3)+hash(B4))

3. HDFS 保证数据存储可靠性的机理有多种,其中能提高带宽利用率的是(　　)。

    A. 机架策略　　　　　B. 心跳机制　　　　　C. 安全模式　　　　　D. 校验和

4. 以下哪种数据库不属于非关系型数据库?(　　)

    A. KV 数据库　　　　　　　　　　　　B. 文档数据库

    C. System R 数据库　　　　　　　　　D. 图数据库

5. 以下关于列式数据库说法错误的是(　　)。

    A. 具有很强的水平扩展能力

    B. 容错性和数据承载能力很高

    C. 具有接近于传统关系数据库的数据模型

    D. 在数据表达能力上弱于 KV 数据库

二、判断题

1. NoSQL 数据存储格式为行、行簇、列、值的方式。　　　　　　　　　　　　　　(　　)

2. 采用分布存储的方式存储海量数据可以保证高可用、高可靠和经济性,采用冗余存储的方式可以保证存储数据的可靠性。　　　　　　　　　　　　　　　　　　　(　　)

3. 对频繁读写的应用,数据的主从复制有助于增强读写操作和故障恢复的能力。

                                                 (　　)

4. 常见的文件系统存储布局包括行式存储、列式存储和混合存储 3 种,它们能够很好地满足大数据系统的需求。　　　　　　　　　　　　　　　　　　　　　　　(　　)

5. HDFS 分布式文件系统是针对大文件存储的,而淘宝的 TFS 是针对小文件存储的。　　　　　　　　　　　　　　　　　　　　　　　　　　　　　　　　　　　(　　)

三、填空题

1. 海量数据经过分片存放在不同的节点,分片后寻找某条记录的存储位置称为_____。

2. 数据分片包括哈希分片和_____两种类型。

3. Membase 在待存储记录的物理机之间引入了_____层。

4. 数据一致性模型包括强一致性、弱一致性和_____3 部分内容。

5. 数据的"完整性校验"是指_____。

四、简答题

1. 简述数据的分片类型。

2. 简述 LSM Tree 的工作原理。

3. 分布式文件系统存储格式有哪几种? 分别阐述。

4. 什么叫 NoSQL? 它与关系型数据库有什么区别? 简述 NoSQL 的使用场景。

5. 数据一致性包含哪几种? 各自有什么区别?

第**10**章

分布式处理

本章首先介绍 CPU 多核和 POSIX Thread，然后讲述 MPI 并行计算框架、Hadoop MapReduce 和 Spark，最后阐述数据处理技术的发展。

10.1 CPU 多核和 POSIX Thread

为了提高任务的计算处理能力，下面分别从硬件和软件层面研究新的计算处理能力。

在硬件设备上，CPU 技术不断发展，出现了 SMP（对称多处理器）和 NUMA（非一致性内存访问）两种高速处理的 CPU 结构。处理器性能的提升给大量的任务处理提供了很大的发展空间。图 10.1 是 SMP 和 NUMA 结构的 CPU，CPU 核数的增加带来了计算能力的提高，但是也随之带来了大量的问题需要解决，比如 CPU 缓存一致性问题、NUMA 内存分配策略等，目前已经有比较不错的解决方案。

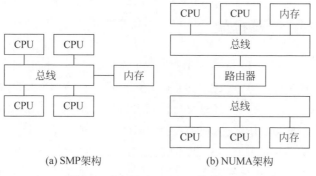

(a) SMP架构　　　　　　　(b) NUMA架构

图 10.1　SMP 和 NUMA 架构 CPU

在软件层面出现了多进程和多线程编程。进程是内存资源管理单元，线程是任务调度单元。图 10.2 是进程和线程之间的区别。

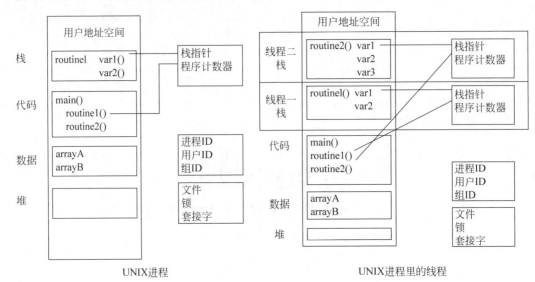

图 10.2 进程与线程

总的来说，线程所占用的资源更少，运行一个线程所需要的资源包括寄存器、栈、程序计数器等。早期不同厂商提供了不同的多线程编写库，这些线程库差异巨大，为了统一多种不同的多线程库，共同制定了 POSIX Thread 多线程编程标准，以充分利用多个不同的线程库。组成 POSIX Thread 的 API 分成以下 4 个大类。

（1）线程管理。线程管理主要负责线程的 create、detach、join 等，也包括线程属性的查询和设置。

（2）mutexes。处理同步的例程（routine）称为 mutex，mutex 提供了 create、destroy、lock 和 unlock 等函数。

（3）条件变量。条件变量主要用于多个线程之间的通信和协调。

（4）同步。同步用于管理读/写锁和 barriers。

10.2 MPI 并行计算框架

MPI（Message Passing Interface，消息传递窗口）是一个标准且可移植的消息传递系统，服务于大规模的并行计算。MPI 标准定义了采用 C、C++、FORTRAN 语言编写程序的函数语法和语义。目前有很多经过良好测试和高效率的关于 MPI 的实现，广泛采用的实现有 MPICH。下面以 MPICH 为例展开对 MPI 的讲解。

MPICH 是一个高性能且可以广泛移植的 MPI 实现。图 10.3 为 MPICH 的架构图。

如图 10.3 所示，应用程序通过 MPI 结构连接到 MPICH 接口层，图中的 ROMIO 是 MPI-IO 的具体实现版本，对应 MPI 标准中的高性能实现。MPICH 包括 ADI3、CH3 Device、CH3 Interface、Nemesis、Nemesis NetMod Interface。

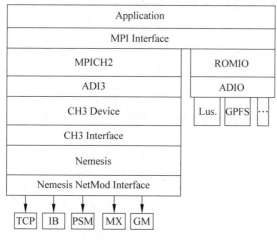

图 10.3　MPICH 架构

（1）ADI3。ADI 是抽象设备接口（Abstract Device Interface），MPICH 通过 ADI3 接口层隔离底层的具体设备。

（2）CH3 Device。CH3 Device 是 ADI3 的一个具体实现，使用了相对少数目的函数功能。在 CH3 Device 实现了多个通信 channel，channel 提供了两个 MPI 进程之间传递数据的途径以及进程通信。当前包括两个 channel，即 Nemesis 和 Sock，其中，Sock 是一个基于 UNIX Socket 的 channel，而 Nemesis 支持多种方法，不仅局限于 Socket 通信。

（3）CH3 Interface。CH3 Inferface 用于定义访问 Nemesis 的接口规范。

（4）Nemesis。Nemesis 允许两个 MPI 进程之间的网络通信采取多种方法，包括 TCP、InfiniBand 等。

10.3　Hadoop MapReduce

Hadoop 是一个由 Apache 基金会开发的分布式系统基础架构。Hadoop 框架最核心的设计就是 HDFS 和 MapReduce，HDFS 为海量的数据提供了存储，而 MapReduce 为海量的数据提供了计算。

HDFS（Hadoop Distributed File System）有高容错性的特点，并且设计用来部署在低廉的硬件上；而且它提供高吞吐量来访问应用程序的数据，适合有着超大数据集的应用程序。HDFS 放宽了 POSIX 的要求，可以用流的形式访问文件系统中的数据。

MapReduce 是谷歌公司提出的一个软件框架，用于大规模数据集（大于 1TB）的并行运算。"Map"和"Reduce"的概念以及它们的主要思想都是从函数式编程语言借来的，还有从矢量编程语言借来的特性。

当前的软件实现是指定一个 Map 函数，用来把一组键值对映射成一组新的键值对，指定并发的 Reduce 函数，用来保证所有映射的键值对中的每一个共享相同的键组。

Hadoop MapReduce 的处理流程如下。

（1）MapReduce 框架将应用的输入数据切分成 M 个模块，典型的数据块大小为 64MB。

（2）具有全局唯一的主控 Master 和若干 Worker，Master 负责为 Worker 分配具体的 Map 或 Reduce 任务并做全局管理。

（3）Map 任务的 Worker 读取对应的数据块内容，从数据块中解析 Key/Value 记录数据并将其传给用户自定义的 Map 函数，Map 函数输出的中间结果 Key/Value 数据在内存中缓存。

（4）缓存的 Map 函数产生的中间结果周期性地写入磁盘，每个 Map 函数中间结果在写入磁盘前被分割函数切割成 R 份，R 是 Reduce 的个数。一般用 Key 对 R 进行哈希取模。Map 函数完成对应数据块处理后将 R 个临时文件位置通知 Master，Master 再转交给 Reduce 任务的 Worker。

（5）Reduce 任务 Worker 接到通知时将 Map 产生的 M 份数据文件 pull 到本地（当且仅当所有 Map 函数完成时 Reduce 函数才能执行）。Reduce 任务根据中间数据的 Key 对记录进行排序，相同 Key 的记录聚合在一起。

（6）所有 Map、Reduce 任务完成，Master 唤醒用户应用程序。

10.4　Spark

Spark 是开源类 Hadoop MapReduce 的通用并行计算框架，Spark 基于 MapReduce 算法实现分布式计算，拥有 Hadoop MapReduce 所具有的优点；不同于 MapReduce 的是中间输出和结果可以保存在内存中，从而不再需要读/写 HDFS，因此 Spark 能更好地适用于数据挖掘与机器学习等需要迭代的 MapReduce 的算法。

Spark 最主要的结构是 RDD(Resilient Distributed Datasets)，它表示已被分区、不可变的并能够被并行操作的数据集合，不同的数据集格式对应不同的 RDD 实现。RDD 必须是可序列化的。RDD 可以缓存到内存中，每次对 RDD 数据集操作之后的结果都可以存放到内存中，下一个操作可以直接从内存中输入，省去了 MapReduce 大量的磁盘 I/O 操作。这很适合迭代运算比较常见的机器学习算法、交互式数据挖掘。

与 Hadoop 类似，Spark 支持单节点集群或多节点集群。对于多节点操作，Spark 可以采用自己的资源管理器，也可以采用 Mesos 集群管理器来管理资源。Mesos 为分布式应用程序的资源共享和隔离提供了一个有效平台（参见图 10.4）。该设置允许 Spark 与 Hadoop 共存于节点的一个共享池中。

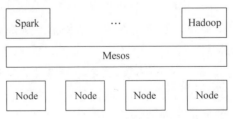

图 10.4　Mesos 集群管理器

10.5　数据处理技术的发展

数据处理从早期的共享分时单 CPU 操作系统处理到多核并发处理,每台计算机设备的处理能力在不断增强,处理的任务复杂度在不断增加,任务的处理时间在不断减少。

然而,随着大数据技术的不断发展,一台计算设备无法胜任目前大数据计算的庞大的计算工作。为了解决单台计算机无法处理大规模数据计算的问题,连接多台计算机设备整合成一个统一的计算系统,对外提供计算服务。早期谷歌公司的分布式计算框架MapReduce 采用的思想就是连接多台廉价的计算设备,以此来提供进行大规模计算任务的能力。但是 MapReduce 是建立在磁盘上的并行计算框架,由于机械磁盘本身的局限性,MapReduce 仍然有很大的计算延迟。Spark 提出了把计算结果存放在内存中,利用内存作为存储介质的方法极大地缩短了系统的响应时间,降低了计算任务返回结果的延迟。为了满足大规模机器学习计算任务的需求,也设计了大量的分布式机器学习框架来训练机器模型参数,如 Parameter Server;针对图计算场合,谷歌公司设计实现了 Pregel 图计算框架,用于处理最短路径、Dijkstra 等经典图计算任务;为了满足实时计算任务需求,设计实现了流计算框架,如 Spark Streaming、Storm、Flink 等实时计算框架。

总之,目前处理技术在往大规模、低延迟方向发展,内存空间的扩大和内存存储成本的降低给大规模数据处理提供了极好的发展契机。

10.6　小结

本章介绍了大规模数据处理计算的方法和技术。传统的数据加速处理方法是采用多线程方法,然而无法应对大数据规模。为此,本章介绍了 MPI、MapReduce、Spark 等大数据处理计算框架,将多个计算节点协同起来,以处理大规模数据分析和挖掘任务。

习题

一、选择题

1. 以下关于进程和线程的说法正确的是(　　)。
　　A. 线程是 CPU 任务调度的基本单位
　　B. 进程是 CPU 任务调度的基本单位
　　C. 一个线程可以属于多个进程
　　D. 一个进程可以对应多个程序

2. POSIX Thread 多线程编程标准的 API 可分为 4 类,以下哪一类用于管理线程的读/写锁和 barriers?(　　)
　　A. 线程管理　　　B. mutex　　　　C. 条件变量　　　D. 同步

3. MapReduce 处理过程有一个全局唯一的 Master 和若干 Worker,以下关于Master 和 Worker 的说法错误的是(　　)。

A. Master 为 Worker 分配 Map 或 Reduce 任务,并进行全局管理

B. Map 任务的 Worker 会读取对应数据块内容,并从数据块中解析出 Key/Value 记录数据

C. 将 Map 函数完成数据块处理后的临时文件位置转交给对应的 Worker

D. 所有 Map、Reduce 任务完成后,指定一个 Worker 唤醒用户应用程序

4. Spark 最主要的结构是 RDD,下列有关 RDD 的说法错误的是(　　)。

A. RDD 表示已被区分、不可变的且能被并行操作的数据集合

B. 不同的数据集格式对应不同的 RDD 实现

C. RDD 是可序列化的,也可以是不可序列化的

D. RDD 可以缓存到内存中

5. 以下关于数据处理技术的发展的说法错误的是(　　)。

A. 早期的数据处理使用共享分时单 CPU 操作系统

B. 谷歌公司的分布式计算框架 MapReduce 的计算延迟很低

C. 在数据处理时,利用内存作为存储介质能极大缩短系统响应时间

D. 为了满足实时计算任务需求,设计实现了流计算框架

二、判断题

1. 线程是内存资源管理和任务调度的单元。　　　　　　　　　　　　(　　)

2. MPI 是一个标准且可移植的消息传递系统,服务于大规模的并行计算。(　　)

3. MPICH 的特点是性能高,可移植性差。　　　　　　　　　　　　(　　)

4. MapReduce 的中间输出和结果可以保存在内存中。　　　　　　　(　　)

5. Spark Streaming 是一个实时计算框架。　　　　　　　　　　　　(　　)

三、填空题

1. CPU 技术不断发展,出现了 SMP 和_____两种高速处理的 CPU 结构。

2. 条件变量主要用于多个线程之间的_____和协调。

3. MPICH 通过_____接口层隔离底层的具体设备。

4. Nemesis 允许两个 MPI 进程之间的网络通信,可用的方法包括_____和 InfiniBand 等。

5. Hadoop 框架最核心的设计是 HDFS 和_____。

四、简答题

1. 简述 CPU 技术的发展趋势。

2. 简述 MPICH 并行计算框架。

3. 简述 MapReduce 的原理。

第11章

Hadoop MapReduce解析

Hadoop 是一个能够对大量数据进行分布式处理的软件架构。它被公认为是大数据行业的标准开源软件，几乎所有主流厂商（如谷歌、雅虎、思科和淘宝等）都围绕 Hadoop 提供开发工具、开源软件、商业化工具和技术服务。使用 Hadoop 构建的应用程序可在商用计算机群集上的大型数据集上运行。它具有跨平台的特性，这使得性能较低但更便宜的商品计算机得以在大数据中被充分利用。

MapReduce 是一种具有可靠性和容错能力的分布式计算框架，能够处理大量数据以及运行部署在大规模计算集群中。

本章主要介绍 Hadoop MapReduce 的实现细节，并通过一个具体应用案例详细讲解 MapReduce 分布式计算框架在实例中的应用。

11.1 Hadoop MapReduce 架构

MapReduce 是一种分布式计算框架，能够处理大量数据，并提供容错、可靠等功能，运行部署在大规模计算集群中。

MapReduce 计算框架采用主从架构，由 Client、JobTracker、TaskTracker 组成，如图 11.1 所示。

1. Client

用户编写 MapReduce 程序，通过 Client 提交到 JobTracker，由 JobTracker 来执行具体的任务分发。Client 可以在 Job 执行过程中查看具体的任务执行状态以及进度。在 MapReduce 中，每个 Job 对应一个具体的 MapReduce 程序。

2. JobTracker

JobTracker 负责管理运行的 TaskTracker 节点，包括 TaskTracker 节点的加入和退

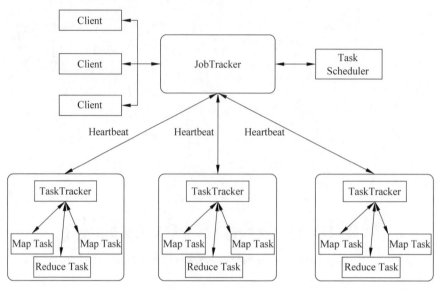

图 11.1 MapReduce 架构

出；负责 Job 的调度与分发，每一个提交的 MapReduce Job 由 JobTracker 安排到多个 TaskTracker 节点上执行；负责资源管理，在当前 MapReduce 框架中每个资源抽象成一个 slot，利用 slot 资源管理执行任务分发。

3. TaskTracker

TaskTracker 节点定期发送心跳信息给 JobTracker 节点，表明该 TaskTracker 节点运行正常。JobTracker 发送具体的任务给 TaskTracker 节点执行。TaskTracker 通过 slot 资源抽象模型，将该 TaskTracker 节点上的资源使用情况汇报给 JobTracker 节点，具体分成 Map slot 和 Reduce slot 两种类型的资源。

在 MapReduce 框架中，所有的程序执行最后都转换成 Task 来执行。Task 分成 Map Task 和 Reduce Task，这些 Task 都在 TaskTracker 上启动。图 11.2 显示了 HDFS 作为

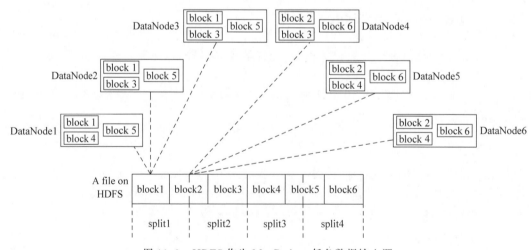

图 11.2 HDFS 作为 MapReduce 任务数据输入源

MapReduce任务的数据输入源,每个HDFS文件切分成多个Block,以每个Block为单位同时兼顾Block的位置信息,将其作为MapReduce任务的数据输入源,执行计算任务。

11.2　Hadoop MapReduce 与高性能计算、网格计算的区别

在Hadoop出现之前,高性能计算和网格计算一直是处理大数据问题主要的使用方法和工具,它们主要采用消息传递接口(Message Passing Interface,MPI)提供的API来处理大数据。高性能计算的思想是将计算作业分散到集群机器上,集群计算节点访问存储区域网络SAN系统构成的共享文件系统获取数据,这种设计比较适合计算密集型作业。当需要访问像PB级别的数据时,由于存储设备网络带宽的限制,很多集群计算节点只能空闲等待数据。而Hadoop却不存在这种问题,由于Hadoop使用专门为分布式计算设计的文件系统HDFS,在计算的时候只需要将计算代码推送到存储节点上即可在存储节点上完成数据的本地化计算,Hadoop中的集群存储节点也是计算节点。在分布式编程方面,MPI属于比较底层的开发库,它赋予了程序员极大的控制能力,但是却要程序员自己控制程序的执行流程、容错功能,甚至底层的套接字通信、数据分析算法等底层细节都需要自己编程实现。这种要求无疑对开发分布式程序的程序员提出了较高的要求。相反,Hadoop的MapReduce却是一个高度抽象的并行编程模型,它将分布式并行编程抽象为两个原语操作,即Map操作和Reduce操作,开发人员只需要简单地实现相应的接口即可,完全不用考虑底层数据流、容错、程序的并行执行等细节。这种设计无疑大大降低了开发分布式并行程序的难度。

网格计算通常是指通过现有的互联网,利用大量来自不同地域、资源异构的计算机空闲的CPU和磁盘来进行分布式存储和计算。这些参与计算的计算机具有分处不同地域、资源异构(如基于不同平台,使用不同的硬件体系结构)等特征,从而使网格计算和Hadoop这种基于集群的计算相区别。Hadoop集群一般构建在通过高速网络连接的单一数据中心内,集群计算机都具有体系结构、平台一致的特点,而网格计算需要在互联网接入环境下使用,网络带宽等都没有保证。

11.3　MapReduce 工作机制

MapReduce计算模式的工作原理是把计算任务拆解成Map和Reduce两个过程来执行,具体如图11.3所示。

整体而言,一个MapReduce程序一般分成Map和Reduce两个阶段,中间可能会有Combine。在数据被分割后通过Map函数的程序将数据映射成不同的区块,分配给计算机集群处理达到分布式运算的效果,再通过Reduce函数的程序将结果汇整,最后输出运行计算结果。

11.3.1　Map

在进行Map计算之前,MapReduce会根据输入文件计算输入分片(input split),每个

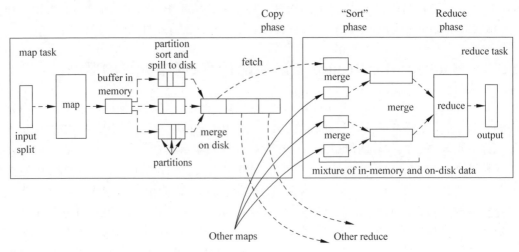

图 11.3　MapReduce 工作机制

输入分片针对一个 Map 任务,输入分片存储的并非数据本身,而是一个分片长度和一个记录数据位置的数组,输入分片往往和 HDFS 的 block(块)的关系很密切。假如设定 HDFS 的块的大小是 64MB,如果输入三个文件,大小分别是 3MB、65MB 和 127MB,那么 MapReduce 会把 3MB 文件分为一个输入分片,65MB 则是两个输入分片,127MB 也是两个输入分片。换句话说,如果在 Map 计算前做输入分片调整,例如合并小文件,那么会有 5 个 Map 任务将执行,而且每个 Map 执行的数据大小不均,这也是 MapReduce 优化计算的一个关键点。

接着是执行 Map 函数,Map 操作一般由用户指定。Map 函数产生输出结果时并不是直接写入磁盘,而是采用缓冲方式写入到内存中,并对数据按关键字进行预排序,如图 11.3 所示。每个 Map 任务都有一个环状内存缓冲,用于存储 Map 操作结果,在默认情况下缓冲区大小为 100MB,该值可以用 io. sort. mb 属性修改。当内存中的数据增长到一定比例的时候,可以通过 io. sort. spill. percent 调整参数大小,后台线程会 spill 到磁盘上。在写磁盘的过程中,数据会继续写到内存缓冲区中。

11.3.2　Reduce

执行用户指定的 Reduce 函数,输出计算结果到 HDFS 集群上。Reduce 执行数据的归并,数据是以 key,list(value1,value2…)的方式存储的。这里以 wordcount 的例子来说明,此时的记录应该是 hadoop,list(1)、hello,list(1,1)、word,list(1),那么结果应该是 hadoop,list(1)、hello,list(2)、word,list(1)。

11.3.3　Combine

Combine 是在本地进行的一个在 Map 端做的 Reduce 的过程,其目的是提高 Hadoop 的效率。比如存在两个以 hello 为关键字的记录,直接将数据交给下一个步骤处理,所以在下一个步骤中需要处理两条 hello,1 的记录,如果先做一次 Combine,则只需处理一次

hello,2 的记录,这样做的一个好处就是当数据量很大时可以减少很多开销(直接将 partition 后的结果交给 Reduce 处理,由于 TaskTracker 并不一定分布在本节点,过多的冗余记录会影响 I/O,与其在 Reduce 时进行处理,不如在本地先进行一些优化以提高效率)。

11.3.4　Shuffle

Shuffle 描述数据从 Map task 输出到 Reduce task 输入的这段过程。

Map 端的所有工作结束之后,最终生成的这个文件也存放在 TaskTracker 节点的本地文件系统中。每个 Reduce task 通过 RPC 从 JobTracker 那里获取 Map task 是否完成的信息,从而获知某个 TaskTracker 上的 Map task 执行完成情况,Reduce task 在执行之前的工作就是不断地拉取当前 Job 里每个 Map task 的最终结果,然后对从不同地方拉取过来的数据不断地做 merge,最终形成一个文件作为 Reduce task 的输入文件,如图 11.4 所示。

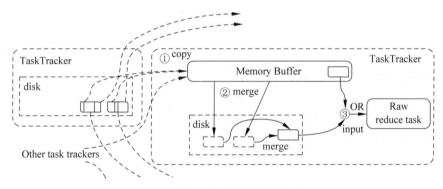

图 11.4　数据从 Map 端复制到 Reduce 端

Reducer 真正运行之前,所有的时间都是在拉取数据,不断重复地做 merge。下面描述 Reduce 端的 Shuffle 细节。

(1) copy 过程。其用于简单地拉取数据。Reduce 进程启动一些数据复制线程(Fetcher),通过 HTTP 方式请求 Map task 所在的 TaskTracker 获取 Map task 的输出文件。因为 Map task 早已结束,这些文件就由 TaskTracker 存储在本地磁盘中。

(2) merge 阶段。这里的 merge 如 Map 端的 merge 动作,只是数组中存放的从不同 Map 端复制来的数值。复制来的数据会先放入内存缓冲区中,这里的缓冲区大小要比 Map 端的更为灵活,它基于 JVM 的 heap size 设置,因为在 Shuffle 阶段 Reducer 不运行,所以应该把绝大部分的内存都给 Shuffle 使用。这里需要强调的是,merge 有三种形式,即内存到内存、内存到磁盘、磁盘到磁盘。在默认情况下第一种形式不启用,让人比较困惑。当内存中的数据量达到一定阈值时就启动内存到磁盘的 merge。与 Map 端类似,这也是溢写的过程,在这个过程中如果设置有 Combiner,也是会启用的,然后在磁盘中生成了众多的溢写文件。第二种 merge 方式一直在运行,直到没有 Map 端的数据时才结束,然后启动磁盘到磁盘的 merge 方式生成最终的那个文件。

(3) Reducer 的输入文件。不断地 merge,最后会生成一个"最终文件"。那么这里为什么加引号？因为这个文件可能存在于磁盘上，也可能存在于内存中。对用户来说，当然希望将它存放于内存中，直接作为 Reducer 的输入，但默认情况下这个文件是存放于磁盘中的。当 Reducer 的输入文件已定时整个 Shuffle 才最终结束。

11.3.5　Speculative Task

MapReduce 模型把作业拆分成任务，然后并行运行任务以减少运行时间。存在这样的计算任务，它的运行时间远远长于其他任务的计算任务，减少该任务的运行时间就可以提高整体作业的运行速度，这种任务也称为"拖后腿"任务。导致任务执行缓慢的原因有很多种，包括软件和硬件原因，比如硬件配置更新迭代，MapReduce 任务运行在新旧硬件设备上，负载不均衡，任务调度的局限导致每个计算节点上的任务负载差异较大。

为了解决上述"拖后腿"任务导致的系统性能下降问题，Hadoop 为该 task 启动 Speculative Task，与原始的 task 同时运行，以最快运行结束的结果返回，加快 Job 的执行。当为一个 task 启动多个重复的 task 时，必然导致系统资源的消耗，因此采用 Speculative Task 的方式是一种以空间换时间的方式。

同时启动多个重复的 task 会加速系统资源的竞争，导致 Speculative Task 无法执行。所以启动一个 Speculative Task 需要在一个 Job 的所有 task 都启动完成之后才启动，并且针对那些运行时间比平均运行时间慢的任务。当一个 task 任务完成之后，任何正在运行的重复的任务都会停止。总体来讲，Speculative Task 是优化 MapReduce 计算过程的一个方法。

在 Hadoop 中启动 Speculative Task 的配置方法如下。

```
<property>
    <name>mapred.map.tasks.speculative.execution</name>
    <value>false</value>
</property>
<property>
    <name>mapred.reduce.tasks.speculative.execution</name>
    <value>false</value>
</property>
```

在实际中应该根据具体的情况选择是否需要启动 Speculative Task，因为启动 Speculative Task 是一种加剧资源消耗的过程，会造成系统的性能下降。使用 Speculative Task 的目的是缩短时间，但是以牺牲集群效率为代价。

11.3.6　任务容错

MapReduce 是一种通用的计算框架，有着非常健壮的容错机制，容错粒度包括 JobTracker、TaskTracker、Job、Task、Record 等级别。由于目前 Hadoop 还是单 Master 设计，在一个集群中只有一个 JobTracker，一旦 JobTracker 出现错误往往需要人工介入，但是用户可以通过一些参数进行控制，从而让所有作业恢复运行。TaskTracker 的容错则通过心跳检测、黑名单、灰名单机制对失效的 TaskTracker 节点进行及时处理达到容错效果。同时,Hadoop 还可以通过不同的参数配置来保证 Job、Task 以及 Record 等级别的容错。

用户的一个 MapReduce 作业往往是由很多任务组成的,只有所有的任务执行完毕才算是整个作业成功。对于任务的容错机制,MapReduce 采用最简单的方法进行处理,即"再执行",也就是说对于失败的任务重新调度执行一次。一般有两种情况需要再执行。

第一种情况:如果是一个 Map 任务或 Reduce 任务失败了,那么调度器会将这个失败的任务分配到其他节点重新执行。

第二种情况:如果是一个节点死机了,那么在这台死机的节点上已经完成运行的 Map 任务及正在运行中的 Map 和 Reduce 任务都将被调度重新执行,同时在其他机器上正在运行的 Reduce 任务也将被重新执行,这是由于这些 Reduce 任务所需要的 Map 的中间结果数据因为那台失效的机器而丢失了。

11.4　应用案例

下面通过 WordCount、WordMean 等几个例子讲解 MapReduce 的实际应用,编程环境都是以 Hadoop MapReduce 为基础。

11.4.1　WordCount

WordCount 用于计算文件中每个单词出现的次数,非常适合采用 MapReduce 进行处理。处理单词计数问题的思路简单,在 Map 阶段处理每个文本 split 中的数据,产生 word,1 这样的键-值对;在 Reduce 阶段对相同的关键字求和,并生成所有的单词计数。重要部分的伪代码如下,详细的可运行代码可以从 GitHub 上下载(https://github.com/alibook/alibook-bigdata.git)。

对应的 Map 端代码如下。

```
public static class TokenizerMapper
    extends Mapper < Object, Text, Text, IntWritable > {
            private final static IntWritable one = new IntWritable(1);
            private Text word = new Text();

            public void map(Object key, Text value, Context context)
      throws IOException, InterruptedException {
    StringTokenizer itr = new StringTokenizer(value.toString());
    while (itr.hasMoreTokens()) {
      word.set(itr.nextToken());
      context.write(word, one);
    }
  }
    }
```

对应的 Reduce 端代码如下。

```
public static class IntSumReducer
   extends Reducer<Text, IntWritable, Text, IntWritable> {
            public void reduce(Text key, Iterable<IntWritable> values,
      Context context) throws IOException, InterruptedException{
      int sum = 0;
      for (IntWritable val : values) {
          sum += val.get();
      }
      context.write(key, new IntWritable(sum));
   }

}
```

在主函数中设置该 WordCount Job 的相关环境，包括输入和输出、Map 类和 Reduce 类，如下所示。

```
Configuration conf = new Configuration();
Job job = Job.getInstance(conf, "word count");

job.setJarByClass(WordCount.class);
job.setMapperClass(TokenizerMapper.class);
job.setReducerClass(IntSumReducer.class);
job.setCombinerClass(IntSumReducer.class);

job.setOutputKeyClass(Text.class);
job.setOutputValueClass(IntWritable.class);

FileInputFormat.addInputPath(job, new Path(args[0]));
FileOutputFormat.setOutputPath(job, new Path(args[1]));

System.exit(job.waitForCompletion(true) ? 0 : 1);
```

WordCount 运行示意图如图 11.5 所示。
在终端环境中运行的命令如下。

```
bin/hadoop jar /home/user/hadoop-0.0.1.jar alibook.hadoop.WordCount /user/hadoop/input
/user/hadoop/output
```

如图 11.6 所示为 WordCount 运行结果，运行结果产生了一个 part-r-00000 文件，保存运算结果。

11.4.2　WordMean

下面对 WordCount 稍做修改，改成计算所有文件中单词的平均长度，单词长度的定义是单词的字符个数。现在 HDFS 集群中有大量的文件，需要统计所有文件中所出现单

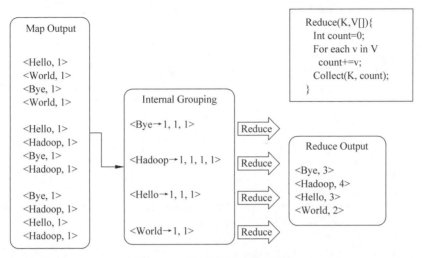

图 11.5 WordCount 运行过程

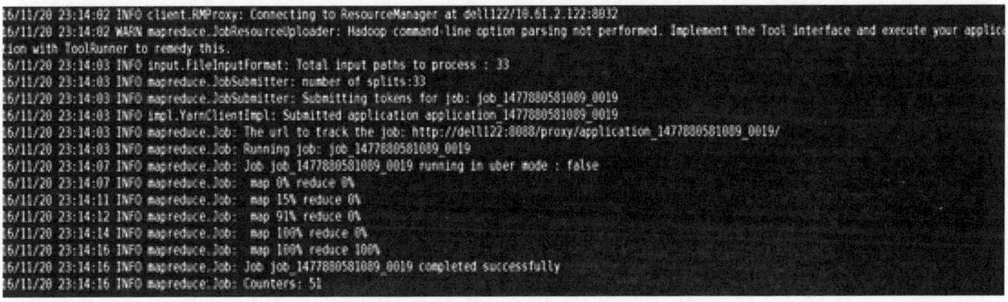

图 11.6 WordCount 运行结果

词的平均长度。

其处理也可以采用 MapReduce 方式,计算结果最后以 HDFS 文件的方式保存,保存内容格式为两行数据:第一行是 count,个数键-值对,为统计出现的所有单词个数;第二行是 length,总长度键-值对,为统计文件中所有的单词长度。然后从 HDFS 文件中读取 MapReduce 计算结果,求取单词长度的平均值。在 MapReduce 计算过程中,Map 阶段读取每个文件的 split 数据,生成 count,1 和 length,单词长度键-值对;Reduce 阶段对相同的 count 关键字和 length 关键字对进行求和。下面是 Map 过程和 Reduce 过程的代码,详细的代码可以从 GitHub 上下载(https://github.com/alibook/alibook-bigdata.git)。

Map 端对应的代码如下。

```
/**
 * Maps words from line of text into 2 key-value pairs;
 * one key-value pair for
 * counting the word, another for counting its length.
 */
```

```
public static class WordMeanMapper extends Mapper < Object, Text, Text, LongWritable > {
        private LongWritable wordlen = new LongWritable();

    /**
 * Emits 2 key – value pairs for counting the word and its
 * length. Outputs are (Text, LongWritable).
    *
    * @param value
    * This will be a line of text coming in from our input file.
    */
    public void map(Object key, Text value, Context context)
            throws IOException, InterruptedException {
StringTokenizer iter = new StringTokenizer(value.toString());
        while (iter.hasMoreTokens()) {
                wordlen.set(iter.nextToken().length());
                context.write(LENGTH, wordlen);
                context.write(COUNT, ONE);
        }
    }
  }
```

Reduce 端对应的代码如下。

```
/**
  * Performs integer summation of all the values for each key.
  */
  public static class WordMeanReducer extends Reducer < Text, LongWritable, Text, LongWritable > {
    private LongWritable sum = new LongWritable(0);

  /**
    * Sums all the individual values within the iterator and writes
    * them to the same key.
    *
    * @param key
    * This will be one of 2 constants: LENGTH_STR or COUNT_STR.
    * @param values
    * This will be an iterator of all the values associated with that
    * key.
    */
  public void reduce(Text key, Iterable < LongWritable > values, Context context)
        throws IOException, InterruptedException {
            int theSum = 0;
            for (LongWritable value : values) {
                theSum += value.get();
            }
            sum.set(theSum);
            context.write(key, sum);
        }
    }
```

在终端运行的命令如下。

```
bin/hadoop jar /home/user/wordmean - 0.0.1.jar \ alibook.wordmean.WordMean /user/hadoop/
input \ /user/hadoop/wordmeanoutput
```

上述命令表示在文件中计算单词的平均长度,计算结果输出到/user/hadoop/
wordmeanoutput 中。在该实验中采用和 WordCount 同样的实验数据,运行结果如下
所示。

```
The mean length is: 8.360264105642257
```

11.4.3　Grep

还是进行大规模文本中单词的相关操作,现在希望提供类似 Linux 系统中 Grep 命
令的功能,找出匹配目标串的所有文件,并统计出每个文件中出现目标字符串的个数。

仍然采用 MapReduce 的计算方法提取出匹配目标字符串的所有文件。思路很简单,
在 Map 阶段根据提供的文件 split 信息、给定的每个字符串输出 filename,1 这样的键-值
对信息;然后在 Reduce 阶段根据 filename 对 Map 阶段产生的结果进行合并,最后得出
匹配目标串的所有文件 grep 信息。

下面是对应的 Map 端和 Reduce 端代码,详细的可运行代码从 GitHub 上下载
(https://github.com/alibook/alibook-bigdata.git)。

Map 端代码如下。

```
public static class GrepMapper extends Mapper < Object, Text, Text, IntWritable > {

    public void map(Object obj, Text text, Context context)
                    throws IOException, InterruptedException {
    String pattern = context.getConfiguration().get("grep");

    String str = text.toString();
    Pattern r = Pattern.compile(pattern);
    Matcher matcher = r.matcher(str);

    while (matcher.find()) {
            FileSplit split = (FileSplit)context.getInputSplit();
    String filename = split.getPath().getName();

    context.write(new Text(filename), new IntWritable(1));
    }
    }
}
```

Reduce 端代码如下。

```
public static class GrepReducer extends Reducer < Text, IntWritable, Text, IntWritable > {

    public void reduce(Text text, Iterable < IntWritable > values, Context context)
        throws IOException, InterruptedException{
      int sum = 0;
      Iterator < IntWritable > iterator = values.iterator();
      while (iterator.hasNext()) {
          sum += iterator.next().get();
      }

      context.write(text, new IntWritable(sum));
      }
}
```

在终端运行的命令如下。

```
bin/hadoop jar /home/user/grep - 0.0.1.jar alibook.grep.Grep hadoop /user/hadoop/input /
user/hadoop/grepoutput
```

上述命令是在所有输入文件中找出匹配 Hadoop 字符串的所有文件，并将计算结果输出到/user/hadoop/grepoutput 目录中。

该命令的运行结果如图 11.7 所示。

```
capacity-scheduler.xml   1
core-site.xml            6
hadoop-env.cmd           5
hadoop-env.sh            7
hadoop-metrics.properties        20
hadoop-metrics2.properties       6
hdfs-site.xml            4
httpfs-log4j.properties  2
httpfs-signature.secret  1
kms-acls.xml             9
kms-log4j.properties     2
kms-site.xml             19
log4j.properties                 82
mapred-env.sh            1
yarn-env.cmd             5
yarn-env.sh              4
yarn-site.xml            1
```

图 11.7　Grep 运行结果

11.5　MapReduce 的缺陷与不足

MapReduce 是一种离线处理框架，比较适合大规模的离线数据处理。在实际的工作环境中，MapReduce 这套分布式处理框架常用于分布式 Grep、分布式排序、Web 访问日志分析、反向索引构建、文档聚类、机器学习、数据分析、基于统计的机器翻译和生成整个搜索引擎的索引等大规模数据处理工作。但是 MapReduce 在实时处理性能方面比较薄弱，不适合处理事务或者单一处理请求。

11.6 小结

本章主要介绍了大数据计算框架 Hadoop MapReduce 的架构、原理和应用案例。本章详细介绍了 MapReduce 的 Map、Reduce、Shuffle 和 Speculative Task 等原理,通过这些关键组件,剖析了 MapReduce 的工作机制。最后结合具体案例,详细介绍了如何使用 Hadoop MapReduce 进行数据分析任务。

习题

一、选择题

1. 下列不属于 MapReduce 计算框架的是( )。

    A. Cliebt   B. JobTracker   C. Heartbeat   D. TaskTracker

2. 下列关于 Hadoop MapReduce、高性能计算、网格计算的说法错误的是( )。

    A. Hadoop 主要采用消息传递接口提供的 API 来处理大数据

    B. Hadoop 中的集群存储节点也是计算节点

    C. 高性能计算比较适合计算密集型作业

    D. 网格计算需要在互联网接入环境下使用

3. 以下哪项不是 Reduce 端的 Shuffle 细节? ( )

    A. copy 过程   B. merge 阶段

    C. Reducer 的输入文件   D. Combine 过程

4. 下列关于 Speculative Task 的说法错误的是( )。

    A. 采用 Speculative Task 的方式是一种以空间换时间的方式

    B. Speculative Task 可以和一个 Job 的所有 Task 同时启动

    C. 启动 Speculative Task 会造成系统的性能下降

    D. 使用 Speculative Task 需要以牺牲集群效率为代价

5. 以下哪项是 MapReduce 的不足? ( )

    A. 当访问像 PB 级别的数据时,由于存储设备网络带宽的限制,很多集群计算节点只能空闲等待数据

    B. 需要程序员自己控制程序的执行流程、容错功能,甚至编程实现底层的套接字通信、数据分析算法等细节

    C. 需要在互联网接入环境下使用,网络带宽等也没有保证

    D. 在实时处理性能方面比较薄弱

二、判断题

1. MapReduce 计算框架采用主从架构。   ( )

2. 在 Hadoop 出现以前,高性能计算和网络计算一直是处理大数据问题的主要使用方法和工具。   ( )

3. 当为一个 Task 启动多个重复的 Task 时，不一定会导致系统资源的消耗。

（　　）

4. 可以对一个 Job 的任意任务启动 Speculative Task。　　　　　　（　　）

5. MapReduce 适合处理事物和单一处理请求。　　　　　　　　　（　　）

三、填空题

1. 在进行 Map 计算之前，MapReduce 会根据输入文件计算_____。

2. Reduce 执行数据的_____，数据是以 key,list(value1,value2…)的方式存储的。

3. merge 有 3 种形式，即内存到内存、内存到磁盘和_____。

4. TaskTracker 的容错通过_____、黑名单和灰名单机制对失效的 TaskTracker 节点进行及时处理，从而达到容错效果。

5. MapReduce 是一种_____框架，比较适合大规模的离线数据处理。

四、简答题

1. 简述 MapReduce 架构。

2. 简述 MapReduce 与网格计算、高性能计算之间的区别。

3. 简述 MapReduce 中的 Shuffle 过程。

4. 在 MapReduce 中为什么需要建立 Speculative Task？会带来哪些问题？

5. 简述 MapReduce 的不足。

第**12**章

Spark解析

Spark 是一个高性能的内存分布式计算框架,具备可扩展性和任务容错性。每个 Spark 应用都由一个 Driver Program 构成,该程序运行用户的 main 函数,同时在一个集群中的节点上运行多个并行操作。

本章对 Spark 的功能进行分析,并通过应用案例讲解 Spark 在实际中的使用方法。

12.1 Spark RDD

Spark 是一个高性能的内存分布式计算框架,具备可扩展性、任务容错等特性。每个 Spark 应用都是由一个 driver program 构成,该程序运行用户的 main 函数,同时在一个集群中的节点上运行多个并行操作。Spark 提供的一个主要抽象就是 RDD(Resilient Distributed Datasets),这是一个分布在集群中多节点上的数据集合,利用内存和磁盘作为存储介质,其中,内存为主要数据存储对象,支持对该数据集合的并发操作。用户可以使用 HDFS 中的一个文件来创建一个 RDD,可以控制 RDD 存放于内存中还是存储于磁盘等永久性存储介质中。

RDD 的设计目标是针对迭代式机器学习。由于迭代式机器学习本身的特点,每个 RDD 是只读的、不可更改的。根据记录的操作信息,丢失的 RDD 数据信息可以从上游的 RDD 或者其他数据集 Datasets 创建,因此 RDD 提供容错功能。

有两种方式创建一个 RDD:在 driver program 中并行化一个当前的数据集合;利用一个外部存储系统中的数据集合创建,如共享文件系统 HDFS 或 HBase,以及其他任何提供了 Hadoop InputFormat 格式的外部数据存储。

1. 并行化数据集合

并 行 化 数 据 集 合(Parallelized Collection)可 以 在 driver program 中 调 用

JavaSparkContext's parallelize 方法创建，复制集合中的元素到集群中形成一个分布式的数据集 Distributed Datasets。以下是一个创建并行化数据集合的例子，包含数字 1～5。

```
List < Integer > data = Arrays.asList(1, 2, 3, 4, 5);
JavaRDD < Integer > distData = sc.parallelize(data);
```

一旦上述的 RDD 创建，分布式数据集 RDD 就可以并行操作了。例如，可以调用 distData. reduce((a, b) — a + b)对列表中的所有元素求和。

2. 外部数据集

Spark 可以从任何 Hadoop 支持的外部数据源创建 RDD，包括本地文件系统、HDFS、Cassandra、HBase、Amazon S3 等。以下是从一个文本文件中创建 RDD 的例子。

```
JavaRDD < String > distFile = sc.textFile("data.txt");
```

一旦创建，distFile 就可以执行所有的数据集操作。

RDD 支持多种操作，分为下面两种类型。

（1）transformation，用于从以前的数据集中创建一个新的数据集。

（2）action，返回一个计算结果给 driver program。

在 Spark 中所有的 transformation 都是懒惰的(lazy)，因为 Spark 并不会立即计算结果，Spark 仅记录所有对 file 文件的 transformation。以下是一个简单的 transformation 的例子。

```
JavaRDD < String > lines = sc.textFile("data.txt");
JavaRDD < Integer > lineLengths = lines.map(s -> s.length());
int totalLength = lineLengths.reduce((a, b) -> a + b);
```

利用文本文件 data. txt 创建一个 RDD，然后利用 lines 执行 Map 操作，这里 lines 其实是一个指针，Map 操作计算每个 string 的长度，最后执行 reduce action，这时返回整个文件的长度给 driver program。

12.2　Spark 与 MapReduce 对比

Spark 作为新一代的大数据计算框架，针对的是迭代式计算、实时数据处理，要求处理的时间更少。与 MapReduce 对比整体反映如下。

（1）在中间计算结果方面。Spark 要求计算结果快速返回，处理任务低延迟，因此 Spark 基本把数据存放在内存中，只有在内存资源不够时才写到磁盘等存储介质中，同时用户可以指定数据是否缓存在内存中；而 MapReduce 计算过程中 Map 任务产生的计算结果存放到本地磁盘中，由后面需要计算的 Reduce 任务获取。

（2）在计算模型方面。Spark 采用 DAG 描述计算任务，所有的 RDD 操作最后都采用 DAG 描述,然后优化分发到各个计算节点上运行,因此 Spark 拥有更丰富的功能;MapReduce 则只采用 Map()和 Reduce()两个函数,计算功能比较简单。

（3）在计算速度方面。Spark 采用内存作为计算结果主要存储介质,而 MapReduce 采用本地磁盘作为中间结果存储介质,因此 Spark 的计算速度更快。

（4）在容错方面。Spark 采用了和 MapReduce 类似的方式,针对丢失和无法引用的 RDD,Spark 采用利用记录的 transformation,采取重新做已做过的 transformation。

（5）在计算成本方面。Spark 是把 RDD 主要存放在内存存储介质中,如果需要快速地处理大规模数据,则需要提供高容量的内存;而 MapReduce 是面向磁盘的分布式计算框架,因此在成本考虑方面,Spark 的计算成本高于 MapReduce 计算框架。

（6）在简单易管理方面。目前,Spark 也在同一个集群上运行流处理、批处理和机器学习,同时 Spark 也可以管理不同类型的负载。这些都是 MapReduce 做不到的。

12.3　Spark 工作机制

下面开始深入探讨 Spark 的内部工作原理,具体包括 Spark 运行的 DAG、Partition、容错机制、缓存管理和数据持久化。

12.3.1　DAG 工作图

应用程序提交给 Spark 运行,通过生成 RDD DAG 的方式描述 Spark 应用程序的逻辑。

DAG 是有向无环图,是图论里面的概念,可以用图 $G=V,E$ 来描述,E 中的边都是有向边,顶点之间构成依赖关系,并且不能形成环路。当用户运行 action 操作时,Spark 调度器检查 RDD 的 lineage 图,生成一个 DAG 并根据这个 DAG 来分配任务执行。

为了 Spark 更加高效地调度和计算,RDD DAG 中还包括宽依赖和窄依赖。窄依赖是父节点 RDD 中的分区最多只被子节点 RDD 中的一个分区使用;而宽依赖是父节点 RDD 中的分区被子节点 RDD 中的多个子分区使用,如图 12.1 所示。

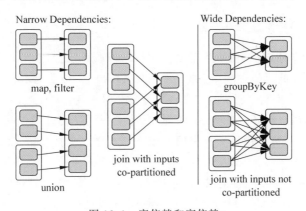

图 12.1　窄依赖和宽依赖

如图 12.1 描述,map 建立的 RDD 中的每个分区 Partition 只被子节点 filter RDD 中的一个子分区使用,所以是窄依赖;而 groupByKey 建立的 RDD 多个子分区 Partition 引用一个父节点 RDD 中的分区。

如图 12.2 所示为 Spark 集群中一个应用程序的执行,生成了一个 DAG。

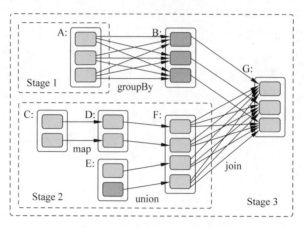

图 12.2　Spark 应用程序执行

Spark 调度器根据 RDD 中的宽依赖和窄依赖形成 stage 的 DAG,如图 12.2 所示。每个 stage 包含尽可能多的窄依赖的流水线 transformation。

采用 DAG 方式描述运行逻辑,可以描述更加复杂的运算功能,也有利于 Spark 调度器调度。

12.3.2　Partition

Spark 执行每次操作 transformation 都会产生一个新的 RDD,每个 RDD 是 Partition 分区的集合。在 Spark 中,操作的粒度是 Partition 分区,所有针对 RDD 的 map、filter 等操作,最后都转换成对 Partition 的操作,每个 Partition 对应一个 Spark task。

当前支持的分区方式有 hash 分区和范围(range)分区。

12.3.3　Lineage 容错方法

在容错方面有多种方式,包括数据复制和记录修改日志。但是由于 Spark 采用 DAG 描述 driver program 的运算逻辑,因此 Spark RDD 采用一种称为 Lineage 的容错方法。

RDD 本身是一个不可更改的数据集,Spark 根据 transformation 和 action 构建它的操作图 DAG,因此当执行任务的 Worker 失败时完全可以通过操作图 DAG 获得之前执行的操作,进行重新计算。由于无须采用 replication 方式支持容错,很好地降低了跨网络的数据传输成本。

不过,在某些场景下 Spark 也需要利用记录日志的方式来支持容错。针对 RDD 的 wide dependency,最有效的容错方式同样是采用 checkpoint 机制。当前,Spark 并没有引入 auto checkpointing 机制。

12.3.4　内存管理

旧版本 Spark(1.6 之前)的内存空间被分成了 3 块独立的区域,每块区域的内存容量是按照 JVM 堆大小的固定比例进行分配的。

(1) Execution。在执行 shuffle、join、sort 和 aggregation 时,Execution 用于缓存中间数据,通过 spark.shuffle.memoryFraction 进行配置,默认为 0.2。

(2) Storage。Storage 主要用于缓存数据块以提高性能,同时也用于连续不断地广播或发送大的任务结果,通过 spark.storage.memoryFraction 进行配置,默认为 0.6。

(3) Other。这部分内存用于存储运行 Spark 系统本身需要加载的代码与元数据,默认为 0.2。

无论是哪个区域的内存,只要内存的使用量达到了上限,内存中存储的数据就会被放入到硬盘中,从而清理出足够的内存空间。这样,由于和执行或存储相关的数据在内存中不存在,就会影响整个系统的性能,导致 I/O 增长或重复计算。

1. Execution 内存管理

Execution 内存进一步为多个运行在 JVM 中的任务分配内存。与整个内存分配的方式不同,这块内存的再分配是动态分配的。在同一个 JVM 下,如果当前仅有一个任务正在执行,则它可以使用当前可用的所有 Execution 内存。

Spark 提供了以下 Manager 对这块内存进行管理。

(1) ShuffleMemoryManager。它扮演了一个中央决策者的角色,负责决定分配多少内存给哪些任务。一个 JVM 对应一个 ShuffleMemoryManager。

(2) TaskMemoryManager。它记录和管理每个任务的内存分配,实现为一个 page table,用于跟踪堆(heap)中的块,侦测异常抛出时可能导致的内存泄漏。在其内部调用了 ExecutorMemoryManager 去执行实际的内存分配与内存释放。一个任务对应一个 TaskMemoryManager。

(3) ExecutorMemoryManager。其用于处理 on-heap 和 off-heap 的分配,实现为弱引用的池允许被释放的 page 可以被跨任务重用。一个 JVM 对应一个 ExecutorMemeoryManager。

内存管理的执行流程大致如下。

当一个任务需要分配一块大容量的内存用于存储数据时,首先会请求 ShuffleMemoryManager,告知"我想要 X 字节的内存空间"。如果请求可以被满足,则任务就会要求 TaskMemoryManager 分配 X 字节的空间。一旦 TaskMemoryManager 更新了它内部的 page table,就会要求 ExecutorMemoryManager 去执行内存空间的实际分配。

这里有一个内存分配的策略。假定当前的 active task 数据为 N,那么每个任务可以从 ShuffleMemoryManager 处获得多达 1/N 的执行内存。分配内存的请求并不能完全得到保证,例如内存不足,这时任务就会将它自身的内存数据释放。根据操作的不同,任务可能重新发出请求,或者尝试申请小一点儿的内存块。

2. Storage 的存储管理

Storage 内存由更加通用的 BlockManager 管理。如前所说,Storage 内存的主要功能是用于缓存 RDD Partitions,也用于将容量大的任务结果传播和发送给 driver。

Spark 提供了 Storage Level 来指定块的存放位置: Memory、Disk 或者 Off-Heap。Storage Level 还可以指定存储时是否按照序列化的格式。当 Storage Level 被设置为 MEMORY_AND_DISK_SER 时,内存中的数据以字节数组(byte array)形式存储,当这些数据被存储到硬盘中时,不再需要进行序列化。若设置为该 Level,则 evict 数据会更加高效。

到了 1.6 版本,Execution Memory 和 Storage Memory 之间支持跨界使用。当执行内存不够时可以借用存储内存,反之亦然。

12.3.5 数据持久化

Spark 最重要的一个功能是它可以通过各种操作(operation)持久化(或者缓存)一个集合到内存中。当用户持久化一个 RDD 的时候,每一个节点都将参与计算的所有分区数据存储到内存中,并且这些数据可以被这个集合(以及这个集合衍生的其他集合)的动作(action)重复利用。这个能力使后续的动作速度更快(通常快 10 倍以上)。对应迭代算法和快速的交互使用来说,缓存是一个关键的工具。

用户能通过 persist()或者 cache()方法持久化一个 RDD。首先在 action 中计算得到 RDD;然后将其保存在每个节点的内存中。Spark 的缓存是一个容错的技术,如果 RDD 的任何一个分区丢失,它可以通过原有的转换(transformation)操作自动地重复计算并且创建出这个分区。

此外,用户可以利用不同的存储级别存储每一个被持久化的 RDD。

12.4 数据读取

Spark 支持多种外部数据源来创建 RDD,Hadoop 支持的所有格式 Spark 都支持。

12.4.1 HDFS

HDFS 是一个分布式文件系统,其目标就是运行在廉价的服务器上。HDFS 和 Hadoop MapReduce 构成了一整套的运行环境。Spark 可以很好地支持 HDFS。在 Spark 下要使用 HDFS 集群中的文件需要更改对应的配置文件,把 Hadoop 中的 hdfs-site.xml 和 core-site.xml 复制到 Spark 的 conf 目录下,这样就可以像使用普通的本地文件系统中的文件一样使用 HDFS 中的文件了。

12.4.2 Amazon S3

Amazon S3 提供了对象存储服务,目前使用广泛。Spark 提供了针对 S3 的文件输入服务支持。为了可以在 Spark 应用中读取和存储数据到 S3 中,可以使用 Hadoop 文件 API (SparkContext.hadoopFile、JavaHadoopRDD.saveAsHadoopFile、SparkContext.newAPIHadoopRDD 和 JavaHadoopRDD.saveAsNewAPIHadoopFile)来读和写 RDD。用户可以采用以下方式来做 Word Count 应用。

```
scala > val sonnets = sc.textFile("s3a://s3 - to - ec2/sonnets.txt")
scala > val counts = sonnets.flatMap(line => line.split(" ")).map(word => (word, 1)).
reduceByKey(_ + _)
scala > counts.saveAsTextFile("s3a://s3 - to - ec2/output")
```

12.4.3 HBase

HBase 是一个列数据库,一种 NoSQL,支持 CRUD 操作,具有高容错性、高可用性、高可扩展性和高吞吐量等特点。Spark 也支持 HBase 的读取和写入操作。在采用 Spark 写入 HBase 的过程中需要用到 PairRDDFunctions.saveAsHadoopDataset;在采用 Spark 读取 HBase 中的数据时需要用到 SparkContext 提供的 newAPIHadoopRDDAPI,将表的内容以 RDDs 的形式加载到 Spark 中。

12.5 应用案例

12.5.1 日志挖掘

采用 Spark 针对日志文件进行数据分析。根据 Tomcat 日志计算 URL 访问情况。区别于统计 GET 和 POST URL 访问量,其要求输出结果(访问方式、URL、访问量)。以下是简单的测试数据集样例。

```
196.168.2.1 - - [03/Jul/2014:23:57:42 + 0800] "GET /html/notes/20140620/872.html
HTTP/1.0" 200 52373 0.034
196.168.2.1 - - [03/Jul/2014:23:58:17 + 0800] "POST /service/notes/addViewTimes_900.
htm HTTP/1.0" 200 2 0.003
196.168.2.1 - - [03/Jul/2014:23:58:51 + 0800] "GET /html/notes/20140617/888.html
HTTP/1.0" 200 70044 0.057
```

为了达到对应的日志分析结果,编写以下 Spark 代码。

```
//textFile() 加载数据
val data = sc.textFile("/spark/seven.txt")

//filter 过滤长度小于 0, 过滤不包含 GET 与 POST 的 URL
val filtered = data.filter(_.length()> 0).filter( line => (line.indexOf("GET")> 0 ||
line.indexOf("POST")> 0) )
//转换成键值对操作
val res = filtered.map( line => {
if(line.indexOf("GET")> 0){                //截取 GET 到 URL 的字符串
(line.substring(line.indexOf("GET"),line.indexOf("HTTP/1.0")).trim,1)
}else{                                     //截取 POST 到 URL 的字符串
```

```
(line.substring(line.indexOf("POST"),line.indexOf("HTTP/1.0")).trim,1)
}//最后通过 reduceByKey 求 sum
}).reduceByKey(_ + _)

//触发 action 事件执行
res.collect()
```

运行结果输出样例如下。

```
(POST /service/notes/addViewTimes_779.htm,1),
(GET /service/notes/addViewTimes_900.htm,1),
(POST /service/notes/addViewTimes_900.htm,1),
(GET /notes/index-top-3.htm,1),
(GET /html/notes/20140318/24.html,1),
(GET /html/notes/20140609/544.html,1),
(POST /service/notes/addViewTimes_542.htm,2)
```

12.5.2　判别西瓜好坏

西瓜是一种人们都很喜欢的水果，是盛夏季节的一种解暑物品。西瓜分为好瓜和坏瓜，消费者都希望购买到的西瓜是好的。这里给出判断西瓜好坏的两个特征，一个特征是西瓜的糖度，另外一个特征是西瓜的密度，这两个数值都是 0～1 的小数。每个西瓜的好坏用数值来表示，1 表示好瓜，0 表示坏瓜。基于西瓜的测试数据集来判断西瓜的好坏。

Spark 中提供了 MLib 机器学习库，使用 MLib 机器学习库中提供的例子，采用 GBT 模型，训练参数，最后利用训练集测试 GBT 模型的好坏，判断西瓜的准确度。

详细的代码可以从 GitHub 上下载（https://github.com/alibook/alibook-bigdata.git），下面是利用 Spark GBT 模型的代码。

```
object SparkGBT {
    def main (args: Array[String]) {
        if (args.length < 0) {
            println("Usage:FilePath")
            sys.exit(1)
        }
        //Initialization
val conf = new SparkConf().setAppName("Spark MLlib Exercise: GradientBoostedTree")
        val sc = new SparkContext(conf)

        // Load and parse the data file.
val data = MLUtils.loadLibSVMFile(sc, "/home/user/workplace/scala_GBT/GBT_data.txt")
// Split the data into training and test sets (30% held out for testing)
        val splits = data.randomSplit(Array(0.7, 0.3))
        val (trainingData, testData) = (splits(0), splits(1))
```

```
    // Train a GradientBoostedTrees model.
    // The defaultParams for Classification use LogLoss by default.
val boostingStrategy = BoostingStrategy.defaultParams("Classification")
boostingStrategy.numIterations = 10 // Note: Use more iterations in 、// practice.
    boostingStrategy.treeStrategy.numClasses = 2
    boostingStrategy.treeStrategy.maxDepth = 3
// Empty categoricalFeaturesInfo indicates all features are //continuous.
boostingStrategy.treeStrategy.categoricalFeaturesInfo = Map[Int, Int]()

val model = GradientBoostedTrees.train(trainingData, boostingStrategy)

    // Evaluate model on test instances and compute test error
    val labelAndPreds = testData.map { point =>
     val prediction = model.predict(point.features)
     (point.label, prediction)
    }
val testErr = labelAndPreds.filter(r => r._1 != r._2).count.toDouble / testData.count
()
    println("Test Error = " + testErr)
println("Learned classification GBT model:\n" + model.toDebugString)
    labelAndPreds.collect().foreach(x =>
  println("Lable and Prediction: " + x._1.toString + " " + x._2.toString))
trainingData.saveAsTextFile("/home/user/workplace/scala_GBT/trainingData")
 testData.saveAsTextFile("/home/user /workplace/scala_GBT/testDat a")
    }
}
```

在终端上运行以下命令,在具体的环境中需要修改对应的文件路径名字。

```
build.sbt                        // 设置好 sbt
sbt package exit                 //运用 sbt 将文件打包
spark - 2. 0. 0 - bin - hadoop2. 6/bin/spark - submit - - master  local  - -
class SparkClustering
    target/scala - 2.11/sparkclustering_2.11 - 1.0. jar
    /home/user/workplace/scala_Clustering/cluster
// 最后提交到 spark 集群上运行
```

测试结果及运行如图 12.3 和图 12.4 所示。

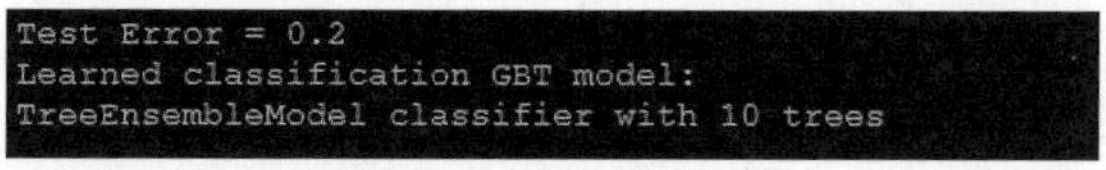

图 12.3　GBT 测试结果

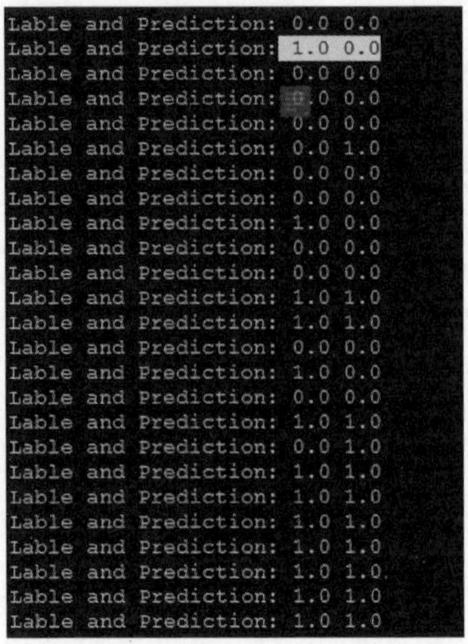

图 12.4　GBT 运行数据

12.6　Spark 的发展趋势

Spark 诞生于加州大学伯克利分校 AMP 实验室，起初是一个研究性质的项目，目标是为迭代式机器学习提供帮助。随着 Spark 的开源，因为其采用内存存储，计算速度比 MapReduce 更快，而且 Spark 简单、易用，受到了众多人的关注和喜爱。目前 Apache Spark 社区非常活跃，并且以 Spark RDD 为核心，逐步形成了 Spark 的生态圈，包括 Spark SQL、Spark Streaming、Spark MLib 等众多上层数据分析工具以及实时处理框架。

目前，Spark 已经在国内外各大公司使用，包括易贝、雅虎、IBM、阿里、百度、腾讯等众多公司。实践表明，Spark 性能优越，各大公司在 Spark 上的投入也比较大。因此 Spark 生态也在不断完善，不断有新的 Spark 生态圈中的框架出现，包括 Tachyon 分布式内存文件系统、SparkR 统计框架。

12.7　小结

本章主要介绍了大数据计算框架 Spark 的原理和工作机制。首先分析了 Spark 的原理，其核心是 Spark RDD。Spark RDD 是一个分布在集群中多个节点上的数据集合，设计目标是服务于迭代式机器学习，并通过上游 RDD 和其他数据集来恢复丢失的 RDD 数据信息。然后分析了 Spark 的工作机制，包括如何划分任务、如何内存分配管理、如何计算容错以及如何进行数据持久化等操作。最后通过具体的案例，详细论述如何使用 Spark 开展大数据处理分析任务。

习题

一、选择题

1. 以下关于 RDD 的说法错误的是(　　　)。

A. 每个 RDD 都是可读的、可更改的

B. RDD 提供容错功能

C. 创建一个 RDD 可以通过在 driver program 中并行化一个当前的数据集合,或者利用一个外部存储系统中的数据集合两种方式

D. RDD 支持 transformation 和 action 两种操作类型

2. 以下 DAG 工作图的说法错误的是(   )。

A. 通过生成 RDD DAG 的方式可以描述 Spark 应用程序的逻辑

B. 当用户运行 action 操作时,Spark 调度器检查 RDD 的 lineage 图,生成一个 DAG

C. 窄依赖是父节点 RDD 中的分区被子节点 RDD 中的多个子分区使用

D. 采用 DAG 方式描述运行逻辑有利于 Spark 调度器调度

3. 由于 Spark 采用 DAG 描述 driver program 的运算逻辑,因此 Spark RDD 采用(   )的容错方法。

A. 数据复制   B. 记录修改日志

C. Lineage   D. checkpoint 机制

4. 以下哪项不属于 Spark 的 3 块独立的内存空间区域?(   )

A. Execution   B. Storage   C. BlockManager   D. Other

5. 以下关于 Spark 与 MapReduce 的对比,说法错误的是(   )。

A. Spark 具有更丰富的功能   B. Spark 的计算速度更快

C. Spark 可以管理不同类型的负载   D. Spark 的计算成本更低

二、判断题

1. 采用 DAG 方式描述运行逻辑,可以描述更加复杂的运算功能。   (   )

2. 针对 RDD 的 wide dependency,最有效的容错方法是采用 checkpoint 机制。

(   )

3. Spark 需要采用 replication 方式支持容错。   (   )

4. Execution 内存的再分配是按照固定比例进行分配的。   (   )

5. FBase 具有高容错性、高可用性、高可拓展性和高吞吐量等特点。   (   )

三、填空题

1. Spark 是一个高性能的_____框架。

2. _____是父节点 RDD 中的分区被子节点 RDD 中的多个子分区使用。

3. 当前支持的分区方式有 hash 分区和_____。

4. Storage 主要用于_____以提高性能。

5. Spark 最重要的一个功能是通过各种操作_____一个集合到内存中。

四、简答题

1. 什么是 Spark RDD? 简要介绍 RDD 的创建方法。

2. 什么是 DAG? Spark 的 DAG 如何生成?

3. 简述 Spark RDD 的容错方法。

4. 简述 Spark 的内存管理的工作原理。

5. 什么是 Spark 的分区 Partition?

第13章

流 计 算

本章首先概述流计算,然后描述流计算与批处理系统对比,接着介绍 Storm 流计算系统、Samza 流计算系统和集群日志文件实时分析,最后阐述流计算的发展趋势。

13.1　流计算概述

在传统的数据处理流程中,总是先收集数据,然后将数据放到 DB 中。当人们需要时通过 DB 对数据做查询,得到答案或进行相关的处理。这样看起来虽然非常合理,但是结果却不理想,尤其是对一些实时搜索应用环境中的某些具体问题,采用类似于 MapReduce 方式的离线处理并不能很好地解决问题,这就引出了一种新的数据计算结构——流计算方式。它可以很好地对大规模流动数据在不断变化的运动过程中实时地进行分析,捕捉到可能有用的信息,并把结果发送到下一计算节点。

比较早期的代表系统有 IBM 公司的 System S,它是一个完整的计算架构,通过 Stream Computing 技术可以对 stream 形式的数据进行实时的分析。最初的系统拥有大约八百个微处理器,但 IBM 称,根据需求,这个数字也有可能上万。研究者讲到,其中最关键的部分是 System S 软件,它可以将任务分开,比如分为图像识别和文本识别,然后将处理后的结果碎片组成完整的答案。IBM 实验室的高性能流运算项目的负责人 Nagui Halim 谈道:System S 是一个全新的运算模式,它的灵活性和速度颇具优势。与传统系统相比,它的方式更加智能化,可以适当转变,以适用于需要解决的问题。

目前流式计算是业界研究的一个热点,最近 Twitter、LinkedIn 等公司相继开源了流式计算系统 Storm、Kafka 等,Twitter 最近又公布了新的流式计算框架 Heron,加上雅虎之前开源的 S4,流式计算研究在互联网领域持续升温。不过,流式计算并非是最近几年才开始研究,传统行业(像金融领域等)很早就已经在使用流式计算系统,比较知名的有 StreamBase、Borealis 等。

13.2　流计算与批处理系统对比

流计算侧重于实时计算方面,而批处理系统侧重于离线数据处理方面;一个追求的是低延迟,另一个追求的是高吞吐量;处理的数据也不同,流计算处理的数据经常不断变化,而离线处理的数据是静态数据,输出形式也不同。总体来讲,两者的区别体现在以下几方面。

(1) 系统的输入包括两类数据,即实时的流式数据和静态的离线数据。其中,流式数据是前端设备实时发送的识别数据、GPS 数据等,是通过消息中间件实现的事件触发推送至系统的。离线数据是应用需要用到的基础数据(提前梳理好的)等关系数据库中的离线数据,是通过数据库读取接口获取而批量处理的系统。

(2) 系统的输出也包括流式数据和离线数据。其中,流式数据是写入消息中间件的指定数据队列缓存,可以被异步推送至其他业务系统。离线数据是计算结果,直接通过接口写入业务系统的关系型数据库。

(3) 业务的计算结果输出方式是通过两个条件决定的。一是结果产生的频率。若计算结果产生的频率可能会较高,则结果以流式数据的形式写入消息中间件(比如要实时监控该客户所拥有的标签,也就是说要以极高的速度被返回,这类结果以流式数据形式被写入消息中间件)。这是因为数据库的吞吐量很可能无法适应高速数据的存取需求。二是结果需要写入的数据库表规模。若需要插入结果的数据表已经很庞大,则结果以流式数据的形式写入消息中间件,待应用层程序实现相关队列数据的定期或定量的批量数据库转储(比如宽表异常庞大,每次查询数据库都会有很高的延迟,那么就将结果信息暂时存入中间件层,在晚些时候再定时或定量地进行批量数据库转储)。这是因为大数据表的读取和写入操作对毫秒级别的响应时间仍然无能为力。若对以上两个条件均无要求,结果可以直接写入数据库的相应表中。

13.3　Storm 流计算系统

Storm 是一个 Twitter 开源的分布式、高容错的实时计算系统。Storm 令持续不断的流计算变得容易,弥补了 Hadoop 批处理不能满足的实时要求。Storm 经常用于实时分析、在线机器学习、持续计算、分布式远程调用和 ETL 等领域。Storm 的部署管理非常简单,而且在同类的流式计算工具中 Storm 的性能也是非常出众的。

Storm 主要分为 Nimbus 和 Supervisor 两种组件。这两种组件都是快速失败的,没有状态。任务状态和心跳信息等都保存在 ZooKeeper 上,提交的代码资源都在本地机器的硬盘上。

(1) Nimbus 负责在集群里面发送代码,分配工作给机器,并且监控状态。全局只有一个。

(2) Supervisor 会监听分配给它那台机器的工作,根据需要启动/关闭工作进程 Worker。每一个要运行 Storm 的机器上都要部署一个,并且按照机器的配置设定上面分配的槽位数。

（3）ZooKeeper 是 Storm 重点依赖的外部资源。Nimbus 和 Supervisor 甚至实际运行的 Worker 都是把心跳信息保存在 ZooKeeper 上。Nimbus 也是根据 ZooKeeper 上的心跳信息和任务运行状况进行调度和任务分配的。

（4）Storm 提交运行的程序称为 Topology。

（5）Topology 处理的最小消息单位是一个 Tuple，也就是一个任意对象的数组。

（6）Topology 由 Spout 和 Bolt 构成。Spout 是发出 Tuple 的节点。Bolt 可以随意订阅某个 Spout 或者 Bolt 发出的 Tuple。Spout 和 Bolt 统称为 Component。

图 13.1 是一个 Topology 设计的逻辑视图，图 13.2 是 Storm 集群架构。

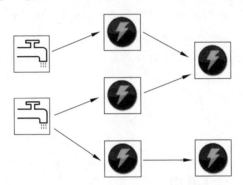

图 13.1　Topology 设计的逻辑图

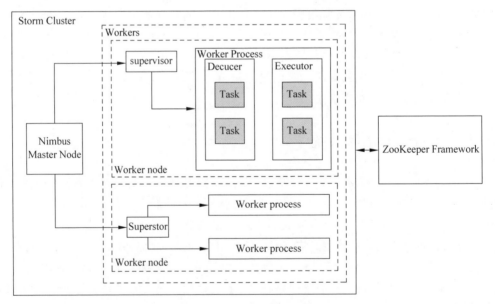

图 13.2　Storm 集群架构

图 13.3 所示为 Storm 工作流。

整体的 Storm 工作流步骤如下。

（1）在初始情况下，Nimbus 等待客户端提交 Storm Topology。

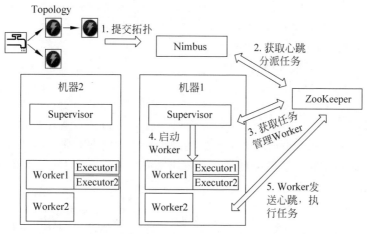

图 13.3 Storm 工作流

（2）一旦一个 Topology 提交后，Nimbus 将会处理这个 Topology，安排将要执行的所有任务。

（3）一旦所有的工作节点的信息都收集完成，Nimbus 将分发所有的任务到各个计算节点上。

（4）在一定的时间间隔内，所有的 Supervisor 都会发送心跳信息给 Nimbus，告诉 Nimbus 该 Supervisor 正常运行。

（5）当 Supervisor 失效时，没有发送心跳信息给 Nimbus，此时 Nimbus 会把任务赋给其他 Supervisor。

（6）当 Nimbus 失效时，Supervisor 会正常运行以前赋给该 Supervisor 的任务。

（7）一旦所有的任务都完成，Supervisor 会等一个新的任务发送过来。

（8）重新启动的 Nimbus 从它失效的那个地方继续启动。类似地，重新启动的 Supervisor 也是从它停止的地方继续启动。Storm 确保所有的任务至少执行一次。

（9）当所有 Topology 都完成时，Nimbus 等待新的 Topology 到达；同理，Supervisor 也是类似。

13.4 Samza 流计算系统

Apache Samza 是一个分布式流处理框架。它使用 Apache Kafka 来发送消息，采用 Apache Hadoop YARN 来提供容错、处理器隔离、安全性和资源管理，专用于实时数据的处理非常像 Twitter 的流处理系统 Storm。Samza 非常适用于实时流数据处理的业务（如同 Apache Storm），如数据跟踪、日志服务、实时服务等应用，它能够帮助开发者进行高速消息处理，同时还具有良好的容错能力。在 Samza 流数据处理过程中，每个 Kafka 集群都与一个能运行 Yarn 的集群相连并处理 Samza 作业。

Samza 由以下 3 层构成。

（1）数据流层。

（2）执行层。

（3）处理层。

整体的 Samza 架构是通过如图 13.4 所示的 3 个模块完成。

（1）数据流：分布式消息中间件 Kafka。

（2）执行：Hadoop 资源调度管理系统 YARN。

（3）处理：Samza API。

Samza 通过使用 YARN 和 Kafka 提供一个阶段性的流处理和分区的框架，如图 13.5 所示，Samza 的客户端使用 YARN 来运行一个 Samza 任务(Job)：YARN 启动并且监控一个或者多个 Samza Container，同时用户的处理逻辑代码（使用 StreamTask API）在这些容器里运行。这些 Samza 流任务的输入和输出都来自 Kafka 的 Broker（通常它们是作为 YARN NM 位于同台机器）。

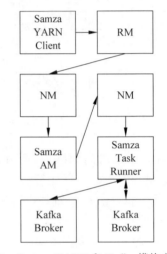

图 13.4　Samza 的功能模块　　　　图 13.5　Samza、YARN 和 Kafka 模块之间互动

进一步来说，第一个任务是分组工作通过将带有相同 userid 的消息发送到一个中间话题的相同分区里，用户可以通过使用第一个 Job 发射的消息里的 userid 作为 key 来实现，并且这个 key 被映射到这个中间话题的分区（通常会取 key 对分区数目取余）。第二个任务处理中间话题产生的消息。在第二个任务里每个任务都会处理中间话题的一个分区。在对应分区中任务会针对每一个 userid 做一个计数器，并且每次任务接收带着一个特定 userid 的消息时对应的计数器自增 1。

Kafka 接收到第一个 Job 发送的消息后把它们缓冲到硬盘，并且分布在多台机器上。这有助于系统的容错性提升：如果一台机器挂了，没有消息会被丢失，因为它们被存在其他机器里。如果第二个 Job 因为某些原因使得消费消息的速度慢下来或者停止，第一个任务也不会受到影响：磁盘缓冲可以积累消息直到第二个任务快起来。

通过对 topic 分区，将数据流处理拆解到任务中以及在多台机器上并行执行任务，使得 Samza 具有很高的消息吞吐量。通过结合 YARN 和 Kafka，Samza 实现了高容错：如果一个进程或者机器失败，它会自动在另一台机器上重启并且继续从消息终端的地方开始处理，这些都是自动化的。

13.5　集群日志文件实时分析

流计算适用于大规模实时计算分析,使用的生产环境包括股票市场分析、证券、传感器数据分析等,也可以用于实时分析当前系统的运行状态。目前分布式系统在各大生产系统中广泛使用,监控这些分布式系统产生的日志,进而分析这些系统的运行状态,判断集群运行是否正常,采用流计算框架实时分析分布式系统产生的日志。

下面以分析 HDFS 集群运行状态来简单说明流式计算框架的使用。HDFS 集群由 3 部分组成,即 NameNode、DataNode 和 SecondaryNameNode。NameNode 保存所有的元数据信息并管理所有的 DataNode,一个健康和正常运行的 NameNode 节点对于一个正常的 HDFS 集群至关重要,当 NameNode 出现故障时需要及时报警,从而最大限度地减少损失。分析一个 NameNode 节点是否运行正常,一个重要的方法就是查看 NameNode 的日志文件,当 NameNode 的运行出现不正常情况时会产生 WARN 和 ERROR 日志信息。

下面利用 Flink 做简单的日志文件单词统计分析,分析一个时间段内 NameNode 产生的单词统计。将 HDFS 集群的 NameNode 产生的日志文件重定向到 netcat 命令,生成一个文件服务器。Flink 流应用程序接收来自 netcat 端的文本数据,然后统计单词个数,最后在一个具体的 Flink 集群节点上生成运算结果并显示。

Flink 基于网络文本数据的实时单词统计分析代码,详细的可运行代码可以从 GitHub 上下载(https://github.com/alibook/alibook-bigdata.git),以下是部分代码。

```
public class SocketTextStream {
  public static void main(String[] args) throws Exception {

      if (!parseParameters(args)) {
          return;
      }

      // set up the execution environment
      final StreamExecutionEnvironment env = StreamExecutionEnvironment
              .getExecutionEnvironment();

      // get input data
    DataStream < String > text = env.socketTextStream(hostName, port, '\n', 0);

      DataStream < Tuple2 < String, Integer >> counts =

  // split up the lines in pairs (2 - tuples) containing: (word,1)
      text.flatMap(new Tokenizer())
      // group by the tuple field "0" and sum up tuple field "1"
          .keyBy(0)
          .sum(1);

      if (fileOutput) {
          counts.writeAsText(outputPath, WriteMode.NO_OVERWRITE);
```

```
        } else {
            counts.print();
        }

        // execute program
        env.execute("WordCount from SocketTextStream Example");
    }

    // ***************************************************************************
    // UTIL METHODS
    // ***************************************************************************

    private static boolean fileOutput = false;
    private static String hostName;
    private static int port;
    private static String outputPath;

    private static boolean parseParameters(String[] args) {

        // parse input arguments
        if (args.length == 3) {
            fileOutput = true;
            hostName = args[0];
            port = Integer.valueOf(args[1]);
            outputPath = args[2];
        } else if (args.length == 2) {
            hostName = args[0];
            port = Integer.valueOf(args[1]);
        } else {
            System.err.println("Usage: SocketTextStreamWordCount < hostname > < port >
[< output path >]");
            return false;
        }
        return true;
    }

    /**
     * Implements the string tokenizer that splits sentences into words * as a user -
     defined FlatMapFunction. The function takes a line * (String) and splits it into
     multiple pairs in the form of "(word,1)" * ({@code Tuple2 < String, Integer >}).
     */
    public static final class Tokenizer implements FlatMapFunction < String, Tuple2 < String,
    Integer >> {
        private static final long serialVersionUID = 1L;

        public void flatMap(String value, Collector < Tuple2 < String, Integer >> out)
                throws Exception {
            // normalize and split the line
            String[] tokens = value.toLowerCase().split("\\W+");
            // emit the pairs
            for (String token : tokens) {
                if (token.length() > 0) {
```

```
                    out.collect(new Tuple2 < String, Integer >(token, 1));
                }
            }
        }
    }

}
```

首先在终端上生成文件服务器,在 HDFS 集群的 NameNode 节点的终端上运行以下命令。

```
tail − f hadoop − user − namenode − node144.log │ nc − l 12345
```

上面的 hadoop-user-namenode-node144.log 为 HDFS 集群 NameNode 产生的日志文件,12345 为网络文件传输的端口号。

然后将利用 Maven 编译好的 jar 文件在 Flink 上运行,在 Flink 集群节点上运行以下命令。

```
bin/flink run − c alibook.flink.SocketTextStream   /home/user/flink − 0.0.1.jar node144 12345
```

运行结果如图 13.6 所示。

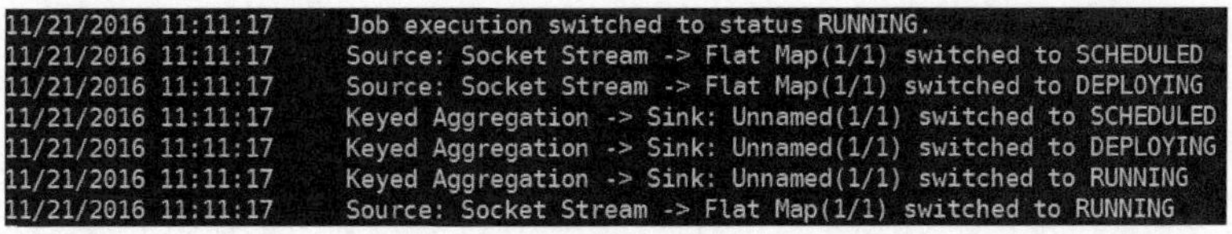

图 13.6　SocketTextStream 任务启动

接着根据 Flink 的 Web 界面查看 SocketTextStream 任务,找到对应的 Flink 文本统计计算节点,如图 13.7 所示。

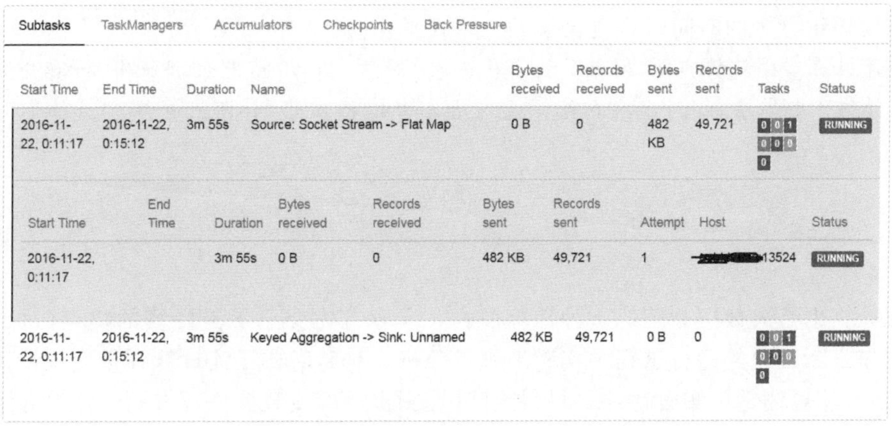

图 13.7　Flink 查看 SocketTextStream 任务

最后在节点 node148 上查看具体的任务——单词统计情况,运行结果如图 13.8 所示。

```
1,318)
148,75)
(39402,75)
(call,292)
(2215,12)
(retry,219)
(0,419)
(wrote,73)
(41,73)
(bytes,73)
(2016,468)
(11,935)
(21,468)
(11,936)
(20,38)
(04,40)
(808,2)
(debug,468)
(namenode,15)
(namenoderesourcechecker,29)
(namenoderesourcechecker,30)
(java,541)
(isresourceavailable,15)
```

图 13.8　SocketTextStream 单词统计运算结果

13.6　流计算的发展趋势

本节分别从流计算技术发展和流计算应用趋势两方面阐述。

在流计算技术发展方面,随着互联网技术的不断发展,互联网产生的数据不断增加,传统的离线处理方式无法适用于不断变化的数据且无法满足数据分析的低延迟要求,流计算框架可以很好地适应不断变化的数据并实时处理数据。为了满足流计算的实时特性,常见的流计算框架基本上都把大规模数据存放在内存中,如 Spark Streaming、Flink等;目前内存存储容量不断增加,单位存储成本不断降低,内存存取访问速度在纳秒级别,建立以内存为基础的实时计算框架是流计算的一个发展趋势。

作为一个通用的计算框架,流计算框架必须提供容错机制,提高系统可靠性。流计算框架应该提供一种更好的容错机制,传统的批处理以重做的方式来提供容错功能,但是该方式适合于短任务的执行,并不能很好地适用于流计算框架。因此,流计算框架在容错性方面需要提供更短的时间以恢复错误的计算任务。

在流计算应用趋势方面,目前流计算框架在股票分析、传感器数据分析、智能交通数据分析等领域不断发展,同时也在在线学习方面不断取得进步,并不断扩展到其他实时分析领域。

13.7　小结

流计算也是大数据处理的一种计算模式。本章首先介绍了流计算的特点,对大规模流数据在不断变化的运行过程中实时地进行分析。然后对比了流计算和批处理计算的差异,指出流计算侧重于实时计算,而批处理计算侧重于离线数据处理方面。接着介绍了多个具体的流计算系统实例,如 Storm 和 Samza 计算系统。最后通过具体的流计算实例,加深对流计算处理模式的理解。

习题

一、选择题

1. 以下不属于流计算系统的是( )。

    A. System S   B. Storm   C. MapReduce   D. Samza

2. 以下流计算和批处理系统的区别,说法错误的是( )。

    A. 流计算侧重于实时计算,而批处理系统侧重于离线数据处理

    B. 流计算追求高吞吐量,批处理系统追求低延迟

    C. 实时搜索应用适合采用流计算,不适合采用批处理系统

    D. 传统批处理采用的重做容错方式,不能很好地适用于流计算

3. 在 Storm 流计算系统中,心跳信息保存在( )。

    A. ZooKeeper   B. Topology   C. Nimbus   D. Supervisor

4. Samza 流计算系统不包含以下哪层? ( )

    A. 数据流层   B. 执行层   C. 处理层   D. 容错层

5. 以下任务最适合采用流计算系统处理的是( )。

    A. 基于统计的机器翻译

    B. 反向索引构建

    C. 集群日志文件实时分析

    D. 文档聚类

二、判断题

1. 流式计算是最近几年才出现的新领域。   ( )

2. 如果计算结果产生频率较高,则适合将结果以流式数据的形式写入消息中间件。   ( )

3. 如果需要插入结果的数据表很大,则适合将结果以流式数据的形式写入消息中间件。   ( )

4. 在 Storm 流计算系统中,ZooKeeper 负责在集群里发送代码并将工作分配给机器。   ( )

5. 在 Samza 流计算系统中,如果一台机器失效,就会发生消息的丢失。   ( )

三、填空题

1. 流计算系统和批处理系统的输入和输出包含两类数据,分别是_____和离线数据。

2. 在 Storm 流计算系统中,Topology 处理的最小消息单位是一个 Tuple,也就是一个_____。

3. 在 Storm 流计算系统中,每隔一段时间,所有 Supervisor 都会向 Nimbus 发送_____,表示其正常运行。

4. Samza 流计算系统使用 Apache Kafka 用于_____。

5. 为了满足流计算的实时特性,目前流计算框架大多将大规模数据存放在_____中。

四、简答题

1. 简述流计算和批处理系统的区别。

2. 简述 Storm 流计算框架的架构以及 Storm 集群工作流状态。

3. 简述 Samza 流计算框架的架构、运行工作原理。

4. 如何采用 Storm 流计算框架来构建一个关于天气的实时预警分析应用。

第 14 章

集群资源管理与调度

随着互联网的快速发展和大数据的来临,基于数据密集型应用的集群计算框架不断涌现,并且这些计算框架都只面向某一类特定领域的应用。基于这一特点,互联网公司往往需要部署和运行多个计算框架,从而为每个应用选择最优的计算框架。因此,资源统一管理和调度系统作为集群共享平台被提出来。当前比较有名的开源资源统一管理和调度平台有两个,一个是 Mesos,另一个是 YARN。集群资源统一管理和调度系统需要同时支持多种不同的计算框架,如何管理集群计算资源和不同计算框架间的资源公平分配成为关键技术难点。不同计算框架的作业是异构的,如何在不同框架间进行作业调度以充分利用集群资源和提高系统吞吐量成为新的挑战。

相比于"一种计算框架一个集群"的模式,共享集群的模式具有以下 3 个优点。

(1)硬件共享,资源利用率高。如果每个框架一个集群,则往往由于应用程序的数量和资源需求的不均衡使得在某段时间内有些计算框架的资源紧张,而另外一些集群资源比较空闲。共享集群模式则通过多框架共享资源,使得集群中的资源得到更加充分的利用。

(2)人员共享,运维成本低。采用"一种计算框架一个集群"的模式可能需要多个管理员来管理和维护集群,进而增加运维成本,而在共享模式下只需要少数几个管理员即可完成多个框架的统一管理。

(3)数据共享,数据复制开销低。随着数据量的暴增,跨集群的数据移动不仅需要花费更长的时间,且硬件成本也会随之增加;而共享集群可让多个框架共享数据和硬件存储资源,这将大大减少数据复制的开销。

14.1 集群资源统一管理系统

简而言之,集群资源统一管理系统需要支持多种计算框架,并需要具有扩展性、容错性和高资源利用率等几个特点。一个行之有效的资源统一管理系统需要包含资源管理、分配和调度等功能。图 14.1 是统一管理与调度系统的基本架构图。

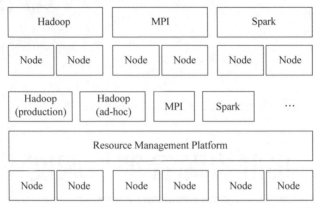

图 14.1　资源统一管理与调度系统基本架构

基于真实资源需求的资源管理方案能够提升集群资源的利用率，进而提升吞吐量。

14.1.1　集群资源管理概述

商业服务器集群目前已经成为主要的计算平台，为互联网服务和大量的数据密集型科学计算提供了强大的计算能力。基于上述需求，研究人员和开发人员设计和实现了大量的分布式计算框架，简化集群程序的编写，最典型的例子包括 MapReduce、Dryad、MapReduce Online（支持流任务）、Pregel（图计算框架）等。新的计算框架仍然在不断地产生，但是没有一种计算框架可以适合所有的计算任务，所以目前采取的方式是在同一个集群上运行多个计算框架，选取一个最优的。多个计算框架之间共享一个服务器集群可以共享大规模数据集，极大地降低因为数据集规模巨大而带来的复制开销。

当前多个计算框架共用一个服务器集群的方式是对集群进行静态划分，每个分区运行一个计算框架；另一种方式是为每个计算框架分配一些虚拟机 VM。这些方法都没有实现高利用率和数据共享，最重要的原因是当前这些解决方法的资源分配粒度和当前的计算框架不匹配。典型的计算框架，如 Hadoop 和 Dryad，采用的是细粒度的资源共享模型，计算节点把资源划分成多个 slot，并且一个 job 由多个短任务 task 组成，短任务实现了资源的高利用率和高扩展性。目前的大多数计算框架基本上都是独立开发，没有一个在多个计算框架之间细粒度共享资源的方式，从而在这些计算框架之间共享资源和数据变得更加困难和复杂。

因此要设计一种集群资源管理系统支持多个计算框架，实现集群资源共享和高利用率。为了实现这一目标需要解决以下问题。

（1）支持多种不同的计算框架。不同的计算框架采用的是不同的资源共享模型、不同的资源调度需求、不同的通信模式和不同的任务依赖关系，既要支持当前计算框架，也要支持以后的计算框架。

（2）集群资源管理系统需要支持良好的扩展性。当前的集群资源拥有几万台计算节点,运行着几百个 job,一次有几百万个 task 同时运行。

（3）需要具有良好的容错和高可靠性。

14.1.2　Apache YARN

Apache Hadoop YARN(Yet Another Resource Negotiator,另一种资源协调者)是一种新的 Hadoop 资源管理器,它是一个通用资源管理系统,可为上层应用提供统一的资源管理和调度,它的引入为集群在利用率、资源统一管理和数据共享等方面带来了巨大的好处。

YARN 的基本思想是将 JobTracker 的两个主要功能(资源管理和作业调度/监控)分离,主要方法是创建一个全局的 ResourceManager(RM)和若干针对应用程序的 ApplicationMaster(AM)。这里的应用程序是指传统的 MapReduce 作业或 DAG(有向无环图)作业。

YARN 分层结构的本质是 ResourceManager。这个实体控制整个集群并管理应用程序向基础计算资源的分配。ResourceManager 将各个资源部分(计算、内存、带宽等)精心地安排给基础 NodeManager(YARN 的每个节点代理)。ResourceManager 还与 ApplicationMaster 一起分配资源,与 NodeManager 一起启动和监视它们的基础应用程序。在此上下文中,ApplicationMaster 承担了以前的 TaskTracker 的一些角色,ResourceManager 承担了 JobTracker 的角色。

ApplicationMaster 管 理 一 个 在 YARN 内 运 行 的 应 用 程 序 的 每 个 实 例。 ApplicationMaster 负责协调来自 ResourceManager 的资源,并通过 NodeManager 监视容器的执行和资源使用(CPU、内存等的资源分配)。

NodeManager 管理一个 YARN 集群中的每个节点。NodeManager 提供针对集群中每个节点的服务,从监督对一个容器的终生管理到监视资源和跟踪节点健康。MRv1 通过插槽管理 Map 和 Reduce 任务的执行,而 NodeManager 管理抽象容器,这些容器代表着可供一个特定应用程序使用的针对每个节点的资源。如果要使用一个 YARN 集群,首先需要来自包含一个应用程序的客户的请求。ResourceManager 协商一个容器的必要资源,启动一个 ApplicationMaster 来表示已提交的应用程序。通过使用一个资源请求协议,ApplicationMaster 协商每个节点上供应用程序使用的资源容器。在执行应用程序时,ApplicationMaster 监视容器直到完成。当应用程序完成时,ApplicationMaster 从 ResourceManager 注销其容器,执行周期就完成了。

图 14.2 显示了在 YARN 上运行的两个 Application,每个 Application 有一个 ApplicationMaster,如图中的 AM_1 和 AM_2。每个 ApplicationMaster 管理每个应用的每个具体任务,包括任务启动、任务监控、任务失败重启。图 14.2 显示了 AM_1 管理 3 个任务,具体包括 $Container_{1,1}$、$Container_{1,2}$、$Container_{1,3}$,AM_2 管理 4 个任务,具体包括 $Container_{2,1}$、$Container_{2,2}$、$Container_{2,3}$、$Container_{2,4}$。

下面从 YARN 资源分配模型和协议组件两部分来分析 YARN 的工作原理。

1. 资源分配模型

在早期的 Hadoop 版本中,每个集群中的节点资源被静态赋予具体的 slot 值,分为

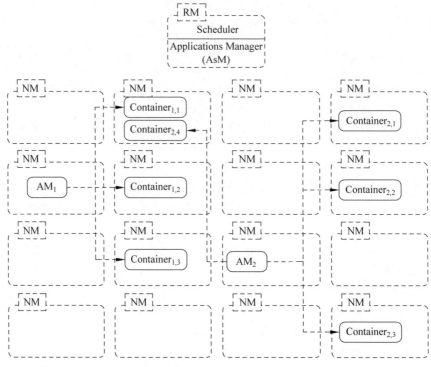

图 14.2　YARN 运行 Application

Map slot 和 Reduce slot，这些 slot 无法在 Map 任务和 Reduce 任务之间共享。这种静态划分 Map slot 和 Reduce slot 的方式效果不佳，因为 MapReduce Job 运行会发生改变。实际情况是每个 MapReduce Job 随机提交，每一个都需要提交自己的 Map slot 和 Reduce slot 需求，这样很难使集群的资源利用达到最优。

目前解决这种问题的方式是利用 Container 的方法，这是一种更具有弹性的资源模型。资源请求以 Container 的方式发送，每个 Container 里面的属性都是非静态的。使用 Container 的方式只需要对 Container 中的每个属性定义一个最大值和一个最小值，比如为 memory 属性定义最大值和最小值。ApplicationMaster 请求容器 Container，设置对应的属性值，只需要最大值和最小值。

2. 协议组件

这里通过讲解 YARN 中 3 个重要的通信协议来理解 YARN 的具体工作原理。

1) Client-ResourceManager

图 14.3 显示了一个 Application 在 YARN 上初始启动的过程，典型的是通过 Client 和 RM 通信来启动 Application。第 1 步，Client 发送启动 Application 请求给 RM 创建一个新的 Application；第 2 步，RM 应答 Client 的请求，返回一个 ApplicationId 给 Client；第 3 步，在收到来自 RM 的响应后，Client 构建 Application Submission Context，信息包括 AppId、Queue、Priority 等，也包括 Container Launch Context，用于在 NM 上启动具体的 task。

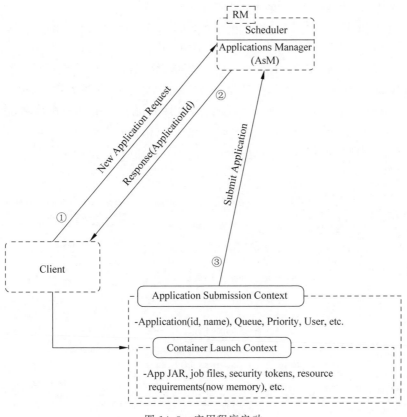

图 14.3　应用程序启动

Client 提 交 Application Context 启 动 Application 之 后，可 以 发 送 Application Report 查询请求给 RM 查询具体的 Application Report，RM 返回请求结果。如果中间出现其他问题，Client 可以取消删除该应用，如图 14.4 中的步骤 6 所示。

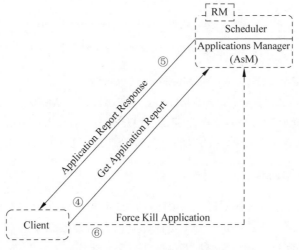

图 14.4　应用 Application 运行

2）ResourceManager-ApplicationMaster

当 RM 接收来自 Client 的 submission context 后，寻找到一个具体有效的 Container 满足 AM 的需求，然后在具体的 NM 上启动 AM。图 14.5 描述了在 NM 上启动 AM 之后 AM 启动多个 task 的过程。第 1 步，AM 向 RM 登记，这个过程包括一个握手过程以及发送 RPC 端口、tracking URL 等信息；第 2 步，RM 返回重要信息，包括当前集群的 min/max 资源容量，AM 根据 min/max 资源容量计算每个 task 的资源请求；第 3 步，发送具体的 Container 请求，同时也包括 AM 释放的 Container；第 5 步，RM 基于调度策略计算请求资源，返回满足要求的 Container；第 6 步，当完成 Application 时，AM 发送一个完成的消息给 RM。

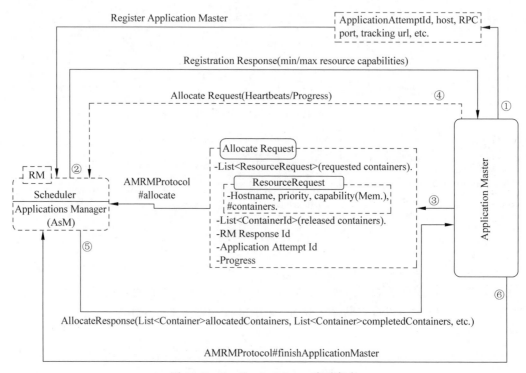

图 14.5　ApplicationMaster 启动任务

3）ApplicationMaster-ContainerManager

图 14.6 显示了 AM（ApplicationMaster）与 NM（NodeManager）之间的通信。第 1 步，AM 根据 RM 返回的 Container 信息发送 Container Launch Context 到对应的 RM 上；当对应的 Container 运行时，AM 通过 2）和 3）获取对应的 Container 运行信息。

14.1.3　Apache Mesos

Mesos 是以与 Linux 内核同样的原则创建的，不同点仅在于抽象的层面。Mesos 内核运行在每一个机器上，同时通过 API 为各种应用提供跨数据中心和云的资源管理调度能力。这些应用包括 Hadoop、Spark、Kafka、Elastic Search。另外，Mesos 还可配合框架 Marathon 来管理大规模的 Docker 等容器化应用。

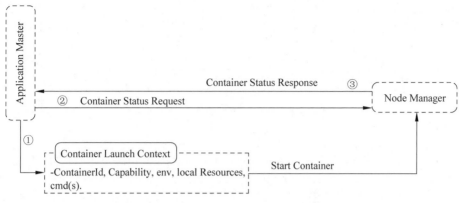

图 14.6　Application 监控任务运行

图 14.7 显示了 Mesos 的主要组成部分。Mesos 由一个 Master daemon 来管理 Agent daemon 在每个集群节点上的运行，Mesos Applications（也称为 Frameworks）在这些 Agent 上运行任务。

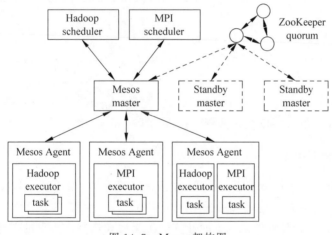

图 14.7　Mesos 架构图

Master 使用 Resource Offers 实现跨应用细粒度资源共享，如 CPU、内存、磁盘、网络等。Master 根据指定的策略来决定分配多少资源给计算框架，如公平共享策略或优先级策略。为了支持更多样性的策略，Master 采用模块化结构，这样就可以方便地通过插件形式来添加新的分配模块。

在 Mesos 上运行的计算框架由两部分组成：一个是 Scheduler，通过注册到 Master 来获取集群资源；另一个是在 Agent 节点上运行的 Executor 进程，它可以执行计算框架的 Task。Master 决定为每个计算框架提供多少资源，通过计算框架的 Scheduler 来选择其中提供的资源。当计算框架同意了提供的资源时，它通过 Master 将 Task 发送到提供资源的 Agent 上运行。

图 14.8 是一个计算框架运行在 Mesos 上的资源供给流程，步骤如下。

（1）Agent1 向 Master 报告有 4 个 CPU 和 4GB 内存可用。

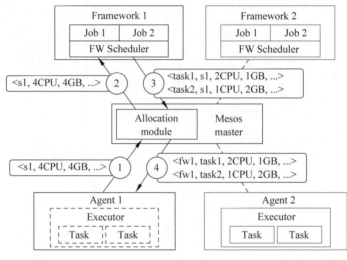

图 14.8　资源供给

（2）Master 发送一个 Resource Offer 给 Framework1 来描述 Agent1 有多少可用资源。

（3）Framework1 中的 FW Scheduler 会答复 Master 有两个 Task 需要运行在 Agent1 上，一个 Task 需要< 2 CPU，1 GD 内存>，另一个 Task 需要< 1 CPU，2 GD 内存>。

最后，Master 发送这些 Tasks 给 Agent1。之后，Agent1 还有一个 CPU 和 1GB 内存没有使用，所以分配模块可以把这些资源提供给 Framework2。

14.1.4　Google Omega

Mesos、YARN 等集群管理系统采用的是双层调度器，相比独占调度器（Monolithic scheduler）具有更高的并发度，但是它具有以下缺点。

（1）运行在这些集群管理系统上的计算框架无法知道整体集群的资源使用情况。

（2）并发粒度小，采用的是悲观方式的并发控制。

针对上述双层调度器的不足，Omega 设计了共享状态调度器。该调度器将双层调度器中的集中式资源调度模块简化成了一些持久化的共享数据（状态）和针对这些数据的验证代码，而这里的"共享数据"实际上就是整个集群的实时资源使用信息。

14.2　资源管理模型

集群资源管理模型通常由两部分组成，即资源表示模型和资源分配模型。由于这两部分是耦合的，所以优化集群资源管理时需要同时结合这两部分进行考虑。资源表示模型用于描述集群资源的组织方式，是集群资源统一管理的基础。从狭义上来讲，计算资源是指具有计算能力的资源，如 CPU 和 GPU 等。但实际上，对系统计算有影响的资源都可以划分到计算资源的范畴，包括内存容量、磁盘容量、I/O 和网络带宽等。合理的资源表示模型可以有效地利用资源,提高集群的利用率。

14.2.1　基于 slot 的资源表示模型

集群中每个节点的资源都是多维的,包括 CPU、内存、网络 I/O 和磁盘 I/O 等。为了简化资源管理问题,很多框架(如 Hadoop)引入"槽位"(slot)概念,并采用 slot 组织各个节点上的计算资源。实际上,基于 slot 的资源表示模型就是将各个节点上的资源等量切分成若干份,每一份用一个 slot 表示,同时规定任务可以根据实际需求占用多个 slot。通过引入 slot 这一概念,各个节点上的多维度资源被抽象成单一维度的 slot,这样可以把复杂的多维度资源分配问题转化成简单的 slot 分配问题,从而大大降低了资源管理问题的复杂度。

更进一步说,slot 相当于任务运行"许可证"。一个任务只有得到该"许可证"后才能获得运行的机会。这意味着每个节点上的 slot 数量决定了该节点上最大允许的任务并发度。同时为了区分不同任务所用资源量的差异,如 Hadoop 的作业被分为 Map Task 和 Reduce Task 两种类型,slot 则被分为 Map slot 和 Reduce slot 两种类型,并且只能分别被 Map Task 和 Reduce Task 使用。

14.2.2　基于最大最小公平原则的资源分配模型

对于任何共享集群的系统,资源分配都是一个至关重要的模块。一个最常用的分配策略是最大最小公平原则,其最早用于控制网络流量,以实现公平分配网络带宽。最大最小公平策略的基本含义是使得资源分配的最小分配量尽可能最大,它可以防止任何网络流被"饿死",同时在一定程度上尽可能地增加每个流的速率。因此,最大最小公平策略被认为是一种很好的权衡有效性和公平性的自由分配策略,在经济、网络领域有着广泛的应用,由其演变出来的加权最大最小公平模型被一些资源分配策略广泛地采用,如基于优先级、预留机制和限期的分配策略。最大最小公平模型同时也保证分配隔离,即用户确保接收自己的分配量而不用考虑其他用户的需求。

基于这些特点,大量的分配算法被提出来实现不同准确度的最大最小公平模型,例如轮询、均衡资源共享和加权公平队列等。这些算法被应用于各种各样的资源分配上,包括网络带宽、CPU、内存和二级存储空间。但这些公平分配的工作主要集中在单一资源类型,同样,在多类型资源环境和需求异构化下,公平合理的分配策略也很重要。

为了支持多维度资源调度,越来越多的分配算法被提出,包括主资源公平调度算法,该算法扩展了最大最小公平算法,其能够在保证分配公平的前提下支持多维度资源的调度。在 DRF 算法中将所需份额(资源比例)最大的资源称为主资源,DRF 的基本设计思想则是将最大最小公平算法应用于主资源上,进而将多维资源调度问题转化为单维资源调度问题,即 DRF 总是最大化所有主资源占用量中最小的。由于 DRF 被证明非常适合应用于多资源和复杂需求的环境中,因此被越来越多的系统所采用,其中包括 Apache YARN 和 Apache Mesos。

14.3 资源调度策略

14.3.1 调度策略概述

在分布式计算领域中,资源分配问题实际上是一个任务调度问题。它的主要任务是根据当前集群中各个节点上的资源(包括 CPU、内存和网络)的剩余情况与各个用户作业的服务质量要求在资源和作业任务之间做出最优的匹配。由于用户对作业服务质量的要求是多样化的,分布式系统中的任务调度是一个多目标优化的问题。更进一步说,它是一个典型的 NP-hard 问题。

通常,分布式系统都会提供一个非常简单的调度机制——FIFO(First In First Out),即先来先服务。在该调度机制下,所有的用户作业都被提交到一个队列中,然后由调度器按照作业提交时间的先后顺序来选择将被执行的作业。但随着分布式计算框架的普及,集群的用户量越来越大,不同用户提交的应用程序往往具有不同的服务质量要求,典型的应用有以下 3 种。

(1) 批处理作业。这种作业往往耗时较长,对完成时间一般没有严格要求,如数据挖掘、机器学习等方面的应用程序。

(2) 交互式作业。这种作业期望能及时返回结果,如 SQL 查询(Hive)。

(3) 生产性作业。这种作业要求有一定量的资源保证,如统计值计算、垃圾数据分析等。

此外,不同应用程序对硬件资源的需求量也是不同的,如过滤/统计类作业一般为 CPU 密集型作业,而数据挖掘、机器学习的作业一般为 I/O 密集型作业。传统的 FIFO 调度算法虽然简单明了,但是它忽略了不同作业对资源的需求差异,严重时会影响作业的执行。因此,传统的 FIFO 调度策略不仅不能满足多样化需求,也不能充分利用硬件资源。

为了克服单队列 FIFO 调度器的不足,多种类型的多用户多队列调度器相继出现。这些调度策略允许管理员按照应用需求对用户或者应用程序分组,并为不同的分组分配不同的资源量,同时通过添加各种约束防止单个用户或应用程序独占资源,进而满足多样化的 QoS 需求。当前主要有两种多用户作业调度器的设计思路:第一种是在一个物理集群上虚拟多个子集群,典型的代表是 HOD(Hadoop On Demand)调度器;另一种是扩展传统调度策略,使之支持多队列多用户,这样不同的队列拥有不同的资源量,可以运行不同的应用程序,典型的代表是雅虎的 Capacity Scheduler 和 Facebook 的 Fair Scheduler。

14.3.2 Capacity Scheduler 调度

Capacity Scheduler 调度器是解决多用户情况下共享集群资源的调度方式,使每个提交的计算任务都可以在合理的时间内完成。

下面以 Hadoop 中的 MapReduce 作业为例来介绍 Capacity Scheduler 调度器。目前很多公司渐渐采用资源池的方式组织和管理资源,公司下属的多个部门机构如果需要使用资源则从总的资源池中分配具体配额。如果需要运行 Hadoop MapReduce 作业任务在这些共享集群资源上,则需要良好的资源调度方式。

Capacity Scheduler 调度的思路如下:将总体的集群资源以可以预测和简单的方式划分到公司的多个子部门和机构,主要是以 Job 队列的方式;每个 Job 队列都有一个 capacity 的保证,也同时提供资源弹性功能,即一个队列未使用的资源可以给 Job 过载的队列使用;采用这种资源调度方式既可以提高系统的资源利用率,也可以确保所有 Job 的正常运行。举个简单的例子,假设建立了 5 个 Job 队列,则每个 Job 队列将会拥有 20% 的计算处理能力,用户当然可以自己定义 Job 应放到哪个 Job 队列中。

目前,Hadoop 中实现的 Capacity Scheduler 支持以下特性。

(1) 等级队列(Hierarchy Queue)。采用等级队列的方式可以确保所有的空闲资源在所有用户中共享,提高资源的控制能力。

(2) 容量保证(Capacity Guarantee)。每个队列都有一定比例的资源。

(3) 安全保证(Security Guarantee)。每个队列都有 ACL,限制可以存放的用户 Job。

(4) 弹性(Elasticity)。分配给队列的空闲资源超过它的容量,多余的空闲资源可以分配给其他队列。

(5) 多用户(Multi-tenancy)。提供给每个应用、用户和队列的资源是有限制的,防止它们独占整体的队列资源和集群资源。

(6) 可操作。运行时配置(可以在运行时更改配置)和 Drain Application(系统管理员可以停止队列直到现有的应用完成才允许新的 Job 添加到队列中)。

(7) 基于资源的调度。支持资源密集型应用,这些应用可以指定高于默认的资源需求,同时协调不同的资源需求。

表 14.1 是 Hadoop 中 Capacity Scheduler 调度器配置。

表 14.1 conf/yarn-site. xml 配置

属　　性	值
yarn. resourcemanager. scheduler. class	org. apache. hadoop. yarn. server. resourcemanager. scheduler. capacity. CapacityScheduler

下面是具体的队列配置。

```
< property >
  < name > yarn. scheduler. capacity. root. queues </ name >
  < value > a, b, c </ value >
  < description > The queues at the this level (root is the root queue).
  </ description >
</ property >

< property >
  < name > yarn. scheduler. capacity. root. a. queues </ name >
  < value > a1, a2 </ value >
```

```
        <description>The queues at the this level (root is the root queue).
        </description>
    </property>

    <property>
        <name>yarn.scheduler.capacity.root.b.queues</name>
        <value>b1,b2,b3</value>
        <description>The queues at the this level (root is the root queue).
        </description>
    </property>
```

14.3.3　Fair Scheduler 调度

　　公平调度是一种赋予作业（Job）资源的方法，它的目的是让所有作业随着时间的推移都能平均地获取等同的共享资源。当单独一个作业运行时，它将使用整个集群。当有其他作业被提交上来时，系统会将任务（task）空闲时间片（slot）赋给这些新的作业，以使每一个作业大概获取到等量的 CPU 时间。与 Hadoop 默认调度器维护一个作业队列不同，这个特性让小作业在合理的时间内完成的同时又不"饿"到消耗较长时间的大作业。它也是一个在多用户间共享集群的简单方法。公平共享可以和作业优先权搭配使用——优先权像权重一样用作决定每个作业所能获取的整体计算时间的比例。

　　公平调度器按资源池（pool）来组织作业，并把资源公平地分到这些资源池里。默认情况下，每一个用户拥有一个独立的资源池，以使每个用户都能获得一份等同的集群资源而不管他们提交了多少作业。按用户的 UNIX 群组或作业配置（JobConf）属性来设置作业的资源池也是可以的。在每一个资源池内会使用公平共享的方法在运行作业之间共享容量。用户也可以给予资源池相应的权重，以不按比例的方式共享集群。

　　除了提供公平共享方法外，公平调度器还提供了资源池中最小使用资源保证，这种方式在特定场合和生产环境下可以起到很有效的作用。当一个资源池包含作业时，它至少能获取到它的最小共享资源，但是当资源池不完全需要它所拥有的保证共享资源时，额外的部分会在其他资源池间进行切分。

　　在常规操作中，当提交了一个新作业时，公平调度器会等待已运行作业中的任务完成以释放时间片给新的作业。但是公平调度器也支持在可配置的超时时间后对运行中的作业进行抢占。如果新的作业在一定时间内还获取不到最小的共享资源，这个作业被允许去终结已运行作业中的任务以获取运行所需要的资源。因此抢占可以用来保证"生产"作业在指定时间内运行的同时也让 Hadoop 集群能被实验或研究作业使用。另外，作业的资源在可配置的超时时间（一般设置大于最小共享资源超时时间）内拥有不到其公平共享资源一半的时候也允许对任务进行抢占。在选择需要结束的任务时，公平调度器会在所有作业中选择那些最近运行起来的任务，以最小化被浪费的计算。抢占不会导致被抢占的作业失败，因为 Hadoop 作业能"容忍"丢失任务，这只是会让它们的运行时间更长。

　　最后，公平调度器还可以限制每个用户和每个资源池的并发运行作业数量。当一个用户必须一次性提交数百个作业或大量作业并发执行时，用来确保中间数据不会塞满集群上的磁盘空间,这是很有用的。设置作业限制会使超出限制的作业被列入调度器的队列中进行等待,直到一些用户/资源池的早期作业运行完毕。系统会根据作业优先权和提交时间的排列来运行每个用户/资源池中的作业。

以下是 Hadoop 中配置 Fair Scheduler 的方式。

```
< property >
    < name > mapred. jobtracker. taskScheduler </name >
    < value > org. apache. hadoop. mapred. FairScheduler </value >
</property >
```

实现公平调度分为两方面:计算每个作业的公平共享资源,以及当一个任务的时间片可用时选择哪个作业去运行。

在选择了运行作业之后,调度器会跟踪每一个作业的"缺额"——作业在理想调度器上所应得的计算时间与实际所获得的计算时间的差额。这是一个测量作业的"不公平"待遇的度量标准。每过几百毫秒,调度器就会通过查看各个作业在这个间隔内运行的任务数与它的公平共享资源的差额来更新各个作业的缺额。当有任务时间片可用时,它会被赋给拥有最高缺额的作业。但有一个例外——如果有一个或多个作业都没有达到它们的资源池容量的保证量,将只在这些"贫穷"的作业间进行选择(再次基于它们的缺额),以保证调度器能尽快地满足资源池的保证量。

公平共享资源是依据各个作业的"权重"通过在可运行作业之间平分集群容量计算出来的。默认权重是基于作业优先权的,每一级优先权的权重是下一级的 2 倍(例如,VERY_HIGH 的权重是 NORMAL 的 4 倍)。但是,权重也可以基于作业的大小和年龄。对于在一个资源池内的作业,公平共享资源还会考虑这个资源池的最小保证量,接着再根据作业的权重在这个资源池内的作业间划分这个容量。

在用户或资源池的运行作业限制没有达到上限时,做法和标准的 Hadoop 调度器一样,在选择要运行的作业时,首先根据作业的优先权对所有作业进行排序,然后再根据提交时间进行排序。对于上述排序队列中超出用户/资源池限制的作业将会被排队并等待空闲时间片,直到它们可以运行。在这段时间内,它们被公平共享计算忽略,不会获得或失去缺额(它们的公平均分量被设为 0)。

抢占是定期检查是否有作业的资源低于其最小共享资源或低于其公平共享资源的一半。如果一个作业的资源低于其共享资源的时间足够长,它将被允许去结束其他作业的任务。所选择的任务是所有作业中最近运行起来的任务,以最小化被浪费的计算。

14.4 YARN 上运行计算框架

14.4.1 MapReduce on YARN

由于 MapReduce 的 JobTracker/TaskTracker 机制需要通过大规模的调整来修复它在可扩展性、内存消耗、线程模型、可靠性等上的缺陷,为从根本上解决旧 MapReduce 框架的性能瓶颈，MapReduce 框架需要完全重构，图 14.9 是新的 YARN 系统架构图。重构的根本思想是将 JobTracker 的两个主要功能分离成单独的组件，这两个功能是资源管理和任务调度/监控。新的资源管理器全局管理所有应用程序计算资源的分配，每一个应用的 ApplicationMaster 负责相应的调度和协调。ResourceManager 和每一台机器的节点管理服务器管理用户在这台机器上的进程并能对计算进行组织。

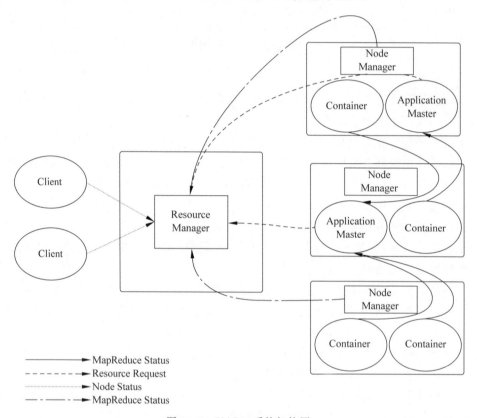

图 14.9　YARN 系统架构图

事实上，每一个应用的 ApplicationMaster 是一个详细的框架库，它结合从 ResourceManager 获得的资源和 NodeManager 协同工作来运行和监控任务。在图 14.9 中，ResourceManager 支持分层级的应用队列，这些队列享有集群一定比例的资源。它就是一个调度器，在执行过程中不对应用进行监控和状态跟踪。同样，它也不能重启因应用失败或者硬件错误而运行失败的任务。

ResourceManager 是基于应用程序对资源的需求进行调度的，每一个应用程序需要不同类型的资源，因此就需要不同的容器。资源包括内存、CPU、磁盘、网络等。资源管理器提供调度策略，它负责将集群资源分配给多个队列和应用程序。调度器可以基于现有的能力进行调度。

在图 14.9 中，NodeManager 是每一台机器框架的代理，是执行应用程序的容器，监控应用程序的资源使用情况，如 CPU、内存、硬盘、网络等，并且向调度器汇报。

每一个应用程序的 ApplicationMaster 的职责有向调度器索要适当的资源容器、运行任务、跟踪应用程序的状态、监控进程、处理任务的失败原因等。

14.4.2　Spark on YARN

Spark 是类 Hadoop MapReduce 的通用并行框架。Spark 拥有 Hadoop MapReduce 所具有的优点,不同于 MapReduce 的是 Job 中间输出结果可以保存在内存中,从而不再需要读/写磁盘,因此 Spark 能更好地适用于数据挖掘与机器学习等需要迭代的 MapReduce 的算法。Spark 在 YARN 中有 yarn-cluster 和 yarn-client 两种运行模式。

1. yarn-cluster

Spark Driver 首先作为一个 ApplicationMaster 在 YARN 集群中启动,客户端提交给 ResourceManager 的每一个 Job 都会在集群的 worker 节点上分配一个唯一的 ApplicationMaster,由该 ApplicationMaster 管理全生命周期的应用。因为 Driver 程序在 YARN 中运行,所以事先不用启动 Spark Master/Client,应用的运行结果不能在客户端显示(可以在 History Server 中查看),所以最好将结果保存在 HDFS 中,客户端的终端显示的是作为 YARN 的 Job 的简单运行状况。

yarn-cluster 的运行步骤如下。

(1)由 Client 向 ResourceManager 提交请求,并上传 jar 到 HDFS 上。

(2)ResouceManager 向 NodeManager 申请资源,创建 Spark ApplicationMaster。

(3)NodeManager 启动 Spark App Master 并注册。

(4)Spark ApplicationMaster 从 HDFS 中找到 jar 文件,启动 DAGscheduler 和 YARN Cluster Scheduler。

(5)ResourceManager 注册申请 Container 资源。

(6)ResourceManager 通知 NodeManager 分配 Container。

(7)Spark ApplicationMaster 和 Container 进行交互,完成这个分布式任务。

2. yarn-client

在 yarn-client 模式下,Driver 运行在 Client 上,通过 ApplicationMaster 向 RM 获取资源。本地 Driver 负责与所有的 Executor Container 进行交互,并将最后的结果汇总。结束终端,相当于关闭这个 Spark 应用。客户端的 Driver 将应用提交给 YARN 后,YARN 会先后启动 ApplicationMaster 和 Executor。

ApplicationMaster 和 Executor 都是装载在 Container 里运行的,ApplicationMaster 分配的内存是 driver-memory,Executor 分配的内存是 executor-memory。同时,因为 Driver 在客户端,所以程序的运行结果可以在客户端显示,Driver 以进程名为 SparkSubmit 的形式存在。

14.4.3　YARN 程序设计

YARN 是一个资源管理系统,负责集群资源的管理和分配。如果想将一个新的应用程序运行在 YARN 之上,通常需要编写两个组件,即 Client 和 ApplicationMaster。在实际应用中专业的开发人员编写这两个组件,并提供给上层的应用程序用户使用。如果大量应用程序可抽象成一种通用框架,则只需实现一个 Client 和一个 ApplicationMaster,然后让所有应用程序重用这两个组件即可。

通常,编写一个 YARN Application 涉及下面 3 个 PRC 协议。

(1) ClientRMProtocol。Client 通过该协议将应用程序提交给 ResourceManager 查询应用程序的运行状态、杀死应用程序等。

(2) AMRMProtocol。ApplicationMaster 使用该协议向 ResourceManager 注册、申请资源以运行自己的各个任务。

(3) ContainerManager。ApplicationMaster 使用该协议要求 NodeManager 启动/撤销 Container,或者获取各个 Container 的运行状态。

编写 YARN 程序的步骤如下。

1. 编写 Client

客户端通常只需要与 ResourceManager 交互,具体如下。

(1) 获取 Application Id。客户端通过 RPC 协议 ClientRMProtocol 向 ResourceManager 发送应用程序提交请求——GetNewApplicationRequest,ResourceManager 返回 GetNewApplicationResponse。

(2) 提交 ApplicationMaster。将启动 ApplicationMaster 所需的全部信息打包到数据结构 ApplicationSubmissionContext 中,所需信息主要包括 Application Id、Application Name、Application Priority、Application 所属队列、Application 启动用户名、Application 对应的 Container 信息。客户端调用 ClientRMProtocol♯submitApplication(ApplicationSubmissionContext) 将 ApplicationMaster 提交到 ResourceManager 上。ResourceManager 收到请求后会为 ApplicationMaster 寻找合适的节点,并在该节点上启动它。

2. 编写 ApplicationMaster

ApplicationMaster 需要与 ResoureManager 和 NodeManager 交互,具体步骤如下。

(1) 注册。ApplicationMaster 首先需要通过 RPC 协议 AMRMProtocol 向 ResourceManager 发送注册请求——RegisterApplicationMasterRequest,该数据结构中包含 ApplicationMaster 所在节点的 host、RPC port 和 TrackingUrl 等信息,而 ResourceManager 将返回 RegisterApplicationMasterResponse,该数据结构中包含多种信息,包括该应用程序的 ACL 列表,资源可使用上限和下限等。

(2) 申请资源。根据每个任务的资源需求,ApplicationMaster 向 ResourceManager 申请一系列用于运行任务的 Container,ApplicationMaster 使用 ResourceRequest 类描述每个 Container,一旦为任务构造了 Container,ApplicationMaster 就会使用 RPC 函数 AMRMProtocol♯allocate 向 ResourceManager 发送一个 AllocateRequest 对象,以请求分配这些 Container,ResourceManager 会为 ApplicationMaster 返回一个 AllocateResponse 对象,该对象中的主要信息包含在 AMResponse 中,ApplicationMaster 会不断追踪已经获取的 Container,且只有当需求发生变化时才允许重新为 Container 申请资源。

（3）启动 Container。当 ApplicationMaster 从 ResourceManager 收到新分配的 Container 列表后，使用 RPC 函数 ContainerManager♯startContainer 向对应 NodeManager 发送 ContainerLaunchContext 以启动 Container。

ApplicationMaster 不断重复步骤（2）和步骤（3），直到所有任务运行成功，它会调用 AMRMProtocol♯finishApplicationMaster，以告诉 ResourceManager 自己运行结束。

下面是一个运行在 YARN 上的简单程序。设定场景是在 YARN 上启动一个 shell 命令，启动的 AM（ApplicationMaster）是一个不被管理的 AM，采用上面描述的 YARN 程序启动步骤编写。

首先初始化一个 YARN Client：

```
public boolean init(String[] args) throws ParseException {

Options opts = new Options();
opts.addOption("appname", true,
        "Application Name. Default value - UnmanagedAM");
opts.addOption("priority", true, "Application Priority. Default 0");
opts.addOption("queue", true,
        "RM Queue in which this application is to be submitted");
opts.addOption("master_memory", true,
      "Amount of memory in MB to be requested to run the"
      "application master");
opts.addOption("cmd", true, "command to start unmanaged"
      "AM (required)");
opts.addOption("classpath", true, "additional classpath");
opts.addOption("help", false, "Print usage");
CommandLine cliParser = new GnuParser().parse(opts, args);

if (args.length == 0) {
      printUsage(opts);
      throw new IllegalArgumentException(
          "No args specified for client to initialize");
  }

  if (cliParser.hasOption("help")) {
      printUsage(opts);
      return false;
  }

  appName = cliParser.getOptionValue("appname", "UnmanagedAM");
amPriority = Integer.parseInt(cliParser.getOptionValue("priority", "0"));
  amQueue = cliParser.getOptionValue("queue", "default");
  classpath = cliParser.getOptionValue("classpath", null);
```

```
    amCmd = cliParser.getOptionValue("cmd");
if (amCmd == null) {
    printUsage(opts);
    throw new IllegalArgumentException(
        "No cmd specified for application master");
}

YarnConfiguration yarnConf = new YarnConfiguration(conf);
rmClient = YarnClient.createYarnClient();
rmClient.init(yarnConf);

return true;
}
```

在 YARN 上启动一个 AM(ApplicationMaster)：

```
public void launchAM(ApplicationAttemptId attemptId)
        throws IOException, YarnException {
        Credentials credentials = new Credentials();
        Token < AMRMTokenIdentifier > token =
            rmClient.getAMRMToken(attemptId.getApplicationId());
        // Service will be empty but that's okay, we are just passing down only
        // AMRMToken down to the real AM which eventually sets the correct
        // service - address.
        credentials.addToken(token.getService(), token);
        File tokenFile = File.createTempFile("unmanagedAMRMToken","",
            new File(System.getProperty("user.dir")));
        try {
          FileUtil.chmod(tokenFile.getAbsolutePath(), "600");
        } catch (InterruptedException ex) {
          throw new RuntimeException(ex);
        }
        tokenFile.deleteOnExit();
        DataOutputStream os = new DataOutputStream(new FileOutputStream(tokenFile,
            true));
        credentials.writeTokenStorageToStream(os);
        os.close();

        Map < String, String > env = System.getenv();
        ArrayList < String > envAMList = new ArrayList < String >();
        boolean setClasspath = false;
        for (Map.Entry < String, String > entry : env.entrySet()) {
          String key = entry.getKey();
          String value = entry.getValue();
          if(key.equals("CLASSPATH")) {
            setClasspath = true;
            if(classpath != null) {
```

```
            value = value + File.pathSeparator + classpath;
          }
        }
        envAMList.add(key + "=" + value);
      }


      if(!setClasspath && classpath!= null) {
        envAMList.add("CLASSPATH=" + classpath);
      }
    ContainerId containerId = ContainerId.newContainerId(attemptId, 0);

    String hostname = InetAddress.getLocalHost().getHostName();
    envAMList.add(Environment.CONTAINER_ID.name() + "=" + containerId);
    envAMList.add(Environment.NM_HOST.name() + "=" + hostname);
    envAMList.add(Environment.NM_HTTP_PORT.name() + "=0");
    envAMList.add(Environment.NM_PORT.name() + "=0");
    envAMList.add(Environment.LOCAL_DIRS.name() + "=/tmp");
    envAMList.add(ApplicationConstants.APP_SUBMIT_TIME_ENV + "="
          + System.currentTimeMillis());
      envAMList.add(ApplicationConstants.CONTAINER_TOKEN_FILE_ENV_NAME + "=" +
tokenFile.getAbsolutePath());

    String[] envAM = new String[envAMList.size()];
  Process amProc = Runtime.getRuntime().exec(amCmd, envAMList.toArray(envAM));

    final BufferedReader errReader =
        new BufferedReader(new InputStreamReader(
            amProc.getErrorStream(), Charset.forName("UTF-8")));
    final BufferedReader inReader =
        new BufferedReader(new InputStreamReader(
            amProc.getInputStream(), Charset.forName("UTF-8")));

    // read error and input streams as this would free up the buffers
    // free the error stream buffer
    Thread errThread = new Thread() {
        @Override
        public void run() {
          try {
            String line = errReader.readLine();
            while((line != null) && !isInterrupted()) {
              System.err.println(line);
              line = errReader.readLine();
            }
          } catch(IOException ioe) {
            LOG.warn("Error reading the error stream", ioe);
          }
        }
      };
```

```
Thread outThread = new Thread() {
    @Override
    public void run() {
        try {
            String line = inReader.readLine();
            while((line != null) && !isInterrupted()) {
                System.out.println(line);
                line = inReader.readLine();
            }
        } catch(IOException ioe) {
            LOG.warn("Error reading the out stream", ioe);
        }
    }
};
try {
    errThread.start();
    outThread.start();
} catch (IllegalStateException ise) { }

// wait for the process to finish and check the exit code
try {
    int exitCode = amProc.waitFor();
    LOG.info("AM process exited with value: " + exitCode);
} catch (InterruptedException e) {
    e.printStackTrace();
} finally {
    amCompleted = true;
}

try {
    // make sure that the error thread exits
    // on Windows these threads sometimes get stuck and hang the execution
    // timeout and join later after destroying the process.
    errThread.join();
    outThread.join();
    errReader.close();
    inReader.close();
} catch (InterruptedException ie) {
    LOG.info("ShellExecutor: Interrupted while reading the error/out stream", ie);
} catch (IOException ioe) {
    LOG.warn("Error while closing the error/out stream", ioe);
}
amProc.destroy();
}
```

在终端运行如下命令：

```
bin/hadoop jar /home/user/yarn-0.0.1.jar alibook.yarn.UnmanagedAMLauncher -cmd "cat /
etc/hosts"
```

上面的 yarn-0.0.1.jar 为 Maven 编译产生的 jar 包文件,cmd 参数为需要执行的命令参数。如图 14.10 所示为运行结果。

```
16/11/22 03:01:24 INFO yarn.UnmanagedAMLauncher: Initializing Client
16/11/22 03:01:25 INFO yarn.UnmanagedAMLauncher: Starting Client
16/11/22 03:01:25 INFO client.RMProxy: Connecting to ResourceManager at dell122/10.61.2.122:8032
16/11/22 03:01:25 INFO yarn.UnmanagedAMLauncher: Setting up application submission context for ASM
16/11/22 03:01:25 INFO yarn.UnmanagedAMLauncher: Setting unmanaged AM
16/11/22 03:01:25 INFO yarn.UnmanagedAMLauncher: Submitting application to ASM
16/11/22 03:01:25 INFO impl.YarnClientImpl: Submitted application application_1477880581089_0026
16/11/22 03:01:26 INFO yarn.UnmanagedAMLauncher: Got application report from ASM for, appId=26, appAttemptId=app
477880581089_000001, clientToAMToken=null, appDiagnostics=, appMasterHost=N/A, appQueue=default, appMasterR
, appStartTime=1479754885486, yarnAppState=ACCEPTED, distributedFinalState=UNDEFINED, appTrackingUrl=N/A, appUse
16/11/22 03:01:26 INFO yarn.UnmanagedAMLauncher: Launching AM with application attempt id appattempt_14778805810
00001
16/11/22 03:01:26 INFO yarn.UnmanagedAMLauncher: AM process exited with value: 0
127.0.0.1      localhost localhost4 localhost4.localdomain4
::1            localhost localhost6 localhost6.localdomain6
```

图 14.10 YARN 应用运行结果

14.5 小结

大规模数据处理和分析任务需要大量的计算资源和存储资源。本章主要介绍了集群资源管理与调度技术,统一分配并管理集群计算节点和存储节点。①介绍了 Hadoop YARN、Apache Mesos 和 Google Omega 集群资源管理系统;②介绍了资源管理模型,包括基于 slot 的资源表示模型、基于最大最小公平原则的资源分配模型,通过这些管理模型合理分配集群计算和存储资源;③介绍了资源调度策略,通过该策略为每个处理计算任务合理分配资源。最后,本章结合 Spark、MapReduce 在 YARN 上运行的案例,加深对集群资源管理与调度的理解。

习题

一、选择题

1. 相比于"一种计算框架一个集群"的模式,共享集群的模式不具有以下哪种优点?
(   )

    A. 硬件共享,资源利用率高　　　　　B. 人员共享,运维成本低

    C. 框架互补,容错能力强　　　　　　D. 数据共享,数据复制开销低

2. 集群资源管理中的计算资源不包括(　　　)。

    A. 磁盘容量　　　　B. GPU　　　　　C. 网络带宽　　　　D. 运维人员

3. 在集群用户提交的应用程序中,以下哪种期望能及时返回结果?(　　　)

    A. 交互式作业　　　　　　　　　　　B. 生产性作业

    C. CPU 密集型作业　　　　　　　　　D. 批处理作业

4. 共享集群中常见的资源调度方式不包括(　　　)。

    A. Capacity Scheduler　　　　　　　B. Fair Scheduler

    C. FIFO　　　　　　　　　　　　　　D. FILO

5. YARN Application 涉及的 PRC 协议一般不包括(　　　)。

A. ContainerManager   B. MQTTBroker

C. AMRMProtocol   D. ClientRMProtocol

二、判断题

1. Mesos、YARN 等集群管理系统采用的是双层调度器，相比独占调度器具有更高的并发度。 （　　）

2. 过滤/统计类作业属于 CPU 密集型作业，数据挖掘、机器学习作业属于 I/O 密集型作业。 （　　）

3. 在公平调度器中，用户提交的作业越多，获得的集群资源越多。 （　　）

4. 在公平调度器中，即使资源池不完全需要它所拥有的保证共享资源，额外的部分也不会切分给其他资源池。 （　　）

5. 运行在 YARN 上的 MapReduce，其 ResourceManager 在执行过程中不对应用进行监控和状态跟踪。 （　　）

三、填空题

1. 集群中每个节点的资源都是多维的，为了简化资源管理，很多框架引入了_____概念，作为资源表示模型。

2. 在 DRF 算法中，将所需份额最大的资源称为_____。

3. 公平调度器按_____来组织作业，并把资源公平地分到其中。

4. 在选择需要结束的任务时，公平调度器会在所有作业中选择那些_____的任务，以最小化被浪费的计算。

5. 共享集群系统常用的一个分配策略是_____，其最早用于控制网络流量。

四、简答题

1. 集群资源统一管理系统需要支持多种计算框架，简述系统应具备的特点。

2. 简要介绍 slot 作业的分类。

3. 相比于"一个计算框架一个集群的模式"，简述共享集群模式的 3 个优点。

4. 简述分布式计算领域的资源调度策略。

5. 简述 YARN 的工作机制。

第15章

机器学习

在过往漫长的岁月历程中,人们在完善对客观世界的认知和进行对客观世界的规律探索时,主要依靠不够充足的数据,如采样数据、片面数据和局部数据。而现如今,随着计算机与移动电话的普及,以及互联网应用技术的发展,人类进入了一个能够大批量生产、应用和共享数据的时代。可应用探索存储的数据类型不再局限于过往的数字、字母等结构化的数据信息,语音、图片等非结构化的数据信息也得以被存储、分析、分享和应用。在当前的众多领域中,人们可以利用通过互联网技术存储下来的全量全部数据,深层次地探索这些数据之间的关联,进而发现新的机会,大幅提高产业和社会的效率。那么,如何把存储在机器中的成百上千种维度的数据组合应用起来,形成对日常生产、生活有价值的产出,就是机器学习所要解决的问题。

15.1 机器学习概述

在当今社会的日常生活中,机器学习已经深入各个场景。例如,打开淘宝软件,推荐页面展示着用户近期浏览却一直没有购买的符合需求的服装;进入交友网站,自动匹配的都是年龄相仿、兴趣相投的用户;点开邮箱,推荐商品等广告邮件被自动放入垃圾箱;在线付款时,支付宝的人脸识别支付和指纹支付等。

那么到底什么是机器学习呢?"机器学习"是一门致力于使用计算手段,利用过往积累的关于描述事物的数据而形成的数学模型,在新的信息数据到来时,通过上述模型得到目标信息的一门学科。为了方便大家的理解,这里举一个实际的例子。例如,一位刚入行的二手车评估师在经历了评估转手上千台二手车后,变成了一位经验丰富的二手车评估师。在后续的工作中,每遇到一辆未定价的二手车,他都可以迅速地根据车辆当前的性能,包括里程数、车系、上牌时间、上牌地区、各功能部件检测情况等各维度数据,给出当前二手车在市场上合理的折算价格。这里，刚入行的二手车评估师，经过大量长期的工作经验，对过往大量的二手车的性能状态和售卖定价进行了归纳和总结，形成了一定的理论方法。在未来再有车子需要进行定价评估时，评估师就可以根据过往的经验，迅速地得出车子的合理定价。那么，"过往的经验"是什么，"归纳、总结、方法"是什么，可不可以尝试让机器，也就是计算机来实现这个过程，这就是机器学习想要研究和实现的内容。所以，机器学习本质上就是让机器模拟人脑思维学习的过程，对过往的经历或经验进行学习，进而对未来出现的类似情景做出预判，从而实现机器的"智能"。

15.1.1　关键术语

在进一步阐明各种机器学习的算法之前，这里先介绍一些基本的术语。沿用上述的二手车评估师估算汽车价格的场景。表 15.1 展示了二手车评估师过往所经手的 1000 台二手车的 6 个维度属性及其定价结果的数据。

表 15.1　二手车价格表

维度属性	品牌	车型	车款	行驶里程	上牌时间/年	上牌时间/月	折算价格/万
1	奥迪	A4	2.2L MT	10000	2013	9	3.2
2	奥迪	Q3	1.8T	30000	2017	4	4.7
3	大众	高尔夫	15 款 1.4TSI	18000	2020	3	5.9
……							
1000	北京吉普	2500	05 款	75000	2015	6	1.2

注：表中填充数据为伪数据，仅供逻辑和场景参考。

上述数据如果想要给计算机使用，让计算机模拟人脑学习归纳的逻辑过程，需要进行如下术语定义。

（1）属性维度/特征（feature）：指能够描述出目标事物样貌的一些属性。二手车各个维度指标就是最终帮助评定二手车价格的特征，如品牌、车型、车款、行驶里程、上牌时间等。

（2）预测目标（target/label）：基于已有的维度属性的数据值，预测出的事物的结果，可以是类别判断和数值型数字的预测。二手车的价格就是预测的目标，它预测目标是数据型，属于回归。

（3）训练集（training set）：表 15.1 中的 1000 条数据，包括维度属性和预测目标，用于训练模型并找到事物维度属性和预测目标之间的关系。

（4）模型（model）：它定义了事物的属性维度和预测目标之间的关系，它是通过学习训练集中事物的特征和结果之间的关系得到的。

15.1.2　机器学习的分类

"机器学习"通常被分为"有监督学习"、"无监督学习"和"半监督学习"。近年来，经过众多学者的不断探索和钻研，"机器学习"领域又出现了新的重要分支，如"神经网络"、"深度学习"和"强化学习"。

　　监督学习：在现有数据集中,监督学习既指定维度属性,又指定预测的目标结果。通过计算机,学习出能够正确预测维度属性和目标结果之间的关系的模型。对于后续只有维度属性的新样本,利用已经训练好的模型,进行目标结果的正确预判。常见的监督学习为回归和分类。回归是指通过现有数据,预测出数值型数据的目标值,通常目标值是连续型数据;分类是指通过现有数据,预测出目标样本的类别。

　　无监督学习：无监督学习是指现有的数据集没有做好标记,即没有给出目标结果,需要对已有维度的数据直接进行建模。无监督学习中最常见的使用就是聚类使用,把具有高度相似度的样本归纳为一类。

　　半监督学习和强化学习：半监督学习一般是指数据集中的部分数据有标签,在这种情况下想要获得和监督学习同样的结果而产生的算法。强化学习也称为半监督学习的一种,它模拟了生物体和环境互动的本质,当行为是正向时获得"奖励",当行为是负向时获得"惩罚",由此构造出具有反馈机制的模型。

　　神经网络和深度学习：神经网络,顾名思义,该模型的灵感来自于中枢神经系统的神经元,它通过对输入值施加特定的激活函数,得到合理的输出结果。神经网络是一种机器学习模型,可以说是目前最常用的一种。深度神经网络就是搭建层数比较多的神经网络,深度学习就是使用了深度神经网络的机器学习。人工智能、机器学习、神经网络和深度学习之间的具体关系如图 15.1 所示。

图 15.1　人工智能、机器学习、神经网络和深度学习的关系

15.1.3　机器学习的模型构造过程

　　机器学习模型构造的一般思路描述如下。

　　(1)找到合适的假设函数 $h_\theta(x)$,通过输入数据预测判断结果。其中,θ 为假设函数里面待求解的参数。

　　(2)构造损失函数,该函数表示模型的预测结果(h)与训练数据类别 y 之间的偏差。损失函数可以是偏差绝对值和的形式或其他合理的形式,将此记为 $J(\theta)$,表示所有训练数据的预测值和实际类别之间的偏差。

　　(3)显然,$J(\theta)$ 的值越小,预测函数越准确,以此为依据求解出假设函数的参数 θ。

　　根据以上思路,目前已经可以成熟使用的机器学习模型非常多,如逻辑斯特回归、KNN 算法、线性判别分析法、决策树分类算法等。下文将详细介绍这些模型的算法原理和使用方法。

15.2 监督学习

15.1.2节已经介绍了监督学习,它是机器学习算法中的重要组成部分,其主要分为分类和回归两种算法。其中,分类算法是通过对已知类别训练集的分析,从中发现分类规则,进而以此预测新数据的类别。目前,分类算法的应用非常广泛,包括银行中的风险评估、客户类别分类、文本检索和搜索引擎分类,安全领域中的入侵检测,软件项目中的应用,等等。下文将展开介绍相应的分类和回归算法。

15.2.1 线性回归

在机器学习中,回归是特别常用的一种算法。在统计学中,线性回归是利用线性回归方程的最小平方函数对一个或多个自变量和因变量之间关系进行建模的一种回归分析。当因变量和自变量之间高度相关时,通常可以使用线性回归对数据进行预测。在这里列举最为简单的一元线性回归,以帮助理解算法,其示意图如图15.2所示。

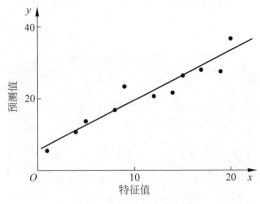

图 15.2 一元线性回归示意图

已知有样本点$(x_1,y_1),(x_2,y_2),\cdots,(x_n,y_n)$,假设$x,y$满足一元线性回归关系,则有$\hat{y}=ax+b$。其中,$y$为真实值;$\hat{y}$为根据一元线性关键计算出的预测值;$a,b$分别为公式中的参数。为了计算出上述参数,这里构造损失函数为残差平方和,即$\sum_{i=1}^{n}(y-\hat{y})^2$最小。将已知$x,y$数据代入,求解损失函数最小即可得到参数。

案例分析:

例如,在炼钢过程中,钢水的含碳量x与冶炼时间y如表15.2所示。

表 15.2 钢水含碳量与冶炼时间数据表

$x(0.01\%)$	104	180	190	177	147	134	150	191	204	121
$y(\min)$	100	200	210	185	155	135	170	205	235	125

假设 x 和 y 具有线性相关性,则有 $\hat{y} = ax + b$。接下来偏导求解式(15.1)中的 a, b 值:

$$\sum_{i=1}^{n}(y - \hat{y})^2 = [100 - (104a + b)]^2 + \cdots + [125 - (121a + b)]^2 \tag{15.1}$$

得到 b 值约为 1.27,a 值约为 -30.5,即得到 x,y 之间的关系。

15.2.2　逻辑斯特回归

逻辑斯特回归(logistic regression)通过 sigmoid 函数构造预测函数 $h_\theta(x)$,用于二分类问题。其中,sigmoid 函数的公式和图形分别如式(15.2)和图 15.3 所示。

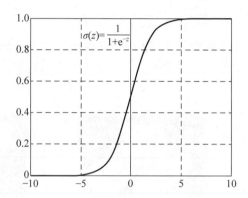

图 15.3　sigmoid 函数图像

$$h(\theta) = \frac{1}{1 + e^{-\theta x}} \tag{15.2}$$

通过图 15.3 可以看到,sigmoid 函数的输入区间是 $(-\infty, +\infty)$,输出区间是 $(0,1)$,该函数可以表示预测值发生的概率。

对于线性边界的情况,边界的形式如式(15.3)所示。

$$\theta_0 + \theta_1 x_1 + \theta_2 x_2 + \cdots + \theta_n = \sum_{i=0}^{n} \theta_i x_i = \boldsymbol{\theta}^T \boldsymbol{X} \tag{15.3}$$

构造的预测函数如式(15.4)所示。

$$h_\theta(x) = g(\boldsymbol{\theta}^T \boldsymbol{x}) = \frac{1}{1 + e^{-\boldsymbol{\theta}^T \boldsymbol{x}}} \tag{15.4}$$

$h_\theta(x)$ 函数的值具有特殊的含义,它可以表示当分类结果为类别"1"时的概率。式(15.5)和式(15.6)分别展示了当输入为 x 时通过模型公式判断出的结果类别分别为"1"和"0"的概率。

$$P(y = 1 \mid x; \theta) = h_\theta(x) \tag{15.5}$$

$$P(y = 0 \mid x; \theta) = 1 - h_\theta(x) \tag{15.6}$$

联合式(15.5)和式(15.6)可得

$$P(y \mid x; \theta) = (h_\theta(x))^y (1 - h_\theta(x))^{1-y} \tag{15.7}$$

通过最大似然估计构造 Cost 函数如式(15.8)和式(15.9)所示。

$$L(\theta) = \prod_{i=1}^{m} (h_\theta(x^i))^{y^i} (1 - h_\theta(x^i))^{1-y^i} \tag{15.8}$$

$$J(\theta) = \log L(\theta) = \sum_{i=1}^{m} (y^i \log h_\theta(x^i) + (1 - y^i) \log(1 - h_\theta(x^i))) \tag{15.9}$$

逻辑斯特回归的目标是使得构造函数最小,通过梯度下降法求 $J(\theta)$,得到 θ 的更新方式如下。

$$\theta_j := \theta_j - \alpha \frac{\partial}{\partial \theta_j} J(\theta), \quad (j = 0, 1, \cdots, n) \tag{15.10}$$

对式(15.10)不断迭代,直至最后求解得到参数,进而得到预测函数。根据预测函数,进行新样本的预测。

案例分析:

这里采用最经典的鸢尾花数据集,进一步理解上述模型。鸢尾花数据集记录了如图 15.4 所示的 3 类鸢尾花的花萼长度(cm)、花萼宽度(cm)、花瓣长度(cm)和花瓣宽度(cm)。

山鸢尾花（setosa）　　　　杂色鸢尾花（versicolour）　　　　维吉尼亚鸢尾花（viorginica）

图 15.4　鸢尾花分类图

鸢尾花数据集部分数据如表 15.3 所示,其采集的是鸢尾花的测量数据及其所属的类别。为方便解释,这里仅采用 Iris-setosa 和 Iris-virginica 两类,则一共有 100 个观察值,4 个输入变量和 1 个输出变量。该数据集的测量数据包括花萼长度(cm)、花萼宽度(cm)、花瓣长度(cm)和花瓣宽度(cm),进而用其建立二分类问题。

表 15.3　鸢尾花数据集(部分)

属　性	花萼长度/cm	花萼宽度/cm	花瓣长度/cm	花瓣宽度/cm	类　　别
1	5.1	3.5	1.4	0.2	Iris-setosa
2	4.9	3	1.4	0.2	Iris-setosa
3	4.7	3.2	1.3	0.2	Iris-setosa
7	5.9	3.2	5.7	2.3	Iris-virginica
8	5.6	2.8	4.9	2	Iris-virginica
……					
100	7.7	2.8	5.7	2	Iris-virginica

各维度属性的集合是 $\{X_{维度属性}: x_{花萼长度}, x_{花萼宽度}, x_{花瓣长度}, x_{花瓣宽度}\}$,待求解参数的集合是 $\{\theta^T: \theta_0, \theta_1, \theta_3, \theta_4\}$,则模型的线性边界如式(15.11)所示。

$$\theta_0 + \theta_1 x_{花萼长度} + \theta_2 x_{花萼宽度} + \theta_3 x_{花瓣长度} + \theta_4 x_{花瓣宽度} = \sum_{i=0}^{n} \theta_i x_i \tag{15.11}$$

构造出的预测函数如式(15.12)所示。

$$h_\theta(x) = g(\boldsymbol{\theta}^{\mathrm{T}} \boldsymbol{x}) = \frac{1}{1 + \mathrm{e}^{-(\theta_0 + \theta_1 x_{花萼长度} + \theta_2 x_{花萼宽度} + \theta_3 x_{花瓣长度} + \theta_4 x_{花瓣宽度})}} \tag{15.12}$$

依据上文介绍的内容继续构造惩罚函数,求解出公式中的参数 θ 即可。预测函数的输出结果为预测待判断样本为某种类型化的概率。这里的求解方法有多种,感兴趣的读者可以通过查阅其他资料了解具体求解方法。

15.2.3　最小近邻法

最小近邻(k-Nearest Neighbor, KNN)算法是一种基于实例学(instance-based learning)的分类算法。KNN 算法的基本思想是,如果一个样本在特征空间中的 k 个最相似(即特征空间中最邻近)的样本大多属于某个类别,则该样本也属于这个类别。通常 k 的取值比较小,不会超过 20。图 15.5 展示了 KNN 算法的分类原理示意图。

最小近邻算法的原理:

(1) 计算测试数据与各个训练数据之间的距离。

(2) 按照距离公式计算对应数据之间的距离,将结果进行从小到大的排序。

(3) 选取计算结果中最小的前 k 个点(k 值的确定会在后文具体介绍)。

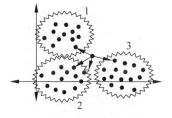

图 15.5　KNN 分类原理图

(4) 选择这 k 个点中出现频率次数最多的类别,将其作为最终待判断数据的预测分类。通过这一流程可以发现,KNN 算法在计算实现其分类效果的过程中有 3 个重要的因素:衡量测试数据和训练数据之间的距离计算准则、k 值大小的选取准则、分类的规则。

(1) 距离的选择:特征空间中的两个实例点的距离是两个实例点相似程度的反映。KNN 算法的特征空间一般是 n 维实数向量空间 $\mathbf{R}^n$,使用的距离是欧氏距离,也可以是其他距离,如更一般的 Lp 距离或 Minkowski 距离。

现设特征空间 $\boldsymbol{X}$ 是 n 维实数向量空间 $\mathbf{R}^n$,$\boldsymbol{x}_i, \boldsymbol{x}_j \in \boldsymbol{X}$,$\boldsymbol{x}_i = (x_i^{(1)}, x_i^{(2)}, \cdots, x_i^{(n)})^{\mathrm{T}}$,则 $\boldsymbol{x}_i, \boldsymbol{x}_j$ 的 Lp 距离定义($p \geqslant 1$)如式(15.13)所示。

$$d(\boldsymbol{x}_i, \boldsymbol{x}_j) = \left(\sum_{l=n}^{n} |x_i^{(l)} - x_j^{(l)}|^p \right)^{\frac{1}{p}} \tag{15.13}$$

当 $p=1$ 时,曼哈顿(Manhattan)距离如式(15.14)所示。

$$d(\boldsymbol{x}, \boldsymbol{y}) = \sum_{i=1}^{n} |x_i - y_i| \tag{15.14}$$

当 $p=2$ 时,欧氏(Euclidean)距离如式(15.15)所示。

$$d(\boldsymbol{x}, \boldsymbol{y}) = \sqrt{\sum_{i=1}^{n} (x_i - y_i)^2} \tag{15.15}$$

当 $p \to \infty$ 时,切比雪夫距离如式(15.16)所示。

$$d(\boldsymbol{x}, \boldsymbol{y}) = \max \mid x_i - x_j \mid \qquad (15.16)$$

（2）k 值的确定：通常情况，k 值从 1 开始迭代，每次分类结果使用测试集来估计分类器的误差率或其他评价指标。k 值每次增加 1，即允许增加 1 个近邻（一般 k 的取值不超过 20，上限是 n 的开方，随着数据集的增大而增大）。注意，在实验结果中要选取分类器表现最好的 k 值。

案例分析：

现有某特征向量 $\boldsymbol{X} = (0.1, 0.1)$，另外 4 个数据数值和类别如表 15.4 所示。

表 15.4　数据和类别

特 征 向 量	数　据	类　别
$\boldsymbol{X}1$	$(0.1, 0.2)$	w1
$\boldsymbol{X}2$	$(0.2, 0.5)$	w1
$\boldsymbol{X}3$	$(0.4, 0.5)$	w2
$\boldsymbol{X}4$	$(0.5, 0.7)$	w2

取 $k=1$，上述曼哈顿（Manhattan）距离为衡量距离的方法，则有

$$D_{\boldsymbol{X} \to \boldsymbol{X}1} = 0.1, \quad D_{\boldsymbol{X} \to \boldsymbol{X}2} = 0.5, \quad D_{\boldsymbol{X} \to \boldsymbol{X}3} = 0.7, \quad D_{\boldsymbol{X} \to \boldsymbol{X}4} = 1.0$$

所以，此时 $\boldsymbol{X}$ 应该归为 w1 类。

15.2.4　线性判别分析法

线性判别分析（Linear Discriminatory Analysis，LDA）是机器学习中的经典算法，它既可以用来做分类，又可以进行数据的降维。线性判别分析的思想可以用一句话概括，就是"投影后类内方差最小，类间方差最大"。也就是说，要将数据在低维度上进行投影，投影后希望每一种类别数据的投影点尽可能地接近，而不同类别数据的类别中心之间的距离尽可能地大。线性判别分析的原理图如图 15.6 所示。

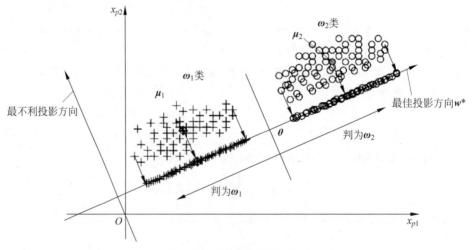

图 15.6　LDA 线性判别分析法原理图

线性判别分析算法原理和公式求解如下。

目的：找到最佳投影方向 $\boldsymbol{\omega}$，则样例 $\boldsymbol{x}$ 在方向向量 $\boldsymbol{\omega}$ 上的投影可以表示为 $y=\boldsymbol{\omega}^{\mathrm{T}}\boldsymbol{x}$（此处列举二分类模式）。

给定数据集 $\boldsymbol{D}=\{(x_i,y_i)\}_{i=1}^m, y_i\in\{0,1\}$，令 $N_i, \boldsymbol{X}_i, \boldsymbol{\mu}_i, \boldsymbol{\Sigma}_i$ 分别表示 $i\in\{0,1\}$ 类示例的样本个数、样本集合、均值向量和协方差矩阵。

$\boldsymbol{\mu}_i$ 的表达式：$\boldsymbol{\mu}_i=\dfrac{1}{N}\sum\limits_{\boldsymbol{x}\in\boldsymbol{X}_i}\boldsymbol{x}\ (i=0,1)$。

$\boldsymbol{\Sigma}_i$ 的表达式：$\boldsymbol{\Sigma}_i=\sum\limits_{\boldsymbol{x}\in\boldsymbol{X}_i}(\boldsymbol{x}-\boldsymbol{\mu}_i)(\boldsymbol{x}-\boldsymbol{\mu}_i)^{\mathrm{T}}\ (i=0,1)$。

假设直线投影向量 $\boldsymbol{\omega}$ 有两个类别的中心点 $\boldsymbol{\mu}_0$ 和 $\boldsymbol{\mu}_1$，则直线 $\boldsymbol{\omega}$ 的投影为 $\boldsymbol{\omega}^{\mathrm{T}}\boldsymbol{\mu}_0$ 和 $\boldsymbol{\omega}^{\mathrm{T}}\boldsymbol{\mu}_1$，能够使投影后的两类样本中心点尽量分离的直线是好的直线，则其定量表示如式(15.17)所示。

$$\arg\max_{\boldsymbol{\omega}} \boldsymbol{J}(\boldsymbol{\omega})=\|\boldsymbol{\omega}^{\mathrm{T}}\boldsymbol{\mu}_0-\boldsymbol{\omega}^{\mathrm{T}}\boldsymbol{\mu}_1\|^2 \tag{15.17}$$

此外，引入新度量值，称作散列值(scatter)，对投影后的列求散列值。

$$\bar{\boldsymbol{S}}=\sum_{\boldsymbol{x}\in\boldsymbol{X}_i}(\boldsymbol{\omega}^{\mathrm{T}}\boldsymbol{x}-\bar{\boldsymbol{\mu}}_i)^2 \tag{15.18}$$

从式(15.18)中可以看出，在集合意义的角度上，散列值代表着样本点的密度。散列值越大，样本点的密度越分散，密度越小；散列值越小，则样本点越密集，密度越大。

基于分类原则：不同类别的样本点越分开越好，同类的越聚集越好，也就是均值差越大越好，散列值越小越好。因此，同时考虑使用 $J(\theta)$ 和 $\boldsymbol{S}$ 来度量，则可得到要最大化的目标。

$$J(\theta)=\frac{\|\boldsymbol{\omega}^{\mathrm{T}}\boldsymbol{\mu}_0-\boldsymbol{\omega}^{\mathrm{T}}\boldsymbol{\mu}_1\|^2}{\bar{\boldsymbol{S}_0}^2+\bar{\boldsymbol{S}_1}^2} \tag{15.19}$$

之后化简求解参数，即得分类模型参数 $\boldsymbol{\omega}=\boldsymbol{S}_{\boldsymbol{\omega}}^{-1}(\boldsymbol{m}_1-\boldsymbol{m}_2)$，其中 $\boldsymbol{S}_{\boldsymbol{\omega}}$ 为总类内离散度。若有两类数据则 $\boldsymbol{S}_{\boldsymbol{\omega}}=\boldsymbol{S}_1+\boldsymbol{S}_2$，$\boldsymbol{S}_1、\boldsymbol{S}_2$ 分别为两个类的类内离散度，且有 $\boldsymbol{S}_i=\sum\limits_{\boldsymbol{x}\in\boldsymbol{X}_i}(\boldsymbol{x}-\boldsymbol{m}_i)(\boldsymbol{x}-\boldsymbol{m}_i)^{\mathrm{T}}, i=1,2$。

案例分析：

已知有两类数据如下：

$$\omega_1:(1,0)^{\mathrm{T}},(2,0)^{\mathrm{T}},(1,1)^{\mathrm{T}};\quad \omega_2:(-1,0)^{\mathrm{T}},(0,1)^{\mathrm{T}},(-1,1)^{\mathrm{T}}$$

两类向量的中心点为：

$$\boldsymbol{m}_1=\left(\frac{4}{3},\frac{1}{3}\right)^{\mathrm{T}},\quad \boldsymbol{m}_2=\left(-\frac{2}{3},\frac{2}{3}\right)^{\mathrm{T}}$$

请按照上述线性判别的方法找到最佳的投影方向。

(1) 样本类内离散度矩阵 $\boldsymbol{S}_i$ 与总类内离散度矩阵 $\boldsymbol{S}_{\boldsymbol{\omega}}$：

$$\boldsymbol{S}_1=\left(-\frac{1}{3},-\frac{1}{3}\right)^{\mathrm{T}}\left(-\frac{1}{3},-\frac{1}{3}\right)+\left(\frac{2}{3},-\frac{1}{3}\right)^{\mathrm{T}}\left(\frac{2}{3},-\frac{1}{3}\right)+\left(-\frac{1}{3},\frac{2}{3}\right)\left(-\frac{1}{3},\frac{2}{3}\right)$$

$$=\frac{1}{9}\begin{pmatrix}1&1\\1&1\end{pmatrix}+\frac{1}{9}\begin{pmatrix}4&-2\\-2&1\end{pmatrix}+\frac{1}{9}\begin{pmatrix}1&-2\\-2&4\end{pmatrix}$$

$$= \frac{1}{9} \begin{pmatrix} 6 & -3 \\ -3 & 6 \end{pmatrix}$$

$$S_2 = \frac{1}{3} \begin{pmatrix} 2 & 1 \\ 1 & 2 \end{pmatrix}$$

总类内离散度矩阵：$S_\omega = S_1 + S_2 = \frac{1}{9} \begin{pmatrix} 12 & -2 \\ -2 & 12 \end{pmatrix}$

（2）样本类间离散度矩阵：$S_b = (m_1 - m_2)(m_1 - m_2)^{\mathrm{T}} = \frac{1}{9} \begin{pmatrix} 36 & -6 \\ -6 & 1 \end{pmatrix}$

（3）$S_\omega^{-1} = [0.7714, 0.1286, 0.1286, 0.7714]$

（4）最佳投影方向：$\omega = S_\omega^{-1}(m_1 - m_2) = [2.7407, -0.8889]^{\mathrm{T}}$

15.2.5 朴素贝叶斯分类算法

朴素贝叶斯(Naïve Bayes, NB)是一组非常简单快速的分类算法，通常适用于维度非常高的数据集。该算法运行速度快，而且可调参数少，因此非常适合为分类问题提供快速简单的基本方案，其理论基础如图 15.7 所示。

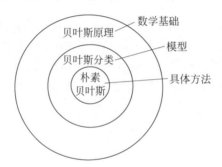

图 15.7　朴素贝叶斯算法的理论基础

朴素贝叶斯算法原理和公式推导：

具体来说，若决策的目标是最小化分类错误率，贝叶斯最优分类器要对每个样本 x 进行选择，标记能使后验概率 $P(c|x)$ 最大的类别 c。在实际中，后验概率通常难以直接获得，机器学习所要实现的正是基于有限的训练样本集尽可能准确地估计出后验概率 $P(c|x)$。为实现这一目标，综合看来有两种方法：第一种方法，即有已知数据各维度属性值 x 及其对应的类别 c，可通过直接建模 $P(c|x)$ 来预测 c，这样得到的是"判别式模型"，如决策树、BP 神经网络、支持向量机等；第二种方法，可以先对联合概率分布 $P(x,c)$ 建模，然后再由此获得 $P(c|x)$，这样得到的是"生成式模型"。对于生成式模型来说，必然考虑式(15.20)。

$$P(c|x) = \frac{P(x,c)}{P(x)} \tag{15.20}$$

基于贝叶斯定理，$P(c|x)$ 可以写成式(15.21)。

$$P(c|x) = \frac{P(c)P(x|c)}{P(x)} \tag{15.21}$$

下面将求后验概率 $P(c|x)$ 的问题转变为求类先验概率 $P(c)$ 和条件概率 $P(x|c)$。每个类别的先验概率 $P(c)$ 表示各类样本在总体的样本空间所占的比例。由大数定律可知,当用于训练模型的数据集拥有足够的样本,且这些样本满足独立同分布样本时,每个类比的先验概率 $P(c)$ 可通过各个类别的样本出现的频率来进行估计。朴素贝叶斯分类器采用了"属性条件独立性假设",假设已知类别的所有属性相互独立,即假设输入数据 x 的各个维度都独立且互不干扰地影响着最终的分类结果,则有

$$P(c|x) = \frac{P(c)P(x|c)}{P(x)} = \frac{P(c)}{P(x)} \prod_{i=1}^{d} P(x_i|c) \qquad (15.22)$$

很明显通过训练数据集 $\boldsymbol{D}$ 来预测类的先验概率 $P(c)$,并为每个属性估计条件概率 $P(x|c)$ 即为其模型训练的主要思路。由于所有类别的 $P(x)$ 均相同,因此可得

$$h_{nb}(x) = \arg \max P(c) \prod_{i=1}^{d} P(x_i|c) \qquad (15.23)$$

若 $\boldsymbol{D}_c$ 表示训练数据集 $\boldsymbol{D}$ 中类比为 c 的样本组成的集合,在数据充足且输入维度独立的情况下,则能够估计出类别为 c 的样本的类先验概率。

$$P(c) = \frac{|\boldsymbol{D}_c|}{|\boldsymbol{D}|} \qquad (15.24)$$

若输入维度数据为离散值,令 $\boldsymbol{D}_{c_i x_i}$ 表示类比集 $\boldsymbol{D}_c$ 中在第 i 个维度属性上取值为 x_i 的数据组成的集合,则条件概率 $P(x_i|c)$ 可估计为

$$P(x_i|c) = \frac{|\boldsymbol{D}_{c_i x_i}|}{|\boldsymbol{D}_c|} \qquad (15.25)$$

若某个属性值在训练集中没有与某个类同时出现过,则基于式(15.24)进行概率估计,再根据式(15.25)进行判别将出现问题。因此,引入拉普拉斯修正如下:

$$P(c) = \frac{|\boldsymbol{D}_c| + 1}{|\boldsymbol{D}| + N} \qquad (15.26)$$

$$P(x_i|c) = \frac{|\boldsymbol{D}_{c_i x_i}| + 1}{|\boldsymbol{D}_c| + N_I} \qquad (15.27)$$

需要说明的是,当用于训练的数据集不够充足时,存在某类样本在某个维度下的概率的估计值为 0 的情况,所以这里将分母加上样本量并将分子加 1。这样修改对模型最后的结果不会有太大的干扰,因为当用于训练的数据集变大时,这种影响会越来越小,甚至可以忽略不计,此时估计值会逐渐趋向于实际的概率值。

案例分析:

表 15.5 是关于用户的年龄、收入状况、身份、信用卡状态以及是否购买电脑作为分类标准,购买的标签为"是",没有购买的标签为"否"。

表 15.5 用户特征数据及分类

序号(id)	年龄(age)	收入(income)	是否为学生(student)	信用等级(credit_rating)	分类(class)
1	≤30	高	否	良好	否
2	≤30	高	否	优秀	否

续表

序号(id)	年龄(age)	收入(income)	是否为学生(student)	信用等级(credit_rating)	分类(class)
3	31～40	高	否	良好	是
4	＞40	中	否	良好	是
5	＞40	低	是	良好	是
6	＞40	低	是	优秀	否
7	31～40	低	是	优秀	是
8	≤30	中	否	良好	否
9	≤30	低	是	良好	否
10	＞40	中	是	良好	是
11	≤30	中	是	优秀	是
12	31～40	中	否	优秀	是
13	31～40	高	是	良好	是
14	＞40	中	否	优秀	否

现有未知样本 $X=$（age="≤30"，income="中"，student="是"，credit_rating="良好"），判断其类别。

（1）计算每个类的先验概率 $P(C_i)$，根据训练样本计算可得

$$P(\text{class}=是)=9/14=0.643$$
$$P(\text{class}=否)=5/14=0.357$$

（2）假设各个属性相互独立，则有后验概率 $P(X|C)$ 为

$$P(\text{age}="≤30"\mid \text{class}=是)=0.222$$
$$P(\text{age}="≤30"\mid \text{class}=否)=0.600$$
$$P(\text{income}="中"\mid \text{class}=是)=0.444$$
$$P(\text{income}="中"\mid \text{class}=否)=0.400$$
$$P(\text{student}="是"\mid \text{class}=是)=0.667$$
$$P(\text{student}="是"\mid \text{class}=否)=0.200$$
$$P(\text{credit\_rating}="良好"\mid \text{class}=是)=0.667$$
$$P(\text{credit\_rating}="良好"\mid \text{class}=否)=0.400$$

则 $P(X|\text{class}=是)=0.222×0.444×0.667×0.667$
$$=0.044$$
$P(X|\text{class}=否)=0.600×0.400×0.200×0.400$
$$=0.019$$

（3）$P(X|\text{class}=是)P(\text{class}=是)=0.044×0.643$
$$=0.028$$
$P(X|\text{class}=否)P(\text{class}=否)=0.019×0.357$
$$=0.007$$

因此，对于样本 X，朴素贝叶斯分类器预测 class="是"。

15.2.6　决策树分类算法

决策树(Decision Tree,DT)既可以用于解决分类问题,又可以用于解决回归问题。决策树算法采用树形结构,使用层层推理实现模型目标。决策树由下面几种元素构成:(1)根节点,包含样本的全集;(2)内部节点,对应特征属性的测试;(3)叶子节点,代表决策结果。决策树模型的逻辑流程如图 15.8 所示。

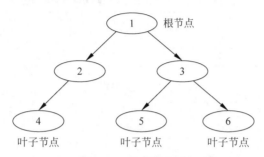

图 15.8　决策树模型

决策树的生成包含 3 个关键环节:特征选择、决策树生成、决策树剪枝。

特征选择:决定使用哪些特征来做树的分裂节点。在训练数据集中,每个样本的属性可能有很多个,不同属性的作用有大有小。因而特征选择的作用就是筛选出与分类结果相关性较高的特征,也就是分类能力较强的特征。在特征选择中,通常使用的准则是信息增益。

决策树生成:在选择好特征后,从根节点出发,对节点计算所有特征的信息增益,将具有最大信息增益的属性作为决策树的节点,根据该特征的不同取值建立子节点;对接下来的子节点使用相同的方式生成新的子节点,直到信息增益很小或者没有特征可以选择为止。

决策树剪枝:剪枝的主要目的是防止模型的过拟合,通过主动去掉部分分支来降低过拟合的风险。

决策树算法的原理:

决策树算法有 3 种非常典型的算法原理:ID3、C4.5、CART。ID3 是最早提出的决策树算法,它是利用信息增益来选择特征的。C4.5 算法是 ID3 的改进版,它不是直接使用信息增益,而是引入"信息增益比"指标作为特征的选择依据。CART(Classification and Regression Tree,分类与回归树)算法使用基尼系数取代了信息熵模型,既可以用于分类,也可以用于回归问题。

模型生成流程如下。

(1) 从根节点开始,依据决策树的各种算法的计算方式,计算作为新分裂节点的衡量指标的各个特征值,选择计算结果最优的特征作为节点的划分特征(其中,ID3 算法选用信息增益值最大的特征,C4.5 使用信息增益率,CART 选用基尼指数最小的特征)。

(2) 由划分特征的不同取值建立子节点,递归地调用以上方法构建决策树,直到结果收敛(不同算法评价指标规则不同)。

（3）剪枝，以防止过拟合（ID3 不需要）。

案例分析：

这里以 ID3 算法为例，沿用 15.2.5 节的场景，以是否购买电脑作为区分用户的分类标准，用户的属性是年龄、收入、是否为学生和信用等级，具体数据如表 15.6 所示。

表 15.6　用户特征数据及分类

序号(id)	年龄(age)	收入(income)	是否为学生(student)	信用等级(credit_rating)	分类(class)
1	≤30	高	否	良好	否
2	≤30	高	否	优秀	否
3	31～40	高	否	良好	是
4	>40	中	否	良好	是
5	>40	低	是	良好	是
6	>40	低	是	优秀	否
7	31～40	低	是	优秀	是
8	≤30	中	否	良好	否
9	≤30	低	是	良好	是
10	>40	中	是	良好	是
11	≤30	中	是	优秀	是
12	31～40	中	否	优秀	是
13	31～40	高	是	良好	是
14	>40	中	否	优秀	否

根节点上的熵不纯度：

$$E(\text{root}) = -\left(\frac{9}{14}\log_2\frac{9}{14} + \frac{5}{14}\log_2\frac{5}{14}\right) = 0.940$$

当 age 作为查询的信息熵时：

（1）age=" ≤30"：

$$S_{11} = 2, \quad S_{21} = 3$$

$$E(\text{root}_1) = -\left(\frac{2}{5}\log_2\frac{2}{5} + \frac{3}{5}\log_2\frac{3}{5}\right) = 0.971$$

（2）age=" 31～40"：

$$S_{12} = 4, \quad S_{22} = 0$$

$$E(\text{root}_2) = 0$$

（3）age=" >40"：

$$S_{13} = 3, \quad S_{23} = 2$$

$$E(\text{root}_3) = -\left(\frac{3}{5}\log_2\frac{3}{5} + \frac{2}{5}\log_2\frac{2}{5}\right) = 0.971$$

$$E(\text{age}) = \frac{5}{14}i(\text{root}_1) + \frac{4}{14}i(\text{root}_2) + \frac{5}{14}i(\text{root}_3) = 0.694$$

所以，当 age 作为查询的信息增益时：

$$\text{Gain}(\text{age}) = E(\text{root}) - E(\text{age}) = 0.246$$

类似地,可以计算出所有属性的信息增益:

Gain(income)=0.029, Gain(student)=0.151, Gain(credit_rating)=0.048

age 的信息增益最大,所以选择 age 作为根节点的分叉,对训练集进行首次划分。每进入下一个节点,继续如上进行分裂指标的选择和节点的分裂,此处不再详细介绍。

15.2.7 支持向量机分类算法

支持向量机(Support Vector Machines,SVM)是一种二分类模型,其基本想法是求解能够正确划分训练数据集并且几何间隔最大的分离超平面。图 15.9 即为分离超平面,对于线性可分的数据集来说,这样的超平面有无穷多个(即感知机),但是几何间隔最大的分离超平面是唯一的。

支持向量机算法原理和公式推导:

在推导之前,先给出一些定义。假设训练集合为 $D=\{(x_i,y_i)|x_i\in \mathbf{R},i=1,2,\cdots,n\}$,其中,$x_i$ 为第 i 个特征向量;y_i 为 x_i 的类标记,取 $+1$ 时为正例,取 -1 时为负例。再假设训练数据集是线性可分的。

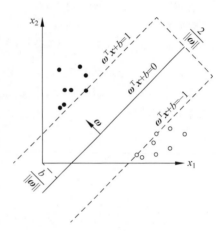

图 15.9 支持向量机原理图

对于给定的数据集 T 和超平面 $\boldsymbol{\omega}x+b=0$,定义超平面关于样本 (x_i,y_i) 点的几何间隔为

$$\gamma_i = y_i\left(\frac{\boldsymbol{\omega}}{||\boldsymbol{\omega}||}x_i + \frac{b}{||\boldsymbol{\omega}||}\right) \quad (15.28)$$

超平面关于所有样本点的几何间距的最小值为

$$\gamma = \min_{i=1,2,\cdots,N} \gamma_i \quad (15.29)$$

实际上,这个距离就是所谓的支持向量到超平面的距离。根据以上定义,SVM 模型的求解最大分割超平面问题可以表示为以下约束最优化问题。

$$\max_{\boldsymbol{\omega},b} \gamma$$

$$\text{s.t.} \quad y_i\left(\frac{\boldsymbol{\omega}}{||\boldsymbol{\omega}||}x_i + \frac{b}{||\boldsymbol{\omega}||}\right) \geqslant \gamma, \quad i=1,2,\cdots,N \quad (15.30)$$

经过一系列化简,求解最大分割超平面问题又可以表示为以下约束最优化问题。

$$\min_{\boldsymbol{\omega},b} \frac{1}{2}||\boldsymbol{\omega}||^2$$

$$\text{s.t.} \quad y_i(\boldsymbol{\omega}x_i+b) \geqslant 1, \quad i=1,2,\cdots,N \quad (15.31)$$

式(15.31)是一个含有不等式约束的凸二次规划问题,对其使用拉格朗日乘子法可得

$$L(\boldsymbol{\omega},b,\alpha) = \frac{1}{2}\boldsymbol{\omega}^{\mathrm{T}}\boldsymbol{\omega} + \alpha_1 h_1(x) + \cdots + \alpha_n h_n(x)$$

$$= \frac{1}{2}\boldsymbol{\omega}^{\mathrm{T}}\boldsymbol{\omega} - \sum_{i=1}^{N}\alpha_i y_i(\boldsymbol{\omega}x_i+b) + \sum_{i=1}^{N}\alpha_i \quad (15.32)$$

当数据线性可分时,对 $\boldsymbol{\omega},b$ 求导可得

$$\boldsymbol{\omega} = \sum_{i=1}^{N} \alpha_i y_i \boldsymbol{x}_i \tag{15.33}$$

$$\sum_{i=1}^{N} \alpha_i y_i = 0 \tag{15.34}$$

最终演化的表达式为

$$\min W(\alpha) = \frac{1}{2} \left(\sum_{i,j=1}^{N} \alpha_i y_i \alpha_j y_j \boldsymbol{x}_i \boldsymbol{x}_j \right) - \sum_{i=1}^{N} \alpha_i$$

$$\text{s.t. } 0 \leqslant \alpha_i \leqslant C, \quad \sum_{i=1}^{N} \alpha_i y_i = 0 \tag{15.35}$$

求解式(15.35)得到函数的参数,即可得到分类函数。

案例分析：

现有训练数据如图 15.10 所示,其中正例点是 $\boldsymbol{x}_1 = (3,3)^{\mathrm{T}}$ 和 $\boldsymbol{x}_2 = (4,3)^{\mathrm{T}}$,负例点是 $\boldsymbol{x}_3 = (1,1)^{\mathrm{T}}$,试求最大间隔分离超平面。

解：按照支持向量机算法,根据训练数据集构造约束最优化问题。

$$\min_{\omega,b} \frac{1}{2}(\omega_1^2 + \omega_2^2)$$

$$\text{s.t. } 3\omega_1 + 3\omega_2 + b \geqslant 1$$

$$4\omega_1 + 3\omega_2 + b \geqslant 1$$

$$-\omega_1 - 3\omega_2 - b \geqslant 1$$

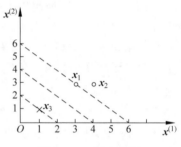

图 15.10　样本数据

求得此最优化问题的解 $\omega_1 = \omega_2 = \frac{1}{2}, b = -2$。所以,最大间隔分离超平面为

$$\frac{1}{2}\boldsymbol{x}_1 + \frac{1}{2}\boldsymbol{x}_2 - 2 = 0$$

其中,$\boldsymbol{x}_1 = (3,3)^{\mathrm{T}}$ 与 $\boldsymbol{x}_3 = (1,1)^{\mathrm{T}}$ 为支持向量。

15.3　非监督学习

聚类分析是机器学习中非监督学习的重要部分,旨在发现数据中各元素之间的关系,组内相似性越大,组间差距越大,聚类效果越好。在目前实际的互联网业务场景中,把针对特定运营目的和商业目的所挑选出的指标变量进行聚类分析,把目标群体划分成几个具有明显特征区别的细分群体,从而可以在运营活动中为这些细分群体采取精细化、个性化的运营和服务,最终提升运营的效率和商业效果。此外,聚类分析还可以应用于异常数据点的筛选检测,其应用场景十分广泛,如反欺诈场景、异常交易场景、违规刷好评场景等。聚类算法样式如图 15.11 所示。聚类分析大致分为 5 大类：基于划分方法的聚类分析、基于层次方法的聚类分析、基于密度方法的聚类分析、基于网格方法的聚类分析、基于模型方法的聚类分析,本节将对部分内容进行介绍。

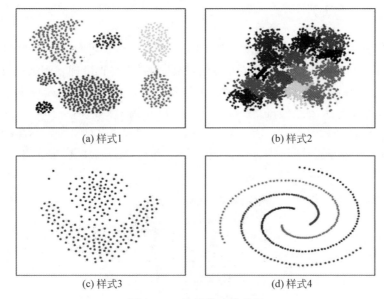

(a) 样式1　　　　　　　(b) 样式2

(c) 样式3　　　　　　　(d) 样式4

图 15.11　聚类算法示意图

15.3.1　划分式聚类方法

给定一个有 N 个元素的数据集,将构造 K 个分组,每个分组代表一个聚类,且 $K < N$。这 K 个分组需要满足以下两个条件:(1)每个分组至少包含一个数据记录;(2)每个数据记录属于且仅属于一个分组(该要求在某些模糊聚类算法中可以放宽)。对于给定的 K,算法首先给出一个初始的分组方法,然后通过反复迭代的方法改变分组,使得每次改进后的分组方案都比前一次好。所谓好的标准就是同一分组中的记录越近越好,而不同分组中的记录越远越好。使用这个基本思想的算法有 K-means 算法、K-medoids 算法和 Clarans 算法。下面以最基础的 K-means 算法为例详细展开阐述。

K-means 算法原理:

数据集 $\boldsymbol{D}$ 有 n 个样本点 $\{x_1, x_2, \cdots, x_n\}$,假设现在要将这些样本点聚集为 k 个簇,现选取 k 个簇中心为 $\{\mu_1, \mu_2, \cdots, \mu_n\}$。定义指示变量 $\gamma_{ij} \in \{0,1\}$,如果第 i 个样本属于第 j 个簇,则有 $\gamma_{ij} = 1$,否则 $\gamma_{ij} = 0\Big($K-means 算法中的每个样本只能属于一个簇,所以 $\sum_j \gamma_{ij} = 1\Big)$。K-means 的优化目标即损失函数为 $J(\gamma, \mu) = \sum_{i=1}^{n} \sum_{j=1}^{k} \gamma_{ij} \parallel x_i - \mu_j \parallel_2^2$,即所有样本点到其各自中心的欧氏距离的和最小。

K-means 算法流程:

(1) 随机选取 k 个聚类中心为 $\{\mu_1, \mu_2, \cdots, \mu_n\}$。

(2) 重复下面的过程,直到收敛。

① 按照欧氏距离最小原则,将每个点划分至其对应的簇。

② 更新每个簇的样本中心,按照样本均值更新。

注意：这里的收敛原则具体是指簇中心收敛,即其保持在一定的范围内不再变动时,停止算法。

通过上述算法流程的描述,可以看到 K-means 算法的一些缺陷。例如,簇的个数 k 值的选取和簇中心的具体位置的选取是人为设定,这样不是很准确。当然,目前有一些解决方案,如肘方法辅助 k 值的选取。另外,由于簇内中心的方法是簇内样本均值,所以其受异常点的影响非常大。此外,由于 K-means 采用欧氏距离来衡量样本之间的相似度,所以得到的聚簇都是如图 15.12 所示的凸簇聚类,不能解决其他类型的数据分布的聚类,有很大的局限性。基于上述问题,K-means 算法衍生出了 K-meidans、K-medoids、K-means＋＋等方法。

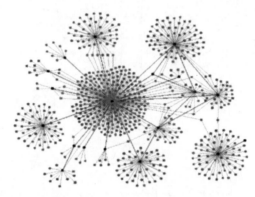

图 15.12　凸簇聚类

案例分析：

元素集合 S 共有 5 个元素,如表 15.7 所示。作为一个聚类分析的二维样本,现假设簇的数量为 $k＝2$。

表 15.7　元素集合 S

O	x	y
1	0	2
2	0	0
3	1.5	0
4	5	0
5	5	2

对该元素集合的分析流程如下。

(1) 选择 $O_1(0,2)$,$O_2(0,0)$ 为初始的簇中心,即 $M_1＝O_1＝(0,2)$,$M_2＝O_2＝(0,0)$。

(2) 对剩余的每个对象,根据其与各个簇中心的距离,将它赋给最近的簇。

对于 O_3 有 $d(M_1,O_3)＝2.5$,$d(M_2,O_3)＝1.5$,显然 $d(M_2,O_3)＜d(M_1,O_3)$,将 O_3 分配给 C_2。同理,将 O_4 分配给 C_1,将 O_5 分配给 C_2。

此时的簇：$C_1＝\{O_1,O_5\}$,$C_2＝\{O_2,O_3,O_4\}$

到簇心的距离和: $E_1 = 25, E_2 = 2.25 + 25 = 27.25, E = 52.25$

新的簇中心: $M_1 = (2.5, 2), M_2 = (2.17, 0)$

(3) 重复上述步骤, 得到新簇 $C_1 = \{O_1, O_5\}, C_2 = \{O_2, O_3, O_4\}$, 簇中心仍为 $M_1 = (2.5, 2), M_2 = (2.17, 0)$, 两者均未变。根据簇中心计算距离和, $E_1 = 12.5, E_2 = 13.15$, $E = E_1 + E_2 = 25.65$。

此时, E 为 25.65, 比上次 52.25 大大减小, 而簇中心又未变, 所以停止迭代, 算法停止。

15.3.2 层次化聚类方法

层次聚类方法将数据对象组成一颗聚类树, 如图 15.13 所示。

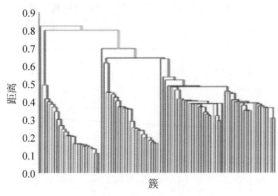

图 15.13 聚类树

根据层次的分解是自底向上(合并)还是自顶向下(分裂), 层次聚类法可以进一步分为凝聚式(agglomerative)和分裂式(divisive)。即有两种类型的层次聚类方法。

(1) 凝聚层次聚类: 采用自底向上的策略, 首先将每个对象作为单独的一个簇, 然后按一定规则将这些小的簇合并形成一个更大的簇, 直到最终所有的对象都在层次最上层的一个簇中或达到某个终止条件。Agnes 是其中的代表算法, 如图 15.14 所示。

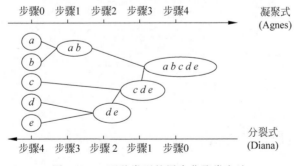

图 15.14 两种类型的层次化聚类方法

(2) 分裂层次聚类: 采用自顶向下的策略, 首先将所有对象置于一个簇中, 然后逐渐细分为越来越小的簇, 直到每个对象自成一个簇或达到终止条件。Diana 是其中的代表算法,如图 15.14 所示。

下文以 Agnes 算法为例展开阐述。

输入: n 个对象,终止条件簇的数目 k。

输出: k 个簇,达到终止条件规定的簇的数目。

算法流程如下。

(1) 将每一个元素当成一个初始簇。

(2) 循环迭代,直到达到定义的簇的数目。

① 根据两个簇中最近的数据点找到最近的两个簇。

② 合并两个簇,生成新的簇。

案例分析:

表 15.8 给出 8 个元素,分别有属性 1 和属性 2 两个维度,各个维度属性的值如下。

表 15.8　元素参数

序　　号	属性 1	属性 2
1	1	1
2	1	2
3	2	1
4	2	2
5	3	4
6	3	5
7	4	4
8	4	5

按照 Agnes 算法层次聚类的过程如表 15.9 所示,两个簇之间的距离按照两个簇间点的最小距离为度量依据。

表 15.9　更新过程

步骤	最近的簇距离	最近的两个簇	合并后的新簇
1	1	{1},{2}	{1,2},{3},{4},{5},{6},{7},{8}
2	1	{3},{4}	{1,2},{3,4},{5},{6},{7},{8}
3	1	{5},{6}	{1,2},{3,4},{5,6},{7},{8}
4	1	{7},{8}	{1,2},{3,4},{5,6},{7,8}
5	1	{1,2},{3,4}	{1,2,3,4},{5,6},{7,8}
6	1	{5,6},{7,8}	{1,2,3,4},{5,6,7,8}结束

15.3.3　基于密度的聚类方法

基于密度的聚类算法是根据样本的密度分布来进行聚类。通常情况下,密度聚类从样本密度的角度出发,考查样本之间的可连接性,并基于可连接样本不断扩展聚类簇,以获得最终的聚类结果。密度聚类后的分布形式如图 15.15 所示。最有代表性的基于密度的算法是 DBSCAN 算法,下文将对此展开介绍。

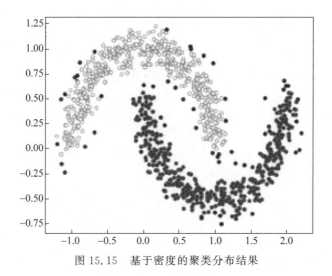

图 15.15　基于密度的聚类分布结果

DBSCAN 算法所涉及的基本术语如下。

（1）对象的 ε-邻域：给定的对象 $x_j \in D$，在其半径 ε 内的区域中，包含的样本点的集合，即 $|N_\varepsilon(x_j)| = \{x_i \in D \mid d(x_i, x_j) \leqslant \varepsilon\}$。该子样本中包含样本点的个数记为 $|N_\varepsilon(x_j)|$。

（2）核心对象：对于任一样本 $x_j \in D$，如果其 ε-邻域对应的 $N_\varepsilon(x_j)$ 至少包含 MinPts 个样本，即 $|N_\varepsilon(x_j)| \geqslant \text{MinPts}$，则 x_j 是核心对象。

（3）密度直达：如果 x_i 位于 x_j 的 ε-邻域，且 x_j 为核心对象，则称 x_i 由 x_j 密度直达，注意反之不一定成立。

（4）密度可达：对于 x_i 和 x_j，如果存在样本序列 $p_1, p_2, \cdots, p_T$，满足 $p_1 = x_i$，$p_T = x_j$，且 p_{t+1} 由 p_t 密度直达，则称 x_i 由 x_j 密度可达。

（5）密度相连：对于 x_i 和 x_j，如果存在核心样本 x_k，使 x_i 和 x_j 均由 x_k 密度可达，则称 x_i 和 x_j 密度相连。

DBSCAN 术语示意图如图 15.16 所示，每个点都是一个对象。因为 MinPts＝5，则 ε-邻域至少有 5 个样本的点是核心对象。所有核心对象密度直达的样本在以核心对象为中心的超球体内，如果不在超球体内，则不能密度直达。图中用箭头连起来的核心对象组成了密度可达的样本序列，在其 ε-邻域内所有的样本相互都是密度相连的。

有了上述 DBSCAN 聚类术语的定义，其算法流程的描述就简单多了。DBSCAN 算法流程如下。

输入：包含 n 个元素的数据集，半径 ε，最少数据 MinPts。

输出：达到密度要求的所有生成的簇。

迭代循环，直到达到收敛条件：所有的点都被处理过。

（1）从数据集中随机选取一个未经处理过的点。

（2）如果抽中的点是核心点，则找出所有从该点密度可达的对象，形成一个簇。

（3）如果抽中的点是非核心点，则跳出本次循环，寻找下一个点。

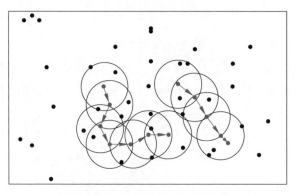

图 15.16　DBSCAN 术语示意图

案例分析：

表 15.10 是一个样本的数据表，表中注明了样本序号及其属性值，对其使用 DBSCAN 进行聚类，同时定义 $\varepsilon=1$，MinPts$=4$。

表 15.10　DBSCAN 样本和算法实现

序号	属性 1	属性 2	迭代步骤	选择点的序号	在 ε 中点的个数	通过计算密度可达而形成的簇
1	2	1	1	1	2	无
2	5	1	2	2	2	无
3	1	2	3	3	3	无
4	2	2	4	4	5（核心对象）	簇 1：{1,3,4,5,9,10,12}
5	3	2	5	5	3	在簇 1 中
6	4	2	6	6	3	无
7	5	2	7	7	5（核心对象）	簇 2：{2,6,7,8,11}
8	6	2	8	8	2	在簇 2 中
9	1	3	9	9	3	在簇 1 中
10	2	3	10	10	4（核心对象）	在簇 1 中
11	5	3	11	11	2	在簇 2 中
12	2	4	12	12	2	在簇 1 中

通过表 15.10 中的实验步骤，即可完成基于密度的 DBSCAN 的聚类，聚类前后的样本对比如图 15.17 所示。

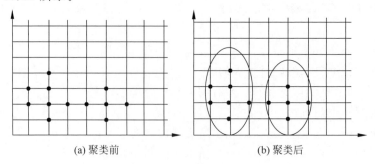

(a) 聚类前　　　　　　　　　　　(b) 聚类后

图 15.17　DBSCAN 聚类结果

15.4　强化学习

在人工智能的发展过程中,强化学习已经变得越来越重要,它的理论在很多应用中都取得了非常重要的突破。尤其是在 2017 年的 1 月 4 日晚,DeepMind 公司研发的 AlphaGo 升级版 Master 在战胜人类棋手时,突然发声自认:"我是 AlphaGo 的黄博士"。自此,Master 已经取得了 59 场的不败纪录,将对战人类棋手的纪录变为 59∶0,Master 程序背后所应用的强化学习思想也受到了广泛的关注。本节将介绍机器学习领域中非常重要的一个分支——强化学习。

15.4.1　强化学习 VS 监督学习和非监督学习

相较于上文介绍的机器学习领域中经典的监督学习和无监督学习,强化学习的设计思路主要是模仿生物体与环境交互的过程,得到正负反馈并不断地更正下次的行为,进而实现学习的目的。

这里以一个学习烹饪的人为例:一个初次下厨的人,他在第一次烹饪时因火候过大导致食物的味道不好;在下次做菜时,他就将火候调小一些,食物的味道比第一次好了很多,但是可能火候过小而使得食物味道还是不够好;在下次做菜时,他又调整了自己烹饪的火候。就这样,他每次做菜都根据之前的经验去调整当前做菜的"策略",并获得本次菜肴是否足够美味的"反馈",直到掌握了烹饪菜肴的最佳方法。

强化学习模型构建的范式正是模仿上述人类学习的过程,强化学习也因此被视为实现人工智能的重要途径。

强化学习在以下几方面明显区别于传统的监督学习和非监督学习。

（1）强化学习没有像监督学习那样明显的"label",它有的只是每次行为过后的反馈。

（2）当前的策略会直接影响后续接收到的整个反馈序列。

（3）收到反馈或奖励的信号不一定是实时的,有时甚至有很长的延迟。

（4）时间序列是一个非常重要的因素。

15.4.2　强化学习问题描述

强化学习由图 15.18 所示的几部分组成,这里引用的是 David Silver 在相关课程中的图片。整个过程可以描述为:在第 t 个时刻,个体(agent)对环境(environment)有一个观测 O_t,因此它做出行为 A_t,随后个体(agent)获得环境(environment)的反馈 R_{t+1};与此同时,环境(environment)接收个体的动作 A_t,更新环境的信息 O_{t+1} 以便于可以在下一次行动前观察到,然后再反馈给个体信号 R_{t+1}。其中,R_t 是环境(environment)对个体(agent)的一个反馈信号,将其称为奖励(reward)。R_t 是一个标量,它评价反映的是个体在 t 时刻的行为的指标。因此,个体(agent)的目标就是在这个时间序列中使得奖励的期望最大。

个体(agent)学习的过程就是一个观测、行为、奖励不断循环的序列,将其称为历史 $H_t:O_1,R_1,A_1,O_2,R_2,A_2,\cdots,O_t,R_t,A_t$。基于历史的所有信息可以得到当前状态

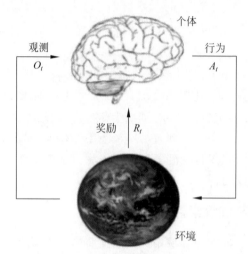

图 15.18 强化学习的组成

(state)的一个函数 $S_t = f(H_t)$,这个状态又分为环境状态、个体状态和信息状态。状态具有马尔可夫属性,以概率的形式表示为

$$P[S_{t+1} \mid S_t] = P[S_{t+1} \mid S_1, \cdots, S_t] \tag{15.36}$$

即第 $t+1$ 刻的信息状态基于 t 时刻就可以全部得到,而不再需要 t 时刻以前的历史数据。

基于上述描述,强化学习系统中的个体(agent)可以由以下 3 个组成部分中的一个或多个组成。

(1)策略。

策略(policy)是决定个体行为的机制。它是从状态到行为的一个映射,可以是确定性的,也可以是不确定性的。详细来说,就是当个体(agent)在状态 S 时所要做出行为的选择,将其定义为 π,这是强化学习中最核心的问题。如果策略是不确定性的,则根据每个动作的条件概率分布 $\pi(a \mid s)$ 选择动作;如果策略是确定性的,则直接根据状态 S 选择动作 $a = \pi(s)$。

因此有随机策略 $\sum \pi(a \mid s) = 1$ 和确定型策略 $\pi(s): S \rightarrow A$。

(2)价值函数。

如果反馈(reward)定义的是评判一次交互中立即回报的好坏,那么价值函数(value function)则定义的是长期平均回报的好坏。比如在烹饪过程中,应用大量高热量的酱料虽然会使烹饪后的食物口味比较好,但如果长期吃高热量的酱料则会导致肥胖,显然使用高热量酱料的这个行为从长期看是不好的。一个状态 S 的价值函数是其长期期望 reward 的高低,因此某一策略下的价值函数可以表示为

$$v_\pi(s) = E_\pi[R_{t+1} + R_{t+2} + R_{t+3} + \cdots \mid S_t = s] \tag{15.37}$$

$$v_\pi(s) = E_\pi[R_{t+1} + \gamma R_{t+2} + \gamma^2 R_{t+3} + \cdots \mid S_t = s] \tag{15.38}$$

其中,式(15.37)代表的是回合制任务(episodic task)的价值函数,这里的回合制任务(episodic task)是指整个任务有一个最终结束的时间点;式(15.38)代表的是连续任务(continuing task)的价值函数,原则上这类任务可以无限制地运行下去。γ 被称为衰减率(attenuance),满足 $0 \leqslant \gamma \leqslant 1$。它可以理解为,在连续任务(continuing task)中,相比于更远的收益,更加偏好临近的收益,因此对于离得较近的收益权重更高。

（3）环境模型。

环境模型(model of environment)是个体(agent)对环境的建模,主要体现了个体和环境的交互机制,即在环境状态 S 下个体(agent)采取动作 a,环境状态转到下一个状态 S' 的概率,其可以表示为 $P_{SS'}^a$。它可以解决两个问题,一个是预测下一个状态(state)可能发生各种情况的概率,另一个是预测可能获得的即时奖励(reward)。

15.4.3　强化学习问题分类

解决强化学习问题有多种思路,根据这些思路的不同,强化学习问题大致可以分为以下 3 类。

（1）基于价值函数(value function)的解决思路：个体有对状态的价值估计函数,但是没有直接的策略函数,策略函数由价值函数间接得到。

（2）直接基于策略的(policy based)的解决思路：个体的行为直接由策略函数产生,个体并不维护一个对各状态的价值估计函数。

（3）演员-评判家形式(actor-critic)的解决思路：个体既有价值函数,也有策略函数,两者相互结合解决问题。

案例分析：

这里以图 15.19 所示的 3×3 的一字棋为例,3 个人轮流下,直到有一个人的棋子满足一横或一竖则为赢得比赛,或者这个棋盘填满也没有人赢则为和棋。

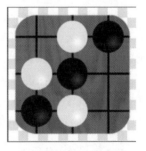

这里尝试使用强化学习的方法来训练一个 agent,使其能够在该游戏上表现出色(即 agent 在任何情况下都不会输,最多平局)。由于没有外部经验,因此需要同时训练两个 agent进行上万轮的对弈来寻找最优策略。

图 15.19　一字棋

（1）环境的状态 S。九宫格的每个格子有 3 种状态,即没有棋子(取值 0),有第一个选手的棋子(取值 1),有第二个选手的棋子(取值 -1)。那么这个模型的状态一共有 $3^9 = 1\,968\,339 = 19\,683$ 个。

（2）个体的动作 A。由于只有 9 个格子,每次也只能下一步,所以最多只有 9 个动作选项。实际上由于已经有棋子的格子是不能再下的,所以动作选项会更少,可以选择动作的就是那些取值为 0 的格子。

（3）环境的奖励 R。奖励一般是自己设计的。由于实验的目的是赢棋,所以如果某个动作导致的改变状态可以赢棋并结束游戏,那么奖励最高,反之则奖励最低。其余的双方下棋动作都有奖励,但奖励较少。特别地,对于先下的棋手,不会导致结束的动作奖励要比后下的棋手少。

（4）个体的策略。策略一般是学习得到的,在每轮以较大的概率选择当前价值最高的动作,同时以较小的概率去探索新动作。

整个设计过程的逻辑思路如下所示。

```
REPEAT{
    if 分出胜负或平局：返回结果,break;
    else 依据 ε 概率选择 explore 或依据 1 - ε 概率选择 exploit:
        if   选择 explore 模型：随机地选择落点下棋;
        else 选择 exploit 模型：
            从 value_table 中查找对应最大 value 状态的落点下棋;
            根据新状态的 value 在 value_table 中更新原状态的 value; }
```

由于一字棋的状态逻辑比较简单,使用价值函数 $V(S) = V(S) + \alpha(V(S') - V(S))$,即可。其中,$V$ 表示价值函数;S 表示当前状态;S' 表示新状态;$V(S)$ 表示 S 的价值,α 表示学习率,是可以调整的超参;ε 是探索率,即策略模式是以 $1 - \varepsilon$ 的概率选择当前最大价值的动作,以 ε 的概率随机选择新动作。

（5）环境的状态转化模型。由于环境的下一个模型状态在每个动作后是确定的,即九宫格的每个格子是否有某个选手的棋子是确定的,因此转化的概率都是 1,不会出现在某个动作后以一定的概率到某几个新状态的情况。

15.5　神经网络和深度学习

深度学习（deep learning）是近些年来在计算机领域中,无论是学术界还是工业界都备受关注、发展迅猛的研究领域。在许多人工智能的应用场景中,它都取得了较为重大的成功和突破,如图像识别、指纹识别、声音识别和自然语言处理等。

从本质上讲,深度学习是机器学习的一个分支,它代表了一类问题及其解决方法。人工神经网络（Artificial Neural Network,ANN）,简称神经网络,由于其可以很好地解决深度学习中的贡献度分配问题,所以神经网络模型被大量地引入深度学习领域。

15.5.1　感知器模型

在神经网络中,最基本的组成成分是神经元模型,它模拟生物体的中枢神经系统。系统中的每个神经元与其他神经元相连,当它受到刺激时,神经元内部的电位就会超过一定的阈值,继而向其他神经元传递化学物质。神经元的内部结构如图 15.20 所示。

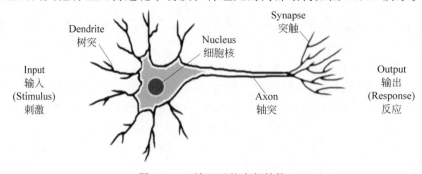

图 15.20　神经元的内部结构

神经网络中的感知器只有一个神经元,是最简单的神经网络。在这个模型中,中央的神经元接收从外界传送过来的 r 个信号,分别为 $p_1,p_2,\cdots,p_r$,这些输入信号对应的权重分别为 $w_1,w_2,\cdots,w_r$;将各个输入值与其相应的权重相乘,再另外加上偏移量 b;通过激活函数的处理产生相应的输出 a 感知器的整个处理流程如图 15.21 所示。激活函数又称为非线性映射函数,它的常用形式有 sigmoid 函数、阶跃函数、ReLU 函数等,用于将无限的输出区间转换到有限的输出范围内。

感知器模型用公式描述如下,其中 $f(x)$ 代表的是激活函数。

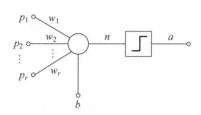

$$y = f\left(\sum_{i=1}^{r} p_i \cdot w_i + b\right) \qquad (15.39)$$

图 15.21　感知器原理示意图

从几何的角度来看,对于 n 维空间的一个超平面,ω 可以表示为超平面的法向量,b 为超平面的截距,p 为空间中的点。当 x 位于超平面的正侧时,$\omega x + b > 0$;当 x 位于超平面的负侧时,$\omega x + b < 0$。因此,可以将感知器用作分类器,超平面就是其决策的分类平面。

这里给定一组训练数据:$T = (x_1, y_1), (x_2, y_2), \cdots, (x_n, y_n)$。其中,$x_i \in X = R^n$,$y_i \in y = \{+1, -1\}, i = 1, 2, \cdots, N$。此时,学习的目的就是要找到一个能够将上述正负数据都分开的超平面,其可以通过最小化误分类点到超平面的总距离来实现。假设有 j 个误分的点,求解式(15.40)的损失函数,从而找到最优参数。

$$L(\omega, b) = -\frac{1}{\|\omega\|} \sum_{x_i \in M}^{j} y_i(\omega x_i + b) \qquad (15.40)$$

参数求解不是本节的重点,这里不再赘述。

15.5.2　前馈神经网络

一个感知器处理的问题还是比较简单的,但当通过一定的连接方式将多个不同的神经元模型组合起来时,就形成了神经网络,其处理问题的能力也大大地提高。这里的连接方式称为“前馈网络”。在整个神经元模型组成的网络中,信息朝着一个方向传播,没有反向的回溯。按照接收信息的顺序不同分为不同的层,当前层的神经元接收前一层神经元的输出,并将处理过的信息输出传递给下一层。本节主要介绍全连接前馈网络,它是“前馈网络”神经元模型中重要的一种。

前馈神经网络(Feedforward Neural Network,FNN)是最早出现的人工神经网络,也常被称为多层感知器。图 15.22 是有 3 个隐藏层的全连接前馈神经网络的示意图。第一层神经元被称为输入层,它所包含的神经元个数不确定,通常大于 1 即可,此处为 3 个。最后一层被称为输出层,它所涵盖的神经元个数可以根据具体情况来确定,图中输出层有两个神经元,根据实际情况可以有多个输出的神经元。中间层被统一称为隐藏层,隐藏的层数不确定,每层的神经元个数也可以根据实际情况进行调整。在整个网络中,信号单向逐层向后传播,可以用一个有向无环图表示。

前馈神经网络的结构可以用如下记号联合表示。

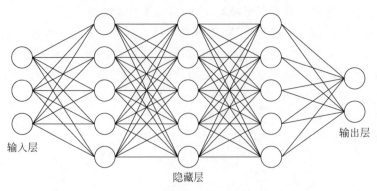

图 15.22　全连接前馈神经网络结构示意图

（1）L：神经网络的层数。

（2）M_l：第 l 层神经元的个数。

（3）$f_l(\cdot)$：第 l 层神经元的激活函数。

（4）$W^{(l)} \in R^{M_l \times M_{l-1}}$：第 $l-1$ 层到第 l 层的权重矩阵。

（5）$b^{(l)} \in R^{M_l}$：第 $l-1$ 层到第 l 层的偏置。

（6）$z^{(l)} \in R^{M_l}$：第 l 层神经元的净输入（净活性值）。

（7）$a^{(l)} \in R^{M_l}$：第 l 层神经元的输出（活性值）。

若令 $a^{(0)} = x$，则前馈神经网络迭代的公式如下：

$$z^{(l)} = w^{(l)} a^{(l-1)} + b^{(l)} \tag{15.41}$$

$$a^{(l)} = f_l(z^{(l)}) \tag{15.42}$$

对于常见的连续非线性函数，前馈神经网络都能够进行拟合。

15.5.3　卷积神经网络

卷积神经网络（Convolutional Neural Network，CNN）是前馈神经网络的一种。当使用全连接前馈神经网络进行图像信息的处理时，参数过多会导致计算量过大，使得图像中物体局部不变的特征不能顺利提取出。生物学中的神经元在实际信息传递时会将上一层某个神经元产生的信号仅传递给下一层部分相关神经元，由此改进了全连接前馈神经网络，得到了卷积神经网络。卷积神经网络通常由以下 3 层交叉堆叠而组成：卷积层、汇聚层（Pooling Layer）、全连接层。

卷积神经网络主要使用在图像分类、人脸识别、物体识别等图像和视频分析的任务中，它的使用效果非常好，远超过目前其他的一些模型。近年来，卷积神经网络在自然语言处理、语音处理，以及互联网业务场景的推荐系统中也常常被应用到。

下面以手写字体识别为例，分析卷积神经网络的工作过程，整个过程的分解流程示意图如图 15.23 所示。

卷积神经网络的具体工作流程如下。

（1）将手写字体图片转换成像素矩阵（32，32），以此作为输入数据。

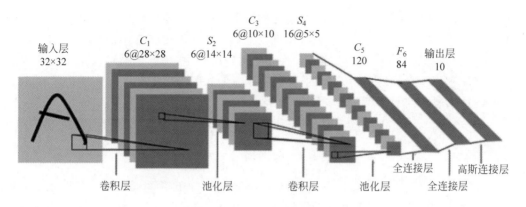

图 15.23 手写字体识别

（2）对像素矩阵进行第一层卷积运算，生成 6 个特征图，即图 $C_1(28,28)$。

（3）对每个特征图进行池化操作，在保留特征图特征的同时缩小数据量。生成 6 个小图 $S_2(14,14)$，这 6 个小图和上一层各自的特征图长得很像，但尺寸缩小了。

（4）对 6 个小图进行第二层卷积运算，生成更多特征图，即图 $C_3(10,10)$。

（5）对第二次卷积生成的特征图进行池化操作，生成 16 张更小的图 $S_4(5,5)$。

（6）进行第一层全连接操作。

（7）进行第二层全连接操作。

（8）在高斯连接层输出结果。

在对卷积神经网络结构和工作过程有了初步的了解后，进一步详细阐述上述工作流程中所涉及的卷积、池化的实际计算过程和作用。

1. 卷积层

卷积的作用是在原图中把符合卷积核特征的特征提取出来，进而得到特征图（feature map），这也是其本质所在。

2. 池化层

池化又叫作下采样（phthalic anhydride），它的目的是在保留特征的同时压缩数据量。具体方法为用一个像素代替原图上邻近的若干像素，在保留特征图特征的同时压缩其大小。因此它的作用是防止数据爆炸，节省运算量和运算时间，同时又能防止过拟合、过学习。

15.5.4 其他类型结构的神经网络

前面已经介绍了两种前馈神经网络结构的神经网络，神经元的组成还有其他模式，如记忆网络和图网络。

1. 记忆网络

记忆网络又被称为反馈网络。相比于前馈神经网络仅接收上一层神经元传递的信

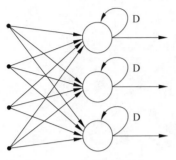

图 15.24　记忆网络结构

息,在记忆网络中的神经元不但可以接收其他神经元的信息,还可以记忆自己在历史状态中的各种状态以获取信息。在记忆神经网络中,信息传播可以是单向的或双向的,其结构示意图如图 15.24 所示。

非常经典的记忆神经网络包括循环神经网络、HopField 神经网络、玻尔兹曼机、受限玻尔兹曼机等。

2. 图网络

图网络结构类型的神经网络是前馈神经网络结构和记忆网络结构的泛化,它是定义在图结构数据上的神经网络。图中的每个节点都是由一个或一组神经元构成,节点之间的连接可以是有向的,也可以是无向的。图 15.25 是图网络结构的示意图。

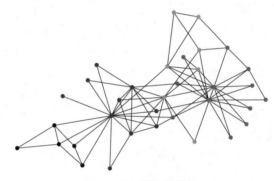

图 15.25　图网络结构

比较典型的图网络结构的神经网络,包括图卷积网络、图注意力网络、消息传递神经网络等。

案例分析:

本节案例展示了一个前馈神经网络的参数更新过程。图 15.26 展示了一个多层前馈神经网络,它的学习率为 0.9,激活函数为 sigmoid 函数。训练数据的输入值为 $(1,0,1)$,结果为 1。整个网络中的初始化的参数值如表 15.11 所示。

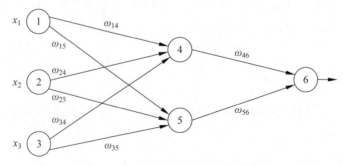

图 15.26　前馈神经网络参数更新过程

表 15.11 前馈神经网络初始化参数

参数	$x1$	$x2$	$x3$	$\theta4$	$\theta5$	$\theta6$		
参数值	1	0	1	-0.4	0.2	0.1		
	ω_{14}	ω_{15}	ω_{24}	ω_{25}	ω_{34}	ω_{35}	ω_{46}	ω_{56}
	0.2	-0.3	0.4	0.1	-0.5	0.2	-0.3	-0.2

节点 4：$0.2+0-0.5-0.4=-0.7$ $\xrightarrow{激活函数后}$ $\dfrac{1}{1+e^{-(-0.7)}}=0.332$

节点 5：$-0.3+0+0.2+0.2=0.1$ $\xrightarrow{激活函数后}$ $\dfrac{1}{1+e^{-(0.1)}}=0.525$

节点 6：$-0.3\times(0.332)+(-0.2)\times(0.525)+0.1=-0.105$

$\xrightarrow{激活函数后}$ $\dfrac{1}{1+e^{-(-0.105)}}=0.474$

这样就完成了神经网络的第一次计算，下面对该网络进行更新。因为更新操作的顺序是从后往前的，所以要先对输出节点进行更新。接下来先求输出节点的误差值 Err_6：

$$\text{Err}_6=O_6(1-O_6)(T_6-O_6)=0.474\times(1-0.474)\times(1-0.474)=0.131$$

权重更新操作：

$$\omega_{46}=\omega_{46}+0.9\times\text{Err}_6\times O_4=-0.3+0.9\times0.131\times0.332=-0.261$$

$$\omega_{56}=\omega_{56}+0.9\times\text{Err}_6\times O_5=-0.2+0.9\times0.131\times0.525=-0.138$$

偏置更新操作：

$$\theta_6=\theta_6+0.9\times\text{Err}_6=0.1+0.9\times0.131=0.218$$

同理，对节点 4 和节点 5 进行误差值更新操作，它们的误差计算方法与节点 6 不同：

$$\text{Err}_4=O_4(1-O_4)\sum_1\text{Err}_6\times\omega_{46}$$
$$=0.332\times(1-0.332)\times0.131\times(-0.3)=-0.020\,87$$
$$\text{Err}_5=O_5(1-O_5)\sum_1\text{Err}_6\times\omega_{56}$$
$$=0.525\times(1-0.525)\times0.131\times(-0.2)=-0.006\,5$$

权重和偏置的更新操作与节点 6 相同，这里就不再赘述。至此，完成了一次对于神经网络的更新。

15.6 案例：银行贷款用户筛选

本节将介绍一个在实际工作生活场景中应用机器学习算法的案例。

借贷业务是银行资产业务的重要基础。银行拥有大量的资产规模不同的储户，如何精准有效地将存款用户转化为贷款用户，进而提高银行的收入，同时规避不合规用户带来的坏账风险，一直是银行业务部门需要研究的重要问题。为此需要通过银行后台现有收集到的用户数据，明确现有储户的潜在需求。

这里采用逻辑斯特回归分类模型来解决银行可放贷用户的筛选问题。

分类筛选步骤如下。

（1）确定特征属性及划分训练集，其中用于训练数据的数据集如表 15.12 所示。

表 15.12　用户数据信息

Label	商业信用指数	竞争等级	Label	商业信用指数	竞争等级
0	125.0	−2	0	1500	−2
0	599.0	−2	0	96	0
0	100.0	−2	1	−8	0
0	160.0	−2	0	375	−2
0	415.0	−2	0	42	−1
0	80.0	−2	1	5	2
0	133.0	−2	0	172	−2
0	350.0	−1	1	−8	0
1	23.0	0	0	89	−2

在实际应用中，特征属性的数量很多，划分也比较细致，这里为了方便起见，选用最终计算好的复合指标，将商业信用指数和竞争等级作为模型训练的属性维度。Label 表示最终对用户贷款的结果，1 表示贷款成功，0 表示贷款失败。另外，由于实际的样本量比较大，这里只截取部分数据以供参考。

（2）模型构造。

这里选用逻辑斯特回归模型作为本次分类任务的分类模型。各维度属性的集合是 $\{\boldsymbol{X}_{\text{维度属性}}: x_{\text{商业信用指数}}, x_{\text{竞争等级}}\}$，待求解参数的集合 $\{\boldsymbol{\theta}^{\text{T}}: \theta_0, \theta_1, \theta_2\}$，则模型的线性边界为

$$\theta_0 + \theta_1 x_{\text{商业信用指数}} + \theta_2 x_{\text{竞争等级}} = \sum_{i=0}^{n} \theta_i x_i$$

构造出的预测函数为

$$h_\theta(x) = g(\theta^{\text{T}} x) = \frac{1}{1 + e^{-(\theta_0 + \theta_1 x_{\text{商业信用指数}} + \theta_2 x_{\text{竞争等级}})}}$$

当分类结果为类别"1"时"可以贷款"，其概率为 $h_\theta(x)$；当分类结果为类别"0"时"不可以贷款"，其概率为 $1 - h_\theta(x)$。

放贷的概率：$P(y=1 | x; \theta) = h_\theta(x)$。

不放贷的概率：$P(y=0 | x; \theta) = 1 - h_\theta(x)$。

（3）预测函数的参数求解。

通过最大似然估计构造 cost 函数如下：

$$\boldsymbol{L}(\theta) = \prod_{i=1}^{m} (h_\theta(x^i))^{y^i} (1 - h_\theta(x^i))^{1-y^i}$$

$$\boldsymbol{J}(\theta) = \log \boldsymbol{L}(\theta) = \sum_{i=1}^{m} (y^i \log h_\theta(x^i) + (1 - y^i) \log(1 - h_\theta(x^i)))$$

求解的目标是使得构造函数最小，通过梯度下降法求 $\boldsymbol{J}(\theta)$，得到 θ 的更新方式：

$$\theta_j := \theta_j - \alpha \frac{\partial}{\partial \theta_j} \boldsymbol{J}(\theta), \quad j = 0, 1, \cdots, n$$

不断迭代,求解得到

$$\theta_0 = 115 - 1\,143, \quad \theta_1 = -0.465\,0, \quad \theta_2 = 9.379\,9$$

最终得到实际应用的预测公式:

$$h_\theta(x) = g(\theta^{\mathrm{T}} x) = \frac{1}{1 + \mathrm{e}^{-(115 - 1\,143 - 0.465\,0x_{商业信用指数} + 9.379\,9x_{竞争等级})}}$$

(4) 用户筛选分类预测。

当有新用户时,根据客户资料计算出用户的商业信息指数和竞争等级,代入上述求解公式就可以得到用户贷款的概率,并以此决定是否给予用户贷款。

例如:

当 $x_{商业信用指数} = 125$, $x_{竞争等级} = -2$ 时,可以得出结果 $p = \dfrac{1}{1 + \mathrm{e}^{60.770\,7}} = 0$,则不放贷给用户。

当 $x_{商业信用指数} = 50$, $x_{竞争等级} = 1$ 时,可以得出结果 $p = \dfrac{1}{1 + \mathrm{e}^{-2.244\,37}} = 0.904\,2$,则可以放贷给用户。

至此,基本完成一个机器学习模型在银行可放贷用户筛选场景中的实际应用。

15.7 小结

本章主要介绍了传统机器学习的各种算法模型的理论基础,包括监督学习中的分类模型、非监督模型中的聚类模型、强化学习的模型,以及神经网络模型中的一些基础模型。各节为每个模型都配备了实际的应用示例,帮助各位读者加深对各种模型算法的认识和理解。希望读者能够通过这些内容,对机器学习领域的一些基础内容和模型有一定的了解。

习题

一、选择题

1. Logistics regression 和一般回归分析的区别在于( )。

    A. Logistics regression 可以用来预测事件的可能性

    B. Logistics regression 可以用来度量模型拟合程度

    C. Logistics regression 可以用来估计回归系数

    D. 以上所有

2. 在大数据集上训练决策树时,为了减少训练时间,可以( )。

    A. 增加树的深度   B. 增加学习率

    C. 减少树的深度   D. 减少树的数量

3. 以下关于机器学习模型的说法正确的是（　　）。

    A. 如果有较高准确率，则说明这个分类器一定是好的

    B. 如果增加模型复杂度，那么模型的测试错误率总是会降低

    C. 如果增加模型复杂度，那么模型的训练错误率通常会降低

    D. 不可以使用聚类"类别 id"作为一个新的特征项，然后再用监督学习分别进行学习

4. 如果 SVM 模型欠拟合，以下哪个方法可以改进模型？（　　）

    A. 增大惩罚参数 C 的值　　　　　　B. 减小惩罚参数 C 的值

    C. 减小核系数　　　　　　　　　　D. 增大核系数

5. 当模型的 bias 高时，可以通过（　　）降低。

    A. 在特征空间中减少特征　　　　　B. 在特征空间中增加特征

    C. 增加数据点　　　　　　　　　　D. 减少数据点

6. 在其他条件不变的前提下，以下哪种做法容易引起机器学习中的过拟合问题？（　　）

    A. 增加训练集量

    B. 减少神经网络隐藏层节点数

    C. 删除稀疏的特征 S

    D. SVM 算法中使用高斯核/RBF 核代替线性核

7. 关于 SVM 泛化误差说法正确的是（　　）。

    A. 超平面与支持向量之间的距离

    B. SVM 对未知数据的预测能力

    C. SVM 的误差阈值

    D. 超平面关于所有样本点的几何间距最大值

8. 如果使用数据集的全部特征并且能够达到 100% 的准确率，但在测试集上仅能达到 70% 左右，这说明（　　）。

    A. 欠拟合　　　　　　　　　　　　B. 模型拟合较好

    C. 过拟合　　　　　　　　　　　　D. 拟合无效

9. 一般来说，以下哪种方法常用来预测连续独立变量？（　　）

    A. 线性回归　　　　　　　　　　　B. 逻辑回归

    C. 线性回归和逻辑回归　　　　　　D. 以上说法都不对

10. （多选）下面 3 张图展示了对同一训练样本（散点）使用不同的模型拟合的效果（曲线），由此可以得出哪些结论？（　　）

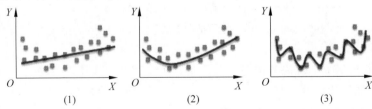

    (1)　　　　　　　　　(2)　　　　　　　　　(3)

A. 第 1 个模型的训练误差大于第 2 个、第 3 个模型

B. 拟合最好的模型是第 3 个,因为它的训练误差最小

C. 第 2 个模型最为"健壮",因为它对未知样本的拟合效果最好

D. 第 3 个模型发生了过拟合

E. 所有模型的表现都一样,因为并没有看到测试数据

二、判断题

1. 训练一个支持向量机,除去非支持向量后仍能分类。　　　　　　　　　(　)

2. 在线性可分的情况下,支持向量是那些最接近决策平面的数据点。　　(　)

3. 构建一个最简单的线性回归模型需要两个系数(只有一个特征)。　　(　)

4. 已知变量的均值和中值,即可计算变量的偏斜度。　　　　　　　　　(　)

5. 逻辑斯特回归的 ReLU 函数将输出概率限定为[0,1]。　　　　　　　　(　)

6. KNN 算法中的 k 值并不是越大越好,k 值过大会降低运算速度。　(　)

7. 回归模型中存在多重共线性的问题,可以通过剔除所有的共线变量来解决此问题。　　　　　　　　　　　　　　　　　　　　　　　　　　　　　　(　)

8. 如果评估训练后的模型时存在高偏差,可以通过增加模型的特征数量来解决此问题。　　　　　　　　　　　　　　　　　　　　　　　　　　　　　　(　)

9. 点击率预测是一个正负样本不平衡问题(如 99% 的样本没有点击,只有 1% 点击)。假如在这个非平衡的数据集上建立一个模型,得到训练样本的正确率是 99%,则此时模型正确率并不高,应该建立更好的模型。　　　　　　　　　　　　(　)

10. 回归和分类问题都可能发生过拟合。　　　　　　　　　　　　　　(　)

三、填空题

1. 常用的分类模型:线性回归、KNN、朴素贝叶斯、SVM、_____。

2. 常用的分类评价指标:召回率、准确率、负交叉熵损失、_____。

3. 在实际应用中,数据挖掘主要分为数据清洗、建模预测和_____。

4. 数据预处理又称为_____,对数据的处理主要包括标准化、区间缩放、归一化、_____、_____。

5. 聚类模型常用的模型评价指标:精准率、准确率、召回率、均一性、_____。

6. 聚类算法常用的模型:K-means、层次聚类法、_____。

7. 贝叶斯概率公式:_____。

8. sigmoid 函数:_____。

9. 径向神经网络的 3 层结构:输入层、隐藏层、_____。

10. 卷积神经网络的 3 个重要组件:卷积层、池化层、_____。

四、简答题

1. 请简述强化学习与传统的监督学习和非监督学习的区别。

2. 如何理解强化学习是半监督学习的一种。

3. 请简述最小邻近算法的原理。

4. 划分式聚类方法一般会构造若干分组,这些分组需要满足什么条件?

5. 请简述决策树模型生成的一般流程。

第三部分

综合实践

第 16 章

实验：AWS

Amazon Web Service(AWS)是一个提供 Web 服务解决方案的平台,它提供了不同抽象层上的计算、存储和网络的解决方案。用户可以使用这些服务来托管网站,运行企业应用程序和进行大数据挖掘。AWS 的客户可以选择不同的数据中心,AWS 数据中心分布在美国、欧洲、亚洲和南美洲等国家和地区。用户在日本启动一个虚拟服务器与在爱尔兰启动虚拟服务器是一样的。这使得 AWS 能够为世界各地的客户提供全球性的基础设施服务。

视频讲解

本节引入具体的应用示例,让读者对云计算和 AWS 平台有一个整体的了解;然后讲解如何搭建包含服务器和网络的基础设施;了解高可用性、高扩展的最佳实践;并在此基础上深入介绍如何在云上存取数据,让读者熟悉存储数据的方法和技术。

16.1 实验一：创建一个 EC2 实例

在开始使用 AWS 之前,用户需要创建一个账户。AWS 账户是用户拥有的所有资源的一个"篮子"。如果多个人需要访问该账户,那么可以将多个用户添加到一个账户下面。在默认情况下,用户的账户将有一个 root 用户。

1. 创建一个 AWS 账号

注册的流程包括以下 5 个步骤。

(1) 提供登录凭证。

(2) 提供联系信息。

(3) 提供支付信息的细节。

(4) 验证身份。

（5）选择支持计划。

其具体操作如下。

（1）注册页面为用户提供了两个选择，如图 16.1 所示，填写电子邮件地址，单击"继续"按钮，创建登录凭证。

注册 AWS

使用新的 AWS 账户了解免费套餐产品。

要了解更多信息，请访问
aws.amazon.com/free。

root 用户的电子邮件地址
用于账户恢复和一些管理功能

AWS 账户名称
为您的账户选择一个名称。注册后，您可以在账户设置中更改此名称。

验证电子邮件地址

或

登录到现有 AWS 账户

图 16.1　注册页面

（2）填写表单中的信息项，填写表单中要求的全部信息，然后单击"创建账户并继续"按钮。

（3）在支付信息细节页面，填写信用卡信息，AWS 支持 MasterCard 及 Visa 信用卡。如果不想以美元支付自己的账单，可以稍后再设置首选付款货币。

（4）接下来验证身份。当完成这部分以后，用户会接到一个来自 AWS 的电话呼叫，一个机器人的声音会询问用户的 PIN 码。身份被验证后，即可执行最后一个步骤。

（5）如果以后为自己的业务创建一个 AWS 账户，这里建议用户选择 AWS 的"业务方案"。用户也可以在以后切换支持计划。

现在用户已经完成所有的注册步骤，可以使用 AWS 管理控制台登录到自己的账户了。

2. 创建一个 EC2 实例

用户现在已经有了 AWS 账户，可以登录 AWS 管理控制台。如前所述，管理控制台是一个基于 Web 的工具，可用于控制 AWS 资源。

管理控制台使用 AWS API 来实现用户需要的大部分功能。输入用户的登录凭据，然后单击"下一步"按钮，就可以看到如图 16.2 所示的管理控制台。

在这个页面中最重要的部分是顶部的导航栏，它由以下 6 部分组成。

- AWS：提供一个账户中全部资源的快速浏览。

图 16.2　AWS 管理控制台

- 服务：提供访问全部的 AWS 服务。
- 自定义部分：单击"编辑"按钮并拖放重要的 AWS 服务到这里，实现个性化的导航栏。
- 客户的名字：让用户可以访问账单信息及账户，还可以退出。
- 客户的区域：让用户选择自己的区域。
- 支持：让用户可以访问论坛、文档、培训及其他资源。

为了创建 EC2 实例，需要展开"服务"菜单项，单击 EC2 选项进入 EC2 实例页面。在 EC2 Dashboard 中可以看到已经在运行使用的资源。在资源页面中单击"启动实例"按钮，如图 16.3 所示。

图 16.3　启动实例

EC2 实例的创建过程包括以下 7 个步骤。

（1）选择操作系统：第一步是为虚拟服务器选择操作系统和预安装软件的组合，称其为 Amazon 系统映像（Amazon Machine Image，AMI）。这里为虚拟服务器选择

"Amazon Linux 2 AMI(HVM)，SSD Volume Type"，如图 16.4 所示。虚拟服务器是基于 AMI 启动的，AMI 由 AWS、第三方供应商及社区提供。AWS 提供 Amazon Linux AMI，包含了为 EC2 优化过的从 Red Hat Enterprise Linux 派生的版本。另外，AWS Marketplace 提供预装了第三方软件的 AMI。

图 16.4　选择操作系统

（2）选择虚拟服务器的尺寸：现在为虚拟服务器选择所需的计算能力，图 16.5 展示了向导的下一步。AWS 将计算能力归到实例类型中，实例类型主要描述了 CPU 的个数及内存数量等资源。由于计算机的运算速度越来越快，而且技术越来越专业化，AWS 持续不断地引入新的实例类型与家族。它们中有些是对已存在的实例家族的改进，有些则专注于特殊的工作负载。用户进行最初的实验时使用最小且最便宜的虚拟服务器就足够了。在如图 16.5 所示的向导界面上选择实例类型 t2.micro，然后单击"下一步：配置实例详细信息"按钮。

图 16.5　选择虚拟服务器大小

（3）配置实例详细信息：向导接下来的 4 个步骤十分容易，因为不需要更改默认值。图 16.6 展示了向导的下一步，用户可以在此更改虚拟服务器的详细信息，如网络配置及需要启动的服务器数量。

图 16.6　配置实例详细信息

- 网络：可以获得对虚拟机联网的绝对控制权，可以在 VPC 里设置自己的 IP 范围、子网、配置路由表及网络网关。
- 子网：用来隔离 EC2 资源，每个子网位于一个可用区。
- 自动分配公有 IP：可以从 Amazon 的公有 IP 地址中申请一个，从而能够通过 Internet 访问实例。在大多数情况下，公有 IP 地址和实例相关联，直到它停止或终止，此后将无法继续使用它。如果需要一个可以随意关联或取消关联的永久公有 IP 地址，则应该使用弹性 IP 地址（Elastic IP，EIP）。另外，可以分配自己拥有的 EIP，并在启动后将其与实例相关联。
- 置放群组：在置放群组中启动实例，以从更大的冗余或更高的网络吞吐量中受益。
- 关闭操作：在执行操作系统级关闭时，请指示实例操作。
- 启用终止保护：可以防止实例意外终止。启用后将无法通过 API 或 AWS 管理控制台终止此实例，直到禁用终止保护。

这里可以选择默认值，单击"下一步：添加存储"按钮。

（4）添加存储：在存储类型上可以选择标准的存储，也可以选择性能更好一些的 SSD 及更高标准的 IOPS 的 SSD。加密选项仅对第二块磁盘生效，根磁盘是无法加密的。图 16.7 展示了向虚拟服务器添加网络附加存储的选项。这里可以选择默认值，单击"下一步：添加标签"按钮。

（5）添加标签：清晰的组织分类是非常有必要的，在 AWS 平台上使用标签可以帮助用户很好地组织资源。标签是一个键值对。用户至少应该给自己的资源添加一个名称标签，以便今后方便地找到它。图 16.8 展示了向虚拟服务器添加标签。这里可以选择默认值，单击"下一步：配置安全组"按钮。

（6）配置安全组：防火墙可帮助用户保护虚拟服务器的安全。图 16.9 展示了防火墙的设置，该设置可以让用户从任意位置使用 SSH 访问默认的 22 端口，可以选择默认值。这里将该防火墙命名为 bai-firewall，然后单击"审核和启动"按钮。

图 16.7 添加存储

图 16.8 添加标签

图 16.9 配置安全组

（7）启动：最后一步，确认所有输入信息无误，单击"启动"按钮，会弹出密钥对选择框。因为事先并未保存密钥对，所以选择新建，单击下拉列表框，选择"创建新密钥对"选项，并命名为JamesBai。单击"下载密钥对"按钮，将该密钥的私钥文件下载到本地硬盘，这稍后会用到，如图16.10所示。注意，一定要记住JamesBai.pem的私钥的保存位置。之后单击"启动实例"按钮。

图16.10 保存密钥

在启动状态页面可以查看实例的启动运行状态，同时也可以在该页面查看启动日志信息，并且为账单建立警告的相关设置。单击"查看实例"按钮，可以看到已经创建的EC2实例。如图16.11所示，当看到实例状态为 running 时，表示该实例已经可以访问使用。

图16.11 实例列表

3. 连接 EC2 实例

在 EC2 实例创建好之后,用户可以选择对 EC2 实例做连接访问、启动、停止、重启、终止、添加标签、更改用户权限、创建 AMI 等操作,这里不详细介绍,用户可以自己操作尝试每个功能,以便更深入地了解。在申请的实例数量变多后,也可以在搜索框中通过上面设置的标签进行搜索。

用户可以远程在虚拟服务器上安装额外的软件及运行命令,如果要登录到虚拟服务器,需要用户先找到公有 IP 地址。在刚才的 EC2 实例页面中单击"连接"按钮,打开连接到虚拟服务器的说明。图 16.12 展示了连接到虚拟服务器的对话框。

图 16.12　连接到虚拟服务器的对话框

有了公有 IP 地址及用户的密钥,用户就能够登录虚拟服务器了。在 Linux 和 macOS 中打开终端,输入"ssh -i ＄PathToKey/JamesBai. pem ec2-user@ ＄PublicIp",使用之前下载的密钥文件的路径替换 ＄PatchToKey 部分,使用在 AWS 管理控制台的连接对话框中显示的 DNS 信息替换 PublickIp 部分。

如果是通过 Windows 连接,则需要使用 Putty 来访问。在使用 Putty 访问前,先通过 PuttyGEN 导入 pem 密钥,然后保存为扩展名为. ppk 的私钥,接着通过 Putty 以密钥的方式访问目标虚拟服务器。访问成功后,可以看到如图 16.13 所示的窗口。

通过以上操作,就完成了对虚拟服务器的创建,同时连接并成功访问了该虚拟服务

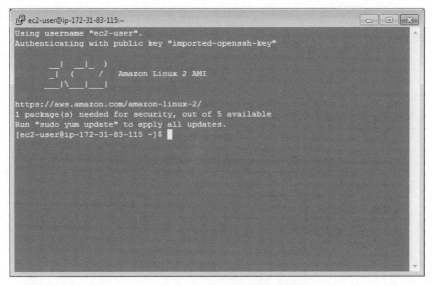

图 16.13   连接虚拟服务器成功

器。用户可以根据自己的业务场景安装软件或丰富虚拟服务器中的场景。

16.2   实验二：创建一个弹性高可用的博客

1. 通过蓝图快速创建一个博客站点

WordPress 是一个比较流行的博客站点应用，它基于 PHP 语言编写，使用 MySQL 数据库存储数据，由 Apache 作为 Web 服务器来展现页面。如果用户自己搭建一个 WordPress，无论是在私有数据中心还是在 AWS，都需要执行以下步骤。

- 创建一个虚拟服务器。
- 创建一个应用 MySQL 数据库。
- 创建并设置安全组。
- 创建 Web 服务器。
- 安装 Apache 和 PHP。
- 下载并解压缩最新版本 WordPress。
- 使用已创建的 MySQL 数据库来配置 WordPress。
- 启动 Apache Web 服务器。

这一切通过 AWS 的蓝图可以迅速创建，且省略了烦琐的步骤，AWS 会在后台自动完成上述步骤，从而实现一键式应用部署。为了创建博客站点的基础设施，用户需要打开 AWS 管理控制台并登录。单击导航栏中的"服务"菜单项，然后单击 CloudFormation 选项，用户将看到如图 16.14 所示的界面。

单击"创建新堆栈"按钮启动开始向导，在"选择一个示例模板"中选择 WordPress blog，此时会在下拉列表框右边多出一个超链接——"在 Designer 中查看/编辑模板"。

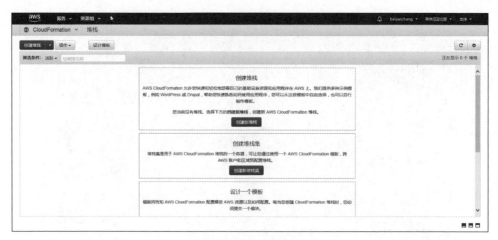

图 16.14　选择模板

用户可以单击该链接查看蓝图,创建过程会依据这个蓝图进行应用创建。用户也可以自己制作蓝图并上传,还可以引入 S3 存储中的蓝图样本。单击"下一步"按钮,在下一步界面中可以对要生成的博客站点进行安装中的变量设置,用户可以根据自己的需要设置相应信息,包含站点名称、数据库密码、用户信息,也可以指定实例类型等。值得注意的是,一定要设置 KeyName,该选项在创建 EC2 实例中用到过,此处可以继续使用曾经创建的密钥对,如图 16.15 所示。

图 16.15　指定详细信息

单击"下一步"按钮,为基础设施打上标签。标签由一个键值对组成,并且可以添加到基础设施的所有组件上。通过使用标签,可以区分测试和生产资源,也可以添加部门名称以追踪各部门成本,还可以在一个 AWS 账号下运行多个应用时为应用标记所关联的资源。用户可以根据自己的需求设置该页信息,也可以保持默认,单击"下一步"按钮显示一个审核确认页,在该页中单击"创建"按钮。该创建过程需要数分钟,用户可以不断地单击"刷新"按钮观察创建状态,当状态栏中的值为 CREATE_COMPLETE 时代表创建完成。

单击图 16.16 中的"输出"标签，可以访问创建好的 WordPress 站点。

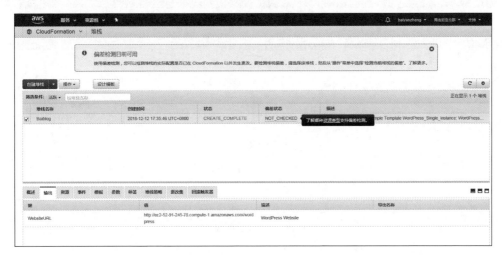

图 16.16 WordPress 访问输出

2. 高可用的应用站点

在前面通过蓝图迅速实现了一个博客站点的创建。一个博客站点往往要承受高并发的访问，此时一个站点如果出现了故障，自然会导致业务中断，因此用解耦的方式实现高可用设计对于业务系统是至关重要的。负载均衡器可以帮助解耦请求者即时响应这一类系统。用户不需要将 Web 服务器暴露给外界，只需要将负载均衡器暴露给外界即可。然后，负载均衡器将请求重定向到其后面的 Web 服务器上。这里在之前的基础上通过弹性负载均衡（Elastic Load Balancing，ELB）实现跨数据中心的高可用性配置。

此处不介绍负载均衡的概念和功能，只对在 AWS 上创建和使用负载均衡器进行介绍。通过导航栏，单击"服务"菜单项，然后单击 EC2 选项，进入 EC2 Dashboard 界面。在这里可以看到两个正在运行的实例，一个是单独创建的 EC2 实例，另一个是通过蓝图创建的 WordPress 实例。现在需要再创建一个 WordPress 站点，以应对单点故障带来的影响。重复之前的步骤，通过蓝图再创建一个 WordPress 站点，这里不赘述过程。

创建好之后，可以通过导航栏中的"服务"菜单项单击 EC2 选项，然后在左边的导航栏中找到并单击"负载均衡器"选项，在主页面中单击"创建负载均衡器"选项，此时展示了 3 种负载均衡器类型（见图 16.17），这里选择 Classic 负载均衡器，单击"创建"按钮。

在创建的第一个向导页面填写负载均衡器的名称，其他选项可以保持默认。负载均衡器协议表示该负载均衡器监听什么协议的请求及接受哪些端口访问的请求。单击"下一步：分配安全组"按钮，在分配安全组页面中保持默认设置即可。单击"下一步：配置安全设置"按钮，再单击"下一步：配置运行状态检查"按钮。在此时的界面中，负载均衡器如何知道后台的服务已经启动好并可以提供服务呢？AWS 的 ELB 可以对连接的每个服务器定期进行运行状态检查，以确定服务器是否可以提供请求。在该界面中需要设置"Ping 路径"的值，将其改为"/wordpress/wp-admin/install.php"，如图 16.18 所示。单击

图 16.17　Classic 负载均衡器

图 16.18　运行状态检查设置

"下一步：添加 EC2 实例"按钮，选择两个通过蓝图创建的 EC2 实例，将这两个实例添加到负载均衡器的实例池中。单击"下一步：添加标签"按钮，填写适当的标签键值，再单击"审核和创建"按钮，接着单击"创建"按钮创建该负载均衡器。

　　在负载均衡器创建完成后，可以看到负载均衡器列表，检查"描述"标签页下方内容中的状态字段，确保两个服务都已经注册成功，如图 16.19 所示。如果发现状态不是两个实例正在服务，则需要检查该实例是否启动，并检查"运行状况检查"标签页下方内容中的状态字段。

　　若要外面的请求能够成功访问负载均衡器，还需要用户修改一下安全组，保证所有流量都可以流入该网络。在"描述"标签页下找到并单击之前设置的安全组，在"入站"标签页下单击"编辑"按钮，添加一条入站规则，以允许所有流量流入该网络，如图 16.20 所示。

　　单击"保存"按钮，回到负载均衡器页面。选中刚才创建的负载均衡器，并找到"描述"标签页下的 DNS 名称，将该 DNS 名称复制，然后在浏览器的地址栏中粘贴，同时在后面

图 16.19　负载均衡器状态检查

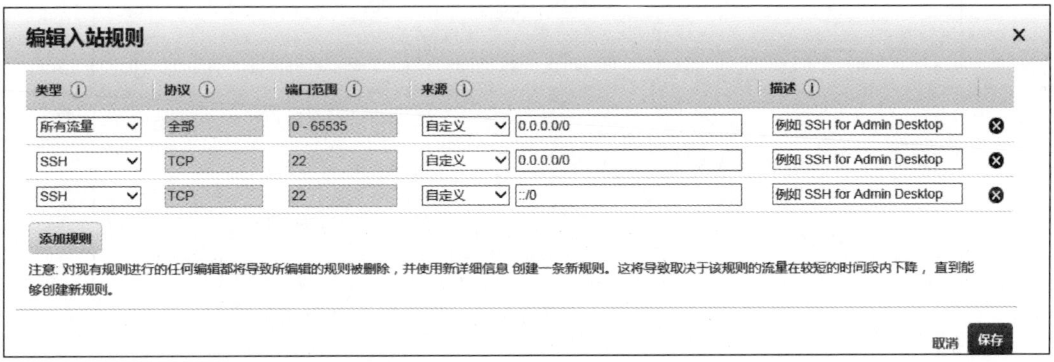

图 16.20　添加入站规则

加上后缀信息，如"http://＄DNS 名称/wordpress"。＄DNS 名称用真实的 DNS 进行替换。这时就可以通过 ELB 访问 WordPress 了。在 EC2 界面中关掉负载均衡池中的任意一个实例，继续访问"http://＄DNS 名称/wordpress"，发现依然可以访问，从而实现高可用。

3．弹性伸缩的应用站点

自动扩展是 EC2 服务的一部分，可以帮助用户确保指定数量的虚拟服务器一直运行。用户可以使用自动扩展启动一个虚拟服务器，确保当原始虚拟服务器发生故障时可以启动新的虚拟服务器。通过自动扩展，用户可以在多个子网中启动 EC2 实例。在整个可用区出现故障的情况下，新的虚拟服务器可以在另一个可用区的子网中启动。

在导航栏的"服务"菜单项下单击 EC2 选项，进入 EC2 Dashboard 界面。然后单击进入正在运行的实例，选择启动一个 WordPress 站点的实例，单击"操作"菜单项，在下拉列表框中选择"实例设置"→"附加到 Auto Scaling 组"选项，新建一个 Auto Scaling 组并命名，单击"确认"按钮，添加一个新的 Auto Scaling 组，接下来在左边的导航栏中找到 Auto

Scaling 组，单击"进入"按钮。

在 Auto Scaling 组界面中可以看到刚创建的 Auto Scaling 组，选中该组，并单击"操作"→"编辑"选项，在所需容量处设置默认的情况下需要在该组内启动几个实例，这里可以保留 1，也可以设置为 2，则保存后便在子网内多启动一个实例。这里修改的最大值为 3，表示该组最大可以扩展到 3 个实例。为了保证高可用性，当实例所在可用区出现故障（如火灾等）时需要考虑异地可用区进行冗灾。因此将子网设置为不同的可用区，如图 16.21 所示，并且选择之前创建的负载均衡器，这样当新的实例启动时会自动注册到该负载均衡器中。其他设置可以保持默认选项，单击"保存"按钮退出。

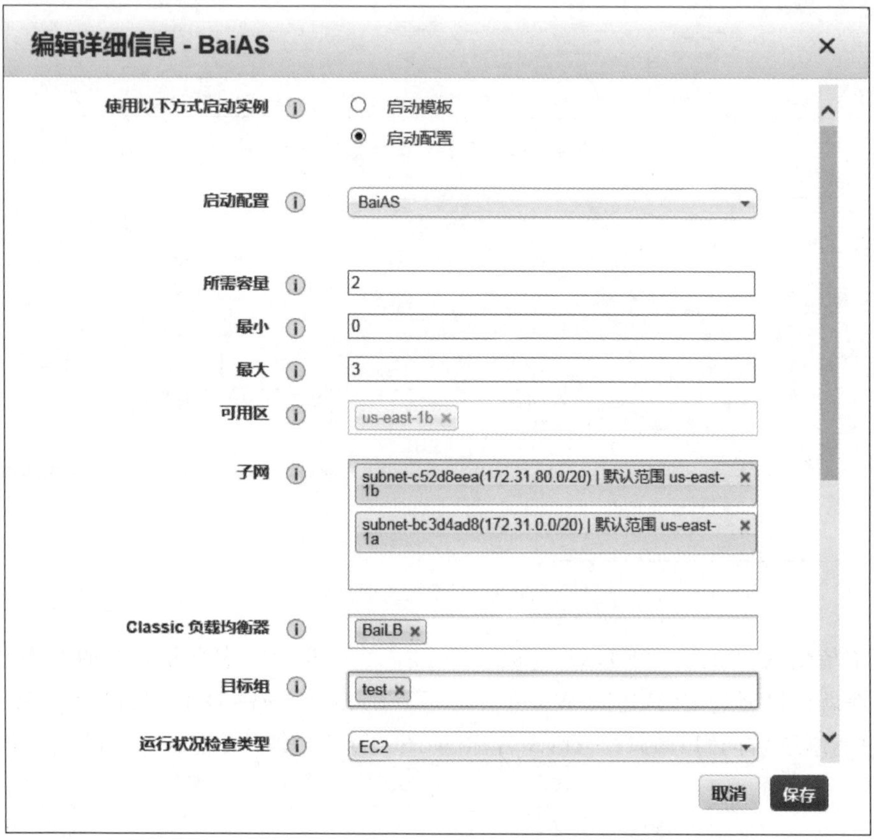

编辑详细信息 - BaiAS ✕

| 使用以下方式启动实例 ⓘ | ○ 启动模板 |
| | ● 启动配置 |

| 启动配置 ⓘ | BaiAS ▾ |

所需容量 ⓘ	2
最小 ⓘ	0
最大 ⓘ	3
可用区 ⓘ	us-east-1b ✕

| 子网 ⓘ | subnet-c52d8eea(172.31.80.0/20) \| 默认范围 us-east-1b ✕ |
| | subnet-bc3d4ad8(172.31.0.0/20) \| 默认范围 us-east-1a ✕ |

| Classic 负载均衡器 ⓘ | BaiLB ✕ |

| 目标组 ⓘ | test ✕ |

| 运行状况检查类型 ⓘ | EC2 ▾ |

取消　保存

图 16.21　编辑 Auto Scaling 组

这里可以返回到 EC2 实例界面检查一下，发现一个新的 EC2 实例已经被创建出来，并且是放置在 us-east-1a 的可用区中。接着尝试选中该新建的实例，并复制其 DNS，在浏览器中访问"http：∥＄DNS 名称/wordpress"，发现是可以访问的。

单击左边导航栏中的"负载均衡器"选项，找到"实例"标签，可以看到新创建的实例自动注册到负载均衡器中，如图 16.22 所示。在负载均衡器中可以实现异地服务冗灾，当 us-east-1b 的两个服务都不可以访问时，还可以有另一个可用区 us-east-1a 的服务进行访问。

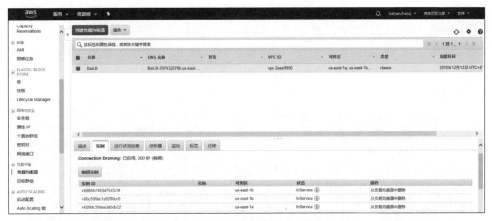

图 16.22　自动注册到负载均衡器

16.3　实验三：使用 S3 来实现静态网站

Amazon S3 是 Amazon Simple Storage Service 的简称。它是一个典型的 Web 服务，让用户可以通过 HTTPS 和 API 来存储和访问数据。这个服务提供了无限的存储空间，并且让用户的数据高可用和高度持久化的保存。用户可以保存任何类型的数据，如图片、文档和二进制文件，只要单个对象的容量不超过 5TB 即可。用户需要为保存在 S3 上的每吉字节的容量付费，同时还有少量的成本花费在每个数据请求和数据传输流量上。

S3 使用存储桶组织对象，存储桶是对象的容器。每个存储桶都有全球唯一的名字，用户必须选择一个没有被其他 AWS 用户在任何其他区域使用过的存储桶的名字，所以建议选择域名或公司名称作为存储桶名的前缀。

1．新建存储桶

首先，这里创建一个 S3 存储桶。像之前说的那样，存储桶的名字必须避免和其他存储桶冲突。登录 AWS 控制台，并且在导航栏中选择"服务"，单击存储区域下方的 S3 链接，然后单击"创建存储桶"按钮。在创建存储桶向导中将分 4 个步骤来完成。在第一个页面中输入存储桶的名称，注意一定要保证名称唯一。在区域中，用户可根据需要选择不同区域来放置该存储桶，这里选择一个靠近用户的区域，即亚太区域的东京，然后单击"下一步"按钮，出现配置选项页面。

在配置选项页面中，如果启用了版本控制，则上传所有文件到存储桶中，在上传后如果发生变更，历史文件将会保留，这样可以追溯文件的历史，但是同时也会占用更多的空间。服务器访问日志详细地记录了对存储桶提出的各种请求。对于许多应用程序而言，服务器访问日志很有用。例如，访问日志信息在安全和访问权限审核方面很有用，它还可以帮助用户了解自己的用户群，并了解用户的 Amazon S3 账单。而对象级别的日志记录，在用户创建 AWS 账户时将针对该账户启用 CloudTrail。当 Amazon S3 中发生受支持的事件活动时，该活动将记录在 CloudTrail 事件中，并与其他 AWS 服务事件一起保存在事件历史记录（event history）中。用户可以在 AWS 账户中查看、搜索和下载最新事件。数据保护只在数据传输（发往和离开 Amazon S3 时）和处于静态（存储在 Amazon S3 数据中心的磁盘上时）期间保护数据，可以使用 SSL 或使用客户端加密保护传输中的数据。用户可以通过图 16.23 中的选项在 Amazon S3 中保护静态数据，设置好之后单击"下一步"按钮。

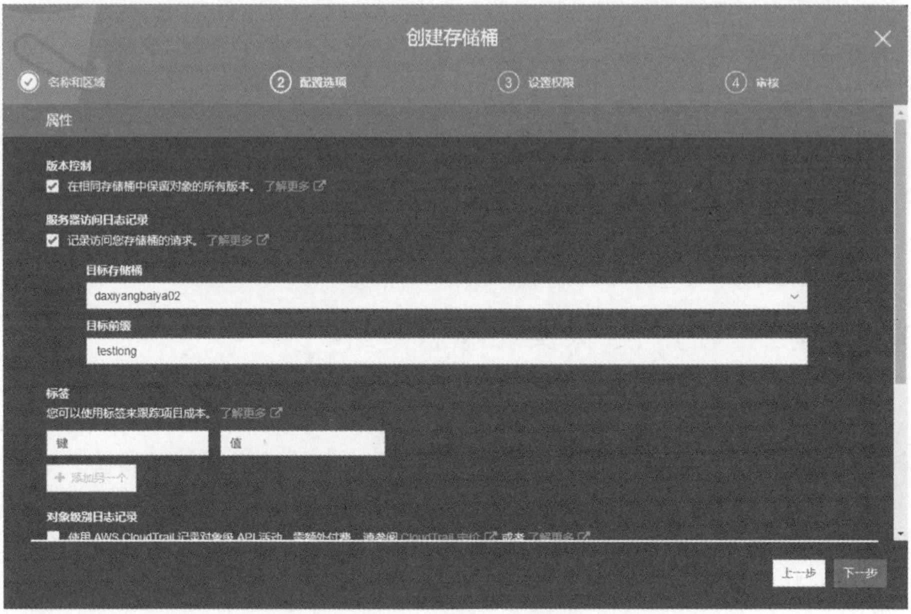

图 16.23　配置 S3 选项

最后设置访问该 S3 存储桶的权限，使用默认设置即可。单击"下一步"按钮，对之前的设置进行确认，然后单击"创建存储桶"按钮，发现存储桶已经创建好。用户可以用它来上传数据作为备份。

2. 归档对象

在前面使用 S3 来创建存储桶，如果希望降低备份存储的成本，应该考虑使用另一个 AWS 服务——Amazon Glacier。在 Glacier 中存储数据的成本大概是 S3 的 1/3，但 Glacier 和 S3 相比还是有些区别的。S3 上传文件后是立即可以访问的，而 Glacier 是在提交请求 3~5h 后才可以访问。这里可以为刚创建的存储桶添加一条或多条生命周期规则，以管理对象的生命周期。生命周期规则可以用来在给定的日期之后归档或删除对象，还可以帮助把 S3 的对象归档到 Glacier。

添加一条生命周期规则来移动对象到 Glacier，打开管理控制台，从主菜单中转移到 S3 服务页面，单击"进入创建的存储桶"菜单项，并选择"管理"标签栏。在"管理"标签栏下方单击"添加生命周期规则"按钮，将弹出一个向导，帮助用户为存储桶创建新的生命周期规则。第一步是选择生命周期规则的目标，输入规则名称为"Move2Glacier"，在筛选条件文本框中保持空白，以将生命周期运用到这个存储桶。下一步是配置生命周期规则，选

择"当前版本"为配置转换的目标,并单击"添加转换"按钮,接着选择"转换到 Glacier 前经
过……"。为了尽快触发生命周期规则让对象一旦创建就归档,选择在对象创建 0 天后进
行转换,连续单击"下一步"按钮,如图 16.24 所示,在向导的最后一步确认输入内容无误,
单击"保存"按钮。

图 16.24　建立生命周期规则

这里已经成功地创建了生命周期规则,它将自动把对象从 S3 存储桶移动到 Glacier。
打开存储桶,在管理控制台上单击"上传"按钮上传文件到存储桶。在图 16.25 中已经上
传了一个文件到 S3 中,在默认情况下,所有文件都保存为"标准"存储类别,这意味着它们
目前保存在 S3 中。

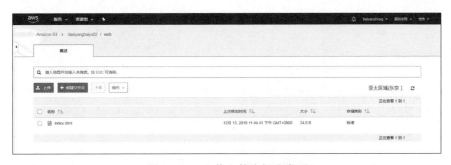

图 16.25　上传文件为标准类型

生命周期规则将移动对象到 Glacier。但是，即使把时间设置为 0 天，移动过程仍然会需要 24h 左右。在对象移动到 Glacier 后，存储类别会切换为 Glacier。用户无法直接下载存储在 Glacier 中的文件，但是可以触发一个恢复过程从 Glacier 恢复对象到 S3。

3. 创建静态网站

根据前面的内容，这里可以为静态网站创建一个新的存储桶，存储桶的设置可以用默认设置。注意刚创建好的存储桶的访问权限都是"存储桶和对象不是公有的"，网站需要匿名用户访问，因此这里需要先打开公有访问权限。

选中刚建好的存储桶，单击"编辑公有访问设置"按钮，在弹出的页面中保持所有选项都是未勾选状态，单击"保存"按钮。在确认框中输入"确认"并单击"确认"按钮。接下来单击进入该存储桶，进入"属性"标签页。单击"静态网站托管"图标选项，并单击选择"使用此存储桶托管网站"选项，在索引文件处输入"index. html"，然后单击"保存"按钮。

这里虽然已经设置了该存储桶的权限为公有，但是存储桶内的对象依然需要设置权限。在 AWS 中，默认情况下只有文件的拥有者可以访问 S3 存储桶中的文件。如果使用 S3 来提供静态网站服务，就需要允许所有人查看或下载该存储桶里的文档。存储桶策略可以用来全局控制存储桶里对象的访问权限。IAM 的策略使用 JSON 定义权限，它包含了一个或多个声明，并且一个声明里允许或拒绝特定操作对某个资源的访问。单击"权限"标签，然后单击"存储桶策略"文本框，在存储桶策略的空白区域输入以下 JSON 内容。其中，将 $BUCKET_NAME 替换为用户刚创建的存储桶的名称。

```
{
    "Version":"2012 - 10 - 17",
        "Statement":[
            {
                "Sid":"PublicReadGetObject",
                "Effect":"Allow",
                "Principal":" * ",
                "Action":[
                    "s3:GetObject"
                ],
                "Resource":[
                    "arn:aws:s3:::BUCKET_NAME/ * "
                ]
            }
        ]
}
```

保存后，可以看到在权限下方出现了"公有"标记。单击"概述"按钮，上传 index. html。index. html 可以由用户自定义，这里提供一个简单的 HTML 页面代码如下（上传过程可以用默认设置上传）：

```
< html >< h1 > hello cloud!</h1 ></html >
```

上传后，可以通过浏览器访问静态网站，其中，＄BucketName 和＄RegionName 分别用自己创建的名称和区域进行替换。

```
http://＄BucketName.s3-website-＄RegionName.amazonaws.com
```

本实验所创建的存储桶名称及区域分别是 byz-website 和美国东部（弗吉尼亚北部），代码如下：

```
http://byz-website.s3-website-us-east-1.amazonaws.com
```

16.4 实验四：AWS 关系型数据库入门

视频讲解

1. 启动一个 RDS 实例

（1）登录 AWS 管理控制台，打开 RDS console，登录网址为 https://console.aws.amazon.com/rds。

（2）单击"创建数据库"按钮，创建一个新的数据库实例，如图 16.26 所示。

图 16.26　创建数据库界面

（3）选择数据库创建方法为标准创建，以 MySQL 数据库引擎类型为例，如图 16.27 所示。

（4）为方便演示，版本选择较早期版本，以 MySQL 社区中的 MySQL 5.7.22 为例，如图 16.28 所示。注意：模板应选用免费套餐，否则可能导致不必要的扣费。

（5）填写 DB 实例的参数，设置数据库实例标识符、主用户名和主密码，选择数据库实例类和存储类型及分配存储空间，参考参数如下。

① 数据库实例标识符：awsdb。

② 主用户名：awsuser。

图 16.27　选择数据库创建方法为标准创建界面

图 16.28　版本选择页面

③ 主密码：awspassword。

④ 数据库实例类：db.t2.micro(为提供的免费资源)。

⑤ 存储类型：通用型（SSD）。

⑥ 分配的存储空间：20GB(为提供的免费资源)。

其页面如图 16.29 和图 16.30 所示。

图 16.29　DB 实例参数设置页面 1

（6）设置网络和安全参数，为数据库网络连接提供支持。为方便演示，参考参数如下所示。

① VPC：Default VPC(vpc-8c9f23e7)。

② 子网组：默认值。

③ 公开访问：否。

④ VPC 安全组：选择现有(default)。

网络和安全参数设置页面如图 16.31 和图 16.32 所示。

（7）输入数据库名称：mydb1,接受数据库默认端口、参数组、选项组和 IAM 数据库身份验证的默认值，保留其余配置组的默认选项(加密、备份、监视、日志导出和维护)。

当有具体的要求时，可根据要求更改选项，如图 16.33~图 16.36 所示。

图 16.30　DB 实例参数设置页面 2

图 16.31　网络和安全参数设置页面 1

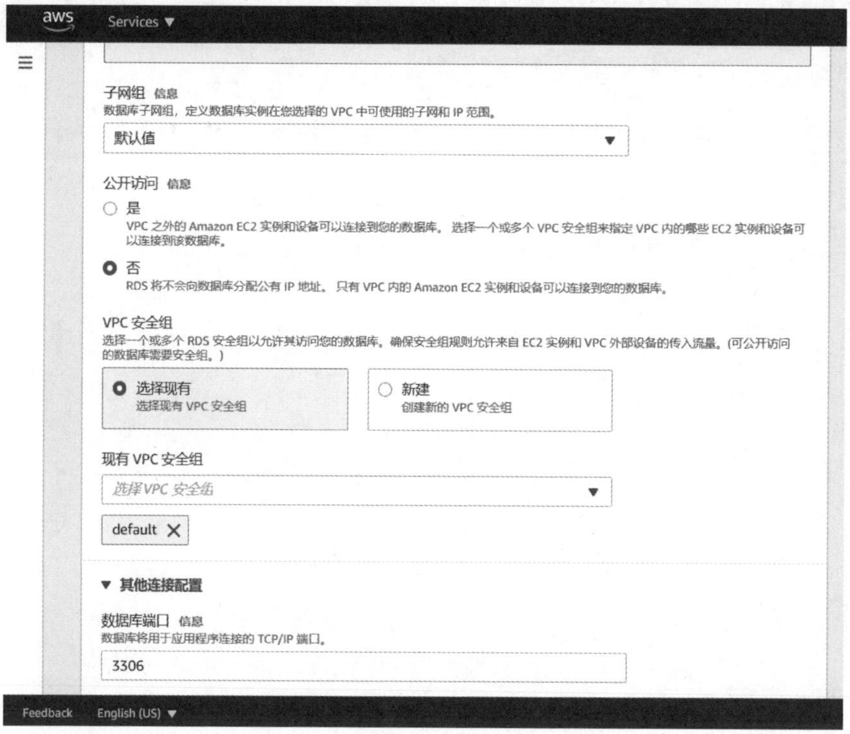

图 16.32　网络和安全参数设置页面 2

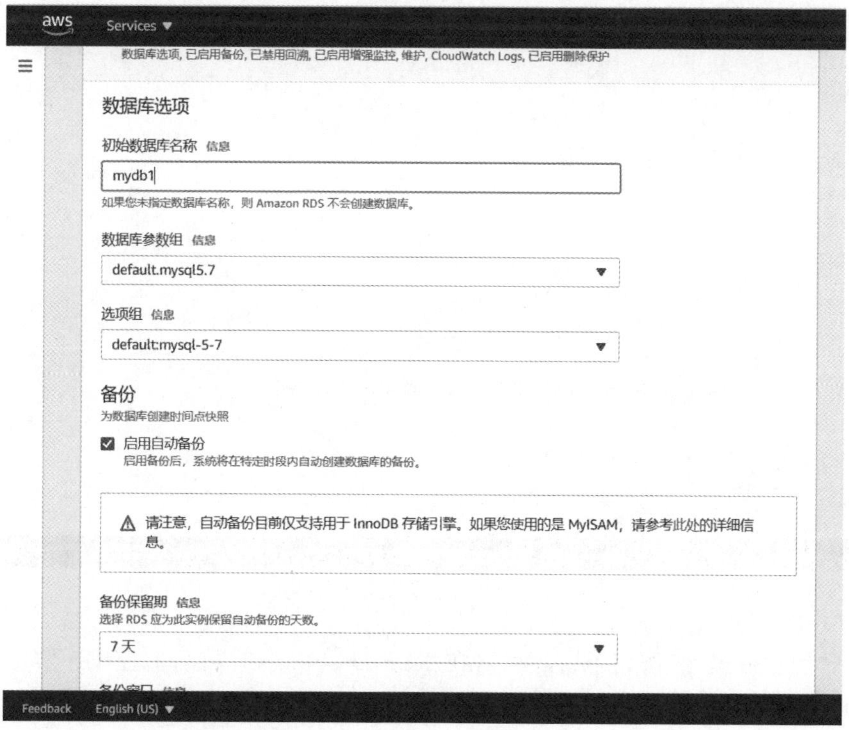

图 16.33　其余配置选项页面 1

图 16.34　其余配置选项页面 2

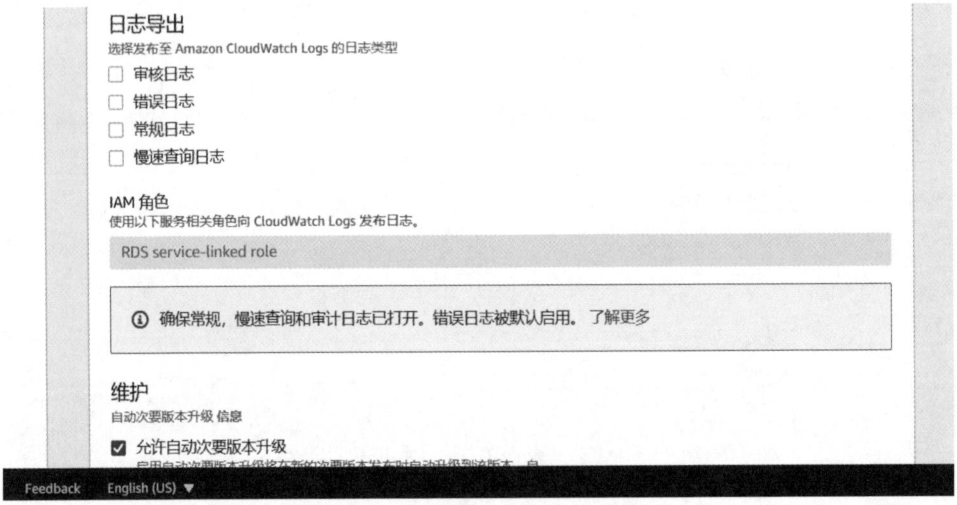

图 16.35　其余配置选项页面 3

　　单击"创建数据库"按钮，页面跳转，在 RDS Dashboard 界面，监控 DB 实例状态，从"正在创建"（creating）到"正在备份"（backing up）再到"可用"（available），即为创建成功。这个过程可能需要几分钟。

图 16.36 其余配置选项页面 4

创建成功后的页面如图 16.37 所示。

图 16.37 创建成功页面

2. 访问数据库

因为示例中创建的不是公开访问的 RDS 实例,所以想要访问 DB 时,需要先登录同一个 VPC 上的一个 EC2 实例。

首先,设置好数据的安全组,允许跳板机访问 3306 端口(MySQL 默认端口)。

VPC 安全组链接在数据库 awsdb 的链接和安全性设置中,如图 16.38 所示。其设置方法如图 16.39 所示。

图 16.38　VPC 安全组所在位置

图 16.39　设置参数位置及示例

然后,登录跳板机,使用 command line 登录数据库。登录成功后如图 16.40 所示。

最后,测试数据库是否有效。建表并插入数据,具体代码如下:

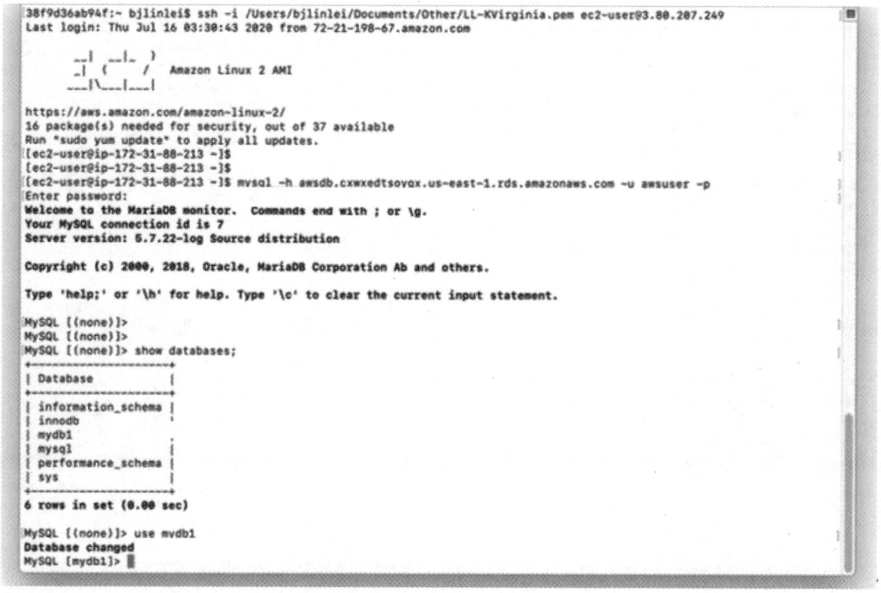

图 16.40 登录成功显示示例

```
use mydb1;
create table TbStudent (
stuid integer not null,
stuname varchar(20) not null,
stusex bit default 1,
stubirth datetime not null,
stutel char(11),
stuaddr varchar(255),
stuphoto longblob,
primary key (stuid)
);
insert into TbStudent values (1001, 'ZhangSan', default, '1978 - 1 - 1','', 'Beijing ', '');
```

完成后查询创建好的表，代码如下：

```
select * from TbStudent;
```

查询成功后如图 16.41 所示。

3. 修改 RDS 实例大小

通过 AWS 控制台，使用 RDS 进行数据库的缩放很简单，可以通过 AWS 控制台扩展数据库或更改基础服务器的大小。

首先，选择 RDS DB 实例，单击"修改"按钮。页面跳转到修改页面，如图 16.42 所示。

尝试将其更改为大型实例，如果需要，还可以同时扩展数据库存储，单击"下一步"按钮。

```
MySQL [mydb1]> select * from TbStudent;
+-------+----------+--------+---------------------+-------+----------+----------+
| stuid | stuname  | stusex | stubirth            | stutel | stuaddr | stuphoto |
+-------+----------+--------+---------------------+-------+----------+----------+
|  1001 | ZhangSan |        | 1978-01-01 00:00:00 |       | Beijing  |          |
+-------+----------+--------+---------------------+-------+----------+----------+
1 row in set (0.00 sec)

MySQL [mydb1]>
MySQL [mydb1]>
MySQL [mydb1]>
MySQL [mydb1]>
MySQL [mydb1]>
MySQL [mydb1]>
MySQL [mydb1]>
MySQL [mydb1]>
MySQL [mydb1]>
MySQL [mydb1]>
MySQL [mydb1]>
MySQL [mydb1]>
MySQL [mydb1]>
MySQL [mydb1]>
```

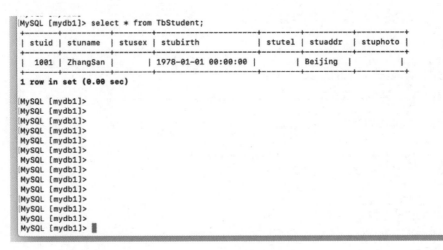

图 16.41　查询成功输出示例

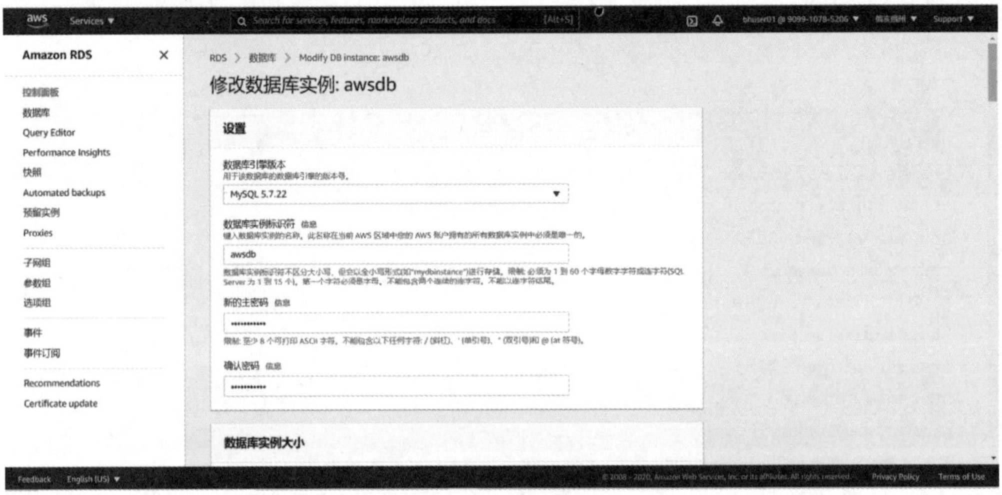

图 16.42　修改页面

可以随时向上或向下更改数据库实例大小。但是，一旦扩展数据库储存空间的大小便无法收缩数据库。

就像备份一样，执行这些操作时也会出现中断。通常，主要的 RDS 重新配置（如缩放数据库大小或计算机大小）需要 4～12min。

以下为可以具体修改的选项。

修改“数据库实例类”，如图 16.43 所示。

修改“存储类型”，如图 16.44 所示。

确认修改后进入下一页。此时应勾选“立即应用”单选按钮，否则修改将排队等待下一个维护窗口，如图 16.45 所示。

单击“修改数据库实例”按钮，等待一段时间后即可完成修改。

图 16.43 修改"数据库实例类"

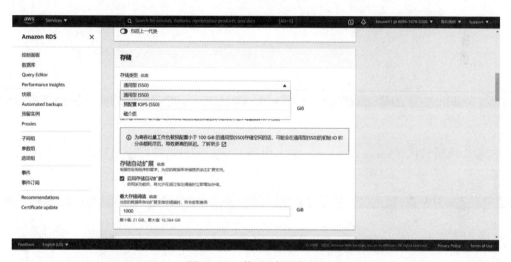

图 16.44 修改"存储类型"

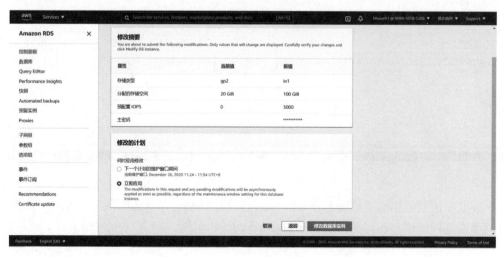

图 16.45 确认页面

4. 创建快照并共享

拍摄快照功能使用户可以随时备份数据库实例,之后能随时还原到该特定状态。

在 AWS 管理控制台的"RDS"部分中,选择"RDS 实例"选项,单击"操作"下拉框,然后选择"拍摄快照"选项,如图 16.46 所示。

图 16.46 "拍摄快照"位置

输入快照名称,以 awsdb-snapshot-1 为例。然后单击"拍摄快照"按钮,如图 16.47 所示。

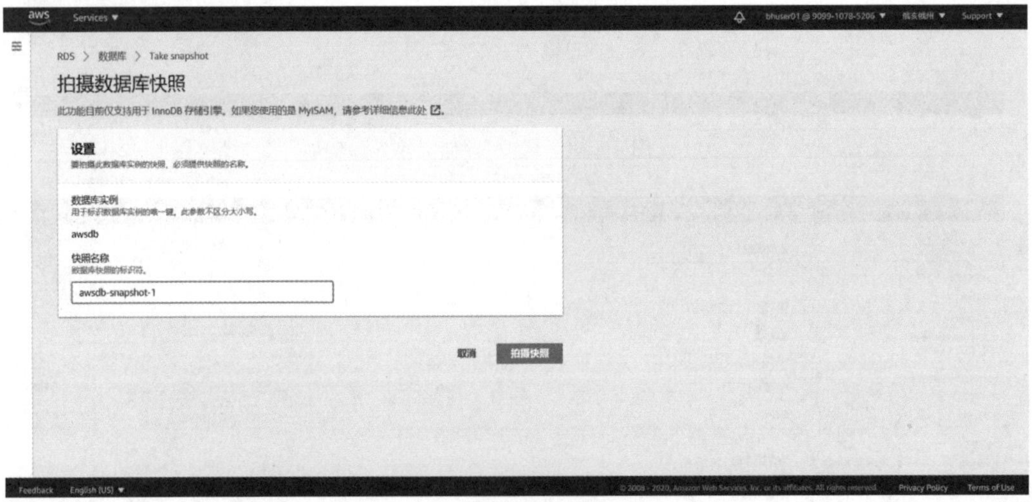

图 16.47 "拍摄数据库快照"页面

数据库快照创建成功后显示在屏幕左侧的"快照"链接下,如图 16.48 所示。这样用户就可以轻松地依靠任何先前的快照启动新的 RDS 实例。

图 16.48　快照界面

同时，还可以把快照共享给另一个 AWS 账户，另一个账户可以复制共享的快照并创建新的数据库实例。

5. 故障转移

当模拟可用区故障时，若 Region 有可用区，则 DB 实例在重启数据库时会自动切换到另一个可用区。

可以在连接和安全性设置中查看目前正在使用的可用区，如图 16.49 所示。

图 16.49　可用区位置

选择"重启数据库"选项，页面跳转，如图 16.50 所示。重启数据库会自动选择可用区，重启需要等待一段时间。

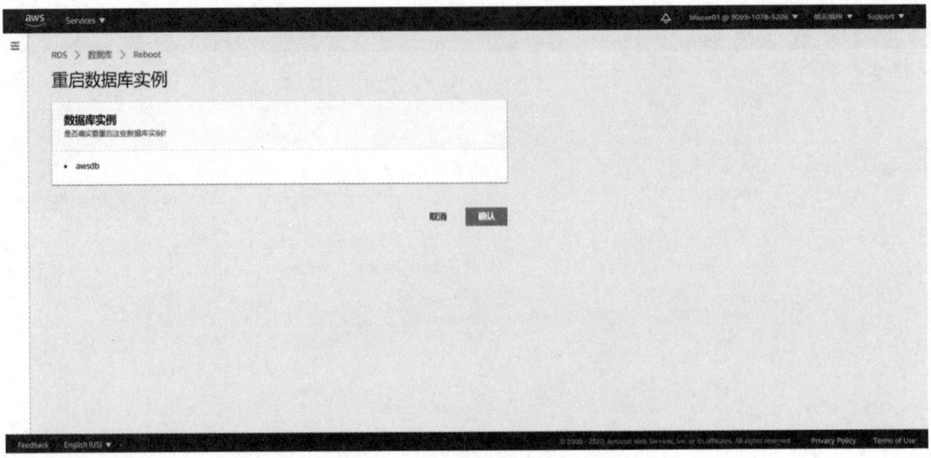

图 16.50　重启数据库实例页面

16.5　实验五：AWS 大数据系列平台

本实验主要依托 AWS 进行，实验内容包括搭建 Cloud9 和 VPC 环境、部署 EMR 集群、在 EMR 上体验 Spark、在 EMR 上体验 Hive、在 EMR 上体验 Pig。

Cloud9 在本实验中主要是提供 IDE 界面，相当于访问 EMR 集群的一个可视化入口。

VPC 相关的配置是要搭建私有网络，EMR 集群就运行在 VPC 上，这样私有网络上的节点都能够访问 EMR 集群而非 VPC，而外部节点则不能访问 EMR。

EMR 是一个托管集群平台，可简化在 AWS 上运行大数据框架（如 Apache Hadoop 和 Apache Spark）以处理和分析海量数据的操作。

Cloud9、VPC、EMR 的搭建可以认为是环境的搭建。在环境搭建完成后，就要进行具体的大数据框架的体验使用。在本实验中，可通过提交一个简单的 job，从数据输入、数据处理、数据输出来体验 Spark、Hive、Pig 这 3 种框架的应用场景。

1. Cloud9 和 VPC 的搭建

首先搭建 Cloud9。在浏览器输入网址"https://amazonaws-china.com/cn/"，完成相应的账号注册。在已有账户下选择 AWS 管理控制台，再在控制台搜索 Cloud9，如图 16.51 所示。

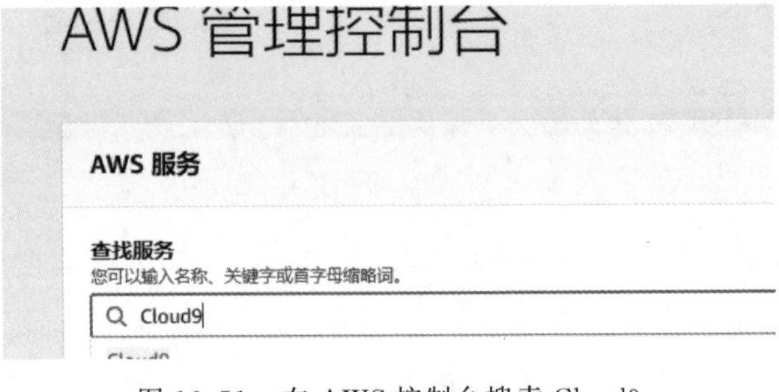

AWS 管埋控制台

AWS 服务

查找服务
您可以输入名称、关键字或首字母缩略词。

🔍 Cloud9

图 16.51　在 AWS 控制台搜索 Cloud9

进入页面后单击 Create environment 按钮，创建 Cloud9 环境，如图 16.52 所示。

图 16.52　Cloud9 环境创建页面

单击 Create environment 按钮后，系统会跳转到对应的创建向导页面。按照向导所示正确填写相关配置后，如果创建正确，那么此时应该能够看到如图 16.53 所示的页面。

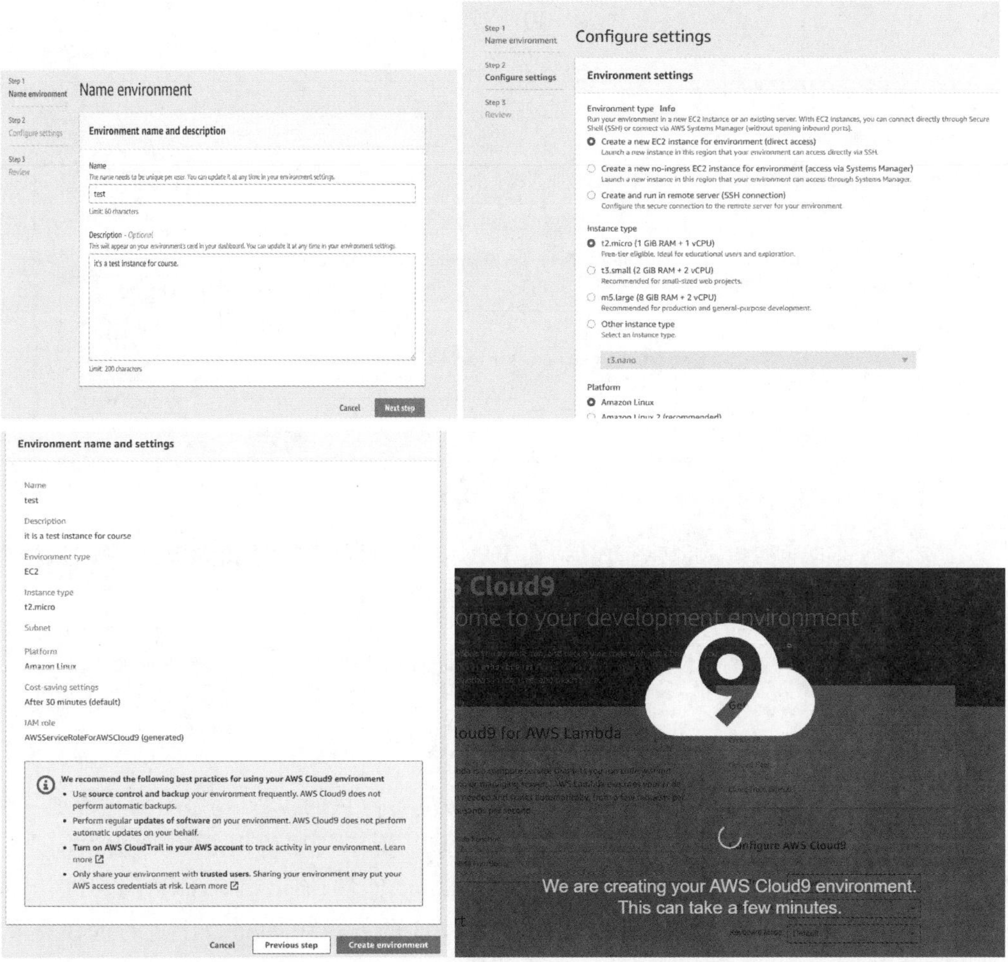

图 16.53　Cloud9"创建向导"系列页面

至此就完成了 Cloud9 的基本创建，接下来需要创建 VPC。VPC 的创建与 Cloud9 的创建相似，也是在 AWS 控制台搜索"VPC"。进入 VPC 的导航页，在 VPC 导航栏下单击 Launch VPC Wizard 按钮，如图 16.54 所示。之后会进入对应的创建向导页面，如图 16.55 所示，然后选择"带有单个公有子网的 VPC"选项，其余的配置按照默认即可。

图 16.54　VPC 创建按钮页面

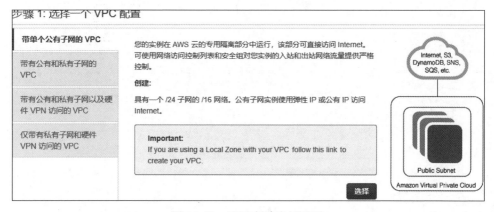

图 16.55　VPC 创建向导页面

　　在按照创建向导的指示创建完成后，在 VPC 控制台页面单击"我的 VPC"按钮，如果出现如图 16.56 所示的信息，则说明 VPC 创建成功了。

Name		VPC ID		状态		IPv4 CIDR	IPv6 CIDR (网络边界组)
test_emr ✎		vpc-05a8f912d6669beb6		⊘ Available		10.0.0.0/16	–

图 16.56　VPC 创建成功界面

　　实验至此就把 VPC 和 Cloud9 都创建好了。AWS 默认的 VPC 网络里面自带了一个 EC2 实例，EC2 实例可以简单认为就是一个虚拟机。由于需要使用 Cloud9 去访问之后在 VPC 上创建的 EMR 集群，所以显然需要让 Cloud9 能够访问 VPC，即访问 VPC 上的 EMR 实例。为了能够访问 EC2 实例，这里采用 SSH 的方式在 Cloud9 上进行远程登录。为此需要配置 SSH 的密钥对，在 EC2 Service 导航栏单击"密钥对"选项，如图 16.57 所示。然后单击"创建密钥对"按钮，之后会进入密钥"创建向导页面"，注意密钥对的格式为

pem，如图 16.58 所示。

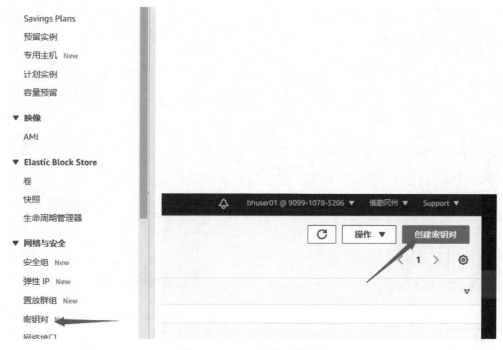

图 16.57　EC2 密钥对的创建

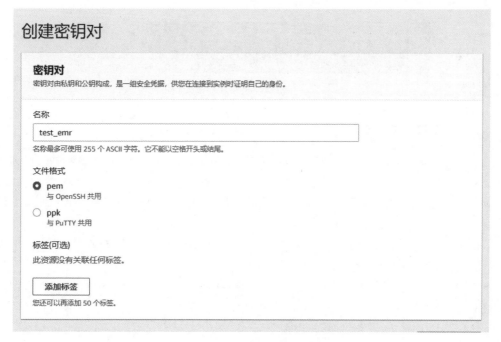

图 16.58　EC2 密钥创建向导页面

接着回到 Cloud9 服务控制台，单击 File 菜单项并选择 upload local files 选项，上传刚才创建好的 key pairs 文件，如图 16.59 所示。

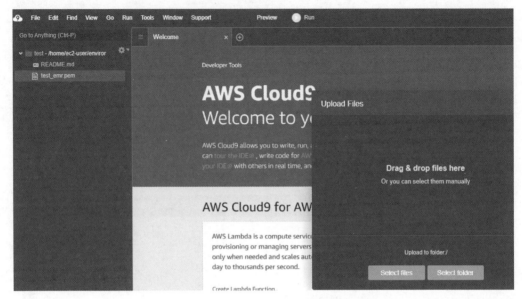

图 16.59　上传 pem 文件

然后在 terminal（终端）执行如图 16.60 所示的命令，增加对 key pairs 文件的修改权限。到这一步就把 VPC 和 Cloud9 相关的配置设置好了。接下来完成 EMR 集群相关的搭建与设置，然后使用 Cloud9 访问 EMR 集群。

```
bhuser01:~/environment $ chmod 400 test_emr.pem
bhuser01:~/environment $ 
```

图 16.60　修改 pem 文件对应的权限

2. EMR 集群的配置与搭建

要搭建一个 EMR 集群其实是一件比较麻烦的事情，但是好在亚马逊公司已经为用户做了相关的简化。在亚马逊公司提供的 AWS 服务中，只需要导航到 EMR 控制页面，单击"创建"按钮，然后按照创建向导指示操作即可正确创建，如图 16.61 和图 16.62 所示。

在完成创建向导的所有操作步骤之后，如果在 EMR 的控制界面能够看到如图 16.63 所示的信息，那么就说明 EMR 已经创建成功了。

在这之后，需要进行 SSH 的配置，可在如图 16.64 所示的安全组进行出站和入站规则的配置。

然后跳到 Cloud9 服务界面，使用指令：ssh - i ≪ key - pair ≫ hadoop@≪ emr - master - public - dns - address ≫，结果如图 16.65 所示。

至此，EMR 实例配置完成，下面进入使用大数据框架的阶段。

图 16.61　EMR 创建按钮页面

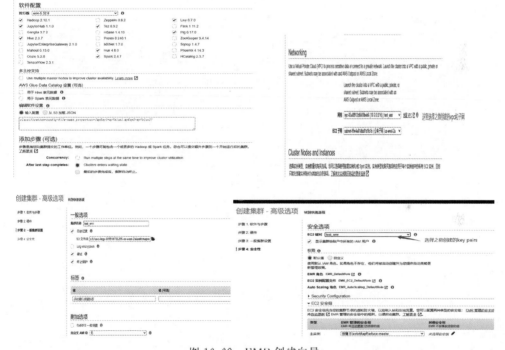

图 16.62　EMR 创建向导

图 16.63　EMR 创建成功页面

图 16.64　安全组的配置

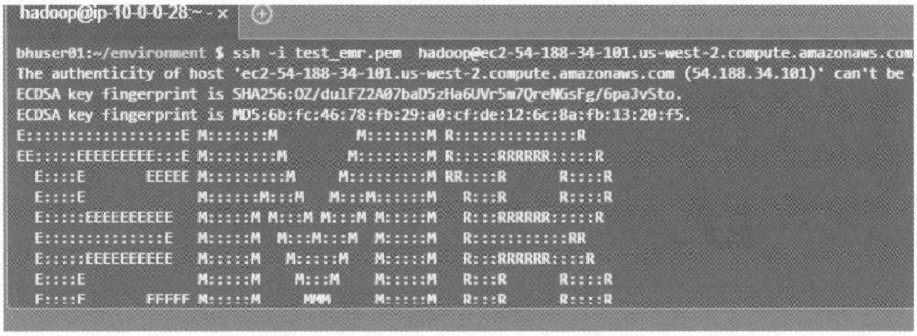

图 16.65　Cloud9 SSH 连接 EMR

3. Spark-based ETL

在这部分会通过 S3 存储桶向 EMR 上的 Spark 提交一个 job，然后把对应的执行结果存储在 S3 存储桶上，其具体步骤如下。

（1）打开 S3 并创建 S3 存储桶，在存储桶里面创建一些文件夹，如图 16.66 所示。

（2）将示例文件"https://emr-etl. workshop. aws/files/03/tripdata. csv"下载到本地。

（3）在 input 目录下上传文件"https://s3. amazonaws. com/aws-data-analytics-blog/emrimmersionday/tripdata. csv"，如图 16.67 所示。

（4）登录 Cloud9，通过 SSH 访问 EMR 集群。在 EMR 终端下创建一个文件 spark-etl. py，如图 16.68 所示。

（5）使用 Ctrl X＋Y＋Enter 快捷键，这样 S3 存储桶就创建成功了。

创建成功之后，需要把文件提交到 EMR cluster 中，所以需要执行如下指令：

```
spark - submit spark - etl. py s3://< YOUR - BUCKET >/input/ s3://< YOUR - BUCKET >/
output/spark
```

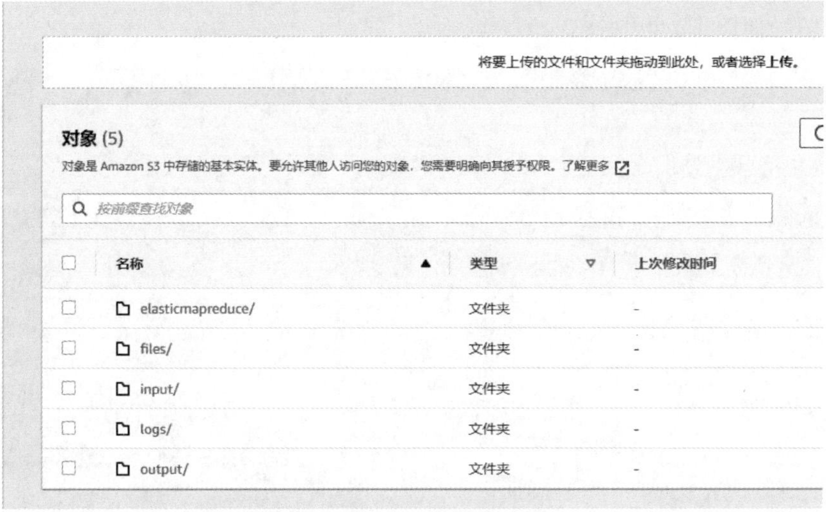

将要上传的文件和文件夹拖动到此处，或者选择上传。
对象 (5)
对象是 Amazon S3 中存储的基本实体。要允许其他人访问您的对象，您需要明确向其授予权限。了解更多
按前缀查找对象
名称
类型
上次修改时间
elasticmapreduce/
文件夹
files/
文件夹
input/
文件夹
logs/
文件夹
output/
文件夹

图 16.66　S3 存储桶

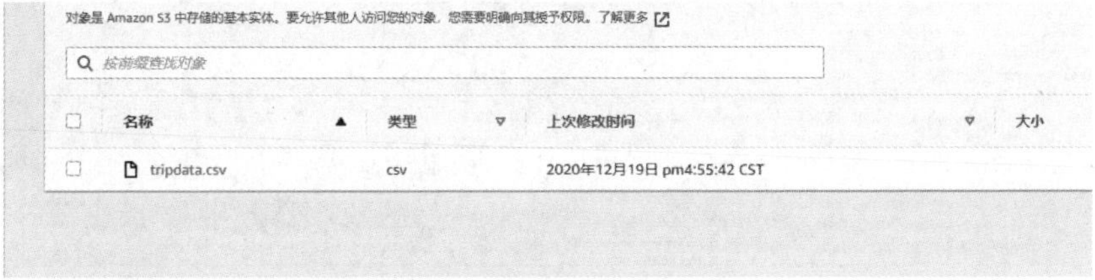

对象是 Amazon S3 中存储的基本实体。要允许其他人访问您的对象，您需要明确向其授予权限。了解更多
按前缀查找对象
名称
类型
上次修改时间
大小
tripdata.csv
csv
2020年12月19日 pm4:55:42 CST

图 16.67　S3 存储文件

```
nano spark-etl.py
```

```
import sys
from datetime import datetime

from pyspark.sql import SparkSession
from pyspark.sql.functions import *

if __name__ == "__main__":

    print(len(sys.argv))
    if (len(sys.argv) != 3):
        print("Usage: spark-etl [input-folder] [output-folder]")
        sys.exit(0)

    spark = SparkSession\
        .builder\
        .appName("SparkETL")\
        .getOrCreate()

    nyTaxi = spark.read.option("inferSchema", "true").option("header", "true").csv(sys.argv[1])

    updatedNYTaxi = nyTaxi.withColumn("current_date", lit(datetime.now()))

    updatedNYTaxi.printSchema()

    print(updatedNYTaxi.show())

    print("Total number of records: " + str(updatedNYTaxi.count()))

    updatedNYTaxi.write.parquet(sys.argv[2])
```

hadoop@ip-10-0-0-28:~
GNU nano 2.9.8
spark-etl.py
Get Help
Write Out
Where Is
Cut Text
Justify
Cur Pos
Undo
Mark Text
To Bracket

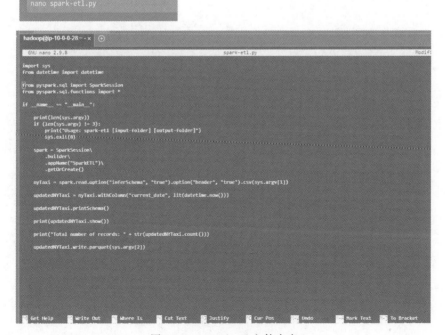

图 16.68　spark-etl 文件内容

执行结果如图 16.69 所示。

```
                                                                                    ...
g parents
20/12/19 09:05:05 INFO MemoryStore: Block broadcast_10 stored as values in memory (estimated size 202.8 KB, free 1027.9 MB)
20/12/19 09:05:05 INFO MemoryStore: Block broadcast_10_piece0 stored as bytes in memory (estimated size 75.3 KB, free 1027.8 MB)
20/12/19 09:05:05 INFO BlockManagerInfo: Added broadcast_10_piece0 in memory on ip-10-0-0-28.us-west-2.compute.internal:45031 (size: 75.3 KB,
8.7 MB)
20/12/19 09:05:05 INFO SparkContext: Created broadcast 10 from broadcast at DAGScheduler.scala:1224
20/12/19 09:05:05 INFO DAGScheduler: Submitting 1 missing tasks from ResultStage 6 (MapPartitionsRDD[21] at parquet at NativeMethodAccessorIm
(first 15 tasks are for partitions Vector(0))
20/12/19 09:05:05 INFO YarnScheduler: Adding task set 6.0 with 1 tasks
20/12/19 09:05:05 INFO TaskSetManager: Starting task 0.0 in stage 6.0 (TID 5, ip-10-0-0-12.us-west-2.compute.internal, executor 2, partition
CAL, 8282 bytes)
20/12/19 09:05:05 INFO BlockManagerInfo: Added broadcast_10_piece0 in memory on ip-10-0-0-12.us-west-2.compute.internal:40109 (size: 75.3 KB,
 GB)
20/12/19 09:05:06 INFO BlockManagerInfo: Added broadcast_9_piece0 in memory on ip-10-0-0-12.us-west-2.compute.internal:40109 (size: 32.7 KB,
GB)
20/12/19 09:05:07 INFO TaskSetManager: Finished task 0.0 in stage 6.0 (TID 5) in 1718 ms on ip-10-0-0-12.us-west-2.compute.internal (executor
20/12/19 09:05:07 INFO YarnScheduler: Removed TaskSet 6.0, whose tasks have all completed, from pool
20/12/19 09:05:07 INFO DAGScheduler: ResultStage 6 (parquet at NativeMethodAccessorImpl.java:0) finished in 1.746 s
20/12/19 09:05:07 INFO DAGScheduler: Job 5 finished: parquet at NativeMethodAccessorImpl.java:0, took 1.749602 s
20/12/19 09:05:07 INFO MultipartUploadOutputStream: close closed:false s3://aws-logs-909910785206-us-west-2/output/spark/_SUCCESS
20/12/19 09:05:07 INFO FileFormatWriter: Write Job d9990d48-c4cc-4a16-a8f0-5edffa320724 committed.
20/12/19 09:05:07 INFO FileFormatWriter: Finished processing stats for write job d9990d48-c4cc-4a16-a8f0-5edffa320724.
20/12/19 09:05:07 INFO SparkContext: Invoking stop() from shutdown hook
20/12/19 09:05:07 INFO SparkUI: Stopped Spark web UI at http://ip-10-0-0-28.us-west-2.compute.internal:4040
20/12/19 09:05:07 INFO YarnClientSchedulerBackend: Interrupting monitor thread
20/12/19 09:05:07 INFO YarnClientSchedulerBackend: Shutting down all executors
20/12/19 09:05:07 INFO YarnSchedulerBackend$YarnDriverEndpoint: Asking each executor to shut down
20/12/19 09:05:07 INFO SchedulerExtensionServices: Stopping SchedulerExtensionServices
(serviceOption=None,
 services=List(),
 started=false)
20/12/19 09:05:07 INFO YarnClientSchedulerBackend: Stopped
20/12/19 09:05:07 INFO MapOutputTrackerMasterEndpoint: MapOutputTrackerMasterEndpoint stopped!
20/12/19 09:05:07 INFO MemoryStore: MemoryStore cleared
20/12/19 09:05:07 INFO BlockManager: BlockManager stopped
20/12/19 09:05:07 INFO BlockManagerMaster: BlockManagerMaster stopped
20/12/19 09:05:07 INFO OutputCommitCoordinator$OutputCommitCoordinatorEndpoint: OutputCommitCoordinator stopped!
20/12/19 09:05:07 INFO SparkContext: Successfully stopped SparkContext
20/12/19 09:05:07 INFO ShutdownHookManager: Shutdown hook called
20/12/19 09:05:07 INFO ShutdownHookManager: Deleting directory /mnt/tmp/spark-8c94eb67-3dc9-495b-8244-47a4e72ca714/pyspark-7f273431-88b6-44d
59ebc599
20/12/19 09:05:07 INFO ShutdownHookManager: Deleting directory /mnt/tmp/spark-8c94eb67-3dc9-495b-8244-47a4e72ca714
20/12/19 09:05:07 INFO ShutdownHookManager: Deleting directory /mnt/tmp/spark-92f7ef40-35c2-4bb4-a4ee-5c8f83d8920a
```

图 16.69　Spark 命令执行结果 1

在 S3 中进行查看，检查刚才上传的文件是否已经存储到 S3/output 文件夹下，如图 16.70 所示。

图 16.70　Spark 命令执行结果 2

如果发现 output/目录下有 spark/文件夹,而且有一个名为_SUCCESS 的空文件,则实验成功,另一个文件则是具体的 job 执行结果。

4. Hive Workshop

本实验和 Spark 实验流程差不多,本质上都是提交一个任务并执行,只不过一个是 Hive 在执行,另一个是 Spark 在执行。

由于 Spark 实验已经把输入数据放在了 S3 的 input 文件夹下,所以这一部分的内容就不需要重新再做了。

为了使用 Hive,需要在 Cloud9 上登录到 EMR 集群并切换到 Hive 服务,具体命令如图 16.71 所示。

```
[hadoop@ip-10-0-0-28 ~]$ hive;

Logging initialized using configuration in file:/etc/hive/conf.dist/hive-log4j2.properties Async: false
hive>
```

图 16.71　进入 Hive 页面

然后需要在 Hive 里面创建一个表 ny_taxi_test,表的具体信息如图 16.72 所示。

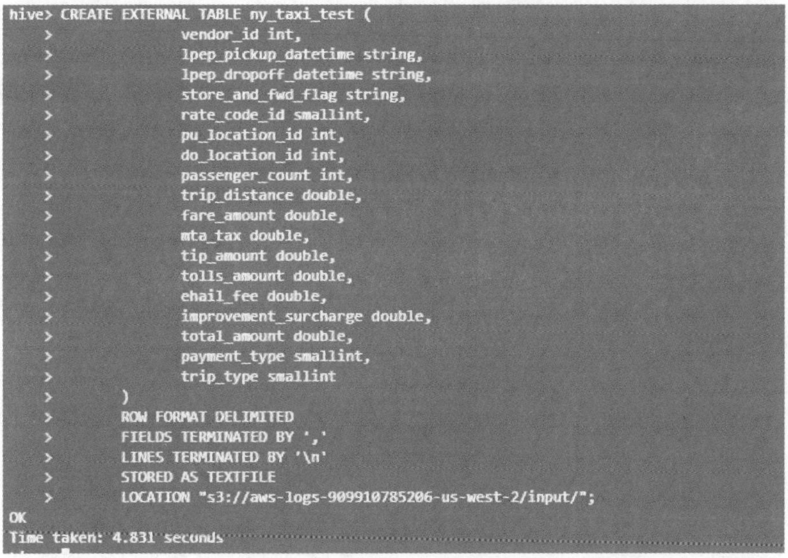

```
hive> CREATE EXTERNAL TABLE ny_taxi_test (
    >            vendor_id int,
    >            lpep_pickup_datetime string,
    >            lpep_dropoff_datetime string,
    >            store_and_fwd_flag string,
    >            rate_code_id smallint,
    >            pu_location_id int,
    >            do_location_id int,
    >            passenger_count int,
    >            trip_distance double,
    >            fare_amount double,
    >            mta_tax double,
    >            tip_amount double,
    >            tolls_amount double,
    >            ehail_fee double,
    >            improvement_surcharge double,
    >            total_amount double,
    >            payment_type smallint,
    >            trip_type smallint
    >    )
    >    ROW FORMAT DELIMITED
    >    FIELDS TERMINATED BY ','
    >    LINES TERMINATED BY '\n'
    >    STORED AS TEXTFILE
    >    LOCATION "s3://aws-logs-909910785206-us-west-2/input/";
OK
Time taken: 4.831 seconds
```

图 16.72　Hive 表的相关内容

此时会得到指向输入数据的表(见图 16.72),通过 SQL 查询可以获得对应的数据,如执行如下指令:

```
SELECT DISTINCT rate_code_id FROM ny_taxi_test;
```

执行结果如图 16.73 所示。

至此就完成了通过 Hive 查询对应数据的相关操作。

```
FAILED: ParseException line 1:0 cannot recognize input near 'y_taxi_test' '<EOF>' '<EOF>'
hive> SELECT DISTINCT rate_code_id FROM ny_taxi_test;
Query ID = hadoop_20201219092105_bcb61041-6754-4af2-8ec7-24324b20e5e9
Total jobs = 1
Launching Job 1 out of 1
Status: Running (Executing on YARN cluster with App id application_1608365649450_0002)

--------------------------------------------------------------------------------
        VERTICES      MODE      STATUS   TOTAL  COMPLETED  RUNNING  PENDING  FAILED  KILLED
--------------------------------------------------------------------------------
Map 1 .........  container   SUCCEEDED    1        1         0        0        0       0
Reducer 2        container   RUNNING      2        0         1        1        0       0
--------------------------------------------------------------------------------
VERTICES: 01/02  [=========>>--------------] 33%  ELAPSED TIME: 8.57 s
--------------------------------------------------------------------------------
```

```
--------------------------------------------------------------------------------
        VERTICES      MODE      STATUS   TOTAL  COMPLETED  RUNNING  PENDING  FAILED  KILLED
--------------------------------------------------------------------------------
Map 1 .........  container   SUCCEEDED    1        1         0        0        0       0
Reducer 2 ...... container   SUCCEEDED    2        2         0        0        0       0
--------------------------------------------------------------------------------
VERTICES: 02/02  [==========================>>] 100%  ELAPSED TIME: 9.02 s
--------------------------------------------------------------------------------
OK
1
2
4
NULL
3
5
Time taken: 11.723 seconds, Fetched: 6 row(s)
```

图 16.73　Hive 执行结果

5. Pig WorkShop

本实验会通过 Pig Script 将 CSV 格式的数据转换为 TSV 格式。首先，需要上传对应的 Pig Script 文件（此文件可以在官网 https://emr-etl. workshop. aws/pig_workshop/01-pig-steps. html 给出的教程中下载）到 files 目录。然后，打开 EMR console，并添加"步骤类型"来让 EMR 执行脚本，具体步骤如图 16.74 所示。

Amazon S3 > aws-logs-909910785206-us-west-2 > files/

files/

文件夹概述

区域	S3 URI
美国西部(俄勒冈) us-west-2	s3://aws-logs-909910785206-us-west-2/files/

将要上传的文件和文件夹拖动到此处，或者选择上传

对象 (1)

对象是 Amazon S3 中存储的基本实体。要允许其他人访问您的对象，您需要明确向其授予权限。了解更多

按前缀查找对象

	名称 ▲	类型 ▽	上次修改时间
	ny-taxi.pig	pig	2020年12月19日 pm5:25:03 CST

图 16.74　Pig EMR 执行步骤与配置

图 16.74 （续）

脚本 s3 位置：s3://aws-logs-909910785206-us-west-2/files/ny-taxi.pig。

输入 s3 位置：s3://aws-logs-909910785206-us-west-2/input/tripdata.csv。

输出 s3 位置：s3://aws-logs-909910785206-us-west-2/output/。

最后单击"添加"按钮就添加成功了，如图 16.75 所示。

图 16.75 Pig EMR 添加成功

至此，使用 Pig 的实验基本完成。同时，大数据相关的实验到此也告一段落了。

经过本次实验，完成了在 AWS 上搭建一个简单的 EMR 集群，并且实现了通过 Cloud9 进行访问。除此之外，还在 EMR 上面进行了 Spark、Hive、Pig 的实验，体验了当下流行的大数据框架提交 job、处理 job、输出结果的整个过程。

16.6 实验六：AWS 计算存储网络基础入门

视频讲解

本实验是依靠 AWS 服务进行的计算机网络、云存储相关实践。本实验主要分为以下几个部分：创建虚拟私有云网络（VPC）、使用 Amazon S3 云存储、体验集群自动扩展伸缩策略(Auto Scaling)。

在创建 VPC 时,需要创建弹性 IP(可动态分配的公有 IP 地址),只有分配了弹性 IP 才能够被外部网络访问。另外,一个网络需要有对应的安全组,所以需要设置对应的 ACL 规则,这样才能控制访问和请求的出入。最后,需要有能够处理请求的实例,即网络中的节点,所以需要配置 EC2 服务。EC2 服务简单理解就是一个云服务器服务。此外,为了方便访问,还要配置 SSH 来进行远程登录,使用 Ping 来验证网络的连接性。

S3 是 AWS 提供的存储桶服务,使用 S3 能够在云端存储、管理资源与数据。S3 由庞大的集群节点组成,所以它能够支持数据高并发,并且提供优秀的存储访问。在本次实验中,将简单使用 S3 进行文件的上传、删除、版本控制等。

Auto Scaling 是一个控制策略,它有许多具体的类型,一般来说,其被用于管理私有云中节点的自动扩展、伸缩等,主要是为了适应网络在不同场景和时期会有不同的流量。本次实验会简单配置一个 Auto Scaling 控制策略。

1. 创建 VPC

(1) 创建弹性 IP。首先进入 VPC 的仪表盘,然后在导航栏单击"弹性 IP"选项,单击"分配弹性 IP 地址"选项,最后单击"分配"按钮即可。最终页面会显示"已成功分配弹性IP 地址",如图 16.76 所示。

图 16.76　弹性 IP 地址的创建

(2) 创建带有公网和私有网的 VPC。在 AWS 控制台搜索 VPC,并单击 launch VPC wizard 选项,选择带有公有和私有子网的 VPC,最后在 VPC 控制台查看,如图 16.77 所示。

图 16.77　VPC 创建成功

（3）创建 EC2 实例。在 VPC 控制台单击 launch EC wizard 选项，选择 t2. micro 选项，并使用刚创建的 VPC，其他选项默认配置，最终创建成功得到如图 16.78 所示的结果。

	Name ▽	实例 ID	实例状态 ▽	实例类型 ▽	状态检查	警报状态	可用区 ▽	公有 IPv4 DNS ▽
	-	i-0fc3cb6add1b60012	⊘ 正在运行 ⊕⊝	t2.micro	-	无警报 +	us-west-2a	

图 16.78　EC2 创建成功

（4）测试公有网络实例的连接性。将弹性 IP 与 EC2 实例进行关联，如图 16.79 所示，设置安全组的相关进入规则（all icmp IPv4，MySQL），成功 Ping 通。

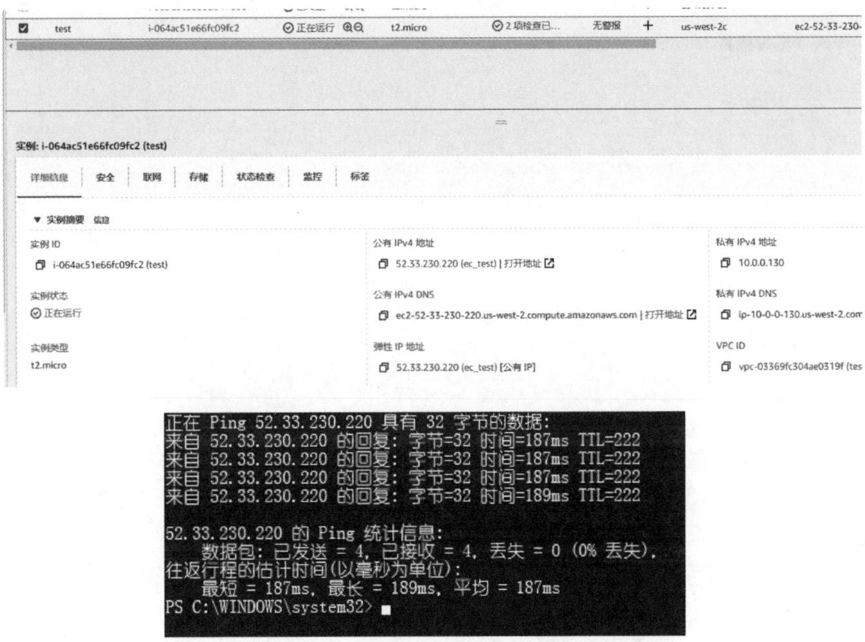

图 16.79　成功 Ping 通 VPC

使用 xshell 进行 SSH 的连接，由于网上有详细的教程，所以这里不详细叙述如何通过 xshell 来进行 SSH 的连接，只把结果展示出来，SSH 连接成功的效果图如图 16.80 所示。

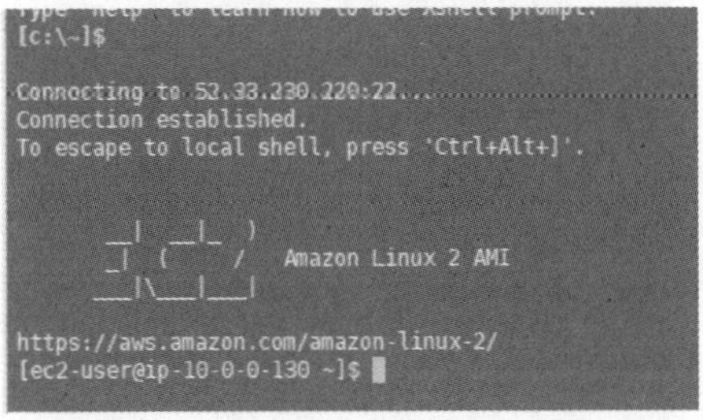

图 16.80　使用 SSH 成功连接 VPC

（5）清除实验环境。释放 EC2 实例，释放弹性 IP 和 Nat 网关，释放 VPC。

2．使用 Amazon S3

（1）创建存储桶。先在 S3 控制台界面单击"创建存储桶"按钮，进入"创建存储桶"页面，按照教程创建存储桶 20121208，如图 16.81 所示。

图 16.81　创建存储桶

（2）创建、上传、移除、版本控制。在所创建的桶的详情页，通过单击"创建文件夹"按钮，可以创建一个文件夹，这里文件夹名用 root，如图 16.82 所示。

单击 root 文件夹，进入详情页，可以发现 root 文件夹现在还没有对象（文件），此时通过单击"上传"按钮进行对象上传。这里上传了一个空的 test.txt 文件，具体如图 16.83 所示。

通过选择文件，能够将对象删除，如图 16.84 所示。

此外，还可以启动版本控制，这样能够保持对同一对象的多个修改，如图 16.85 所示。

通过修改 test.txt 的元数据，可以发现已经创建了一个新的 test 文件的版本，原来的版本并没有被覆盖，而是被保留下来了，具体如图 16.86 所示。

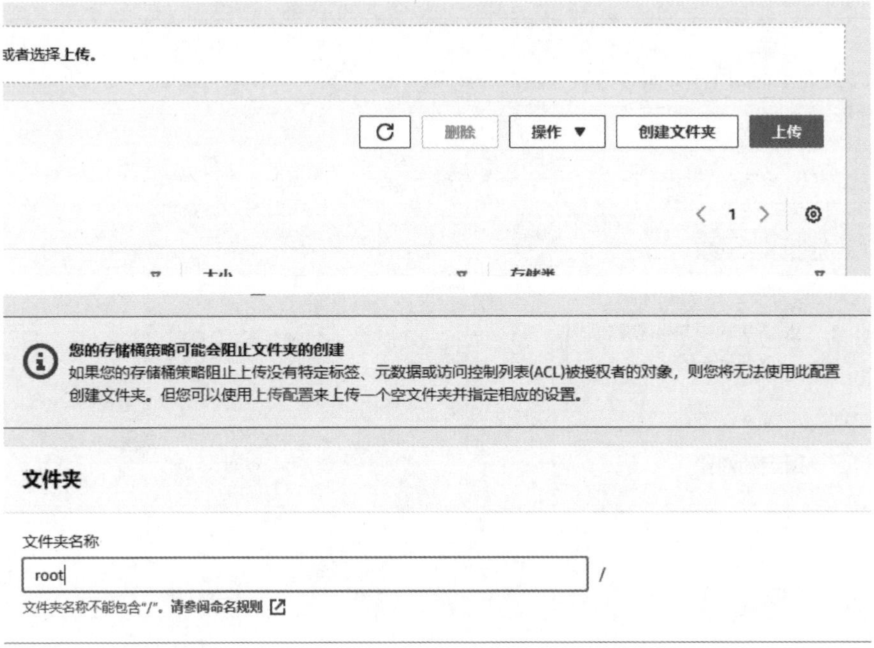

图 16.82 创建文件夹

图 16.83 文件上传

对象 (1)

对象是 Amazon S3 中存储的基本实体。要允许其他人访问您的对象，您需要明确向其授予权限。了解更多 ↗

🔍 给根据查找对象

☑	名称 ▲	类型	版本 ID	上次修改时间	大小
☑	📄 test.txt	txt	null	2020年12月8日 pm2:50:13 CST	

删除对象

⚠ 无法撤消对指定对象的删除。

了解更多 ↗

指定的对象

🔍 按名称查找对象

名称 ▲	版本 ID	类型	上次修改时间
📄 test.txt	null	txt	2020年12月8日 pm2:50:13 CST

是否永久删除对象?

要确认删除，请在字段中键入 *永久删除*。

永久删除

图 16.84 文件删除

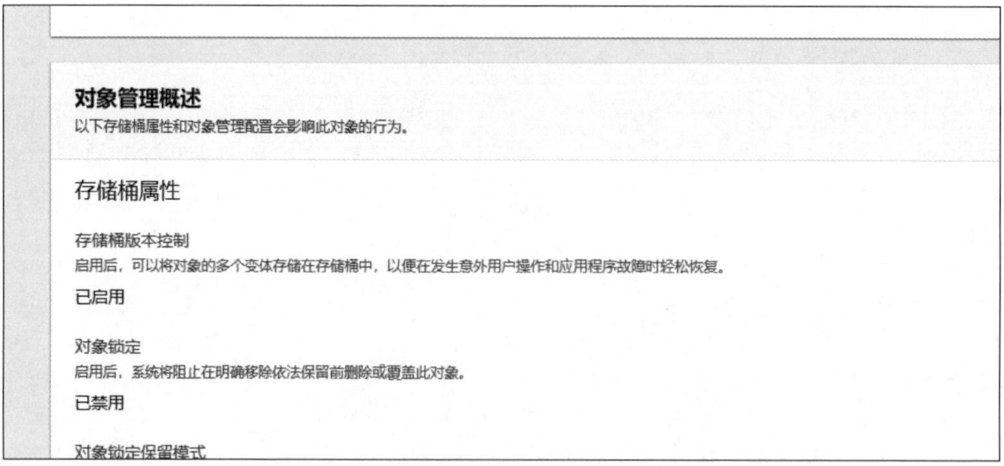

对象管理概述

以下存储桶属性和对象管理配置会影响此对象的行为。

存储桶属性

存储桶版本控制
启用后，可以将对象的多个变体存储在存储桶中，以便在发生意外用户操作和应用程序故障时轻松恢复。

已启用

对象锁定
启用后，系统将阻止在明确移除依法保留前删除或覆盖此对象。

已禁用

对象锁定保留模式

图 16.85 对象管理

图 16.86 版本控制

（3）清理实验环境。删除桶内数据，并删除存储桶。

3. 体验 Amazon Auto Scaling

Auto Scaling 只能在 Auto Scaling Group 中运行，也只能在 Auto Scaling Group 中生效。Auto Scaling Group 可以被认为是一个小型管理组，位于 Group 中的 ec 实例都要受到该 Group 组的 Auto Scaling 控制。

（1）创建 Auto Scaling Group。在 EC2 导航栏单击 Auto Scaling Group 选项，然后按照提示填写相关的参数，其中启动模板的信息可以采取本节实验 2 中的 EC2 配置，如图 16.87 所示。

选择启动模板或配置 Info

指定一个启动模板，其中包含此 Auto Scaling 组启动的所有 EC2 实例的共同设置。如果您当前使用启动配置，则可以考虑迁移到启动模板。

名称

Auto Scaling 组名称
输入一个名称来标识该组。

```
test
```

名称对于当前区域中的此账户必须是唯一的，且不超过 255 个字符。

启动模板 Info   切换到启动配置

启动模板
选择一个包含 Amazon 系统映像 (AMI)、实例类型、密钥对和安全组等实例级别设置的启动模板。

```
testtemplate                                    ▼    C
```

创建启动模板 ↗

版本

```
Default (1)        ▼      C
```

创建启动模板版本 ↗

描述	启动模板	实例类型
test	testtemplate ↗ lt-0d97ea09aaa813b7e	-
AMI ID	安全组	请求 Spot 实例
ami-0e472933a1395e172	-	否
密钥对名称	安全组 ID	
test	-	

图 16.87 Auto Scaling Group 的配置

第 2 步: 配置设置   编辑

实例购买选项

实例分配

按需基础	按需和 Spot 实例百分比	Spot 分配策略
将前 5 个实例指定为按需实例	70 % On-Demand	容量优化
	30 % Spot	
		容量重新平衡
		开

实例类型

实例类型	vCPU	内存	网络性能	权重
1. t2.small	1 vCPU	2 GiB	Low to Moderate	1

网络

网络

VPC

vpc-f088df88 ☑

可用区	子网	
us-west-2a	subnet-c99333b1 ☑	172.31.16.0/20

图 16.87　（续）

在完成配置后，直接跳转到"检查处"页面进行创建，则成功创建了一个 Auto Scaling Group，如图 16.88 所示。

实例缩减保护

实例缩减保护

☐ 启用实例保护以阻止缩减

第 5 步: 添加通知   编辑

通知

无通知

第 6 步: 添加标签   编辑

标签 (0)

键	值	标记新实例
	无标签	

取消　　　创建 Auto Scaling 组

图 16.88　Auto Scaling Group 的创建

图 16.88 （续）

（2）简单使用 Auto Scaling Group。这里可以基于 Auto Scaling Group 设置一些条件，以控制 Group 中的最小实例数、最大实例数、负载均衡和扩展策略等，从而完成对复杂情况下实例的组织与管控，如图 16.89 和图 16.90 所示。

图 16.89 配置扩展策略

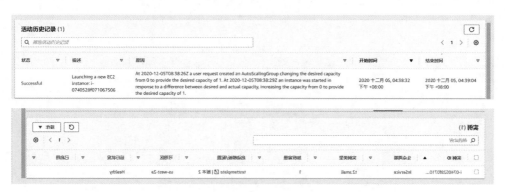

图 16.90 查看活动记录

通过本节实验，读者可以对 AWS 网络、存储、自动伸缩等有一些简单的认识，通过实际搭建一个网络、配置相应的 ACL 规则、设置自定义的存储桶，让读者对计算机网络、分布式系统、存储系统、版本控制有更加深刻和形象的认识。

16.7 实验七：AWS 上的 Kubernetes 创建、管理及 DevOps

Amazon Elastic Kubernetes Service（Amazon EKS）是一项托管服务，可让用户在 AWS 上轻松运行 Kubernetes，无须安装、操作或维护自己的 Kubernetes 控制层面或节点。Kubernetes 是一个用于实现容器化应用程序的部署、扩缩和管理自动化的开源系统。

请扫描下面二维码，亲自动手实现 EKS 集群，并完成相关实验。

视频讲解

文档说明

第17章

实验：阿 里 云

阿里云可以提供安全、可靠的计算和数据处理能力。

17.1 实验一：创建阿里云服务器

1. 服务的申请

阿里云提供的服务如图 17.1 所示。

图 17.1 阿里云提供的服务概览

阿里云囊括了服务器、关系数据库、海量存储服务、CDN、缓存服务。

选择云服务器 ECS，即可进入云服务器的配置界面。

首先选择硬件配置，包括 CPU、内存、公网带宽、地域，如图 17.2 所示。

然后选择操作系统，阿里云提供的系统有 Windows Server 和 Linux(Linux 包括 Aliyun Linux、CentOS、Debian、OpenSUSE 和 Ubuntu 5 个发行版)，如图 17.3 所示。

图 17.2　选择硬件配置

图 17.3　选择操作系统

选择操作系统后，还需要选择数据盘（可不选）。

最后需要进行付款，完成后即可开通云服务器。

2. 云服务器的使用

阿里云提供了"管理控制台"工具，用于管理云服务器，其选择地域如图 17.4 所示。

地域选择完成后进入控制台管理页面，如图 17.5 所示。

通过控制台只能对服务器做重启、停止、修改密码、升级、续费、建立快照等操作，如果需要在服务器上安装软件或管理更多的服务器状态，则需要用 SSH Secure Shell 客户端连接阿里云服务器，通过命令行的方式对服务器进行配置和管理。

通过实例列表，单击"管理"标签栏，可以进入服务器监控页面，查看服务器的网络吞吐和磁盘读/写情况，如图 17.6 所示。

图 17.4 选择地域

图 17.5 控制台管理页面

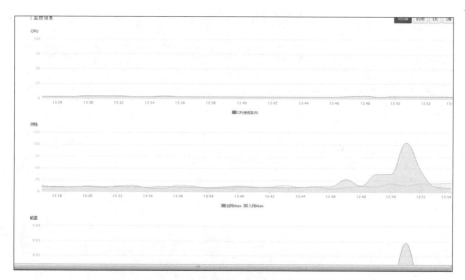

图 17.6 服务器监控页面

安装软件和更加详细的配置需要通过 SSH 连接服务器，使用 SSH Secure Shell 连接服务器，如图 17.7 所示。

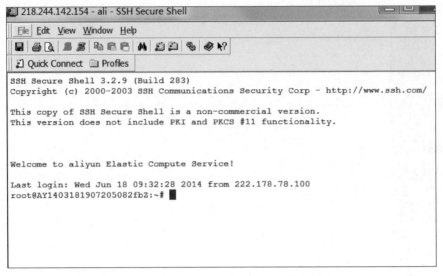

图 17.7　使用 SSH Secure Shell 连接服务器

通过 iptables 建立防火墙过滤策略，增加服务器的安全性，如图 17.8 所示。

pkts	bytes	target	prot	opt	in	out	source	destination
1932	89576	ACCEPT	tcp	--	any	any	anywhere	anywhere
		tcp dpt:ssh						
25068	1202K	ACCEPT	tcp	--	any	any	anywhere	anywhere
		tcp dpt:mysql						
42183	2199K	ACCEPT	tcp	--	any	any	anywhere	anywhere
		tcp dpt:http						
6203	305K	ACCEPT	tcp	--	any	any	anywhere	anywhere
		tcp dpt:http-alt						

图 17.8　建立防火墙过滤策略

配置安装软件（数据库、应用服务器、HTTP 服务器），如图 17.9 所示。

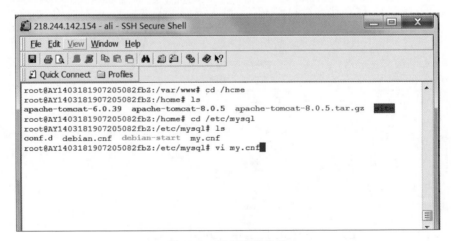

图 17.9　配置安装软件

3. 阿里云的防护机制

阿里云免费提供了云盾防护，如图17.10所示。

图 17.10　云盾防护

用户可以通过云盾查看系统漏洞，如图17.11所示。

图 17.11　云盾查看系统漏洞页面

云盾还提供主动防御功能，如图17.12和图17.13所示。

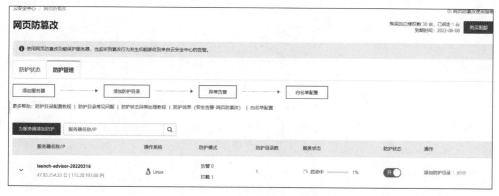

图 17.12　网页防篡改

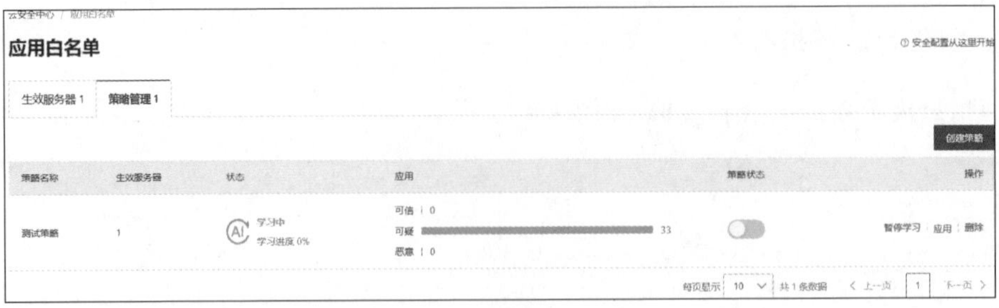

图 17.13　应用白名单

4. 阿里云的售后服务

在阿里云售后服务页面，用户可以通过提交工单的方式向阿里云咨询问题或请求一些技术支持，如图 17.14 所示。

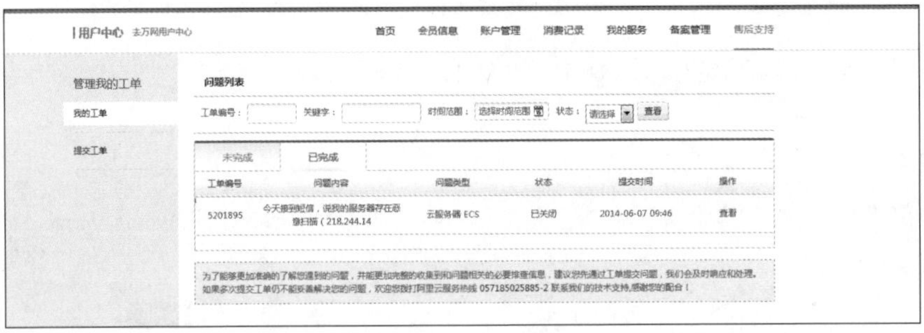

图 17.14　阿里云售后服务页面

阿里云售后服务通常会在 10min 内对工单作出回应。

17.2　实验二：配置 SSH 远程连接

1. 基本原理

SSH 是一套协议标准，可以用来实现两台机器之间的安全登录及数据的安全传送，其保证数据安全的原理是非对称加密。

传统的对称加密使用的是一套密钥，数据的加密和解密用的都是这套密钥，所有的客户端和服务器端都需要保存这套密钥，密钥泄露的风险很高，一旦被泄露便无法保证数据安全。

非对称加密解决的就是这个问题，它包含两套密钥，即公钥和私钥。其中公钥用来加密，私钥用来解密，并且无法通过公钥计算得到私钥，因此将私钥谨慎保存在服务器端，而公钥可以随便传递，即使公钥泄露也无数据安全风险。

保证 SSH 安全性的方法，简单来说就是客户端和服务器端各自生成一套私钥和公钥，并且互相交换公钥，这样每一条发出的数据都可以用对方的公钥来加密，对方收到后再用自己的私钥来解密。

SSH 工作原理如图 17.15 所示。

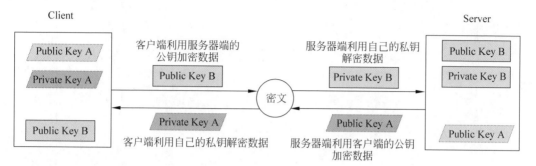

图 17.15　SSH 工作原理

由图 17.15 可以看出，两台机器除了各自拥有一套公钥、私钥之外，还保存了对方的公钥，因此必然存在一个交换各自公钥的步骤。

（1）服务器端收到登录请求后互换密钥。

（2）客户端用服务器端的公钥加密账号密码并发送。

（3）服务器端用自己的密钥解密后得到账号密码，然后进行验证。

（4）服务器端用客户端的公钥加密验证结果并返回。

（5）服务器端用自己的密钥解密后得到验证结果。

2. 在阿里云上配置 SSH 连接的步骤

（1）初始化/修改 SSH 远程连接的密码。进入阿里云服务器的实例列表控制页面，初始化/修改 SSH 远程连接的密码，此处的密码将在后续的 SSH 远程登录中使用，如图 17.16 所示。

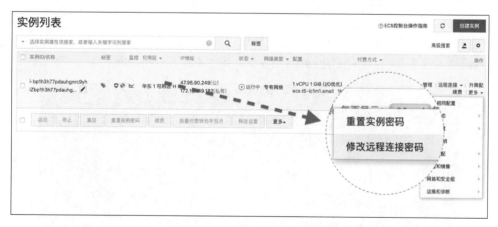

图 17.16　修改远程连接密码

（2）重启阿里云服务器。在每次修改 SSH 远程连接的密码时都需要进行重启，以使 SSH 远程连接密码生效，如图 17.17 所示。

（3）建立远程连接以使用 SSH 连接服务。在阿里云的云服务器实例管理平台上单击"远程连接"下拉列表建立远程连接，如图 17.18 所示。

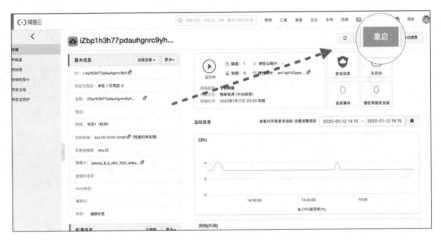

图 17.17　重启阿里云服务器

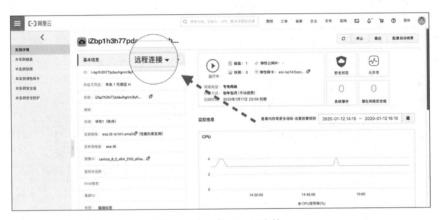

图 17.18　建立远程连接

（4）选择 SSH 连接协议并输入账号与密码。注意此处选择的应该是 SSH 连接协议，然后输入在步骤（1）中初始化/修改的密码，用户名输入 root，如图 17.19 所示。

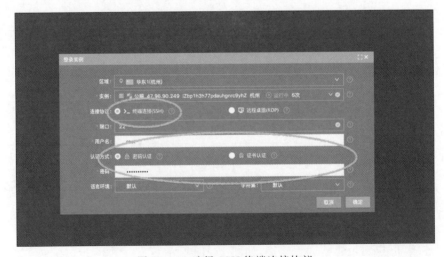

图 17.19　选择 SSH 终端连接协议

17.3 实验三：安装 Python 环境

Python 环境的安装步骤如下。

（1）下载资源。输入"wget https://www.python.org/ftp/python/3.6.5/Python-3.6.5.tgz"，从 Python 官网下载 Python 3.6 版本，如图 17.20 所示。

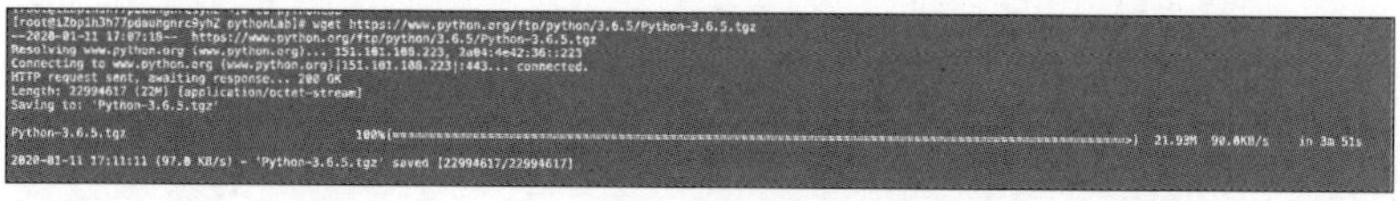

图 17.20　使用 wget 命令从官网下载 Python

（2）安装 zlib-devel 包（后面安装 pip 需要用到它，这里先下载，这样后面就不用重复编译了）。输入"yum install zlib-devel"，使用 yum 命令安装 zlib-devel 包，如图 17.21 所示。

图 17.21　使用 yum 命令安装 zlib-devel 包

（3）解压安装包。输入"tar-xvf Python-3.6.5.tgz"，将下载好的 Python 3.6 安装包解压，如图 17.22 所示。

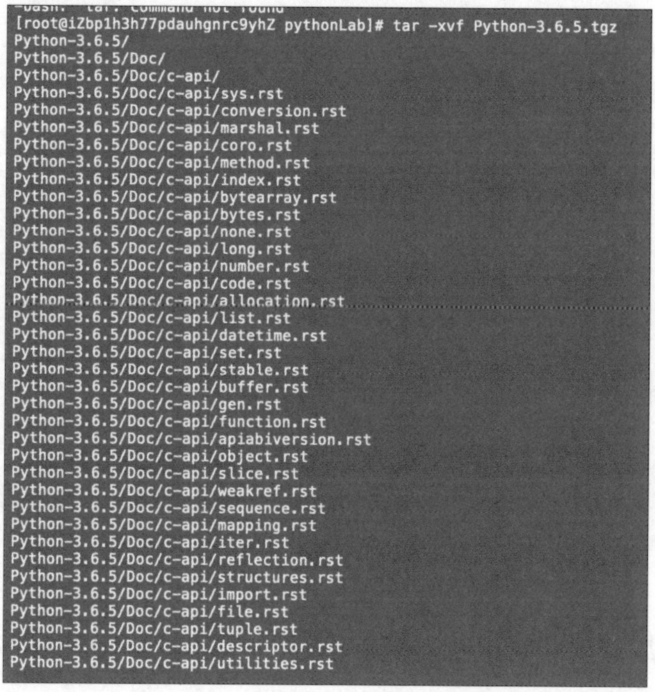

图 17.22　解压 Python 3.6 安装包

（4）移动解压文件。输入"mv Python-3.6.5/usr/local"，将解压文件移动到 usr/local 目录下，如图 17.23 所示。

```
mv. cannot stat Python 3.0.5 . No such file or directory
[root@iZbp1h3h77pdauhgnrc9yhZ pythonLab]# mv Python-3.6.5 /usr/local
```

图 17.23　将解压文件移动到指定目录下

（5）转到解压文件夹下。输入"cd/usr/local/Python-3.6.5"，进入解压的安装文件目录。

（6）配置安装目录。输入"mkdir/usr/local/python3"，创建文件夹 python3 作为安装目录，如图 17.24 所示。

```
mv: overwrite '/usr/local/Python-3.6.5'?
[root@iZbp1h3h77pdauhgnrc9yhZ pythonLab]# mkdir /usr/local/python3
```

图 17.24　创建 python3 文件夹

输入"./configure --prefix=/usr/local/python3"，将安装路径设置在刚才创建的 python3 目录下，如图 17.25 所示。

```
[root@iZbp1h3h77pdauhgnrc9yhZ pythonLab]# cd /usr/local/Python-3.6.5
[root@iZbp1h3h77pdauhgnrc9yhZ Python-3.6.5]# ./configure --prefix=/usr/local/python3
checking build system type... x86_64-pc-linux-gnu
checking host system type... x86_64-pc-linux-gnu
checking for python3.6... python3.6
checking for --enable-universalsdk... no
checking for --with-universal-archs... no
checking MACHDEP... linux
checking for --without-gcc... no
checking for --with-icc... no
checking for gcc... gcc
checking whether the C compiler works... yes
checking for C compiler default output file name... a.out
checking for suffix of executables...
checking whether we are cross compiling... no
checking for suffix of object files... o
checking whether we are using the GNU C compiler... yes
checking whether gcc accepts -g... yes
checking for gcc option to accept ISO C89... none needed
checking how to run the C preprocessor... gcc -E
checking for grep that handles long lines and -e... /usr/bin/grep
checking for a sed that does not truncate output... /usr/bin/sed
checking for --with-cxx-main=<compiler>... no
checking for g++... no
configure:

  By default, distutils will build C++ extension modules with "g++".
  If this is not intended, then set CXX on the configure command line.

checking for the platform triplet based on compiler characteristics... x86_64-linux-gnu
checking for -Wl,--no-as-needed... yes
checking for egrep... /usr/bin/grep -E
checking for ANSI C header files... yes
checking for sys/types.h... yes
checking for sys/stat.h... yes
checking for stdlib.h... yes
checking for string.h... yes
checking for memory.h... yes
checking for strings.h... yes
checking for inttypes.h... yes
checking for stdint.h... yes
checking for unistd.h... yes
checking minix/config.h usability... no
checking minix/config.h presence... no
checking for minix/config.h... no
checking whether it is safe to define __EXTENSIONS__... yes
checking for the Android API level... not Android
```
>_命令终端　已连接　华东1(杭州)　i-bp1h3h77pdauhgnrc9yh　47.96.90.249:22　mjtwu6znyg

图 17.25　设置安装路径

（7）编译源代码及安装。输入"make"，编译安装文件，如图 17.26 所示。

输入"make install"，开始安装 Python 3.6，如图 17.27 所示。

```
[root@iZbp1h3h77pdauhgnrc9yhZ Python-3.6.5]# make
gcc -pthread -c -Wno-unused-result -Wsign-compare -DNDEBUG -g -fwrapv -O3 -Wall -Wstrict-prototypes
rs   -I. -I./Include    -DPy_BUILD_CORE \
     -DABIFLAGS='"m"' \
     -DMULTIARCH=\"x86_64-linux-gnu\" \
     -o Python/sysmodule.o ./Python/sysmodule.c
```

图 17.26　编译安装文件

```
[root@iZbp1h3h77pdauhgnrc9yhZ Python-3.6.5]# pwd
/usr/local/Python-3.6.5
[root@iZbp1h3h77pdauhgnrc9yhZ Python-3.6.5]# make install
if test "no-framework" = "no-framework" ; then \
     /usr/bin/install -c python /usr/local/python3/bin/python3.6m; \
else \
     /usr/bin/install -c -s Mac/pythonw /usr/local/python3/bin/python3.6m; \
fi
if test "3.6" != "3.6m"; then \
     if test -f /usr/local/python3/bin/python3.6 -o -h /usr/local/python3/bin/python3.6; \
     then rm -f /usr/local/python3/bin/python3.6; \
     fi; \
     (cd /usr/local/python3/bin; ln python3.6m python3.6); \
fi
if test -f libpython3.6m.a && test "no-framework" = "no-framework" ; then \
     if test -n "" ; then \
          /usr/bin/install -c -m 555  /usr/local/python3/bin; \
     else \
          /usr/bin/install -c -m 555 libpython3.6m.a /usr/local/python3/lib/libpython3.6m.a; \
          if test libpython3.6m.a != libpython3.6m.a; then \
               (cd /usr/local/python3/lib; ln -sf libpython3.6m.a libpython3.6m.a) \
          fi \
     fi; \
     if test -n ""; then \
          /usr/bin/install -c -m 555  /usr/local/python3/lib/; \
     fi; \
else    true; \
fi
if test "x" != "x" ; then \
     rm -f /usr/local/python3/binpython3.6-32; \
     lipo  \
          -output /usr/local/python3/bin/python3.6-32 \
          /usr/local/python3/bin/python3.6; \
fi
running build
running build_ext
INFO: Can't locate Tcl/Tk libs and/or headers

Python build finished successfully!
The necessary bits to build these optional modules were not found:
_bz2                  _curses                 _curses_panel
_dbm                  _gdbm                   _lzma
_sqlite3              _tkinter                nis
readline
```

图 17.27　安装 Python 3.6

执行到这里，Python 3.6 的安装已经完成了，用户可以输入命令查看 Python 的安装信息。

（8）测试。输入"python3 -version"，查看所安装的 Python 版本，安装成功如图 17.28 所示。

```
Requirement already up-to-date: pip in /usr/local/python3/lib/python3.6/site-packages
[root@iZbp1h3h77pdauhgnrc9yhZ Python-3.6.5]# python3 --version
Python 3.6.8
```

图 17.28　查看安装的 Python 版本

在安装目录下输入"python3"，可以看到安装的信息，如图 17.29 所示。

```
[root@iZbp1h3h77pdauhgnrc9yhZ Python-3.6.5]# python3
Python 3.6.8 (default, Oct  7 2019, 17:58:22)
[GCC 8.2.1 20180905 (Red Hat 8.2.1-3)] on linux
Type "help", "copyright", "credits" or "license" for more information.
>>>
```

图 17.29　Python 3.6 的相关信息

17.4 实验四：部署并启动 Django 服务

Django 的安装与部署如下。

（1）使用 pip 安装 Django 等。输入"pip3 install Django==1.11.7"，安装 Django，如图 17.30 所示。

```
[root@iZbp1h3h77pdauhgnrc9yhZ Python-3.6.5]# pip install Django=1.11.7
WARNING: Running pip install with root privileges is generally not a good idea. Try `pip3 install --user` instead.
Collecting Django=1.11.7
  Downloading http://mirrors.cloud.aliyuncs.com/pypi/packages/15/d8/b17afdcd527026d2f1acd30ac33400e6b22c0f573a3c14b2d9e0bd7df945/Django-1.11.7-py2.py3-none-any.whl (6.9MB)
    100% |████████████████████████████████| 7.0MB 70.7MB/s
Requirement already satisfied: pytz in /usr/local/lib/python3.6/site-packages (from Django==1.11.7)
Installing collected packages: Django
  Found existing installation: Django 3.0.2
    Uninstalling Django-3.0.2:
      Successfully uninstalled Django-3.0.2
Successfully installed Django-1.11.7
```

图 17.30 使用 pip 安装 Django

输入"pip3 install virtualenv"，安装 virtualenv，为应用创建一个"隔离"的 Python 环境，如图 17.31 所示。

```
(try to add '--allowerasing' to command line to replace conflicting packages or '--skip-broken' to skip uninstallab
[root@iZbp1h3h77pdauhgnrc9yhZ Python-3.6.5]# pip3 install virtualenv
WARNING: Running pip install with root privileges is generally not a good idea. Try `pip3 install --user` instead.
Requirement already satisfied: virtualenv in /usr/local/lib/python3.6/site-packages
```

图 17.31 安装 virtualenv

输入"pip3 install uwsgi"，安装 uwsgi，如图 17.32 所示。

```
[root@iZbp1h3h77pdauhgnrc9yhZ Python-3.6.5]# pip3 install uwsgi
WARNING: Running pip install with root privileges is generally not a good idea. Try `pip3 install --user` instead.
Requirement already satisfied: uwsgi in /usr/local/lib/python3.6/site-packages
```

图 17.32 安装 uwsgi

（2）给 uwsgi 建立软链接。输入"ln -s /usr/local/python3/bin/uwsgi /usr/bin/uwsgi"，给 uwsgi 建立软链接，以方便进行之后的操作，如图 17.33 所示。

```
Requirement already satisfied: uwsgi in /usr/local/lib/python3.6/site-packages
[root@iZbp1h3h77pdauhgnrc9yhZ Python-3.6.5]#  ln -s /usr/local/python3/bin/uwsgi /usr/bin/uwsgi
```

图 17.33 给 uwsgi 建立软链接

【查看 Django 的命令】

使用 Django，肯定需要使用 Django 的命令，这里先预览一下 Django 的一些命令。输入"django-admin"，查看 Django 支持的命令及可能用到的命令，如图 17.34 所示。

```
[root@iZbp1h3h77pdauhgnrc9yhZ Python-3.6.5]#  ln -s /usr/local/python3/bin/uwsgi /usr/bin/uwsgi
[root@iZbp1h3h77pdauhgnrc9yhZ Python-3.6.5]# django-admin

Type 'django-admin help <subcommand>' for help on a specific subcommand.

Available subcommands:

[django]
    check
    compilemessages
    createcachetable
    dbshell
    diffsettings
    dumpdata
    flush
    inspectdb
    loaddata
    makemessages
    makemigrations
    migrate
    runserver
    sendtestemail
    shell
    showmigrations
    sqlflush
    sqlmigrate
    sqlsequencereset
    squashmigrations
    startapp
    startproject
    test
    testserver
Note that only Django core commands are listed as settings are not properly configured (error: Requested setting INSTALLED_APPS, but settings are not configured. You must either define the env
ironment variable DJANGO_SETTINGS_MODULE or call settings.configure() before accessing settings.).
[root@iZbp1h3h77pdauhgnrc9yhZ Python-3.6.5]#
```

图 17.34 查看 Django 的命令

（3）安装 Nginx。这是在部署 Django 时需要的另一个工具。

输入"yum install nginx -y"，通过 yum 安装 Nginx，如图 17.35 所示。

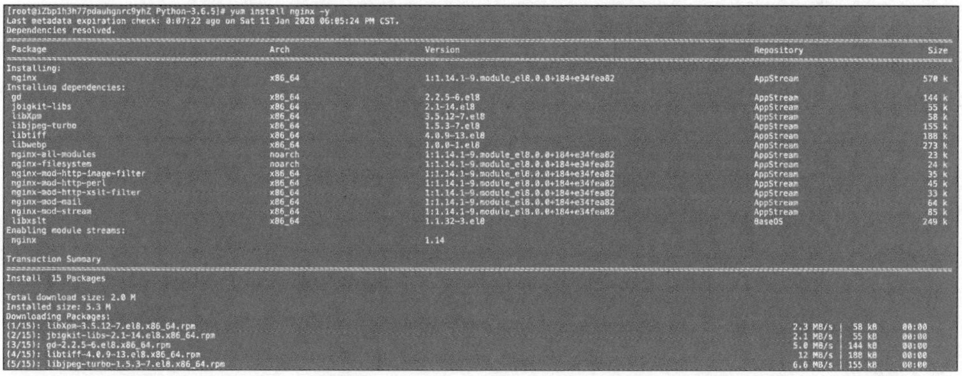

图 17.35　通过 yum 安装 Nginx

输入"systemctl start nginx"，启动 Nginx 服务，如图 17.36 所示。

图 17.36　启动 Nginx 服务

启动成功后进入 Nginx 页面，如图 17.37 所示。

图 17.37　Nginx 页面

在成功安装好这些以后就可以开始部署 Django 项目了。

（4）部署 Django 项目。输入"django-admin startproject HelloWorld"，创建需要部署的项目 HelloWorld，如图 17.38 所示。

图 17.38　创建部署项目 HelloWorld

输入"cd HelloWorld/"，进入项目中，如图 17.39 所示。

```
[root@iZbp1h3h77pdauhgnrc9yhZ Python-3.6.5]# django-admin startproj
[root@iZbp1h3h77pdauhgnrc9yhZ Python-3.6.5]# cd HelloWorld/
[root@iZbp1h3h77pdauhgnrc9yhZ HelloWorld]#
```

图 17.39　进入部署的项目中

输入"tree"，可以查看目录结构，如图 17.40 所示。

```
[root@iZbp1h3h77pdauhgnrc9yhZ HelloWorld]# tree

— HelloWorld
  ├── __init__.py
  ├── settings.py
  ├── urls.py
  └── wsgi.py
— manage.py
```

图 17.40　HelloWorld 项目的目录结构

这就是所部署的项目的一个架构，接下来启动 Python 3 服务。

输入"python3 manage.py migrate"，该命令的主要作用就是把这些改动作用到数据库里面新改动的迁移文件更新数据库，如创建数据表、增加字段属性，如图 17.41 所示。

```
Quit the server with CONTROL-C.
^C[root@iZbp1h3h77pdauhgnrc9yhZ HelloWorld]# python3  manage.py migrate
Operations to perform:
  Apply all migrations: admin, auth, contenttypes, sessions
Running migrations:
  Applying contenttypes.0001_initial... OK
  Applying auth.0001_initial... OK
  Applying admin.0001_initial... OK
  Applying admin.0002_logentry_remove_auto_add... OK
  Applying contenttypes.0002_remove_content_type_name... OK
  Applying auth.0002_alter_permission_name_max_length... OK
  Applying auth.0003_alter_user_email_max_length... OK
  Applying auth.0004_alter_user_username_opts... OK
  Applying auth.0005_alter_user_last_login_null... OK
  Applying auth.0006_require_contenttypes_0002... OK
  Applying auth.0007_alter_validators_add_error_messages... OK
  Applying auth.0008_alter_user_username_max_length... OK
  Applying sessions.0001_initial... OK
```

图 17.41　执行 migrate 命令

为使服务器使用 Django 框架向外网提供服务，还需要对 Nginx 和项目目录下 settings.py 文件中的相关配置进行修改。

首先修改 Nginx 的配置文件，输入"cd /etc/nginx"进入 Nginx 的目录，在修改配置文件 nginx.conf 之前最好先进行备份，可以输入 "cp nginx.conf nginx.conf.backup"实现备份。然后执行"vim nginx.conf"命令对文件进行修改，找到 http 字段下的 server 字段，在其中的 location 字段添加如下语句：

```
include uwsgi_params;
uwsgi_pass 127.0.0.1:8080;
uwsgi_param UWSGI_CHDIR /root/HelloWorld;
```

这段语句将 Nginx 接收到的请求转发给 uWSGI 服务，这样 Django 框架就可以通过

Nginx 接收到用户的访问请求并作出响应。修改后的 nginx.conf 文件如图 17.42 所示。

```
# See http://nginx.org/en/docs/ngx_core_module.html#include
# for more information.
include /etc/nginx/conf.d/*.conf;

server {
    listen       80 default_server;
    listen       [::]:80 default_server;
    server_name  ;
    root         /usr/share/nginx/html;

    # Load configuration files for the default server block.
    include /etc/nginx/default.d/*.conf;

    location / {
        include uwsgi_params;
        uwsgi_pass 127.0.0.1:8080;
        uwsgi_param UWSGI_CHDIR /root/HelloWorld;
    }

    error_page 404 /404.html;
        location = /40x.html {
    }

    error_page 500 502 503 504 /50x.html;
        location = /50x.html {
    }
}
# Settings for a TLS enabled server.
                                                    50,43-57        51%
```

图 17.42　修改后的 nginx.conf 配置文件

接下来需要修改项目目录下的 settings.py 文件。首先进入项目目录，使用 vim 命令修改 settings.py 文件，修改 ALLOWED_HOSTS 项，将该句修改为"ALLOWED_HOSTS＝['＊']"，这允许 Django 对任意地址发来的请求都可以作出响应。修改后的文件如图 17.43 所示。

```
For more information on this file, see
https://docs.djangoproject.com/en/1.11/topics/settings/

For the full list of settings and their values, see
https://docs.djangoproject.com/en/1.11/ref/settings/
"""

import os

# Build paths inside the project like this: os.path.join(BASE_DIR, ...)
BASE_DIR = os.path.dirname(os.path.dirname(os.path.abspath(__file__)))

# Quick-start development settings - unsuitable for production
# See https://docs.djangoproject.com/en/1.11/howto/deployment/checklist/

# SECURITY WARNING: keep the secret key used in production secret!
SECRET_KEY = '5g9lz_gk(!8poi$igm)&c&@5f@mxkw9w8v 6*x*6g_9qmx(3rw'

# SECURITY WARNING: don't run with debug turned on in production!
DEBUG = True

ALLOWED_HOSTS = ['*']


# Application definition

INSTALLED_APPS = [
    'django.contrib.admin',
                                                    29,0-1          5%
```

图 17.43　修改后的 settings.py 文件

在配置修改完成后，可以通过启动 uWSGI 服务的方式来启动项目。输入"uwsgi --chdir＝/root/HelloWorld --module＝HelloWorld.wsgi：application --socket＝127.0.0.1：8080 --processes＝5"以启动服务。需要注意的是，"--chdir"参数是项目所在目录，"--socket"参数指定的端口必须与 Nginx 配置文件中的"uwsgi_pass"字段一致，这样才能保证接收到

Nginx 转发来的请求。uWSGI 服务启动成功的系统截图如图 17.44 所示。

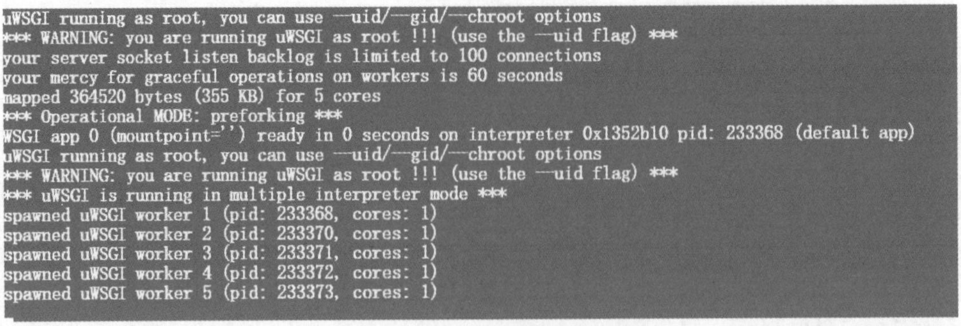

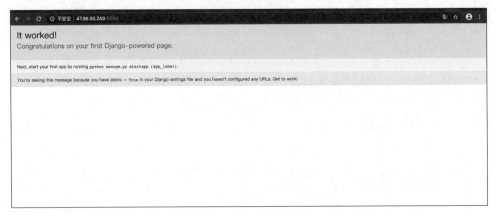

图 17.44　uWSGI 服务启动成功

通过访问端口访问页面，可以看到项目部署成功，如图 17.45 所示。

图 17.45　项目部署成功页面

第 **18** 章

实验：Docker

如图 18.1 所示，各种各样的散货通过海运进行运输，困扰托运人和承运人的问题是不同大小、样式及质量的商品放在一起容易出现挤压、破损等不良现象，如将钢材和香蕉放在一起可能使香蕉损坏等。此外，不同运输方式之间的转运也相当麻烦。不同商品和不同运输手段结合组成了一个巨大的二维矩阵，最后在美国海陆运输公司的推动下，海运界制定了国际标准集装箱来解决这个棘手的问题，如图 18.2 所示。

视频讲解

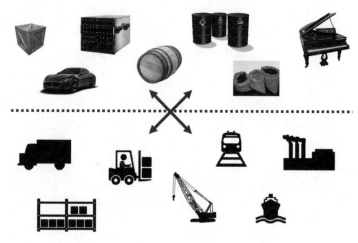

图 18.1　传统的货运

同样的问题也出现在互联网行业，在软件应用开发过程中，需要有一种东西能够像集装箱一样方便地打包应用程序，隔离它们之间的不良影响，使应用能够在各种运行环境下运行并且在平台之间易于移植。如图 18.3 所示，Docker 的初衷就是将各种应用程序和它所依赖的运行环境打包成标准的容器，进而发布到不同的平台上运行。

图 18.2　国际标准集装箱

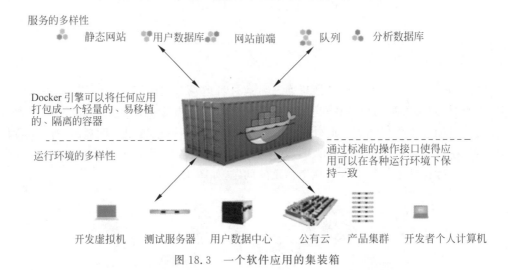

图 18.3　一个软件应用的集装箱

Docker 是一个开源项目，诞生于 2013 年年初，最初是 dotCloud 公司内部的一个业余项目。它基于谷歌公司推出的 Go 语言实现。

Docker 的基础是 Linux 容器（Linux Container，LXC）技术，Docker 是一种实现轻量级的操作系统虚拟化解决方案。在 LXC 的基础上，Docker 进行了进一步封装，让用户不需要关心容器的管理，使得操作更为简便。用户操作 Docker 的容器就像操作一个快速轻量级的虚拟机一样简单。表 18.1 所示为容器与虚拟机的对比。

表 18.1　容器与虚拟机的对比

	容　　器	虚　拟　机
相同点	（1）在不同的主机之间迁移 （2）具备 root 权限 （3）可以远程控制 （4）有备份、回滚操作	

续表

	容 器	虚 拟 机
操作系统	在性能上有优势,能够轻易地同时运行多个操作系统	可以安装任何系统,但性能不及容器
资源管理	弹性的资源分配:资源可以在没有关闭容器的情况下添加	虚拟机里的操作系统需要处理新加入的资源。例如,增加一块磁盘,则需要重新分区
远程管理	根据操作系统的不同,会通过 shell 或远程桌面进行	远程控制由虚拟化平台提供,可以在虚拟机启动前连接
配置	快速、秒级,由容器提供者处理	配置时间长,从几分钟到几小时,具体取决于操作系统
性能	接近原生态	弱于原生态
系统支持量	单机支持上千个容器	一般为几十个

如表 18.1 所示,容器和虚拟机各有优缺点,容器并不是虚拟机的替代品,只是二者在适应不同的需求时各有优点。容器相对于虚拟机的优势在于效率更高、资源占用更少、管理更为便捷。当需要部署的系统是同一系列的操作系统时,这种性能和便捷性上的优势非常明显。作为一种新兴的虚拟化方式,Docker 与传统的虚拟化方式相比具有众多的优势。

(1)更快速的交付和部署。对开发和运维人员来说,最希望的就是一次创建或配置,可以在任意地方正常运行。

开发者可以使用一个标准的镜像构建一套开发容器,在开发完成后,运维人员可以直接使用这个容器来部署代码。Docker 可以快速创建容器,快速迭代应用程序,并让整个过程全程可见,使团队中的其他成员更容易理解应用程序是如何创建和工作的。Docker 容器很轻、很快,容器的启动时间是秒级的,大量地节约了开发、测试、部署的时间。

(2)更高效的虚拟化。Docker 容器的运行不需要额外的 Hypervisor 支持,它是内核级的虚拟化,因此可以实现更高的性能和效率。

(3)更轻松的迁移和扩展。Docker 容器几乎可以在任意平台上运行。这种兼容性可以让用户把一个应用程序从一个平台直接迁移到另外一个平台。

(4)更简单的管理。使用 Docker,只需要小小的修改,就可以替代以往大量的更新工作。所有的修改都以增量的方式被分发和更新,从而实现自动化并且高效的管理。

18.1 Docker 的核心概念

Docker 采用的是 C/S 架构,具体架构如图 18.4 所示。Docker 客户端是 Docker 可执行程序,可以通过命令行和 API 的形式与 Docker 守候程序进行通信,Docker 守候程序提供 Docker 服务。

Docker 包括 3 个核心组件,即镜像(image)、仓库(repository)和容器(container)。图 18.5 所示为核心组件的互相作用,用户理解了这 3 个核心组件,就能很好地理解

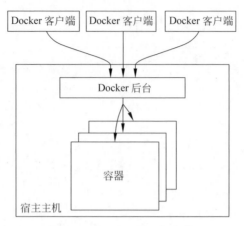

图 18.4　Docker 的 C/S 架构

Docker 的整个生命周期，并且对于 Docker 和 Linux 的区别会有更深的认识。

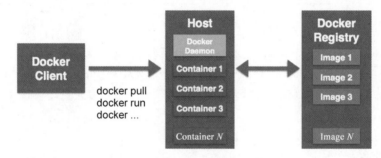

图 18.5　Docker 的核心组件

1. Docker 镜像

Docker 镜像是 Docker 容器运行时的只读模板，它保存着容器需要的环境和应用的执行代码，可以把镜像看成容器的代码，当代码运行起来后就成了容器。

每一个镜像由一系列的层（layers）组成。当改变了一个 Docker 镜像时，例如，升级某个程序到新的版本，一个新的层会被创建。因此，不用替换原先的整个镜像或者重新建立（在使用虚拟机时可能会这么做），只是一个新的层被添加或升级了。现在不用重新发布整个镜像，只需要升级即可，层会使得分发 Docker 镜像变得简单和快速。

2. Docker 仓库

Docker 仓库用来保存镜像，可以理解为代码控制中的代码仓库，它是 Docker 集中存放镜像文件的场所。

通常，一个用户可以建立多个仓库来保存自己的镜像。从这里可以看出仓库是注册服务器（registry）的一部分，一个个仓库组成了一个注册服务器。简单地说，Docker 仓库的概念与 Git 类似，注册服务器可以理解为 GitHub 这样的托管服务。

Docker 仓库有公有和私有之分。其中，公有仓库如 Docker 官方的 Docker Hub。Docker Hub 提供了庞大的镜像集合供用户使用。对于这些镜像，用户可以自己创建，或者在别人的镜像的基础上创建。国内的公有仓库有 Docker Pool 等,可以提供稳定的国内访问。如果用户不希望公开分享自己的镜像文件,Docker 也支持用户在本地网络内创建一个只能自己访问的私有仓库。

在用户创建了自己的镜像后,就可以使用 push 命令将它上传到公有或私有仓库,这样下次在另外一台机器上使用这个镜像时,只需要从仓库上 pull 下来就可以了。

3. Docker 容器

Docker 容器和文件夹很类似,一个 Docker 容器包含了某个应用运行需要的所有环境。相对于静态的镜像而言,容器是镜像执行的动态表现。每个 Docker 容器都是从 Docker 镜像创建的。Docker 容器可以运行、开始、停止、移动和删除。每个 Docker 容器都是独立和安全的应用平台,Docker 容器是 Docker 的运行部分。

容器易于交互、便于传输、易移植、易扩展,非常适合进行软件开发、软件测试及软件产品的部署。

18.2 实验一：Docker 的安装

Docker 的安装非常容易。目前,Docker 支持在主流的操作系统平台上使用,如 Ubuntu、CentOS、Windows 和 macOS 系统等。但是,在 Linux 系统平台上是原生支持,使用体验也最好。

就目前而言,Docker 的运行环境也有限制,具体如下。

(1) 必须是在 64 位机器上运行,并且目前仅支持 x86_64 和 AMD64,32 位系统暂时不支持。

(2) 系统的 Linux 内核必须是 3.8 或更新的,内核须支持 Device Mapper、AUFS、VFS、BTRFS 等存储格式。

(3) 内核必须支持 cgroups 和命名空间。

接下来说明 Ubuntu、CentOS、Windows 操作系统平台下 Docker 环境的安装。

1. Ubuntu

Docker 支持以下 Ubuntu 版本。

(1) Ubuntu Trusty 14.04 (LTS),64 位。

(2) Ubuntu Precise 12.04 (LTS),64 位。

(3) Ubuntu Raring 13.04 和 Saucy 13.10,64 位。

Ubuntu Trusty 的内核是 3.13.0,在这个系统下安装时默认的 Docker 安装包是 0.9.1 版本。

1) Ubuntu Trusty 14.04 版本

首先运行以下命令进行安装:

```
$ sudo apt - get update
$ sudo apt - get install docker.io
```

之后重启伪终端即可生效。

如果想安装最新的 Docker,首先需要确认自己的 APT 是否支持 HTTPS,如果不支持,则需通过如下命令进行安装:

```
$ sudo apt - get update
$ sudo apt - get install apt - transport - https
```

然后将 Docker 库的公钥加入本地 APT 中:

```
$ sudo apt - key adv -- keyserver hkp://keyserver.ubuntu.com:80
-- recv - keys 36A1D7869245C8950F966E92D8576A8BA88D21E9
```

再将安装源加入 APT 源中,并更新和安装:

```
$ sudo sh - c "echo deb https://get.docker.com/ubuntu docker main\> /etc/apt/sources.list.d/
docker.list"
$ sudo apt - get update
$ sudo apt - get install lxc - docker
```

为了验证 Docker 是否安装成功,可以运行如下命令:

```
$ sudo docker info
```

2) Ubuntu Trusty 14.04 以下版本

如果是较低版本的 Ubuntu 系统,需要先更新内核,命令代码如下:

```
$ sudo apt - get update
$ sudo apt - get install linux - image - generic - lts - raring
linux - headers - generic - lts - raring
$ sudo reboot
```

然后重复上面的步骤。安装之后启动 Docker 服务:

```
$ sudo service docker start
```

2. CentOS

Docker 支持在以下版本的 CentOS 上安装:

(1) CentOS 7,64 位。

(2) CentOS 6.5(64 位)或更高版本。

由于 Docker 具有的局限性,Docker 只能运行在 64 位的系统中。目前的 CentOS 项目仅发行版本中的内核支持 Docker,如果打算在非发行版本的内核上运行 Docker,内核的改动可能会导致出错。

Docker 运行在 CentOS 6.5 或更高版本的 CentOS 上，需要的内核版本是 2.6.32-431 或更高，因为这是允许它运行的指定内核补丁版本。

1）CentOS 7 版本

Docker 软件包已经包含在默认的 CentOS-Extras 软件源里，安装命令如下：

```
$ sudo yum install － y docker
```

安装完成后开始运行 Docker Daemon。

需要注意的是，CentOS 7 中 firewalld 的底层是使用 iptables 进行数据过滤的，它建立在 iptables 之上，这可能会与 Docker 产生冲突。当 firewalld 启动或重启时，它将会从 iptables 中移除 Docker 的规则，从而影响 Docker 的正常工作。

当用户使用的是 Systemd 时，firewalld 会在 Docker 之前启动，但是如果在 Docker 启动之后再启动或者重启 firewalld，用户就需要重启 Docker 进程了。

2）CentOS 6.5 版本

在 CentOS 6.5 版本中，Docker 包含在 Extra Packages for Enterprise Linux（EPEL）提供的镜像源中，该组织致力于为 RHEL 发行版创建和维护更多可用的软件包。

首先，用户需要安装 EPEL 镜像源，在 CentOS 6.5 中，一个系统自带的可执行的应用程序与 Docker 包名发生冲突，所以重新命名 Docker 的 RPM 包名为 docker-io。

在 CentOS 6.5 中安装 docker-io 之前需要先卸载 docker 包：

```
$ sudo yum － y remove docker
```

下一步安装 docker-io 包，从而为主机安装 Docker：

```
$ sudo yum install docker － io
```

开始运行 Docker Daemon。

在 Docker 安装完成之后，需要启动 Docker 进程：

```
$ sudo service docker start
```

如果希望 Docker 默认开机启动，操作如下：

```
$ sudo chkconfig docker on
```

现在来验证 Docker 是否正常工作。第一步，需要下载最新的 CentOS 镜像，命令如下：

```
$ sudo docker pull centos
```

第二步，运行下面的命令来看镜像，确认镜像是否存在：

```
$ sudo docker images centos
```

这将会输出包括 REPOSITORY、TAG、IMAGE ID、CREATED 及 VIRTUAL SIZE 的信息。

```
$ sudo docker images centos
```

第三步,运行简单的脚本来测试镜像:

```
$ sudo docker run － i － t centos /bin/bash
```

如果正常运行,用户将会获得一个简单的 bash 提示,输入 exit 退出。

3. Windows

Docker 使用的是 Linux 内核特性,所以需要在 Windows 上使用一个轻量级的虚拟机(VM)来运行 Docker。一般使用 Windows 的 Docker 客户端来控制 Docker 虚拟化引擎的构建、运行和管理,推荐使用 Boot2Docker 工具,用户可以通过它来安装虚拟机和运行 Docker。

虽然使用的是 Windows 的 Docker 客户端,但是 Docker 容器依然运行在 Linux 宿主主机上(现在是通过 VirtualBox)。在 Windows 上安装 Docker 的主要步骤如下。

(1) 下载最新版本的 Docker for Windows Installer。

(2) 运行安装文件,它将会安装 VirtualBox、MSYS-git、Boot2Docker Linux 镜像和 Boot2Docker 的管理工具,如图 18.6 所示。

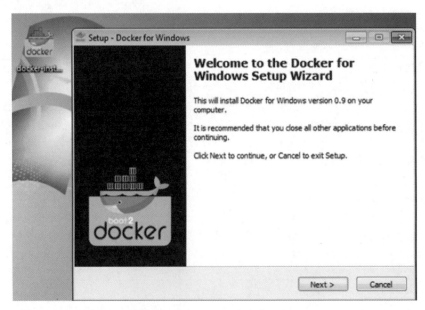

图 18.6　在 Windows 上安装 Docker

（3）从桌面或 Program Files 中找到 Boot2Docker for Windows,运行 Boot2Docker Start 脚本。这个脚本会要求用户输入 SSH 密钥密码,输入后按 Enter 键即可,如图 18.7 所示。

图 18.7　在 Windows 上运行 Docker

18.3　实验二：容器操作

简单地说,容器是独立运行的一个或一组应用及它们的运行态环境。对应地,虚拟机可以理解为模拟运行的一整套操作系统(提供了运行态环境和其他系统环境)和运行在上面的应用。本节将具体介绍如何管理一个容器,包括创建、启动和停止等。

1. 启动容器

启动容器有两种方式,一种是基于镜像新建一个容器并启动,另一种是将处在终止状态(stopped)的容器重新启动。因为 Docker 的容器是轻量级的,所以很多时候用户都是随时删除和新创建容器。

1）新建并启动

启动命令：docker run。

例如,下面的命令输出一个 hello world,之后终止容器：

```
$ sudo docker run ubuntu:14.04 /bin/echo 'hello world'
hello world
```

这与在本地直接执行/bin/echo 'hello world'几乎没有区别。

下面的命令则启动一个 bash 终端，允许用户进行交互：

```
$ sudo docker run - t - i ubuntu:14.04 /bin/bash
```

其中，-t 选项让 Docker 分配一个伪终端（pseudo-tty）并绑定到容器的标准输入上；-i 则让容器的标准输入保持打开。

在交互模式下，用户可以通过所创建的终端来输入命令：

```
# pwd
/
# ls
bin boot dev etc home lib lib64 media mnt opt proc root run sbin srv sys tmp usr var
```

当利用 docker run 创建容器时，Docker 在后台运行的标准操作如下。

(1) 检查本地是否存在指定的镜像，若不存在就从公有仓库下载。

(2) 利用镜像创建并启动一个容器。

(3) 分配一个文件系统，并在只读的镜像层外面挂载一个可读/写层。

(4) 从宿主主机配置的网桥接口中桥接一个虚拟接口到容器中。

(5) 从地址池配置一个 IP 地址给容器。

(6) 执行用户指定的应用程序。

(7) 执行完后容器被终止。

(8) 启动已终止容器。

2) 启动已终止容器

用户可以利用 docker start 命令直接将一个已经终止的容器启动。

容器的核心为所执行的应用程序，需要的资源都是应用程序运行所必需的。除此之外，并没有其他的资源。用户可以在伪终端利用 ps 或 top 查看进程信息：

```
/ # ps
PID  TTY            TIME    CMD
1    ?              00:00:00  bash
11   ?              00:00:00  ps
```

可见，容器中仅运行了指定的 bash 应用。这种特点使得 Docker 对资源的利用率极高，是货真价实的轻量级虚拟化。

2. 守护态运行

更多的时候，需要让 Docker 容器在后台以守护态（daemonized）形式运行，此时可以通过添加-d 参数实现。

例如，下面的命令会在后台运行容器：

```
$ sudo docker run - d ubuntu:14.04 /bin/sh - c "while true; do echo hello world; sleep 1;
done"
1e5535038e285177d5214659a068137486f96ee5c2e85a4ac52dc83f2ebe4147
```

容器启动后会返回一个唯一的 ID,用户也可以通过 docker ps 命令查看容器信息:

```
$ sudo docker ps
```

要获取容器的输出信息,可以使用 docker logs 命令:

```
$ sudo docker logs insane_babbage
hello   world
hello   world
hello   world
```

其中,insane_babbage 是容器的 NAMES 属性。也可以用容器的 CONTAINER ID 完成此操作。

3. 终止容器

用户可以使用 docker stop 终止一个运行中的容器。

此外,当 Docker 容器中指定的应用终止时,容器也会自动终止。例如,对于前面只启动了一个终端的容器,用户通过 exit 命令或按 Ctrl+D 快捷键退出终端时,所创建的容器立刻终止。

终止状态的容器可以用 docker ps -a 命令看到。例如:

```
sudo docker ps  - a
```

处于终止状态的容器,可以通过 docker start 命令重新启动。此外,docker restart 命令会将一个运行态的容器终止,然后重新启动它。

18.4　实验三：搭建一个 Docker 应用栈

Docker 的设计理念是希望用户能够保证一个容器只运行一个进程,即只提供一种服务。然而,对于用户而言,单一容器是无法满足需求的。通常用户需要利用多个容器,分别提供不同的服务,并在不同容器间互连通信,最后形成一个 Docker 集群,以实现特定的功能。

下面通过示例搭建一个一台机器上的简化的 Docker 集群,让读者了解如何基于 Docker 构建一个特定的应用,即 Docker 应用栈。

如图 18.8 所示,本实验将搭建一个包含 6 个节点的 Docker 应用栈,其中包括一个代理节点(HAProxy:负载均衡代理节点)、3 个 Web 应用节点(App1、App2、App3:使用 Python 语言设计的一个单一数据库的基础 Web 应用)、一个主数据库节点(Master-redis)和两个从数据库节点(Slave-redis1、Slave-redis2)。

1. 获取镜像

在搭建过程中,可以用 docker hub 命令获取现有可用的镜像,并在这些镜像的基础

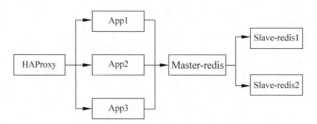

图 18.8　Docker 应用栈的结构图

上启动容器，按照需求进行修改来实现既定的功能。该做法既提高了应用开发的效率，也降低了开发的难度。

　　根据图 18.8 所示的结构图，需要从 docker hub 获取 HAProxy、Redis 及 Django 的镜像。具体操作示例如表 18.2 所示，其代码如下：

```
$ sudo docker pull ubuntu
$ sudo docker pull django
$ sudo docker pull haproxy
$ sudo docker pull redis
$ sudo docker images
```

表 18.2　获取可用镜像

REPOSITORY	TAG	IMAGE ID	CREATED	VIRTUAL SIZE
Redis	latest	3b7234aa3098	9 days ago	110.8MB
HAProxy	latest	380557f8f7b3	9 days ago	97.91MB
Django	latest	8b9d8caad0d9	9 days ago	885.8MB
Ubuntu	latest	8eaa4ff06b53	2 weeks ago	188.3MB

2. 应用栈容器节点互连

　　在搭建第一个 hello world 应用栈时，将在同一主机下进行 Docker 应用栈的搭建。如果是一个真正的分布式架构集群，还需要处理容器的跨主机通信问题，在这里对此不做介绍。鉴于在同一主机下搭建容器应用栈的环境，只需要完成容器互连来实现容器间的通信即可，这里采用 docker run 命令的--link 选项建立容器间的互连关系。

　　下面介绍--link 选项的用法，通过--link 选项能够进行容器间安全的交互通信，其使用格式为 name:alias。用户可在一个 docker run 命令中重复使用该参数，使用示例如下：

```
$ sudo docker run -- link redis: redis -- name console ubuntu bash
```

　　上例将在 Ubuntu 镜像上启动一个容器，并命名为 console，同时将新启动的 console 容器连接到名为 redis 的容器上。在使用--link 选项时，连接通过容器名来确定容器，这里建议启动容器时自定义容器名。

　　通过--link 选项来建立容器间的连接，不仅可以避免容器的 IP 和端口暴露在外网所导致的安全问题，还可以防止容器在重启后 IP 地址变化导致的访问失效，它的原理类似于 DNS 服务器的域名和地址映射。当容器的 IP 地址发生变化时，Docker 将自动维护映射关系中的 IP 地址，示例如下：

```
$ sudo docker run - it -- name redis -- slave1 -- link redis -- master :master redis/
bin/bash
```

在容器内查看/etc/hosts 文件：

```
#cat /etc/hosts
172.17.0.6    08df6a2ch468
```

```
127.0.0.1     localhost
…
172.17.0.5    master
```

该容器的/etc/host 文件中记录了名为 master 的连接信息，其对应 IP 地址为 172.17.0.5，即 Master-redis 容器的 IP 地址。

通过上面的原理可以将--link 设置理解为一条 IP 地址的单向记录信息，因此在搭建容器应用栈时需要注意各个容器节点的启动顺序，以及对应的--link 参数设置。应用栈各节点的连接信息如下。

- 启动 Master-redis 容器节点。
- 两个 Slave-redis 容器节点启动时要连接到 Master-redis 上。
- 3 个 App 容器节点启动时要连接到 Master-redis 上。
- HAProxy 容器节点启动时要连接到 3 个 App 节点上。

综上所述，容器的启动顺序如下：

```
Master - redis→Slave - redis→App→HAProxy
```

此外，为了能够从外网访问应用栈，并通过 HAProxy 节点访问应用栈中的 App，在启动 HAProxy 容器节点时需要利用-p 参数暴露端口给主机，这样即可通过主机 IP 和暴露的端口从外网访问搭建的应用栈。

3. 应用栈容器节点启动

之前已经对应用栈的结构进行了分析，获取了所需的镜像资源，同时描述了应用栈中各个容器之间的互连关系，下面开始利用所获得的镜像资源来启动各个容器。应用栈各容器节点的启动命令如下：

```
$ sudo docker run - it -- name master - redis redis /bin/hash
$ sudo docker run - it -- name redis - slave1 -- link master - redis: master redis /
bin/bash
```

```
    $ sudo docker run - it -- name redis - slave2 -- link master - redis:master redis /
bin/bash

#启动 Django 容器

    $ sudo docker run - it -- name App1 -- link master - redis:db - v ~/projects /Django /
App1: /usr/src/app django /bin/bash
    $ sudo docker run - it -- name App2 -- link master - redis:db - v ~/projects /Django /
App2: /usr/src/app django /bin/bash
    $ sudo docker run - it -- name App3 -- link master - redis:db - v ~/projects /Django /
App3: /usr/src/app django /bin/bash

#启动 HAProxy 容器

    $ sudo docker run - it -- name HAProxy -- link App1: App1 -- link App2: App2 -- link
App3: App3 -- p 6301: 6301 - v ~/projects/HAProxy:/tmp haproxy /bin/bash
```

说明：以上容器启动时，为了方便后续与容器进行交互操作，统一设定启动命令为/bin/bash，需要在启动每个新的容器时都分配一个终端执行。如果系统不方便进行多终端操作，可将上述命令全部改为 run -itd，使容器后台运行。

启动的容器信息可以通过 docker ps 命令查看，示例如表 18.3 所示，命令代码如下：

```
    $ sudo docker ps
```

表 18.3 启动容器信息

CONTATNER ID PORTS	IMAGE NAMES	COMMAND	CREATED	STATUS
bc0a13093fd1 0. 0. 0. 0:6301-> 6301/tcp	haproxy:latest HAProxy	"/bin/bash"	5 days ago	Up 21 seconds
b34e589t6c5f	django: latest App3	"/bin/bash"	5 days ago	Up 27 seconds
f92e470d7c3f	django: latest App2	"/bin/bash"	5 days ago	Up 34 seconds
a1705c6e06a8	django: latest App1	"/bin/bash"	5 days ago	Up 46 seconds
7a9e537b661b 6379/tcp	redis: latest Slave-redis2	"/entrypoint. sh/bin"	5 days ago	Up 53 seconds
08df6a2cb468 6379/tcp	redis: latest Slave-redis1	"/entrypoint. sh/bin"	5 days ago	Up 57 minutes
bc8e79b3e66c 6379/tcp	redis: latest Master-redis	"/entrypoint. sh/bin"	5 days ago	Up 58 minutes

至此，搭建应用栈所需容器的启动工作已经完成。

4．应用栈容器节点配置

在应用栈的各容器节点都启动后，需要对它们进行配置和修改，以便实现特定的功能和通信协作，下面按照容器的启动顺序依次进行解释。

1）Redis Master 数据库容器节点的配置

Redis Master 数据库容器节点启动后，需要在容器中添加 Redis 的启动配置文件，以启动 Redis 数据库。

需要说明的是，对于需要在容器中创建文件的情况，由于容器的轻量化设计，其中缺乏相应的文本编辑命令工具，这时可以利用 volume 来实现文件的创建。在容器启动时，利用-v 参数挂载 volume，在主机和容器间共享数据，这样就可以直接在主机上创建和编辑相关的文件，省去了在容器中安装各类编辑工具的麻烦。

在利用 Redis 镜像启动容器时，镜像中已经集成了 volume 挂载命令，所以需要通过 docker inspect 命令来查看所挂载 volume 的情况。打开一个新的终端，执行如下命令：

```
$ docker inspect -- format "{{.Mounts}}" master-redis
[{ volume31c69dc3d561b6233ac0787c4e73990942917854c094c1da236d83655b587deb  /var/lib/
docker/volumes/31c69dc3d561b6233ac0787c4e73990942917854c094c1da236d83655b587deb/_
data /data local true }]
```

从上述命令中可以发现，该 volume 在主机中的目录为/var/lib/docker/volumes/31c69dc3d561b6233ac0787c4e73990942917854c094c1da236d83655b587deb/_data，在容器中的目录为/data。此时可以进入主机的 volume 目录，利用启动配置文件模板来创建主数据库的启动配置文件，执行命令如下：

```
$ cd /var/lib/docker/volumes/31c69dc3d561b6233ac0787c4e73990942917854c094c1da236d83655b58
7deb/_data
$ wget https://raw.githubusercontent.com/antirez/redis/4.0/redis.conf -O conf/redis.conf
redis.conf
$ vim redis.conf
```

对于 Redis 主数据库，需要修改模板文件中的以下几个参数：

```
daemonize yes
bind 0.0.0.0
```

在主机创建好启动配置文件后，使用以下命令切换到容器中的 volume 目录：

```
docker exec -it master-redis /bin/bash
```

复制启动配置文件到 Redis 的执行工作目录，然后启动 Redis 服务器，执行命令如下：

```
# cp redis.conf /usr/local/bin
# cd /usr/local/bin
# redis - server redis.conf
```

以上就是配置 Redis Master 容器节点的全部过程，在配置另外两个 Redis Slave 节点后，再对应用栈的数据库部分进行整体测试。

2）Redis Slave 数据库容器节点的配置

与 Redis Master 容器节点类似，在启动 Redis Slave 容器节点后，需要首先查看 volume 信息：

```
$ docker inspect -- format "{{.Mounts}}" redis - slave1
[{ volume    3852c02463d136985a4dfcd987e4e06f52d704d36e00523e2e61d13b679f79b8    /var/lib/
docker/volumes/3852c02463d136985a4dfcd987e4e06f52d704d36e00523e2e61d13b679f79b8/_ data /
data local true }]
$ wget https://raw. githubusercontent. com/antirez/redis/4. 0/redis. conf  - O conf/redis. conf
redis. conf
$ vim redis. conf
```

对于 Redis 的从数据库，需要修改以下几个参数：

```
daemonizes yes
slaveof master 6379
```

需要注意的是，slaveof 参数的使用格式为 slaveof < masterip >< masterport >，可以看到对于 masterip 使用了--link 参数设置的连接名来替代实际的 IP 地址。当通过连接名互连通信时，容器会自动读取它的 host 信息，将连接名转换为实际 IP 地址。

在主机创建好启动配置文件后，切换到容器中的 volume 目录，并复制启动配置文件到 Redis 的执行工作目录，然后启动 Redis 服务器，执行过程如下：

```
# cd redis.conf /usr/local/bin
# cd /usr/local/bin
# redis - server redis.conf
```

同理，可以完成对另一个 Redis Slave 容器节点的配置。至此便完成了所有 Redis 数据库容器节点的配置。

3）Redis 数据库容器节点的测试

在完成 Redis Master 和 Redis Slave 容器节点的配置及服务器的启动后，可以通过启动 Redis 的客户端程序来测试数据库。

首先在 Redis Master 容器内启动 Redis 客户端程序，并存储一个数据，执行过程如下：

```
# redis – cli
127.0.0.1:6379 > set master master – redis
OK
127.0.0.1:6379 > get master
"master – redis"
```

随后在两个 Redis Slave 容器内分别启动 Redis 的客户端程序，查询先前在 Master 数据库中存储的数据，执行过程如下：

```
# redis – cli
127.0.0.1:6379 > get master
"master – redis"
```

由此可以看到，Master 数据库中的数据已经自动同步到了 Slave 数据库中。至此，应用栈的数据库部分已搭建完成，并通过测试。

4）App 容器节点（Django）的配置

在 Django 容器启动后，需要利用 Django 框架开发一个简单的 Web 程序。为了访问数据库，需要在容器中安装 Python 语言的 Redis 支持包，执行如下命令：

```
# pip install redis
```

安装完成后进行简单的测试，以验证支持包是否安装成功，执行过程如下：

```
# python
>>> import redis
>>> print(redis._file_)
/usr/local/lib/python3.4/site – packages/redis/_init_.py
```

如果没有报错，说明已经使用 Python 语言来调用 Redis 数据库。接下来开始创建 Web 程序。以 App1 为例，在容器启动时挂载了-v ～/Projects /Django /App1：/usr/src/app 的 valume，方便进入主机的 volume 目录对新建 App 进行编辑。

在容器的 volume 目录/usr/src/app/下开始创建 App，执行过程如下：

```
# 在容器内
# cd /usr/src/app/
# mkdir dockerweb
# cd dockerweb
# django – admin startproject redisweb
# ls
redisweb
# cd redisweb/
# ls
manage.py redisweb
```

```
# python manage.py startapp helloworld
# ls
helloworld manage.py redisweb
```

在容器内创建 App 后，切换到主机的 volume 目录～/Projects/Django/App1，进行相应的编辑来配置 App，执行过程如下：

```
# 在主机内
$ cd ～/projects/Django/App1
$ ls
dockerweb
```

可以看到，在容器内创建的 App 文件在主机的 volume 目录下同样可见。修改 helloworld 应用的视图文件 views.py 执行过程如下：

```
$ cd dockerweb/redisweb/helloworld
$ ls
admin.py __init__.py migrations models.py tests.py views.py
# 利用 root 权限修改 views.py
# sudo su
# vim views.py
```

为了简化设计，只要求完成 Redis 数据库信息的输出及从 Redis 数据库存储和读取数据的结果输出。views.py 文件如下：

```python
from django.shortcuts import render
from django.http import HttpResponse

# 在此处创建视图
import redis
def hello(request):
    str = redis.__file__
    str += "<br>"
    r = redis.Redis(host = 'db', port = 6379, db = 0)
    info = r.info()
    str += ("Set Hi<br>")
    r.set('Hi', 'HelloWorld - App1')
    str += ("Get Hi: %s<br>" % r.get('Hi'))
    str += ("Redis Info:<br>")
    str += ("Key: Info Value")
    for key in info:
        str += ("%s: %s<br>" % (key, info[key]))
    return HttpResponse(str)
```

需要注意的是，在连接 Redis 数据库时使用了--link 参数创建 db 连接来代替具体的

IP 地址；同理，对于 App2，使用相应的 db 连接即可。

在完成 views.py 文件的修改后，接下来修改 redisweb 项目的配置文件 setting.py，添加新建的 helloworld 应用，执行过程如下：

```
# cd ../redisweb/
# ls
__init__.py __pycache__ settings.py urls.py wsgi.py
# vim setting.py
```

在 setting.py 文件中的 INSTALLED_APPS 选项下添加 helloworld，执行过程如下：

```
# Application definition
INSTALLED_APPS = [
django.contrib.admin',
django.contrib.auth',
django.contrib.contenttypes,
django.contrib.sessions',
django.contrib.messages',
django.contrib.stasticfiles'
'helloworld',
]
```

最后修改 redisweb 项目的 URL 模式文件 urls.py，它将设置访问应用的 URL 模式，并为 URL 模式调用视图函数之间的映射表。执行命令如下：

```
# vim urls.py
```

在 urls.py 文件中引入 helloworld 应用的 hello 视图，并为 hello 视图添加一个 urlpatterns 变量。urls.py 文件的内容如下：

```
from django.conf.urls import patterns, include, url
from django.contrib import admin
from helloworld.views import hello

urlpatterns = patterns['',
url(r'^admin/', include(admin.site.urls)),
url(r'^helloworld$ ',hello),
]
```

在主机下修改完成这几个文件后，需要再次进入容器，在目录/usr/src/app/dockerweb/redisweb 下完成项目的生成。执行过程如下：

```
# cd /usr/src/app/dockerweb/redisweb/
# python manage.py makemigrations
```

```
No changes detected
# python manage.py migrate
Operations to perform:
    Apply all migrations: sessions, contenttypes, admin, auth
Running migrations:
    Applying contenttypes.0001_initial...OK
    Applying auth.0001_initial...OK
    Applying admin.0001_initial...OK
    Applying sessions.0001_initial...OK
# python manage.py syncdb
Operations to perform:
    Apply all migrations: admin, auth, sessions, contenttypes
Running migrations:
    No migrations to apply.

You have installed Django's auth system, and don't have any superusers defined.
Would you like to create one now? (yes/no): yes
Username (leave blank to use 'root'): admin
Email address: sel@sel.com
Password:
Password (again):
Superuser created successfully.
```

至此，所有 App1 容器的配置已经完成，App2 和 App3 容器的配置也是同样的过程，只需要稍作修改即可。在配置完成 App1、App2 和 App3 容器后，就完成了应用栈的 App 部分的全部配置。

在启动 App 的 Web 服务器时，可以指定服务器的端口和 IP 地址。为了通过 HAProxy 容器节点接受外网所有的公共 IP 地址访问，实现均衡负载，需要指定服务器的 IP 地址和端口。App1 使用 8001 端口，App2 使用 8002 端口，App3 使用 8003 端口，同时都使用 0.0.0.0 地址。以 App1 为例，启动服务器的过程如下：

```
# python manage.py runserver 0.0.0.0:8001
Performing system checks...

System check identified no issues (0 silenced).
January 20, 2015 - 13:13:37
Django version 1.7.2, using setting 'redisweb.setting'
Starting development server at http://0.0.0.0:8001/
Quit the server with CONTRLO - C
```

5）HAProxy 容器节点的配置

在完成数据库和 App 部分的应用栈部署后，最后部署一个 HAProxy 负载均衡代理的容器节点，所有对应应用栈的访问将通过它来实现负载均衡。

首先利用容器启动时挂载的 volume 将 HAProxy 的启动配置文件复制到容器中，在主机的 volume 目录～/projects/HAProxy 下，执行过程如下：

```
$ cd ~/projects/HAProxy
$ vim haproxy.cfg
```

其中，haproxy.cfg 配置文件的内容如下：

```
global
    log 127.0.0.1 localo        # 日志输出配置,所有日志都记录在本机,通过localo输出
    maxconn 4096                # 最大连接数
    chroot /usr/local/sbin      # 改变当前工作目录
    daemon                      # 以后台形式运行 HAProxy
    nbproc 4                    # 启动 4 个 HAProxy 实例
    pidfile /usr/local/sbin/haproxy.pid      # PID 文件位置

defaults
    log 127.0.0.1 local3        # 日志文件的输出定向
    mode http                   # {tcp|http|health}设定启动实例的协议类型
    option dontlognull
            # 保证 HAProxy 不记录上级负载均衡发送过来的用于检测状态没有数据的心跳包
    option redispatch   # 当 serverId 对应的服务器挂掉后,强制定向到其他健康的服务器
    retries 2                  # 重试两次连接失败就认为服务器不可用,主要通过后面的 check 检查
    maxconn 2000               # 最大连接数
    balance roundrobin         # 负载均衡算法,roundrobin 表示轮询,source 表示按照 IP
    timeout connect 5000ms     # 连接超时时间
    timeout client 50000ms     # 客户端连接超时时间
    timeout server 50000ms     # 服务器端连接超时时间

listen redis_proxy 0.0.0.0:6301
    stats enable
    stats uri /haproxy - stats
        server App1 App1:8001 check inter 2000 rise 2 fall 5        # 均衡点
        server App2 App2:8002 check inter 2000 rise 2 fall 5
        server App3 App3:8003 check inter 2000 rise 2 fall 5
```

随后进入容器的 volume 目录/tmp 下,将 HAProxy 的启动配置文件复制到 HAProxy 的工作目录中。执行过程如下：

```
# cd /tmp
# cp haproxy.cfg /usr/local/sbin/
# cd /usr/local/bin/
# is
haproxy haproxy - systemd - wrapper haproxy.cfg
```

接下来利用该配置文件启动 HAProxy 代理,执行命令如下：

```
# haproxy - f haproxy.cfg
```

需要注意的是，如果要修改配置文件的内容，需要先结束所有的 HAProxy 进程，并重新启动代理。用户可以使用 killall 命令结束进程，如果镜像中没有安装该命令，则需要先安装 psmisc 包，执行命令如下：

```
# apt - get install psmisc
# killall haproxy
```

至此完成了 HAProxy 容器节点的全部部署，同时也完成了整个 Docker 应用栈的部署。

18.5 实验四：实现私有云

1. 启动 Docker

启动命令如下：

```
# service docker start
Starting cgconfig service: [ OK ]
Starting docker: [ OK ]
```

2. 获取镜像

由于镜像仓库在国内很慢，所以推荐以 import 方式使用镜像，在 http://openvz.org/Download/templates/precreated 中有很多压缩的镜像文件，用户可以将这些文件下载后采用 import 方式使用镜像，执行命令如下：

```
# wget http: //download. openvz. org/template/precreated/Ubuntu - 14. 04 - x86 _ 64 - minimal.
tar. gz
# cat ubuntu - 14. 04 - x86_64 - minimal. tar. gz|docker import -  ubuntu:14.04
# docker images
REPOSITORY TAG IMAGE ID CREATED VIRTUAL SIZE
Ubuntu 14.0405ac7c0b938317 seconds ago 215.5 MB
```

这样用户就可以使用这个镜像作为自己的 Base 镜像。

3. 实现 SSHD，在 Base 镜像的基础上生成一个新镜像

启动命令如下：

```
# docker run - t - i ubuntu:base /bin/bash
# vim /etc/apt/sources. list
deb http://mirrors.163.com/ubuntu/ trusty main restricted universe multiverse
deb http://mirrors.163.com/ubuntu/ trusty - security main restricted universe multiverse
deb http://mirrors.163.com/ubuntu/ trusty - updates main restricted universe multiverse
```

```
deb http://mirrors.163.com/ubuntu/ trusty－proposed main restricted universe multiverse
deb http://mirrors.163.com/ubuntu/ trusty－backports main restricted universe multiverse
deb－src http://mirrors.163.com/ubuntu/ trusty main restricted universe multiverse
deb－src http://mirrors.163.com/ubuntu/ trusty－security main restricted universe multiverse
deb－src http://mirrors.163.com/ubuntu/ trusty－updates main restricted universe multiverse
deb－src http://mirrors.163.com/ubuntu/ trusty－proposed main restricted universe multiverse
deb－src http://mirrors.163.com/ubuntu/ trusty－backports main restricted universe multiverse
# apt－get update
```

安装 supervisor 服务，命令如下：

```
# apt－get supervisor
# cp supervisord.conf conf.d/
# cd conf.d/
# vi supervisord.conf; supervisor config file
[unix_http_server]
file = /var/run/supervisor.sock; (the path to the socket file)
chmod = 0700; sockef file mode (default 0700)
[supervisord]
logfile = /var/log/supervisor/supervisord.log;(main log file;default $ CWD/supervisord.log)
pidfile = /var/run/supervisord.pid; (supervisord pidfile;default supervisord.pid)
childlogdir = /var/log/supervisor; ('AUTO' child log dir, default $ TEMP)
nodaemon = true;(修改该软件的启动模式为非 daemon，否则 Docker 在执行的时候会直接退出)
[include]
files = /etc/supervisor/conf.d/ * .conf
[program:sshd]
command = /usr/sbin/sshd － D;
# mkdir /var/run/sshd
# passwd root
# vi /etc/ssh/sshd_config
# exit
```

退出之后自动生成一个容器，接下来把容器 commit 生成封装了 SSHD 的镜像，命令
如下：

```
# docker commit f3c8 ubuntu:sshd
5c21b6cf7ab3f60693f9b6746a5ec0d173fd484462b2eb0b23ecd2692b1aff6b
# docker images
REPOSITORY TAG IMAGE ID CREATED VIRTUAL SIZE
ubuntu sshd 02c4391d40a0 47 minutes ago 661.4 MB
```

4. 开始分配容器

命令如下：

```
# docker run - p 301:22 - d -- name test ubuntu /usr/bin/supervisord
# docker run - p 302:22 - d -- name dev ubuntu /usr/bin/supervisord
# docker run - p 303:22 - d -- name client1 ubuntu /usr/bin/supervisord
...
# docker run - p xxxxx:22 - d -- name clientN ubuntu /usr/bin/supervisord
```

这样就顺利地隔离了 N 个容器，且每个都是以 centos 为中心的纯净的 Ubuntu 系统，按这种分配方式，所有容器的性能和宿主机一样。

5. 搭建自己的私有仓库

服务的封装是 Docker 的"撒手锏"，用户可以搭建自己的私有仓库。这有点类似 GitHub 的方式，将封装好的镜像 push 到仓库，在其他主机装好 Docker 后，pull 下来即可。

第**19**章

实验：Hadoop、HDFS、MapReduce、Spark

本章针对 Hadoop、HDFS、MapReduce 和 Spark 进行实验。

19.1　Hadoop

视频讲解

Hadoop 是由 Apache 研发的开源分布式基础架构，它由 Hadoop 内核、MapReduce、Hadoop 分布式文件系统（HDFS）及一些相关项目组成。其中，HDFS 具有高容错性，负责大数据存储；MapReduce 则负责对 HDFS 中的大量数据进行复杂的分布式计算。

Hadoop 作为分布式架构，采用"分而治之"的设计思想：将大量数据分布式地存放于大量服务器上，采用分治的方式对大数据进行分析。在这种思想的驱使下，Hadoop 实现了 MapReduce 的编程范式。其中，"Map"意为映射，其工作是将一个键值对分解为多个键值对；"Reduce"意为归约，其工作是将多组键值对处理合并后产生的新键值对写入HDFS。通过上述工作原理，MapReduce 实现了将大数据工作拆分为多个小规模数据任务，从而在大量服务器上进行分布式处理。

19.1.1　实验一：构建虚拟机网络

本实验的 Hadoop 平台搭建共使用 3 台 Ubuntu 虚拟机来完成，其中一台为 master 节点，两台为 slave 节点。具体实现可参见第 22 章。

19.1.2　实验二：大数据环境安装

在 OpenStack 及其上的虚拟机镜像安装完成后，可以基于此搭建大数据平台。
本实验主要采用 Hadoop 作为运行环境，下面讲述 Hadoop 等的安装。

1. Java 的安装

Hadoop 是一个大数据分析框架,集成了分布式文件系统 HDFS、分布式资源调度系统 YARN 和分布式计算框架 MapReduce。Hadoop 主要采用 Java 语言编写,运行在 Java 虚拟机上。为了更好地调试和开发,建议采用 Oracle 的 JDK 工具包,其下载地址为 http://www.oracle.com/technetwork/java/javase/downloads/index.html。

这里下载的是 jdk1.8.0,解压 JDK 到指定目录并更改环境变量。安装配置 Java 采用的具体命令如下:

```
tar - xvf jdk - 8u241 - linux - x64.tar.gz
sudo cp - r jdk1.8.0_241/ /usr/java
```

这样就将 Java 文件安装到了/usr/java 目录下,接下来修改环境变量,需要使用以下命令:

```
sudo vim /etc/profile
```

在 profile 文件中添加以下内容:

```
export   JAVA_HOME = /usr/java
export   CLASSPATH = .: $ JAVA_HOME/lib: $ JRE_HOME/lib: $ CLASSPATH
export   PATH = $ JAVA_HOME/bin: $ JRE_HOME/bin: $ PATH
export   JRE_HOME = $ JAVA_HOME/jre
```

保存并退出,使用以下命令使 profile 文件的修改生效:

```
source /etc/profile
```

输入以下命令测试 Java 的安装是否成功:

```
java - version
```

输出结果如图 19.1 所示,表示 Java 安装成功。

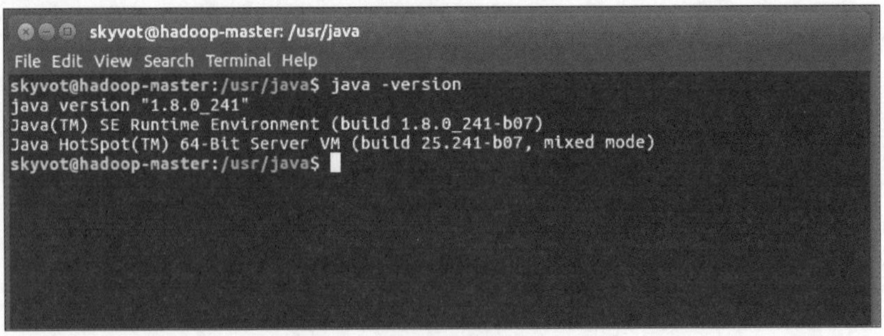

图 19.1   Java 的安装验证

2. Hadoop 的安装

接下来安装 Hadoop 运行环境。从 Hadoop 官网下载 Hadoop 的软件包，这里以 Hadoop-2.7.3 为运行环境，其下载地址为 https://archive.apache.org/dist/hadoop/core/。

执行解压命令，复制到 Hadoop 目录：

```
tar -xvf hadoop-2.7.3.tar.gz
sudo cp -r hadoop-2.7.3 /usr/hadoop
```

解压完成后配置 Hadoop 环境变量，与 Java 相同，也是编辑 profile 文件：

```
vim /etc/profile
```

在 profile 文件中添加以下内容：

```
export HADOOP_HOME = /usr/hadoop
export CLASSPATH = $ ( $ HADOOP_HOME/bin/hadoop classpath):$ CLASSPATH
export HADOOP_COMMON_LIB_NATIVE_DIR = $ HADOOP_HOME/lib/native
export PATH = $ PATH:$ HADOOP_HOME/bin:$ HADOOP_HOME/sbin
```

保存并退出后使 profile 文件生效：

```
source /etc/profile
```

为了达到 Hadoop 集群环境安装，需要更改配置文件，具体需要配置 HDFS 集群和 YARN 集群信息，包括 NameNode、DataNode 等端口信息。集群节点配置如下：

```
NameNode: hadoop-master
DataNode: hadoop-master Hadoop-slave1 hadoop-slave2
ResourceManager: hadoop-master
NodeManager: hadoop-master
```

为实现 Hadoop 的分布式配置，需要修改 Hadoop 的配置信息，主要是/usr/hadoop/etc/hadoop 文件夹中的 hadoop-env.sh、slaves、core-site.xml、hdfs-site.xml、mapred-site.xml、yarn-site.xml 文件，具体需要修改的内容如下。

- hadoop-env.sh 需要修改 Java 目录为绝对路径，即/usr/java，防止启动 Hadoop 找不到 Java 目录而报错。
- slaves 文件指定了 Hadoop 的 DataNode，这里让 3 台主机都充当 DataNode，文件修改为如下内容：

```
hadoop - master
hadoop - slave1
hadoop - slave2
```

- core-site. xml 文件修改为如下内容：

```
< configuration >
        < property >
                < name > hadoop. tmp. dir </name >
                < value > file:/usr/hadoop/tmp </value >
        </property >
        < property >
                < name > fs. defaultFS </name >
                < value > hdfs://hadoop - master:9000 </value >
        </property >
</configuration >
```

- hdfs-site. xml 文件修改为如下内容：

```
< configuration >
        < property >
                < name > dfs. replication </name >
                < value > 2 </value >
        </property >
        < property >
                < name > dfs. namenode. secondary. http - address </name >
                < value > hadoop - master:50090 </value >
        </property >
        < property >
                < name > dfs. namenode. name. dir </name >
                < value > file:/usr/hadoop/tmp/dfs/name </value >
        </property >
        < property >
                < name > dfs. datanode. data. dir </name >
                < value > file:/usr/hadoop/tmp/dfs/data </value >
        </property >
</configuration >
```

- mapred-site. xml 文件修改为如下内容：

```
< configuration >
        < property >
                < name > mapreduce. framework. name </name >
                < value > yarn </value >
        </property >
        < property >
                < name > mapreduce. jobhistory. address </name >
                < value > hadoop - master:10020 </value >
```

```
            </property>
            <property>
                    <name>mapreduce.jobhistory.webapp.address</name>
                    <value>hadoop-master:19888</value>
            </property>
    </configuration>
```

- yarn-site.xml 文件修改为如下内容：

```
    <configuration>
            <property>
                    <name>yarn.resourcemanager.hostname</name>
                    <value>hadoop-master</value>
            </property>
            <property>
                    <name>yarn.nodemanager.aux-services</name>
                    <value>mapreduce_shuffle</value>
            </property>
            <property>
                    <name>yarn.log-aggregation-enable</name>
                    <value>true</value>
            </property>
            <property>
                    <name>yarn.nodemanager.log-dirs</name>
                    <value>${yarn.log.dir}/userlogs</value>
            </property>
    </configuration>
```

在实验所需的 3 台主机上都需要进行以上 Java、Hadoop 的所有安装配置工作，保证 3 台主机都正确安装配置后再进行下面的实验内容。

3 台虚拟机全部配置完成后，在 master 节点执行如下指令格式化 HDFS 文件系统：

```
hdfs namenode -format
```

在 master 节点启动 Hadoop 集群：

```
start-all.sh
```

查看 Hadoop 集群系统状态，如图 19.2 所示。

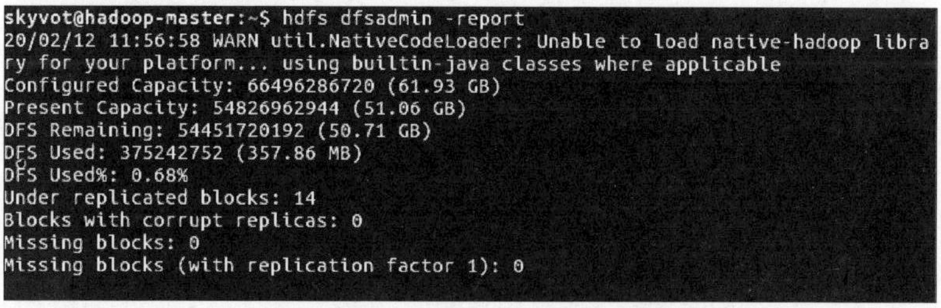

图 19.2　查看 Hadoop 集群系统状态

HDFS 集群的网页信息显示如图 19.3 所示。

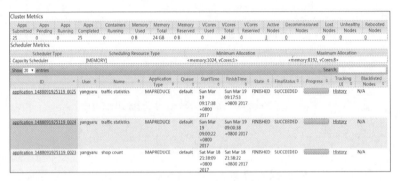

图 19.3　HDFS 集群的网页信息显示

YARN 集群的网页信息显示如图 19.4 所示。

图 19.4　YARN 集群的网页信息显示

视频讲解

19.2　HDFS

　　HDFS 是 Hadoop 分布式文件系统的缩写。相比于一般通用计算机上所使用的文件系统，HDFS 具有高容错性、高吞吐量、适合储存超大数据集、可以部署在廉价机器上的特点。通过下面的 7 个实验，可以了解如何应用 Java 的 API 对 HDFS 文件系统进行操作。

19.2.1　实验一：文件创建与读/写

　　为了对 HDFS 文件系统进行访问，需要首先获得该文件系统的实例（对应图 19.10 中的第 15 行）。文件系统类可以使用 open 或 create 等函数对传入的路径对应的文件进行一些处理。

　　对于 HDFS 文件系统来说，其读/写同样需要使用文件流。HDFS 文件系统的输入流为 FSDataInputStream 类，输出流则为 FSDataOutputStream 类。由于这两个类分别继承自 DataInputStream 和 DataOutputStream，因此可以直接使用普通文件流的读/写方法来对文件进行读/写（对应图 19.5 中的第 18、19、21 行）。

文件创建与读/写的实现代码如图 19.5 所示。

```
1  package tadshi;
2
3  import java.io.IOException;
10
11 public class MainClass {
12     public static void main(String args[]) {
13         Configuration conf = new Configuration();
14         try {
15             FileSystem fs = FileSystem.get(conf);
16             Path file = new Path("/user/hadoop/myfile");
17             FSDataOutputStream ostream = fs.create(file);
18             ostream.writeUTF("This is a test");
19             ostream.close();
20             FSDataInputStream istream = fs.open(file);
21             String data = istream.readUTF();
22             System.out.println(data);
23         } catch (IOException e) {
24             System.out.println("Error in getting file system!");
25             e.printStackTrace();
26         }
27     }
28 }
```

图 19.5　文件创建与读/写的代码

代码运行的结果如图 19.6 所示。

```
[hadoop@VM-0-5-centos ~]$ hadoop jar ./test-hadoop-0.0.1-SNAPSHOT.jar tadshi/MainClass
2021-04-29 14:07:27,229 WARN util.NativeCodeLoader: Unable to load native-hadoop library for your platform..
This is a test
```

图 19.6　文件创建与读/写的代码运行结果

此时，文件系统内部可以看到 myfile 文件已经被建立，如图 19.7 所示。

图 19.7　创建的 myfile 文件

19.2.2　实验二：文件上传

为了将文件上传到 HDFS 系统中，在获得文件系统的实例后，首先应该判断文件系统中是否存在同名文件，如果存在同名文件，则需要根据用户的指示选择是否对其进行覆盖。

如果需要进行追加，则需要将文件的内容读出并对文件进行追加写入（对应图 19.8 中的第 45、46 行）；如果不需要，则可以直接使用文件系统提供的 API 完成上传过程（对应图 19.8 中的第 49 行）。

文件上传的实现代码如图 19.8 所示。

```
38⊖   public void upload(String src, String dst, boolean doAppend) throws IOException, FileNotFoundException {
39        FileInputStream istream = new FileInputStream(src);
40        Path outpath = new Path(dst);
41        if (fs.exists(outpath) && doAppend) {
42            FSDataOutputStream ostream = fs.append(outpath);
43            byte[] buffer = new byte[1024];
44            int read = -1;
45            while((read = istream.read(buffer)) > 0) {
46                ostream.write(buffer, 0, read);
47            }
48        } else {
49            fs.copyFromLocalFile(false, true, new Path(src), outpath);
50        }
51        istream.close();
52    }
53 }
54
```

图 19.8 文件上传的代码

分别尝试上传 file1、追加 file2，最终得到的文件内容如图 19.9 所示。

```
1   This is the first line of file1;
2   This is the second line of file1.
3
4   This is the first line in file2;
5   This is the second line in file2.
6
7
```

图 19.9 文件上传后的内容

19.2.3 实验三：文件下载

从 Hadoop 上下载文件主要利用 copyToLocalFile 接口，该接口只需要接受两个路径便可以完成下载（对应图 19.10 中的第 67 行）。

```
58⊖   public String download(String src, String dst) throws IOException {
59        String finaldst = dst;
60        File outfile = new File(dst);
61        int i = 0;
62        while (outfile.exists()) {
63            ++i;
64            finaldst = dst + String.valueOf(i);
65            outfile = new File(finaldst);
66        }
67        fs.copyToLocalFile(false, new Path(src),new Path(finaldst));
68        return finaldst;
69    }
70 }
```

图 19.10 文件下载的代码

对相同文件的重名主要使用文件系统的 exists 方法，以此进行判断并更名（对应图 19.10 中的第 62～66 行）。

此外，由于本试验中涉及下载，所以需要在之前的写入函数中加上 fs.hsync()，以此保证在下载前的所有写入操作都已经被执行。

文件下载的实现代码如图 19.10 所示。

对之前的两个文件进行拼接，下载得到的文件并用 cat 指令显示，可以看到下载文件的内容与之前相同，如图 19.11 所示。

```
[hadoop@VM-0-5-centos ~]$ cat test1
This is the first line of file1;
This is the second line of file1.

[hadoop@VM-0-5-centos ~]$ cat test2
This is the first line in file2;
This is the second line in file2.

[hadoop@VM-0-5-centos ~]$ cat test_conted
This is the first line of file1;
This is the second line of file1.

This is the first line in file2;
This is the second line in file2.
```

图 19.11 文件下载的代码运行结果

19.2.4 实验四：使用字符流读取数据

由于面向对象的特性，因此只需要获得 istream（使用 open 接口，对应图 19.12 中的第 74 行）后使用 BufferedReader 读取即可。

```
73    public BufferedReader getBufferedReader(String src) throws IOException {
74        FSDataInputStream istream = fs.open(new Path(src));
75        BufferedReader reader = new BufferedReader(new InputStreamReader(istream));
76        return reader;
77    }
78 }
```

图 19.12 使用字符流读取数据的代码 1

在使用 BufferedReader 时，可以不断调用其 readline 方法，如果返回正常的一行句子，则直接将其输出；如果返回 null，则代表文件已经读取完毕，结束输出。

使用字符流读取数据的实现代码如图 19.12 和图 19.13 所示。

```
package tadshi;

import java.io.IOException;
import java.io.BufferedReader;

public class MainClass {
    public static void main(String args[]) {
        try {
            HadoopClient client = new HadoopClient();
            client.upload("/home/hadoop/test1", "/user/hadoop/myfile", false);
            client.upload("/home/hadoop/test2", "/user/hadoop/myfile", true);
            client.download("/user/hadoop/myfile", "/home/hadoop/test_conted");
            BufferedReader reader = client.getBufferedReader("/user/hadoop/myfile");
            String line;
            while ( (line = reader.readLine()) != null) {
                System.out.println(line);
            }
        } catch (IOException e) {
            System.out.println("Error in getting file system!");
            e.printStackTrace();
        }
    }
}
```

图 19.13 使用字符流读取数据的代码 2

代码运行的结果如图 19.14 所示。

```
[hadoop@VM-0-5-centos ~]$ hadoop jar ./lab4.jar tadshi/MainClass
2021-04-29 19:37:01,321 WARN util.NativeCodeLoader: Unable to load native-hadoop library for your platform... using builtin-java classes where applicable
This is the first line of file1;
This is the second line of file1.

This is the first line in file2;
This is the second line in file2.
```

图 19.14 使用字符流读取数据的代码运行结果

19.2.5 实验五：删除文件

删除文件的操作相比于前几个操作来说要简单很多，只需要对文件系统提供的 delete 接口进行调用即可。delete 接口同时要求提供一个 boolean 参数表示是否递归删除，同样由调用者进行传入。封装好的函数如图 19.15 所示。

```
79⊕     public boolean remove(String src, boolean isRecursive) throws IOException {
80          return fs.delete(new Path(src), isRecursive);
81      }
82 }
83
```

图 19.15　删除文件的代码

代码运行后的结果如图 19.16 所示。可以看到，文件系统中之前的 myfile 文件已经被彻底删除。

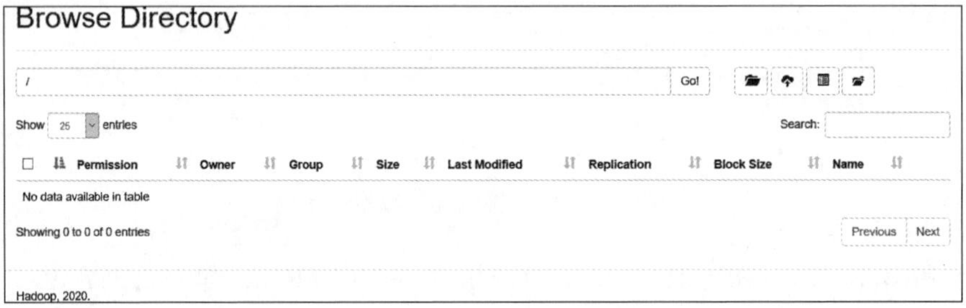

图 19.16　删除文件的代码运行结果

19.2.6 实验六：删除文件夹

在删除文件夹的操作中，需要调用的 API 与删除文件的操作完全相同，只不过需要对文件夹中是否还有文件进行额外检查。因此，程序需要使用文件系统的 listFiles 接口来获得该目标文件夹下的迭代器，并通过 hasNext 方法检查是否还存在文件。具体代码如图 19.17 所示。

```
92      public boolean rmdir(String src) throws IOException {
93          Path target = new Path(src);
94          RemoteIterator<LocatedFileStatus> iter = fs.listFiles(target, recursive: true);
95          if (iter.hasNext()) {
96              System.err.println("The target folder is not empty!");
97              return false;
98          }
99          return fs.delete(target, recursive: true);
00      }
```

图 19.17　删除文件夹的代码

使用图 19.18 中的代码对该函数进行测试。

```
23          client.rmdir( src: "/user");
24          client.remove( src: "/user/hadoop/myfile", isRecursive: false);
25          client.rmdir( src: "/user");
```

图 19.18　测试函数的代码

代码运行的结果如图 19.19 所示。

可以看到，user 文件夹在代码运行后消失。

The target folder is not empty!

图 19.19　删除文件夹的代码运行结果

19.2.7　实验七：自定义数据输入流

Reader 类负责将数据从 InputStream 中读入 buffer 中，并对其进行进一步的处理。对 buffer 进行充填的任务由 refillBuffer 方法负责；而 readline 方法则负责遍历 buffer 直到遇到换行符，并将遍历过的所有字符连接成一个 String 类。

此外，由于涉及读/写同步的问题，Reader 类在进行读取操作时必须要对 lock 进行上锁的操作。

自定义数据输入流的实现代码如图 19.20 所示。

```
9   public class MyFileStreamReader extends Reader {
10
11      private InputStreamReader in;
12      private char[] buffer;
13      private int bufStart = 0;
14      private int bufEnd = 0;
15      private static final int BUF_SIZE = 2048;
16
17      public MyFileStreamReader(InputStreamReader in) {
18          super(in);
19          this.in = in;
20          this.buffer = new char[BUF_SIZE];
21      }
22
23      public String readLine() throws IOException {
24          synchronized (lock) {
25              if (in == null) {
26                  throw new IOException("Stream has already been closed.");
27              }
28              if (isEmpty() && refillBuffer() < 0) {
29                  return null;
30              }
31              StringBuilder sb = new StringBuilder();
32              while (buffer[bufStart] != 10) {
33                  if (isEmpty() && refillBuffer() < 0) {
34                      break;
35                  }
36                  sb.append(buffer[bufStart]);
37                  ++bufStart;
38              }
39              sb.append('\n');
40              if (bufStart < bufEnd) {
41                  ++bufStart;
42              }
43              return sb.toString();
44          }
45      }
46
47      private int refillBuffer() throws IOException {
48          bufStart = 0;
49          bufEnd = in.read(buffer, offset: 0, BUF_SIZE);
50          return bufEnd;
51      }
52
53      private boolean isEmpty() { return bufStart >= bufEnd; }
```

图 19.20　自定义数据输入流的代码

测试代码如图 19.21 所示。

```
12          HadoopClient client = new HadoopClient();
13          client.upload( src: "/home/hadoop/test1", dst: "/user/hadoop/myfile", doAppend: false);
14          client.upload( src: "/home/hadoop/test2", dst: "/user/hadoop/myfile", doAppend: true);
15          client.download( src: "/user/hadoop/myfile", dst: "/home/hadoop/test_conted");
16          InputStream istream = client.getFs().open(new Path( pathString: "/user/hadoop/myfile"));
17          MyFileStreamReader reader = new MyFileStreamReader(new InputStreamReader(istream));
18          String line;
19          while ((line = reader.readLine()) != null) {
20              System.out.print(line);
21          }
```

图 19.21　测试代码

代码运行的结果如图 19.22 所示。

```
[hadoop@VM-0-5-centos ~]$ hadoop jar ./lab67.jar tadshi/MainClass
2021-06-02 12:04:17,164 WARN util.NativeCodeLoader: Unable to load native-hadoop library for your platform... using builtin-java classes where applicable
This is the first line of file1;
This is the second line of file1.

This is the first line in file2;
This is the second line in file2.
```

图 19.22　自定义数据输入流的代码运行结果

视频讲解

19.3　MapReduce

MapReduce 是一种编程模型，用于对大规模的数据进行并行运算，利用 Map 和 Reduce 两部分以实现对数据的处理。在 Map 函数中，需要把传入数据的键值对映射为一组新的键值对，并将其传入 Reduce 函数中。在 Reduce 函数中，需要对传入的键值对进行规约，保证所有映射的键值对都共享相同的键组。MapReduce 是 Hadoop 进行分布式数据计算的模式，即将文件分发到 Map 各节点进行计算，然后再将各节点计算结果汇总到 Reduce，从而形成最终结果。通过这种方式，MapReduce 可以实现对大规模数据集的处理和分析。

19.3.1　实验一：合并去重

文件的合并去重是 MapReduce 的一项非常基础的操作。为了实现文件的合并去重，首先需要对文件内容进行拆解，以了解文件中究竟有什么，然后对拆解后的文件内容进行归约，去除文件中重复的部分，即可实现对文件的合并和去重操作。

根据以上理解和分析，可以发现 Map 和 Reduce 的雏形。实际上，只需要将文件的内容作为键在 Map 函数中进行分解，实现的代码如图 19.23 所示。

```
public static class Map extends Mapper<Object, Text, Text, Text> {
    private static Text text = new Text();
    public void map(Object key, Text value, Context content) throws IOException, InterruptedException {

        text = value;
        content.write(text, new Text( string: ""));
    }
}
```

图 19.23　将文件的内容作为键在 Map 函数中进行分解的代码

需要注意的是,这里直接将读入的内容作为键值对的键传入下一步;键值对的值没有任何意义,直接将其设定为空串。经过处理后,将这样的键值对集合传递到下面的 Reduce 函数中。

在 Reduce 集合中,只需要将所有的键值对读入即可。由于 Reduce 函数会自动地将键相同的键值对去重,因此经过 Reduce 函数处理的键值对的键部分就是所需要的去重后的结果,如图 19.24 所示。

```
public static class Reduce extends Reducer<Text, Text, Text, Text> {
    public void reduce(Text key, Iterable<Text> values, Context context) throws IOException, InterruptedException {
        context.write(key, new Text( string: ""));
    }
}
```

图 19.24　Reduce 去重的代码

最后,将 Reduce 去重处理后的结果输出即可。

总体来说,进行合并去重实验是对 MapReduce 的一个初级理解,它并不要求真正进行 Map 和 Reduce 的操作,只是有助于更加熟悉 MapReduce 的机制。

19.3.2　实验二：PageRank 算法

本次实验是对 MapReduce 的一次实战演练,有具体的算法和实现场景。

PageRank 算法是一种带权排序算法,每个网页有其自己的权值,需要根据此网页和其他网页的串联情况平均分配给其他的网页,并且不断循环这些网页,递归地执行这一过程,以期获得最为准确的各个网页的权值。PageRank 算法的具体过程如图 19.25 所示,其中 B_i 为所有链接到网页 i 的网页集合,L_j 为网页 j 的对外链接。

$$R(P_i)=\sum_{P_j \in B_i} \frac{R(P_i)}{L_j}$$

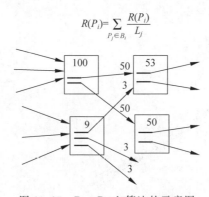

图 19.25　PageRank 算法的示意图

PageRank 算法的基本思想如下。

如果网页 T 存在一个指向网页 A 的链接,则表明 T 的所有者认为 A 比较重要,从而把 T 的一部分重要性得分赋予 A。这个重要性的分值为 $PR(T)/L(T)$,其中 $PR(T)$ 为 T 的 PageRank 值,$L(T)$ 为 T 的出链数。网页 A 的 PageRank 值为一系列类似于 T 的页面重要性得分值的累加。

每个网页拥有自己的权值,同时也拥有自己的出链网页。在权值计算中,每个网页都需要将自身拥有的权值平均分配给每个出链的网页,然后将获得的权值相加,从而得到本网页新的权值,并不断地重复上述的过程。可以发现,每个网页的权值都会随着计算次数的增加而不断地收敛于一个固定的值,通过获得的权值可以对网页的重要性进行排序,从而更快地找到有用的信息。

在实际的应用中,考虑到无出链的网页,需要对此进行修正,即在简单公式的基础上增加阻尼系数(damping factor)q,q 一般取值为 0.85,修正后的表达式如下:

$$PR(p_i) = \frac{1-q}{N} + q \sum_{p_j} \frac{PageRank(p_j)}{L(p_j)}$$

在 Map 函数中,需要对输入的网页和网页信息进行分离,找出其名字、权重和出链网页,并将本网页拥有的权重平均分配给其他各个网页。

由于使用文字与图片分离的形式介绍思路难以理解,这里使用代码及注释的形式介绍,如图 19.26 所示。

```java
public static class MyMapper extends Mapper<Object, Text, Text, Text>
{
    private Text id = new Text();
    public void map(Object key, Text value, Context context ) throws IOException, InterruptedException
    {
        String line = value.toString(); //得到行内容
        if(line.substring(0,1).matches( regex: "[0-9]{1}"))
        {
            boolean flag = false;
            if(line.contains("_"))   //本部分由于判断是否为第一次输入,由于递归后的输出结果在权重前会有一部分含有"_"的内容,
            {                        //通过这种方式对输入内容是否为原生内容进行判断。
                line = line.replace( target: "_", replacement: "");
                flag = true;
            }
            String[] values = line.split( regex: "\t");
            Text t = new Text(values[0]);   //分离出本网页的名称。
            String[] vals = values[1].split( regex: " "); //权值和出链网页部分
            String url="_";
            double pr = 0;
            int i = 0;
            int num = 0;

            if(flag) //根据是否为原生输入内容,获得本网页拥有的权值。
            {
                i=2;
                pr=Double.valueOf(vals[1]);
                num=vals.length-2;
            }
            else
            {
                i=1;
                pr=Double.valueOf(vals[0]);
                num=vals.length-1;
            }

            for(;i<vals.length;i++) //将权值平均分配给各个出链网页
            {
                url=url+vals[i]+" ";
                id.set(vals[i]);
                Text prt = new Text(String.valueOf(pr/num));
                context.write(id,prt);
            }
            context.write(t,new Text(url));
        }
    }
}
```

图 19.26 PageRank 算法的代码 1

在 Reduce 函数中，对于每个网页分得的权重进行合并，并使用修正后的公式来获得本网页新的权值，并将其输出到结果键值对中，如图 19.27 所示。

```
public static class MyReducer extends Reducer<Text,Text,Text,Text>
{
    private Text result = new Text();
    private Double pr = new Double( value: 8);

    public void reduce(Text key, Iterable<Text> values, Context context ) throws IOException, InterruptedException
    {
        double sum=0;
        String url="";
        for(Text val:values)
        {
            if(!val.toString().contains("_"))    //根据是否为原生数据，将获得的键值对（网页名：网页分得权重）的值相加，获得网页新的权重。
            {
                sum=sum+Double.valueOf(val.toString());
            }
            else
            {
                url=val.toString();
            }
        }
        pr=0.15+0.85*sum; //应用阻尼公式，得到修正后的权重
        String str=String.format("%.3f",pr);
        result.set(new Text( string: str+" "+url)); //将得到的键值对输出到结果中
        context.write(key,result);
    }
}

public static void main(String[] args) throws Exception
```

图 19.27　PageRank 算法的代码 2

最后，在主函数中进行多次迭代，即可获得每次迭代中的各网页的权重值。

总体来说，本次实验是对 MapReduce 的一次实战，从中可以体会到 MapReduce 在实际生活中的重要作用。通过对 Map 和 Reduce 函数的修改，可以了解到它们的具体作用和巨大能力。

19.4　Spark

视频讲解

19.4.1　实验一：安装 Spark

首先要进行基础环境的安装。这里选择在 Linux 系统的 Ubuntu 16.04 版本下进行 Spark 相关环境的安装。在安装 Spark 之前，需要先配置好 JDK 和 Hadoop，这里采用的 JDK 为 1.8.0 版本，Hadoop 为 3.1.4 版本。接下来就可以进行 Spark 的安装。在 Spark 官网下载对应版本的安装包，然后解压到对应文件夹，对应的终端命令如下：

```
1   sudo tar - zxf ～/下载/spark - 1.6.2 - bin - without - hadoop.tgz - C /usr/local/
2   cd /usr/local
3   sudo mv ./spark - 1.6.2 - bin - without - hadoop/ ./spark
4   sudo chown - R hadoop:hadoop ./spark ♯ hadoop 是当前登录 Linux 系统的用户名
```

这里将 Spark 配置为和 Hadoop 一起使用，可以让 Spark 访问 HDFS 中的数据。

下面对 Spark 的配置文件进行修改。先复制 Spark 安装包自带的配置文件模板，然

后通过 vim 编辑器进行修改并添加环境变量信息，最后运行 Spark 自带的例子来检查 Spark 是否安装配置成功。具体命令如下：

```
1  cd /usr/local/spark
2  cp ./conf/spark - env. sh. template ./conf/spark - env. sh
3
4  export SPARK_DIST_CLASSPATH = $ (/usr/local/hadoop/bin/hadoop classpath)
                                                        ♯ 添加环境变量信息
5
6  cd /usr/local/spark
7  bin/run - example SparkPi
8  bin/run - example SparkPi 2 > &1 │ grep "Pi is roughly"    ♯ 过滤有用输出信息
```

19.4.2 实验二：使用 Spark Shell 编写代码

在安装好 Spark 后，使用 Spark Shell 来编写代码，进行交互式的编程（这里使用的是 Scala 语言，因为其比较简练、优雅且安全）。首先启动 Spark Shell 进入交互界面，当命令提示符改编成"scala＞"后就表明已经成功进入。此时输入表达式可以返回表达式的值，输入"：quit"或使用 Ctrl＋D 快捷键就可以退出 Spark Shell。具体代码如下：

```
1  cd /usr/local/spark
2  ./bin/spark - shell
3
4  scala > 8 * 2 + 5
5  res0: Int = 21
6
7  scala >:quit
```

也可以使用 Spark Shell 读取本地文件。以读取 README. md 为例。输入 README. md 文件的位置，即可读取该文件。输入 textFile. first()，即可输出文件的第一行字符串。具体代码如下：

```
1  scala > val textFile = sc.textFile("file:///usr/local/spark/README.md")
2  scala > textFile.first()
```

Spark 还可以读取 HDFS 文件。首先在一个新建的终端里启动 Hadoop，然后就可以使用 hdfs dfs -put 将文件上传至 hdfs 上（此处同样以上传 README. md 文件为例）。通过 hdfs dfs -cat 命令来输出文件的内容，此时屏幕上会显示文件的全部内容。返回 Spark，此时已经可以对 hdfs 上的 README. md 文件进行读取。具体代码如下：

```
1  cd /usr/local/hadoop
2  ./sbin/start - dfs. sh
3
4  cd /usr/local/hadoop
```

```
5  ./bin/hdfs dfs - put /usr/local/spark/README.md .
6
7  ./bin/hdfs dfs - cat README.md
8
9  scala> val textFile = sc.textFile("hdfs://localhost:9000/user/hadoop/README.md")
10 scala> textFile.first()
```

此外，可以使用 Spark Shell 进行词频统计。读取 README.md 文件，运行已经写好的词频统计程序，执行 wordCount.collect()，即可得到各单词的出现次数。具体代码如下：

```
1  scala> val textFile = sc.textFile("file:///usr/local/spark/ README.md ")
2  scala> val wordCount = textFile.flatMap(line => line.split(" ")).map(word => (word,
   1)).reduceByKey((a, b) => a + b)
3  scala> wordCount.collect()
```

19.4.3 实验三：使用 Java 编写 Spark 应用程序

因为 Ubuntu 中没有安装 Maven，所以需要提前安装 Maven 以用于对 Java 编写的 Spark 程序进行编译。在 Maven 官网下载对应的安装包，然后解压即可。具体代码如下：

```
1  sudo unzip ～/下载/apache - maven - 3.3.9 - bin.zip - d /usr/local
2  cd /usr/local
3  sudo mv apache - maven - 3.3.9/ ./maven
4  sudo chown - R hadoop ./maven
```

先在用户主文件夹下创建一个文件夹作为应用程序的根目录，然后使用 vim 创建一个新的 Java 文件并编写 Java 程序。需要注意的是，一定要将 Java 程序中 Spark 的路径修改为自己计算机安装 Spark 的路径。接着在主文件夹下的 sparkapp2 目录创建一个 XML 文件并进行修改，以此声明该独立应用程序的信息和 Spark 的依赖关系。可以通过 find 命令来检查整个应用程序的文件结构，以此保证程序可以正确运行。最后使用 Maven 的 package 命令对文件进行打包，并使用 Spark 的 submit 命令将打包的 JAR 文件上传到 Spark 中运行。在此过程中会输出多条执行信息，可使用 grep 命令对需要的信息进行查找。至此，Java 程序就编写好并且成功运行了。具体代码如下：

```
1  cd ～ #进入用户主文件夹
2  mkdir - p ./sparkapp2/src/main/java
3
4  vim ./sparkapp2/src/main/java/SimpleApp.java
5
6  cd ～
```

```
 7  vim ./sparkapp2/pom.xml
 8
 9  cd ~/sparkapp2
10  find .
11
12  cd ~/sparkapp2 ♯一定要把这个目录设置为当前目录
13  /usr/local/maven/bin/mvn package
14
15  /usr/local/spark/bin/spark - submit -- class "SimpleApp" ~/sparkapp2/target/simple
    - project - 1.0.jar
16
17  /usr/local/spark/bin/spark - submit -- class "SimpleApp" ~/sparkapp2/target/simple
    - project - 1.0.jar 2 > &1 | grep "Lines with a"
```

第**20**章

案例：基于Docker的云计算服务平台搭建

Docker 是一个开源的应用容器引擎，可以让开发者打包并发布他们的应用及依赖包到一个可移植的容器中，该容器可以在各个平台运行，实现应用的虚拟化，同时能够减少环境配置部署过程中由于平台差异导致的各种问题。容器之间完全隔离，使用沙箱机制，相互之间不会存在任何接口，如图 20.1 所示是 Docker 的基本组成。

视频讲解

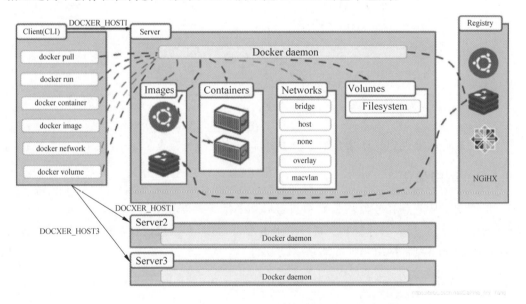

图 20.1　Docker 的基本组成

本章将要实现一个基于 Docker 的云计算平台，能够实现对用户的计算资源请求作出及时响应，给用户分配相应的计算资源。这里主要提供的是 Linux 服务器的计算资源，主要用到了 Docker 来实现计算资源的虚拟化。

20.1 方案介绍

20.1.1 云平台总体架构

本章将在 Linux 服务器上搭建 docker swarm 集群，实现计算资源的虚拟化，这个集群能够实现动态分配 Linux 服务器资源，给用户提供相应的服务器 IP 地址。用户可以通过 Linux 服务器的 IP、用户名、密码访问计算资源。同时将实现基于 Django、Bootstrap-table 的云服务门户，给用户和云计算平台的管理员提供一个可视化操作的界面，方便用户使用。用户可以通过门户申请计算资源，并且可以动态申请资源扩展，管理员也可以实时查看集群的资源分配情况，对已分配资源进行管理。实现好的门户界面如图 20.2 所示。

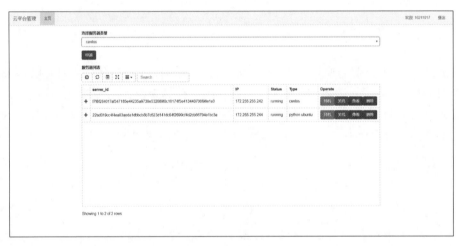

图 20.2　门户界面

接下来将从宏观到具体来介绍平台主要部分的架构与特点。

20.1.2 网络架构

集群的主从节点服务器均是虚拟机，Docker 容器架设在集群桥接（bridge grafting）网络内（172.255.255.240/28），实现跨节点的容器通信，并通过设置路由实现用户机访问内网的 Docker 容器，网络拓扑如图 20.3 所示。

20.1.3 集群架构

这里并没有选用 k8s 对 Docker 集群进行搭建，而是选择了 Docker 自家出的 docker swarm，Docker 集群管理和编排的特性是通过 SwarmKit 进行构建的。它的优点是集成于 Docker Engine 中，可以有效地对之前的成果进行升级而不用大改后端代码。Docker 20.12 以及更新的版本都支持 Swarm mode，这里可以基于 Docker Engine 来构建 Swarm

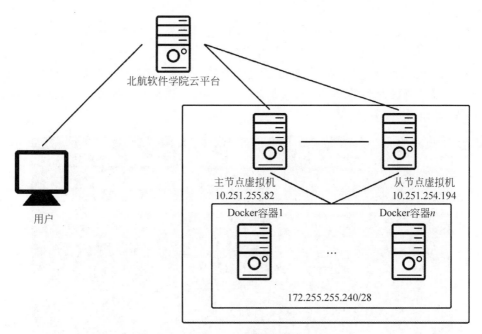

图 20.3　网络拓扑

集群，然后就可以将应用服务（Application Service）部署到 Swarm 集群中。

使用内置的集群管理功能，可以直接通过 Docker CLI 命令创建 Swarm 集群，然后部署应用服务，而不再需要其他外部的软件来创建和管理一个 Swarm 集群。

Swarm 集群中包含 Manager 和 Worker 两类 Node，这里可以直接基于 Docker Engine 来部署任何类型的 Node。而且，在 Swarm 集群运行期间，可以对其做出任何改变，实现对集群的扩容和缩容等，如添加 Manager Node 或删除 Worker Node，进行这些操作不需要暂停或重启当前的 Swarm 集群服务。

Swarm 集群 Manager Node 会不断地监控集群的状态，协调集群状态使得预期状态和实际状态保持一致。例如假设启动了一个应用服务，如果 Docker 容器挂掉了，则 Swarm Manager 会选择集群中其他可用的 Worker Node，并创建副本，使实际运行的 Docker 容器数仍然保持与预期的一致。集群架构如图 20.4 所示。

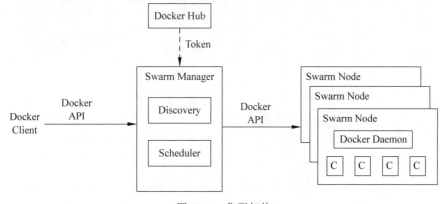

图 20.4　集群架构

20.1.4　性能监控

可以在服务器中使用 htop 资源监控工具定期查看各个节点的总体资源使用情况和 Docker 容器的资源使用情况。之后可将数据结构化、可视化于管理员门户界面。htop 命令运行结果如图 20.5 所示。

```
top - 09:24:41 up 59 days, 16:52,  1 user,  load average: 1.25, 1.11, 1.03
Tasks: 119 total,   2 running, 117 sleeping,   0 stopped,   0 zombie
%Cpu(s): 22.9 us, 77.1 sy,  0.0 ni,  0.0 id,  0.0 wa,  0.0 hi,  0.0 si,  0.0 st
KiB Mem :  1015452 total,   151292 free,   180468 used,   683692 buff/cache
KiB Swap:        0 total,        0 free,        0 used.   612048 avail Mem

  PID USER      PR  NI    VIRT    RES    SHR S %CPU %MEM     TIME+ COMMAND
26221 root      20   0   15936   1412   1276 R 97.9  0.1 16326:43 agetty
    1 root      20   0  119768   4984   3072 S  0.0  0.5   0:27.82 systemd
    2 root      20   0       0      0      0 S  0.0  0.0   0:00.00 kthreadd
    3 root      20   0       0      0      0 S  0.0  0.0   0:07.48 ksoftirqd/0
    5 root       0 -20       0      0      0 S  0.0  0.0   0:00.00 kworker/0:0H
    7 root      20   0       0      0      0 S  0.0  0.0   0:11.36 rcu_sched
    8 root      20   0       0      0      0 S  0.0  0.0   0:00.00 rcu_bh
    9 root      rt   0       0      0      0 S  0.0  0.0   0:00.00 migration/0
   10 root      rt   0       0      0      0 S  0.0  0.0   0:15.70 watchdog/0
   11 root      20   0       0      0      0 S  0.0  0.0   0:00.00 kdevtmpfs
   12 root       0 -20       0      0      0 S  0.0  0.0   0:00.00 netns
   13 root       0 -20       0      0      0 S  0.0  0.0   0:00.00 perf
   14 root      20   0       0      0      0 S  0.0  0.0   0:00.90 khungtaskd
   15 root       0 -20       0      0      0 S  0.0  0.0   0:00.00 writeback
   16 root      25   5       0      0      0 S  0.0  0.0   0:00.00 ksmd
   17 root      39  19       0      0      0 S  0.0  0.0   0:02.12 khugepaged
```

图 20.5　性能监控界面

20.1.5　Docker 架构

这里可以通过 Python 中的 docker 库创建并调用 docker client 实体控制服务器端的 Docker daemon。可以从镜像仓库下载镜像到本体，创建容器并向用户提供。Docker 整体架构如图 20.6 所示。

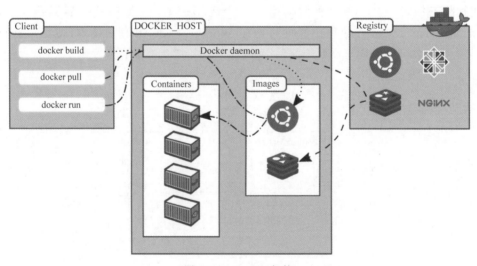

图 20.6　Docker 架构

20.1.6　镜像架构

如图 20.7 所示的 Linux 系统包含内核空间 Kernel 和用户空间 rootfs 两部分,容器只使用各自的 rootfs 但共用 host 的 Kernel,这就产生了镜像结构分成。

图 20.7　Linux 操作系统

新镜像是从 base 镜像一层层叠加生成的,每安装一个软件,就在现有镜像的基础上增加一层,如图 20.8 所示。如果多个镜像从相同的 base 镜像构建而来,那么 Docker Host 只需在磁盘上保存一份 base 镜像,同时内存中也只需加载一份 base 镜像,就可以为所有容器服务了,而且镜像的每一层都可以被共享。当某个容器修改了基础镜像的内容,比如 /etc 下的文件,就产生了可写的容器层。当容器启动时,一个新的可写层被加载到镜像的顶部。这一层通常被称作“容器层”。“容器层”之下的都叫“镜像层”,如图 20.9 所示。

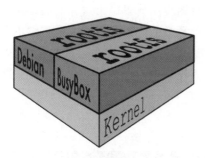

图 20.8　容器公用内核空间

图 20.9　镜像层＋容器层

Docker 是一个开源的应用容器引擎,它让开发者可以打包他们的应用以及依赖包到一个可移植的容器中,然后发布到安装了任何 Linux 发行版本的机器上。Docker 基于 LXC 来实现类似 VM 的功能,可以在更有限的硬件资源上提供给用户更多的计算资源。

20.2　系统分析

20.2.1　优点

Docker 是直接运行在宿主操作系统之上的一个容器,使用沙箱机制完全虚拟出一个完整的操作,容器之间不会有任何接口,从而让容器与宿主机之间、容器与容器之间隔离得更加彻底。每个容器会有自己的权限管理、独立的网络与存储栈,以及自己的资源管理区,使同一台宿主机上可以友好地共存多个容器。

这就使得复杂度低,设置简单即可创建容器,启动极快,属于 ms 级启动。资源占用低,没有任务运行时每个容器只占用大约 10MB 的内存,几乎不占用 CPU。系统资源占用如图 20.10 所示。

图 20.10　系统资源占用

20.2.2　局限性

Docker 基于 Linux 内核,所以只能运行于 Linux 环境中,且只能在 64 位主机上。

Docker 基于 LXC 实现的容器,而 LXC 是基于 Linux 内核中的 cgroup。因此,Docker 容器使用的权限、物理资源等也受限于 LXC。

相较 vSphere、OpenStack,Docker 的隔离性较差,虚拟化程度低;无虚拟 CPU、内存等设备,直接依赖宿主机;搭建比较简单,但能提供的控制接口较少。例如,只能设置 CPU 占用比例,但不能分配 CPU 个数,因此无法并行。

20.2.3　应用场景

鉴于 Docker 有以上的优点与局限性,对云平台的应用场景做出这样的假设。它可以用来提供容器给学生进行 Linux 系统的学习和小计算量的实验。没有大量连续不断的进程运行,容器这种共用内核空间、共用镜像层的结构更能体现其优势,可以大大省去创建大量虚拟机的资源。同时,容器层的存在又能保证各个用户的虚拟机相互独立、互不干扰。一台 2 核 4GB 内存的计算机也可以运行百余个容器。应用资源占用如图 20.11 所示。

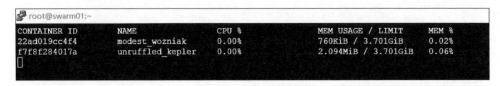

图 20.11　应用资源占用

另一方面,Docker 官方提供具有大量镜像的仓库,并且可以将镜像下载到本地来安装需要的组件,对镜像进行定制。Docker 的特点大大降低了安排实验的硬件门槛和管理复杂度。

20.3　门户界面

门户界面的实现主要基于 Django 和 Bootstrap,门户界面能够给用户和管理员提供可视化的操作界面。鉴于这部分内容不是云计算的核心内容,在这里主要介绍实现界面的相关功能,具体实现读者可参考本案例所提供的相关代码。

20.3.1 注册

在首页单击右上角箭头所指的注册按钮进入注册界面,填写信息完成注册,如图20.12所示。

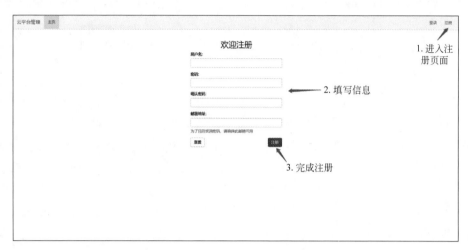

图 20.12 注册界面

20.3.2 登录

单击右上角按钮进入登录界面填写信息登录账号,如图20.13所示。

图 20.13 登录界面

20.3.3 用户主界面

用户可以通过下拉菜单选择需要创建的容器的镜像,通过 bootstrap 组件查看容器的各项信息。右侧的 4 个控制按钮提供对容器的基本操作,其中"查看"按钮目前用来提供虚拟机初始密码,如图20.14所示。

图 20.14　基本操作

20.3.4　管理员界面

　　管理员界面可以对 swarm 集群中的节点总资源进行监控以了解节点运行状况，也可以在列表中查看所有容器的信息。管理员不仅可以对容器进行开机、关机等基本操作，还可以增加分配给容器的资源（以提高资源占用最高限制的方式），如图 20.15 所示。

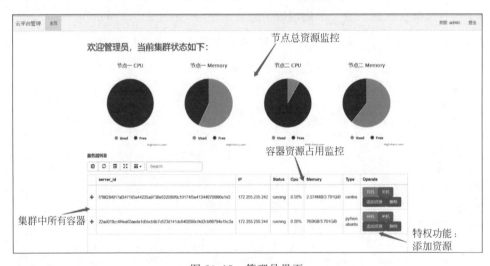

图 20.15　管理员界面

20.4　服务器 Docker 配置

　　这里主要介绍在 Linux 服务器上的后端 Docker 的配置过程，以及如何利用 Docker 的虚拟化的特点实现云计算平台动态分配资源的功能。

- 验证系统版本，步骤如图 20.16 所示。

图 20.16　验证系统版本

- 安装 Docker，步骤如图 20.17 所示。

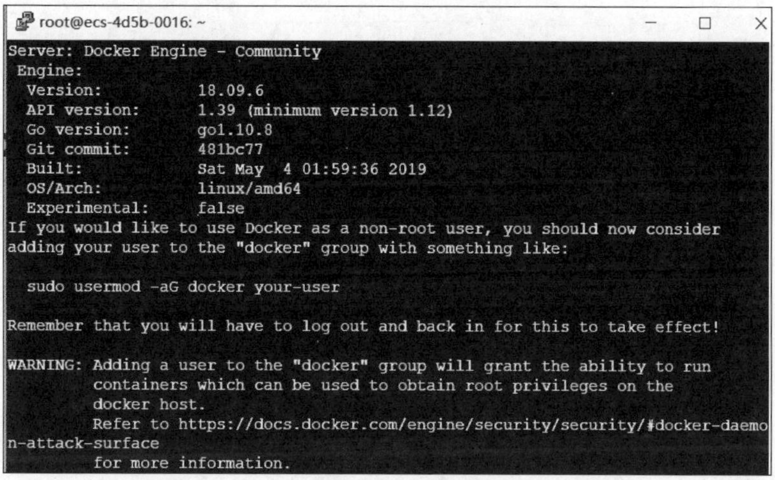

图 20.17　安装 Docker

- 启动 Docker，步骤如图 20.18 所示。

图 20.18　启动 Docker

- 运行 Docker，步骤如图 20.19 所示。

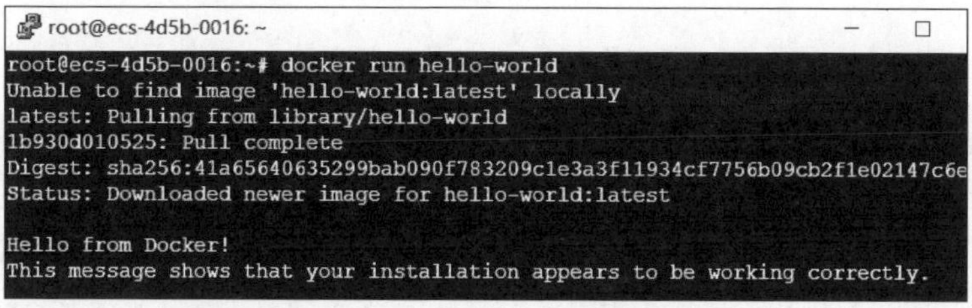

图 20.19　Docker 运行示意

- 配置国内镜像源，步骤如图 20.20 所示。
- 下载镜像，步骤如图 20.21 所示。
- 启动镜像 docker run -dit -p 22 -P --name centos centos：7.20.1503，步骤如图 20.22 所示。

图 20.20 配置国内镜像源

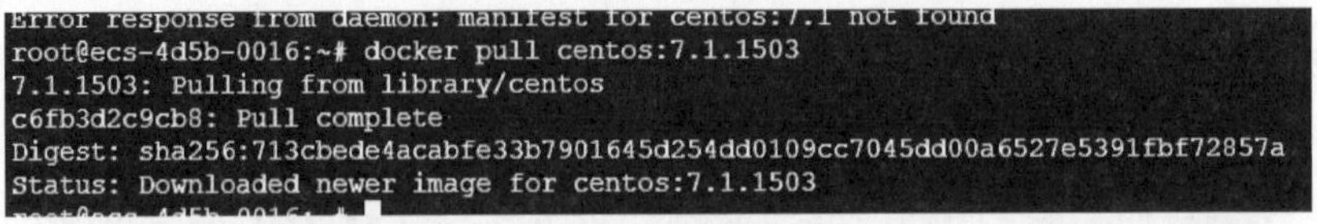

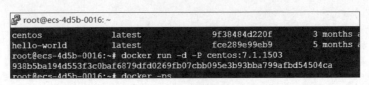

图 20.21 下载镜像

图 20.22 启动镜像

- 后台模式启动容器,步骤如图 20.23 所示。

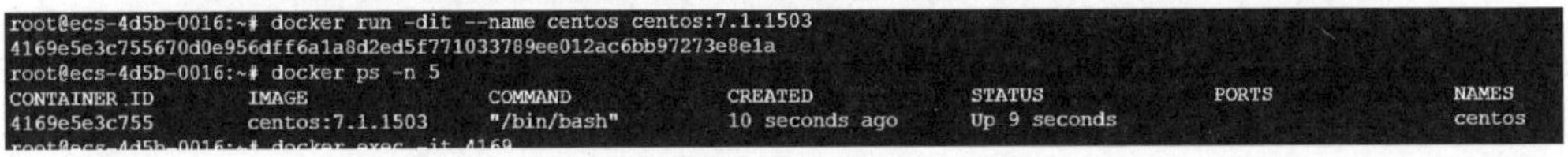

图 20.23 后台模式启动

- 通过 exec 指令进入容器,步骤如图 20.24 所示。

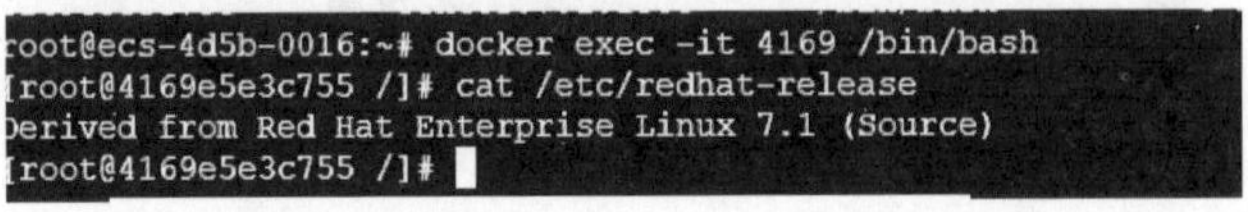

图 20.24 通过 exec 指令进入容器

- 进入 CentOS 容器下载 passwd 套件并修改 root 用户密码,步骤如图 20.25 所示。

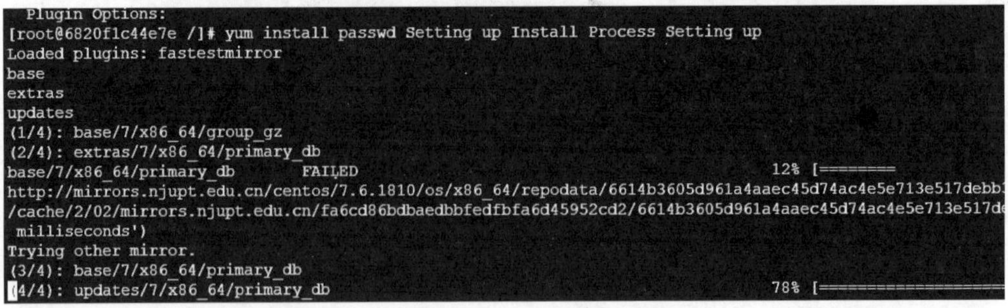

图 20.25 下载套件

- 可配置密码 123456789，步骤如图 20.26 所示。

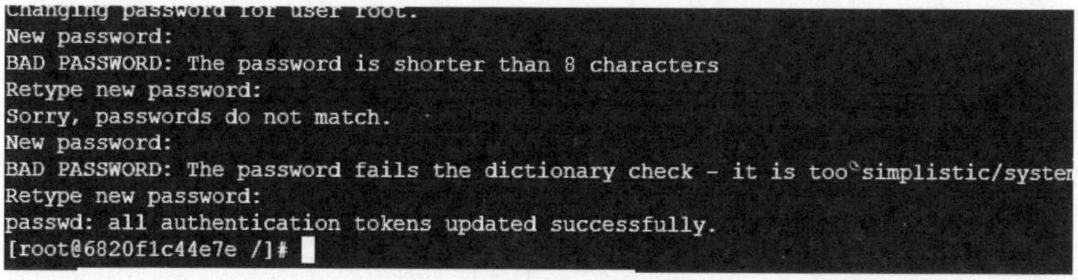

图 20.26 修改密码

- 安装 net-tool 和 ssh 组件，步骤如图 20.27 所示。

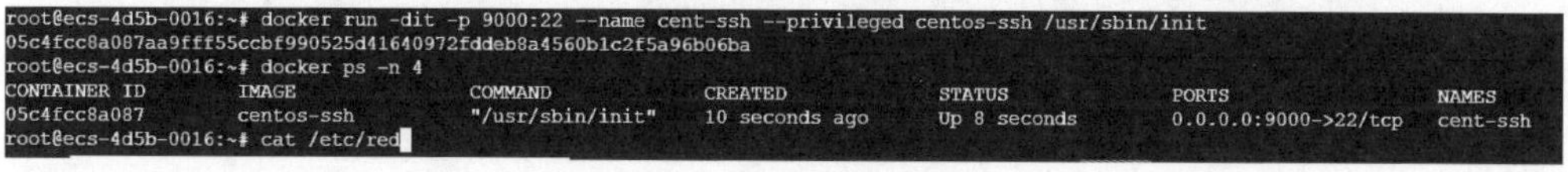

图 20.27 安装组件

保存为 centos-ssh 镜像，重新创建容器的 22 号端口并映射到服务器端口 9000 号。

```
docker run – dit – p 22: 9000 –– name cent –– privileged centos – ssh /usr/sbin/init
```

- 使用 SSH 可以连接 Docker 容器当作虚拟机开发平台使用，步骤如图 20.28 所示。

图 20.28 SSH 连接

- 启动命令及步骤如图 20.29 所示。（CentOS 和 RedHat 有 bug，必须用/usr/sbin/init 启动才能运行服务，Ubuntu 不用）

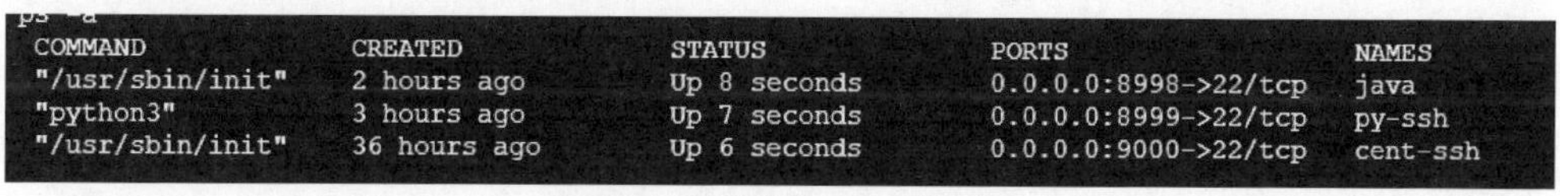

图 20.29 查看启动命令

- Dockerfile 是一个包含用于组合映像的命令的文本文档，可以使用在命令行中调用任何命令。Docker 通过读取 Dockerfile 中的指令自动生成映像。docker build

命令用于从 Dockerfile 构建映像，可以在 docker build 命令中使用-f 标志指向文件系统中任何位置的 Dockerfile。5678 是 DOCKERAPI 端口。

• 集群 Swarm 初始化，步骤如图 20.30 所示。

```
[root@swarm01 ~]# docker swarm init
```

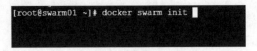

图 20.30 集群初始化

• 查看 token，步骤如图 20.31 所示。

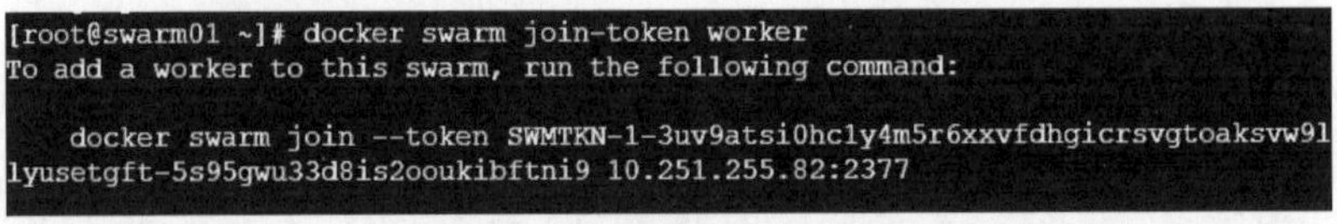

```
[root@swarm01 ~]# docker swarm join-token worker
To add a worker to this swarm, run the following command:

    docker swarm join --token SWMTKN-1-3uv9atsi0hc1y4m5r6xxvfdhgicrsvgtoaksvw9l
lyusetgft-5s95gwu33d8is2ooukibftni9 10.251.255.82:2377
```

图 20.31 查看 token

• 从节点加入集群并添加同样的镜像，步骤如图 20.32 所示。

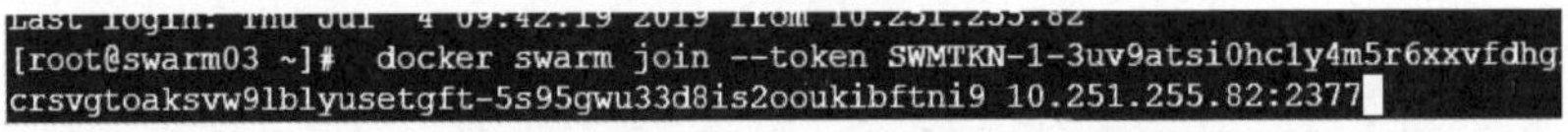

```
Last login: Thu Jul  4 09:42:19 2019 from 10.251.255.82
[root@swarm03 ~]#  docker swarm join --token SWMTKN-1-3uv9atsi0hc1y4m5r6xxvfdhg
crsvgtoaksvw9lblyusetgft-5s95gwu33d8is2ooukibftni9 10.251.255.82:2377
```

图 20.32 添加镜像

集群配置完成后，便可以通过 Python 的 Docker 接口对 Docker 容器进行操作，实现动态分配计算资源。

第21章

案例：使用Spark实现数据统计分析及性能优化

大数据、云计算和人工智能等快速发展的新一代信息通信技术加速与交通、医疗、教育等领域深度融合，让流行病防控的组织和执行更加高效。

随着流行病的发展，数据驱动的流行病防控迅速展开，各企业的流行病防控应用场景不断涌现，应用范围持续拓展。利用全面、有效、及时的数据和可视化技术准确感知流行病态势，不仅可以看作普通民众的一剂强心针，还能为管理人员和决策者提供宏观数据依据，使他们更为直观地了解全局信息，有效节省决策时间。

视频讲解

基于以上背景，本章实现了流行病大数据的分析处理，搭建了交互式的展示界面并优化了 Spark 的读取和查询等操作，提高了系统的运行效率。

21.1　系统架构

21.1.1　总体方案

本案例完成的是一个基于大数据分析的可视化系统，不是一个简单的没有界面的分布式文件系统，由于系统包含前后端和通信等较为复杂的部分，因此需要针对系统进行自底向上的架构设计。

图 21.1 显示了系统总体方案，整体结构分为 4 个模块：最底层是基础设施；倒数第二层是基础运行系统，包括 Ubuntu 和 HDFS 等；再上层是提供服务的核心组件；最上层是系统支持的主要业务。对于前后端的通信架构，采用 Flask 处理前后端请求。下面将分别阐述每一层的详细设计。

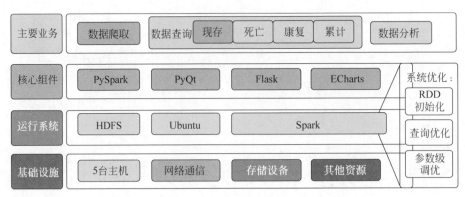

图 21.1 系统总体方案

21.1.2 详细设计

1. 基础设施

如图 21.2 所示是最底层的基础设施,这里直接采用 5 台可用服务器。5 台主机提供了网络通信资源、存储设备和计算资源等,主机之间互连互通,形成了整个大数据分析系统的基础硬件设备。

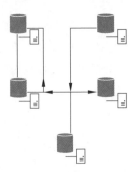

图 21.2 基础设施图

2. 系统底层

5 台主机上运行的是 Ubuntu 5.4.0-6ubuntu1~16.04.12,作为操作系统平台。

在其上已经搭建好了 HDFS 和 Spark。Hadoop 分布式文件系统(HDFS)指被设计成适合运行在通用硬件(Common Hardware,CH)上的分布式文件系统(Distributed File System,DFS),与现有的分布式文件系统有很多共同点。但同时,它与其他分布式文件系统的区别也是很明显的。HDFS 是一个具有高度容错性的系统,适合部署在廉价的机器上。HDFS 能提供高吞吐量的数据访问,非常适合大规模数据集上的应用。

Spark 则是一种与 Hadoop 相似的开源集群计算环境,但是两者之间还存在一些不同之处,这些有用的不同之处使 Spark 在某些工作负载方面表现得更加优越。换句话说,Spark 启用了内存分布数据集,除了能够提供交互式查询外,它还可以优化迭代工作负载。因此系统使用的是基于 Spark 的内存计算,在数据读取和内存计算方面有着显著的优势。

3. 核心组件

核心组件主要有 4 个,分别支持不同层面的需求。在后端的数据存取和计算中,使用 PySpark;在前端可视化展示中,使用 ECharts 和 PyQt;在前后端数据的通信中,使用 Flask。

(1) PySpark:Spark 是用 Scala 编程语言编写的。为了用 Spark 支持 Python,Apache Spark 社区发布了 PySpark 工具。在 PySpark 中可以使用 Python 编程语言中的 RDD。

正是由于一个名为 Py4j 的库,他们才能实现这一目标。考虑到后端接口用的是 Flask 进行处理,这里用 PySpark 能够更好地与 Python 环境兼容。

(2) ECharts 和 PyQt：ECharts 开源来自百度商业前端数据可视化团队,是一个基于 HTML5 Canvas 的纯 JavaScript 图表库,提供直观、生动、可交互和可个性化定制的数据可视化图表。创新的拖拽重计算、数据视图和值域漫游等特性大大增强了用户体验,赋予了用户对数据进行挖掘和整合的能力。ECharts 提供的多样的图表形式如图 21.3 所示。

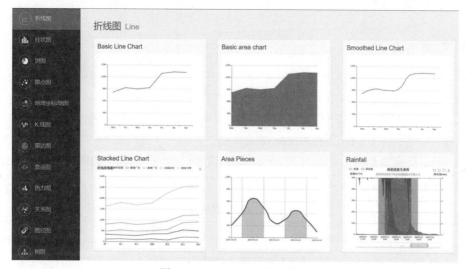

图 21.3　ECharts 功能示意图

这里用 ECharts 实现流行病发展态势的世界地图和折线图的绘制。Qt 库是目前最强大的图形用户界面库之一。PyQt 是 Python 语言的一个 GUI 程序包,也是 Python 编程语言和 Qt 库的成功融合,为开发人员提供了良好的可视化界面。

(3) Flask：Flask 是一个轻量级的可定制框架,使用 Python 语言编写,较其他同类型框架更为灵活、轻便、安全且容易上手。它可以很好地结合 MVC 模式进行开发,开发人员分工合作,小型团队在短时间内就可以完成功能丰富的中小型网站或 Web 服务的实现。另外,Flask 还有很强的定制性,用户可以根据自己的需求添加相应的功能。在保持核心功能简单的同时实现功能的丰富与扩展,其强大的插件库可以让用户实现个性化的网站定制,开发出功能强大的网站。这里主要利用 Flask 简单易部署的框架实现前后端的通信功能。

4. 主要业务

主要业务包括对现存感染、已经死亡、累计感染和已经康复人数的查询功能,在这些基础查询任务之上,对数据进行可视化分析,包括全球感染人数的地图可视化分析和单个国家相关数据的变化趋势。

21.1.3　优化设计

系统的优化设计也是系统架构的一方面,为此进行了以下 3 个层面的优化。

(1) Spark 系统的资源参数级别的优化,包括设置执行 Spark 作业需要的 Executor

进程数量、每个 Executor 进程的内存和 CPU 内核数量等。

（2）RDD 初始化策略方面的优化，加快了 RDD 从内存到计算的过程。

（3）数据库操作方面的优化，包括数据库基本操作投影和连接等。

21.2　具体实现

21.2.1　数据获取

1. 数据构成分析

本节采用的数据来源为世界卫生组织，该组织提供了感染流行病病例的实时更新的数据 API，主要来自著名的 worldmeters.com 和其他重要的网站。

从 API 爬取了 2019 年 1—5 月的确诊、死亡和康复的时序数据，分别存储在 CVS 格式的文件中，并上传至 Hadoop 系统分布式存储。

表 21.1 反映了具体的数据规模，可以看出确诊信息、死亡信息和恢复信息都在 3 万条以上，保证了处理数据的规模。

表 21.1　数据规模

数据集	确诊信息	死亡信息	恢复信息
记录规模/条	31 656	31 656	30 109

表 21.2 反映了每条数据字段的格式，其中每条数据包含 10 个字段，对应不同的含义，包含了大量的信息。第一个字段 Province/State 指对应的州或省；第二个字段 Country/Region 指对应的国家或者地区；第三个字段 Lat 指该地区的纬度信息；第四个字段 Long 指该地区的经度信息，它与 Lat 共同定位了该地区的 GPS 位置；第五个字段 Data 指本条数据获取的日期，在本数据集中截止到 2020 年 5 月 19 日；第六个字段 Value 指本条数据对应的人数，在不同的文件中有不同的含义，例如在 confirmed.csv 中就是指确诊人数；第七个字段 ISO 3166-1 Alpha 3-Codes 对应的是国家的代码，在实际的编程中使用国家代码比使用实际名字更方便一些；第八个字段 Region Code 指省份或州的代码；

表 21.2　数据字段的格式

字　　段	形　　式	含　　义	例　　子
Province/State	#adm1+name	省份/州	
Country/Region	#country+name	国家/地区	Afghanistan
Lat	#geo+lat	纬度	33
Long	#geo+lon	经度	65
Date	#date	日期	2020-05-19
Value	#num	人数	178
ISO 3166-1 Alpha 3-Codes	#country+code	国家代码	AFG
Region Code	#region+main+code	地区代码	142
Sub-region Code	#region+sub+code	子地区代码	34
Intermediate Region Code	#region+intermediate code	中立区代码	

第九个字段 Sub-region Code 指子地区的代码；第十个字段 Intermediate Region Code 指中立区代码，对应了世界上的一些特殊地区。

2. 相关代码

代码主要利用 Python 的 socket 接口实现了数据的爬取，由于这里只是进行初步实验，并没有爬取数据库的全部数据，因此读者可直接使用压缩包中的 csv 数据进行实验。

21.2.2 数据可视化

1. 可视化功能

为了进行更细节的数据展示，这里制作了一个展示 Demo。本节将从 UI 设计、功能实现和具体效果依次讲解 Demo 的实现和数据分析的可视化。

Demo 有两个功能，一个功能是展示世界上各个国家的各项信息数据，具体包括确诊、死亡、康复和现存确诊数据。其中现存确诊数据并不是从数据库中直接读取，而是通过式(21.1)计算得到：

$$N_{active} = N_{confirmed} - N_{death} - N_{recover} \tag{21.1}$$

其中，$N_{confirmed}$ 为确诊数据，N_{death} 为死亡数据，$N_{recover}$ 为康复数据，N_{active} 为现存确诊数据。

另一个功能是展示某个国家的疫情信息随时间的变化情况，其中展示的也是上述 4 个数据。

Demo 的 UI 设计包括两个主要部分：功能区和展示区。功能区包括两个功能控件：选择国家的下拉选择列表和选择时间的日期输入控件。当用户使用日期选择控件时，确认了一个日期之后，展示区将会展示对应日期世界上各个国家的各项数据。展示区 1 展示的是现存确诊人数，展示区 2 展示的是累计死亡人数，展示区 3 展示的是累计康复人数，展示区 4 展示的是累计确诊人数。日期选择控件在时间范围上做了限定，用户只能选择 2019 年 1 月 19 日到 2019 年 5 月 18 日的日期，以保证 Demo 能从后台得到需要的展示数据。当用户选择日期时，国家选择控件的信息是无用的，因为后台返回的信息是当天世界上所有的国家的数据。功能 1 示意图参见随书资源。

对应的展示区并不是一张图，而是一个 HTML 格式的 ECharts 表，可以放大、缩小、拖动和选中展示更详细的信息。

Demo 的第二个功能是展示某个国家的各项数据随着时间变化的趋势。当国家选择控件选择美国时，展示区分别展示了美国的现存确诊人数、累计死亡人数、累计康复人数和累计确诊人数。功能 2 示意图参见随书资源。

2. 功能实现

整体的代码框架使用 PyQt 5，它是 Python 的 GUI 编程的主要解决方案之一。PyQt 包含大约 440 个类型、超过 6000 个的函数和方法。本 Demo 主要使用 QtCore 和 QtWebKit。QtCore 模块主要包含一些非 GUI 的基础功能，例如事件循环与 Qt 的信号机制。此外，它还提供了跨平台的 Unicode、线程、内存映射文件、共享内存、正则表达式和用户设置。QtWebKit 与 QtScript 两个子模块支持 WebKit 与 EMCAScript 脚本语言。界面布局上采用的是网格布局，总体布局是 2×1 的网格，分别放置展示区和功能区。在展示区内部是一个 2×2 的网格，分别对应了现存确诊、累计死亡、累计康复和累计确诊 4 项展示内容。在功能区内部是一个 4×1 的网格，分别对应了选择国家指示标签、国家选择控件、选择日期指示标签和日期选择控件。

展示区使用的控件为 QWebEngineView()，Web 视图是 QWebEngineView()浏览模块的主要 Widget 组件。它可以被用于各种应用程序以实时显示来自 Internet 的 Web 内容。国家选择列表使用的控件是 QComboBox()，它是一个集按钮和下拉选项于一体的控件，也称作下拉列表框。日期选择空间使用的控件是 QDateTimeEdit()，它提供了一个用于编辑日期和时间的小部件，允许用户通过使用键盘上的箭头键增加或减少日期和时间值编辑日期。箭头键可用于在 QDateTimeEdit 框中的一个区域移动。

通信过程使用的是 Flask 通信模块，Flask 是一个使用 Python 编写的轻量级 Web 应用框架。它使用简单的核心，用 extension 增加其他功能。Flask 没有默认使用的数据库和窗体验证工具。然而，Flask 保留了扩增的弹性，可以用 Flask-extension 页面存档备份以及实现如下的多种功能：ORM、窗体验证工具、文件上传和各种开放式身份验证技术。

具体地，本节创立了两个用于通信的 URL 接口，分别用于获取功能 1 和功能 2 的数据。首先，用户通过两个功能控件选择自己的操作，控件会读取当前的值，将这个值作为一个查询的 key 通过上述的 URL 向后端发送数据请求。其次，后端接收到请求之后，会使用 Spark 处理数据集，整理成一个字典后用 JSON 的格式通过 Flask 传输到用户界面，用户经过解码后就可以得到对应的数据。最后，Demo 通过绘图产生 HTML 文件并在展示区展示。

获得对应数据后，前端调用画图模块生成对应的 HTML 文件。本 Demo 使用 ECharts 绘图，ECharts 是一个使用 JavaScript 实现的开源可视化库，涵盖各行业图表，满足各种需求。ECharts 遵循 Apache-2.0 开源协议，免费商用。ECharts 兼容目前绝大部分浏览器（IE 8/9/10/11、Chrome、Firefox 和 Safari 等）及多种设备，可随时随地任性展示。它提供了丰富的可视化类型、无须转换直接使用的多种数据格式和千万数据的前端展现。

前端代码位于 code/UI/目录下，前端代码不过多赘述，读者可以自行查看。

3. 具体效果

部分 UI 效果展示参见随书资源，当用户选择的时间不同时，展示区体现出不同的颜色深度，表示了数据量变化的一个趋势。

21.3　性能优化

21.3.1　读取优化

1. 原理分析

由于系统涉及对 3 个分布式存储的数据表的频繁操作，因此每次进行数据的读取会涉及频繁的磁盘I/O操作和额外的网络传输开销，而在Spark中，数据的读取速度往往比数据的计算慢得多，因此实现系统性能优化的关键步骤之一在于数据读取过程的优化。

这里采取的优化方式遵循了从同一个数据源尽量只创建一个RDD的设计准则，使得后续的不同业务逻辑可以多次重复使用RDD，避免因数据的重复读写而增加系统的时间开销。

考虑到实际的业务特点，读取数据表并创建3个RDD后涉及多次的RDD操作，Spark根据持久化策略，将RDD中的数据保存到内存或者磁盘中，并在后续对这几个RDD进行算子操作时，直接从内存或磁盘中提取持久化的RDD数据。在Spark中，对数据的操作需要遵循以下准则：如果需要对某个RDD进行多次不同的Transformation和Action操作以应用于不同的业务分析需求，可以考虑对该RDD进行持久化操作，以避免Action操作触发作业时多次重复计算该RDD。数据读取逻辑如图21.4所示。

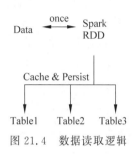

图 21.4 数据读取逻辑

为此对不同读取策略进行了定量的比较，比较结果如表21.3所示。这里分别比较了多次创建RDD、只创建一次RDD、创建一次RDD并持久化进行连续3次的查询操作的耗时情况。在初始化时间方面，只创建一次RDD相比于多次重复创建来说节省了大量的初始化时间，尤其是在第二次查询和第三次查询上省去了较多的初始化时间开销；在查询时间方面，进行RDD持久化操作能够极大地提高系统的查询性能，相比于原先数十秒的查询时间，进行RDD持久化操作后的查询时间缩短到了2s多，速度提升超过8倍。

表 21.3 读取实验结果

连续三次查询	第一次查询		第二次查询		第三次查询	
初始化时间与查询时间	初始化时间/s	查询时间/s	初始化时间/s	查询时间/s	初始化时间/s	查询时间/s
多次创建RDD	37.080	7.129	13.006	8.758	7.862	5.699
只创建一次RDD	37.549	16.509		18.452		12.661
创建一次RDD并持久化	34.845	13.992		**2.746**		**2.760**

2. 代码实现

通过例21.1的代码可以看出，对RDD进行一次创建并且持久化，可以提高查询效率。

【例21.1】 spark_sql.py

```
1    confirm = spark.read.format(self._csv_file_type) \
2          .option("inferSchema", infer_schema).option("header", first_row_is_header) \
```

```
3                .option("sep", delimiter).load(self._confirmed_cases_csv)
4
5    death = spark.read.format(self._csv_file_type) \
6         .option("inferSchema", infer_schema) \
7         .option("header", first_row_is_header) \
8         .option("sep", delimiter).load(self._deaths_cases_csv)
9
10   recover = spark.read.format(self._csv_file_type) \
11        .option("inferSchema", infer_schema) \
12        .option("header", first_row_is_header) \
13        .option("sep", delimiter).load(self._recovered_cases_csv)
14
15   confirm.cache()
16   death.cache()
17   recover.cache()
18   confirm.persist()
19   death.persist()
20   recover.persist()
```

21.3.2 查询优化

1. 原理分析

对于数据查询有这样的先验知识，即对于多个数据表的查询，往往会涉及对表的连接和过滤操作，因此，为了进一步提高系统的运行效率和减小系统的运行开销，往往会避免过早地使用连接操作，而优先选择尽快使用过滤操作去除不必要的数据。尽管先进行连接操作后进行过滤操作与先进行过滤操作后进行连接操作最终得到的数据查询结果相同，但在系统实现时，过早的连接操作会造成大量的数据冗余，不利于系统的高效运行，原理如图 21.5 所示。

另一方面，由于数据过滤后会得到多个小文件，因此系统并行度会对系统的性能造成很大的影响。例如在一次查询中系统给任务分配了 1000 个 core，但是一个 Stage 中只有30 个 Task，此时可以提高并行度以提升硬件的利用率。当并行度太大时，Task 通常只需要几微秒就能执行完成，或者 Task 读写的数据量很小，这种情况下，Task 频繁进行开辟与销毁而产生的不必要开销太大，则需要减小并行度。对于本系统中的业务场景，则属于过滤后 Task 的数据量很小这一情况，可以通过 coalesce 操作人为地减小过滤后的并行度，使得资源的利用率尽可能地提高，原理如图 21.6 所示。

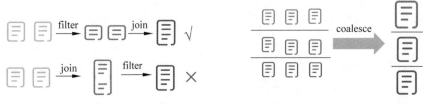

图 21.5　表的连接和过滤操作　　　　图 21.6　表的 coalesce 操作

为了验证本场景中减小并行度的必要性，这里设置了在不同并行度下的查询实验，多次对比了两个查询任务在不同并行度下的耗时，并统计了任务的平均值，其结果如表 21.4 所示。

表 21.4 查询实验结果

并行度	第一次		第二次		第三次		平均值	
	任务 1 时间/s	任务 2 时间/s	任务 1 时间/s	任务 2 时间/s	任务 1 时间/s	任务 2 时间/s	任务 1 时间/s	任务 2 时间/s
8	23.569	24.476	20.198	23.805	21.716	21.395	21.827	23.225
7	19.472	18.135	21.381	20.588	19.863	17.105	20.238	18.609
6	18.490	17.708	22.363	21.611	25.303	17.481	22.502	18.933
5	15.281	19.205	18.042	18.012	20.629	17.339	17.984	18.185
4	15.665	22.142	20.147	18.406	18.263	15.437	18.025	18.661
3	18.181	21.775	21.262	17.968	16.004	17.575	18.482	19.106
2	22.375	18.779	16.608	20.482	16.341	18.341	18.441	19.200
1	15.576	19.205	10.594	14.572	13.238	16.663	13.136	16.813

为了更加直观地体现并行度对系统性能的影响，将实验的结果以柱状图的形式显示，折线图则表示 3 次实验的平均值的结果，两个任务的耗时柱状图如图 21.7 所示。

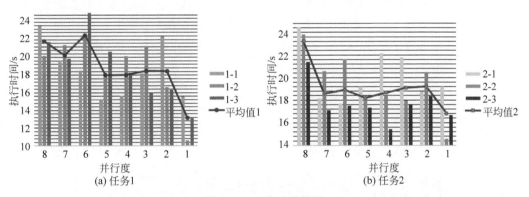

图 21.7 查询实验结果

根据表格及柱状图的实验结果，业务场景在对数据进行过滤后只剩下很少一部分需要处理的数据，因而及时减小任务运行的并行度十分重要。从结果可以看出，当并行度减小为 1 时，相比于并行度为 8，平均运行效率提升了约两倍之多，这也进一步证实了过高的并行度反而会增加 Task 开辟与销毁的开销。对于少量数据而言，及时减小并行度十分重要。

2. 代码实现

例 21.2 的代码展示了先过滤再连接的操作，能够提升数据查询的效率。

【例 21.2】 Spark_sql.py

```
1    confirmed = self._confirm.select("Country/Region",
     col("Value").alias("confirmed")) \
```

```
2        .filter("Date = '%s'" % date).coalesce(self._coal) \
3        .groupBy("Country/Region").agg(sum("confirmed").alias("confirmed"))
4
5    recovered = self._recover.select("Country/Region",
     col("Value").alias("recovered")) \
6        .filter("Date = '%s'" % date).coalesce(self._coal) \
7        .groupBy("Country/Region").agg(sum("recovered").alias("recovered"))
8
9    deaths = self._death.select("Country/Region", col("Value").alias("deaths")) \
10       .filter("Date = '%s'" % date).coalesce(self._coal) \
11       .groupBy("Country/Region").agg(sum("deaths").alias("deaths"))
12
13   df = confirmed.join(recovered, "Country/Region", "outer") \
14       .join(deaths, "Country/Region", "outer")
```

21.3.3 Spark 参数级优化

1. 原理分析

Spark 资源参数调优，其实主要就是对 Spark 运行过程中各个使用资源的地方，通过调节各种参数优化资源使用的效率，从而提升 Spark 作业的执行性能。

在项目中着重关注了几个参数：spark. driver. memory 表示设置 Driver 的内存大小；spark. num. executors 表示设置 Executors 的个数；spark. executor. memory 表示设置每个 spark_executor_cores 的内存大小；spark. executor. cores 表示设置每个 Executor 的 cores 数目；spark. executor. memory. over. head 表示 Executor 额外预留一部分内存；spark. sql. shuffle. partitions 表示设置 Executor 的 Partitions 个数。参数设置如图 21.8 所示。

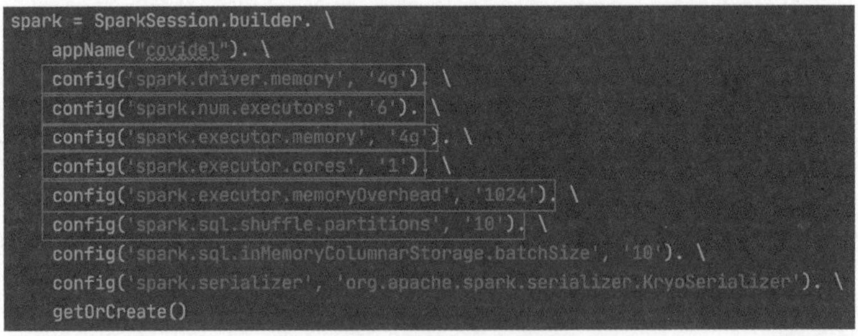

```
spark = SparkSession.builder. \
    appName("covid1"). \
    config('spark.driver.memory', '4g'). \
    config('spark.num.executors', '6'). \
    config('spark.executor.memory', '4g'). \
    config('spark.executor.cores', '1'). \
    config('spark.executor.memoryOverhead', '1024'). \
    config('spark.sql.shuffle.partitions', '10'). \
    config('spark.sql.inMemoryColumnarStorage.batchSize', '10'). \
    config('spark.serializer', 'org.apache.spark.serializer.KryoSerializer'). \
    getOrCreate()
```

图 21.8　参数设置示意图

以上参数就是 Spark 中主要的资源参数，每个参数都对应作业运行原理中的某个部分。下面同时将各个参数的不同取值对系统性能的影响进行对比，并以系统的默认参数作为 Baseline，每次改变其中一个参数的取值，测试结果如表 21.5 所示。

表 21.5 不同参数对系统性能的影响

参 数 取 值	值 1	值 2	值 3
memory＝1g,2g,4g	37.398＋26.308	37.923＋26.770	37.628＋26.096
excutors＝1,2,4	37.730＋26.389	37 845＋25.975	38.098＋26.612
excutor.memory＝1,2,4g	47.806＋25.901	36.055＋16.475	33.887＋11.889
excutor.core＝1,2,4	34.862＋24.959	35.279＋18.351	31.741＋13.758
over.head＝1024,2048,4096	37.274＋25.193	37.095＋25.872	37.872＋25.661
Partitions＝1,5,10	37.78＋20.815	37.686＋16.868	37.677＋22.202
Spark 默认值		39.772＋28.164	

如表 21.5 所示，不同的参数取值会对系统的性能产生显著的影响，特别是 spark.
executor.memory、spark.executor.cores、spark.sql.shuffle.partitions 这 3 项指标对系
统的性能有很重要的影响。相比于默认值，不同的参数取值能提高系统的性能，其中在参
数设定时需要综合权衡系统的资源情况和性能需求。下面给出不同参数取值的系统性能
柱状图，如图 21.9 所示。

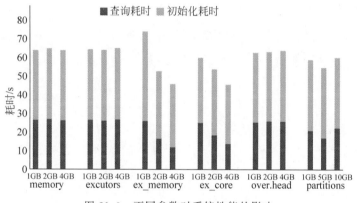

图 21.9 不同参数对系统性能的影响

可以发现，参数的选取对系统初始化的影响较小，而对数据的查询有很大的影响。为
了便于理解，下面给出各个参数的相关介绍。

1）num-executors

参数说明：该参数用于设置 Spark 作业总共要用多少个 Executor 进程执行。这个
参数非常重要，若不设置则默认只会启动少量的 Executor 进程，此时 Spark 作业的运行
速度是非常慢的。

参数调优建议：设置太少或太多的 Executor 进程都不好。设置得太少，无法充分利
用集群资源；设置得太多，大部分队列可能无法给予充分的资源。

2）executor-memory

参数说明：该参数用于设置每个 Executor 进程的内存。Executor 内存的大小很多
时候直接决定 Spark 作业的性能，而且与常见的 JVM OOM 异常也有直接的关联。

参数调优建议：每个 Executor 进程的内存设置为 4～8GB 较为合适。该设置只是一
个参考值，具体的设置还是得根据不同部门的资源队列确定。

3）executor-cores

参数说明：该参数用于设置每个 Executor 进程的 CPU core 数量。这个参数决定了每个 Executor 进程并行执行 Task 线程的能力。因为每个 CPU core 同一时间只能执行一个 Task 线程，因此每个 Executor 进程的 CPU core 数量越多，越能够快速地执行完分配给自己的所有 Task 线程。

参数调优建议：Executor 的 CPU core 数量设置为 2～4 个较为合适。如果是与他人共享这个队列，那么 num-executors * executor-cores 为队列总 CPU core 的 1/3～1/2 比较合适，也可以避免影响他人的作业运行。

4）driver-memory

参数说明：该参数用于设置 Driver 进程的内存。

参数调优建议：Driver 的内存通常来说不设置，或者设置为 1GB 左右应该就够了。唯一需要注意的一点是，如果需要使用 collect 算子将 RDD 的数据全部拉取到 Driver 上进行处理，那么必须确保 Driver 的内存足够大，否则会出现 OOM 内存溢出的问题。

2. 代码分析

PySpark 通过在初始化 Spark 会话时对其中的参数进行设定，从而对 Spark 进行参数级的优化。具体代码如例 21.3 所示。

【例 21.3】 Spark_sql.py

```
1    spark = SparkSession.builder. \
2        appName("covidel"). \
3        config('spark.num.executors', '100').getOrCreate()
4
5    spark = SparkSession.builder. \
6        appName("covidel"). \
7        config('spark.driver.memory', '4g'). \
8        config('spark.num.executors', '6'). \
9        config('spark.executor.memory', '4g'). \
10       config('spark.executor.cores', '1'). \
11       config('spark.executor.memoryOverhead', '1024'). \
12       config('spark.sql.shuffle.partitions', '10'). \
13       config('spark.sql.inMemoryColumnarStorage.batchSize', '10'). \
14       config('spark.serializer', 'org.apache.spark.serializer.KryoSerializer'). \
15       getOrCreate()
```

第**22**章

实验：基于**OpenStack**和**Hadoop**的大数据分析

OpenStack 是一个旨在为公共及私有云的建设与管理提供软件的开源项目。为了有效地支撑公有云建设，OpenStack 提供如下几个服务。

视频讲解

（1）**基本服务**。Dashboard Horizon 提供了一个基于 Web 的自服务门户，能够以 Web 界面的形式实现与 OpenStack 的各个组件的交互，如创建虚拟机、虚拟硬盘等。Nova 在 OpenStack 环境中可以对计算实例的生命周期进行管理，可以为用户提供对计算资源（包括裸机、虚拟机和容器）的大规模可伸缩、按需、自助访问的服务。Neutron 可以在虚拟计算环境下提供 NaaS(Network as a Service)服务，可以用于管理 OpenStack 环境中的虚拟网络，如创建网络、虚拟路由器、虚拟防火墙等。

（2）**存储服务**。Swift 是一个高度可用的、分布式的、最终一致的对象存储，可以高效、安全、廉价地存储大量数据。它具有可伸缩性，并针对整个数据集的持久性、可用性和并发性进行了优化。Swift 是存储可以无限制增长的非结构化数据的理想选择。Cinder 是 OpenStack 的块存储服务，它虚拟化了块存储设备的管理。用户可以使用提供的 API 来请求和使用这些资源，而不需要知道它们的存储实际部署在哪里或在什么类型的设备上。

（3）**共享服务**。Keystone 是 OpenStack 的认证服务，通过 OpenStack 的 Identity API 提供客户端认证、服务发现和分布式多租户授权功能。它支持 LDAP、OAuth、OpenID Connect、SAML 和 SQL。Glance 镜像服务包括发现、注册和检索虚拟机镜像。Glance 提供 RESTful API，可以用于查询虚拟机镜像元数据和检索实际映像。通过 Glance 可以将虚拟机镜像存储在各种位置，包括简单的文件系统和 OpenStack Swift 项目这样的对象存储系统。

这几大服务需要安装在不同的服务器节点上，安装方案一般如图 22.1 所示，分为控制器节点、计算节点、块存储节点和对象存储节点等几部分，每个节点将安装在独自的服务器上。值得注意的是，控制节点和计算节点都需要两个 NIC(Networking Interface Cord)，也就是说需要两个网卡，一个负责对客户端开放，另一个用来管理 OpenStack 自身的服务。

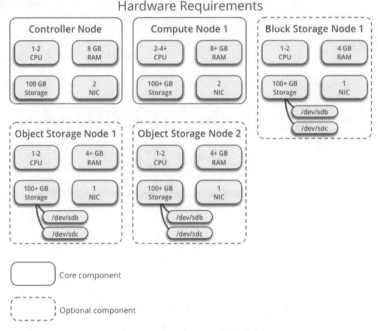

图 22.1　OpenStack 安装实例

为了简化及演示实验的效果，该处实验配置可以在本地机器上运行，实际生产环境中的 OpenStack 配置及部署会不同，需要有性能等多方面的考虑。本地机器通过 VMware 运行 CentOS 7.3 操作系统，使用 kolla 进行 OpenStack 部署。

22.1　实验一：OpenStack 安装准备

从 网 址 https://www. vmware. com/cn/products/workstation-pro/workstation-pro-evaluation. html 下载 VMware 到本地并进行安装。

从 CentOS 相关镜像网站下载 CentOS 7.3 的镜像文件，可以从 https://mirrors. tuna. tsinghua. edu. cn/centos/7.9.2009/isos/x86_4/下载镜像文件。

从相关镜像网站下载在 OpenStack 上创建虚拟机实例所需的镜像文件，可以从 http://cloud. centos. org/centos/7/images/下载镜像文件。

22.2　实验二：OpenStack 在线安装

1. 创建虚拟机

通过 VMware 和下载的 CentOS 镜像文件创建 4 台虚拟机分别作为计算节点、存储节点、控制节点和部署节点。计算节点虚拟机可参考如图 22.2 所示的硬件配置创建；存储节点虚拟机需要配置两块硬盘,可参考如图22.3所示的硬件配置创建；管理节点虚拟机需要配置两块网卡均使用桥接模式,可参考如图22.4所示的硬件配置创建。

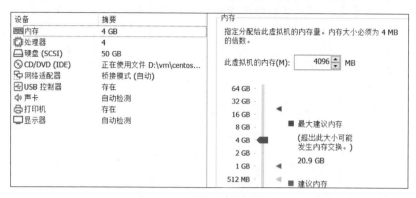

图 22.2　计算节点硬件配置

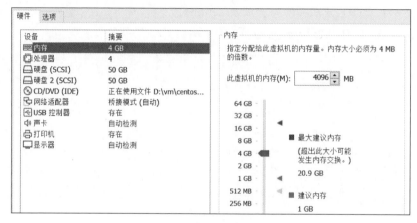

图 22.3　存储节点硬件配置

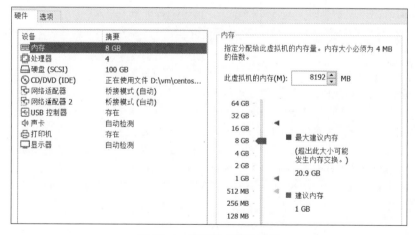

图 22.4　管理节点硬件配置

2. 安装 OpenStack

（1）在 3 个节点上分别安装基础依赖并配置 pip 镜像源。

```
yum - y install python - devel libffi - devel gcc openssl - devel git python - pip
yum - y install epel - release
mkdir ~/.pip
tee .pip/pip.conf << EOF
> [global]
> index - url = https://mirrors.aliyun.com/pypi/simple/
> [install]
> trusted - host = mirrors.aliyun.com
> EOF
pip install -- upgrade pip == 20.3.4
```

（2）在 3 个节点上分别关闭防火墙及 selinux。

关闭防火墙，使用 vi 修改 selinux 配置文件，将 SELINUX 设置为 disable。

```
systemctl disable firewalld
systemctl stop firewalld
vi /etc/selinux/config
SELINUX = disabled
setenforce 0
```

（3）在 3 个节点上分别安装 Docker，并设置在主机上的 docker volume 卷挂载方式。

在主机上先安装相应的环境依赖，然后安装 Docker，如果网络连接出现问题，可以为 Docker 配置镜像源。

```
yum update
yum install - y yum - utils device - mapper - persistent - data lvm2
yum - config - manager  -- add - repo https://download.docker.com/linux/centos/docker -
ce.repo
yum install docker - ce
systemctl start docker
systemctl enable docker
```

安装完成 Docker 后编辑 docker volume 的卷挂载方式。

```
mkdir - p /etc/systemd/system/docker.service.d/
vim /etc/systemd/system/docker.service.d/kolla.conf
[Service]
MountFlags = shared
systemctl daemon - reload
systemctl restart docker && systemctl enable docker
```

（4）在管理节点上安装 ansible 并进行配置。

```
yum install ansible
vim /etc/ansible/ansible.cfg
 [defaults]
 host_key_checking = False
 pipelining = True
 forks = 100
```

（5）安装并配置 kolla-ansible。

kolla 分为两个仓库，一个为 https://github.com/openstack/kolla，另一个为 https://github.com/openstack/kolla-ansible。在这两个仓库中有 requirements.txt 文件，需要先将其中的依赖安装。

使用 git clone 命令分别将两个仓库复制到虚拟机中，安装需要的依赖并下载对应的包。

```
# 分别进入项目仓库执行依赖安装命令。注意每个仓库依赖都要执行一遍
pip install -r requirements.txt
# 依赖安装完成后安装 kolla-ansible 与 kolla
pip install kolla-ansible
pip install kolla
```

对 kolla-ansible 进行配置。

```
mkdir -p /etc/kolla/
cp /usr/share/kolla-ansible/etc_examples/kolla/* /etc/kolla/
cp /usr/share/kolla-ansible/ansible/inventory/* /etc/kolla/
mkdir -p /etc/kolla/config/nova/
vim /etc/kolla/config/nova/nova-compute.conf
 [libvirt]
 virt_type = qemu
 cpu_mode = none
```

（6）在存储节点配置 cinder 块存储信息。

```
yum -y install yum-utils device-mapper-persistent-data lvm2
pvcreate /dev/sdb
vgcreate cinder /dev/sdb
systemctl status lvm2-lvmetad.service
```

（7）在管理节点上进行网络配置。

将管理节点的第二张网卡作为外部网络的网卡接口进行配置。同时，配置管理节点的 hosts 文件设置域名与 IP 地址的映射，并传输到其他节点上。最后生成密钥配置免密钥登录，对 3 台主机进行授权并检验所有主机能否正常通信。

```
vim /etc/sysconfig/network - scripts/ifcfg - ens34
# 修改以下几行,并将其移动到文件开头,如果不存在则添加
TYPE = Ethernet
NAME = ens34
DEVICE = ens34                //如果是开启虚拟机后添加网卡,需要手动编辑以上 3 行
BOOTPROTO = none              //将 dhcp 改为 none,使自动获取改为静态获取
ONBOOT = yes                 //启用该网卡
# 配置 hosts
vim /etc/hosts
192.168.124.25 control
192.168.124.27 store
192.168.124.28 compute
scp /etc/hosts 192.168.124.27:/etc/
scp /etc/hosts 192.168.124.28:/etc/
# 生成密钥并授权
ssh - keygen
ssh - copy - id - i .ssh/id_rsa.pub root@control
ssh - copy - id - i .ssh/id_rsa.pub root@compute
ssh - copy - id - i .ssh/id_rsa.pub root@store
# 验证主机能否正常通信
ansible - i /etc/kolla/multinode all - m ping
```

如果 3 台主机能够正常通信,则测试结果如图 22.5 所示。

```
store | SUCCESS => {
    "ansible_facts": {
        "discovered_interpreter_python": "/usr/bin/python"
    },
    "changed": false,
    "ping": "pong"
}
compute | SUCCESS => {
    "ansible_facts": {
        "discovered_interpreter_python": "/usr/bin/python"
    },
    "changed": false,
    "ping": "pong"
}
control | SUCCESS => {
    "ansible_facts": {
        "discovered_interpreter_python": "/usr/bin/python"
    },
    "changed": false,
    "ping": "pong"
}
```

图 22.5　主机通信测试结果

（8）部署 OpenStack。

部署在部署节点即管理节点上进行。修改 GLobals.yml 文件,在配置过程中需要将接口替换为自己部署节点虚拟机的接口,浮动 IP 地址替换为管理节点第一块网卡 IP 地址。

```
vim /etc/kolla/globals.yml
  kolla_base_distro: "centos"
```

```
kolla_install_type: "source"
openstack_release: "train"
kolla_internal_vip_address: "192.168.124.25"
network_interface: "ens33"
api_interface: "{{ network_interface }}"
storage_interface: "{{ network_interface }}"
cluster_interface: "{{ network_interface }}"
tunnel_interface: "{{ network_interface }}"
dns_interface: "{{ network_interface }}"
neutron_external_interface: "ens34"
enable_haproxy: "no"
enable_cinder: "yes"
enable_cinder_backend_lvm: "yes"
cinder_volume_group: "cinder"
nova_compute_virt_type: "qemu"
```

配置多节点主机清单。

```
vim /etc/kolla/multinode
[control]
control
[network]
control
[compute]
compute
[monitoring]
control
[storage]
store
[deployment]
control
```

通过 kolla-ansible 安装 OpenStack 部署需要的包，如果安装结果没有报错则说明安装成功。

```
kolla - ansible  - i /etc/kolla/multinode bootstrap - servers
```

对主机环境进行检查。

```
kolla - ansible  - i /etc/kolla/multinode prechecks
```

如果检查过程中没有出现失败，检查结果如图 22.6 所示，则代表环境检查通过。
生成 OpenStack 密码并拉取相关镜像文件，安装 python-openstackclient。

```
PLAY RECAP ***********************************************************
*
compute                     : ok=22    changed=3    unreachable=0    failed=0
skipped=31    rescued=0    ignored=0
control                     : ok=44    changed=3    unreachable=0    failed=0
skipped=101    rescued=0    ignored=0
store                       : ok=19    changed=3    unreachable=0    failed=0
skipped=16    rescued=0    ignored=0
```

图 22.6　环境检查结果

```
kolla - genpwd
kolla - ansible - i /etc/kolla/multinode pull
pip install python - openstackclient
```

以上步骤均正确执行后,开始进行 OpenStack 部署。

```
kolla - ansible - i /etc/kolla/multinode deploy
```

输入命令后开始环境部署,部署过程需要几分钟。如果没有出现错误,部署结果如图 22.7 所示,则说明部署成功。

```
PLAY RECAP ***********************************************************
**
compute                     : ok=74    changed=36    unreachable=0    failed=0
 skipped=56    rescued=0    ignored=0
control                     : ok=281   changed=198   unreachable=0    failed=0
 skipped=170    rescued=0    ignored=1
store                       : ok=40    changed=16    unreachable=0    failed=0
 skipped=15    rescued=0    ignored=0
```

图 22.7　部署结果

部署后通过 kolla-ansible post-deploy 命令生成 admin-openrc。

```
kolla - ansible post - deploy
```

如果没有出现报错,生成结果如图 22.8 所示,则说明生成成功。

```
PLAY RECAP ***********************************************************
localhost                   : ok=2    changed=1    unreachable=0    failed=0    s
kipped=0    rescued=0    ignored=0
```

图 22.8　admin-openrc 生成结果

(9) 访问 OpenStack。

部署完成后,可以根据在 globals. yml 设置的 kolla_internal_vip_address 的 IP 地址访问 dashboard,如图 22.9 所示。管理员的用户名为 admin,密码保存在 passwords. yml 中,可以通过查看该文件获取密码。

```
cat /etc/kolla/passwords.yml | grep keystone_admin_password
```

登录成功后可以对 OpenStack 进行查看或配置,概况页面如图 22.10 所示。

图 22.9　dashboard 页面

图 22.10　OpenStack 概况页面

22.3　实验三：初始化 OpenStack 中的环境

在安装完成 OpenStack 后，还需要搭建第二层的虚拟机，使用 init-runonce 脚本创建 OpenStack 云项目。

1. 修改 init-runonce 脚本

根据网络配置情况对脚本进行修改，分别修改脚本中的网段、地址范围和网关信息。

```
vim /usr/share/kolla-ansible/init-runonce
    EXT_NET_CIDR = ${EXT_NET_CIDR:-'192.168.124.0/24'}
    EXT_NET_RANGE = ${EXT_NET_RANGE:-'start=192.168.124.150,end=192.168.124.254'}
    EXT_NET_GATEWAY = ${EXT_NET_GATEWAY:-'192.168.124.1'}
```

2. 执行 init-runonce 脚本

执行脚本。注意执行 OpenStack 相关命令都需要先通过 source admin-openrc. sh 来刷新当前的 shell 环境。如果因为网络问题无法下载，可根据脚本提供的网址在启动脚本前下载或上传镜像文件到虚拟机中。

```
source  /etc/kolla/admin-openrc.sh
bash /usr/share/kolla-ansible/init-runonce
```

执行完成后可以通过 openstack network list 查看网络配置，结果如图 22.11 所示。通过 openstack image list 查看镜像信息，结果如图 22.12 所示。

```
[root@control ~]# openstack network list
+--------------------------------------+----------+--------------------------------------+
| ID                                   | Name     | Subnets                              |
+--------------------------------------+----------+--------------------------------------+
| 8e030e64-b893-4098-84f2-c1bac86dda48 | public1  | f84dbdf6-ba65-4445-a231-7531ea3eb86d |
| 8f13a823-2052-4162-97d4-69e4b7976233 | demo-net | b2ecc871-9263-4864-9203-e1878d00af12 |
+--------------------------------------+----------+--------------------------------------+
```

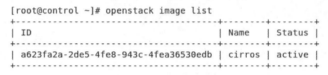

图 22.11　网络配置

```
[root@control ~]# openstack image list
+--------------------------------------+--------+--------+
| ID                                   | Name   | Status |
+--------------------------------------+--------+--------+
| a623fa2a-2de5-4fe8-943c-4fea36530edb | cirros | active |
+--------------------------------------+--------+--------+
```

图 22.12　镜像信息

3. 创建实例

登录后，在“计算-实例”单击“创建实例”选项，根据需求对源、实例类型与网络进行配置。使用 cirros 源、m1. tiny 实例类型、demo-net 网络进行配置样例，创建结果如图 22.13 所示。

☐	实例名称	镜像名称	IP 地址	实例类型	密钥对	状态	可用域	任务	电源状态	时间	动作
☐	vm1	-	10.0.0.213	m1.tiny	mykey	运行	nova	无	运行中	0 minutes	创建快照 ▾

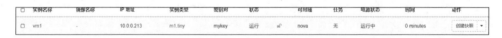

图 22.13　实例创建结果

4. 绑定浮动 IP

在实例的动作属性中选择管理浮动 IP 的关联，如图 22.14 所示，选择添加浮动 IP 进行关联绑定。

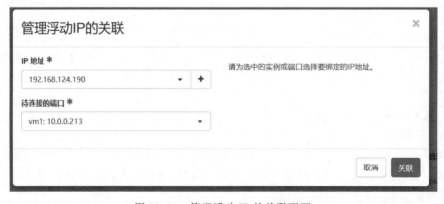

图 22.14　管理浮动 IP 的关联页面

关联完成后可以通过 openstack server show instance_name 查看创建的实例属性，结果如图 22.15 所示。

```
[root@control ~]# openstack server show vm1
+-------------------------------------+----------------------------------------------------+
| Field                               | Value                                              |
+-------------------------------------+----------------------------------------------------+
| OS-DCF:diskConfig                   | AUTO                                               |
| OS-EXT-AZ:availability_zone         | nova                                               |
| OS-EXT-SRV-ATTR:host                | compute                                            |
| OS-EXT-SRV-ATTR:hypervisor_hostname | compute                                            |
| OS-EXT-SRV-ATTR:instance_name       | instance-00000001                                  |
| OS-EXT-STS:power_state              | Running                                            |
| OS-EXT-STS:task_state               | None                                               |
| OS-EXT-STS:vm_state                 | active                                             |
| OS-SRV-USG:launched_at              | 2021-07-25T14:48:18.000000                         |
| OS-SRV-USG:terminated_at            | None                                               |
| accessIPv4                          |                                                    |
| accessIPv6                          |                                                    |
| addresses                           | demo-net=10.0.0.213, 192.168.124.190               |
| config_drive                        |                                                    |
| created                             | 2021-07-25T14:47:39Z                               |
| flavor                              | m1.tiny (1)                                        |
| hostId                              | d161fa2829184eb4bdb959401e71e58bec194d8420f0185cdd94cbdc |
| id                                  | 2a43ce1d-9c4b-491e-96ee-1221b1e96c55               |
| image                               |                                                    |
| key_name                            | mykey                                              |
| name                                | vm1                                                |
| progress                            | 0                                                  |
| project_id                          | 216db296cc2f4db5be849f55dfd8a073                   |
| properties                          |                                                    |
| security_groups                     | name='default'                                     |
| status                              | ACTIVE                                             |
| updated                             | 2021-07-25T14:48:19Z                               |
| user_id                             | d5e3d4d1f4884d77bc10100b197cc168                   |
| volumes_attached                    | id='57237993-d9ce-4d17-9d9e-afcb251c5f4b'          |
+-------------------------------------+----------------------------------------------------+
```

图 22.15　实例属性

通过 ssh 可以对实例进行免密远程连接。

```
ssh cirros@192.168.124.190
```

22.4　实验四：搭建 OpenStack 中的虚拟机

为后续实验进行准备，在 OpenStack 平台上搭建 3 台虚拟机，主机名建议设为 hadoop-master、hadoop-slave1、hadoop-slave2，并对 3 台虚拟机进行免密登录的配置。

1. 上传镜像文件

将虚拟机中下载好的系统镜像文件上传到 OpenStack 中，该文件用于接下来创建虚拟机实例。镜像文件上传代码如下：

```
openstack image create "centos" -- disk - format qcow2 -- container - format bare -- public -- file CentOS. qcow2c
```

2. 创建镜像实例

可以参考 22.3 节中创建 cirros 实例的方法，使用 CentOS 镜像文件来创建虚拟机实例。创建 3 个虚拟机实例分别命名为 hadoop-master、hadoop-slave1、hadoop-slave2,并对
3 台虚拟机分别配置浮动 IP,创建结果如图 22.16 所示。

	实例名称	镜像名称	IP 地址	实例类型	密钥对	状态		可用域	任务	电源状态	时间	动作
□	hadoop-slave2	centos	10.0.0.18, 192.168.124.231	m1.small	mykey	运行	🔓	nova	无	运行中	0 minutes	创建快照 ▼
□	hadoop-slave1	centos	10.0.0.177, 192.168.124.234	m1.small	mykey	运行	🔓	nova	无	运行中	4 minutes	创建快照 ▼
□	hadoop-master	centos	10.0.0.116, 192.168.124.180	m1.small	mykey	运行	🔓	nova	无	运行中	20 minutes	创建快照 ▼

正在显示 3 项

图 22.16　虚拟机集群实例

3. 修改实例 sshd 配置

分别在 3 台虚拟机上修改虚拟机实例远程连接的配置,使得虚拟机可以使用 root 在远
程通过密码登录。首先在控制节点上通过用户 CentOS 免密远程连接,并修改 root 账户密码。

```
ssh centos@192.168.124.180
sudo su root
# 修改 root 密码
passwd root
```

然后开启 ssh 远程密码登录。

```
vi /root/.ssh/authorized_keys
# 删除 key(ssh - rsa)之前内容
vi /etc/ssh/sshd_config
PermitRootLogin yes
PasswordAuthentication yes
systemctl restart sshd
```

4. 配置 ssh 免密登录

可以参考 22.4 节 OpenStack 多节点免密登录的配置方法,对 3 台虚拟机实例进行
ssh 免密登录配置。首先在控制节点上配置 hosts,并传输到 slave 节点上。

```
vim /etc/hosts
192.168.124.180 hadoop - master
192.168.124.234 hadoop - slave1
192.168.124.231 hadoop - slave2
scp /etc/hosts 192.168.124.234:/etc/
scp /etc/hosts 192.168.124.231:/etc/
```

然后分别在 3 个节点上生成密钥并进行授权,完成之后 3 个节点之间就能进行免密
通信。可以使用 ssh 指令在节点之间进行两两连接测试,其中 master 节点对 slave1 节点

进行 ssh 连接的结果如图 22.17 所示。

```
# 生成密钥并授权
ssh-keygen
ssh-copy-id -i .ssh/id_rsa.pub root@hadoop-master
ssh-copy-id -i .ssh/id_rsa.pub root@hadoop-slave1
ssh-copy-id -i .ssh/id_rsa.pub root@hadoop-slave2
```

```
[root@hadoop-master ~]# ssh hadoop-slave1
Last login: Sun Aug  1 07:51:56 2021
[root@hadoop-slave1 ~]#
```

图 22.17　ssh 免密连接结果

22.5　实验五：大数据分析案例

当前的大数据分析任务主要采用 Hadoop 和 Spark 相结合的方式作为运行平台，其中 Spark 利用 HDFS 作为大数据分析输入源，并利用 YARN 作为 Spark 分析任务的资源调度器。本节主要从实践的角度讲述如何结合大数据分析工具进行大数据分析，所用示例既可以使用 Hadoop，也可以使用 Spark，这是因为这两种大数据系统都可以实现相关函数的调用。为了不再增加部署 Spark 的麻烦，本节主要采用 Hadoop 作为运行环境。

19.1.2 节讲述了如何安装和部署 Hadoop 环境，下面以两个案例来具体说明 Hadoop 在大数据分析中的应用，具体包括日志分析和交通流量分析。

1. 日志分析

大规模系统每天会产生大量的日志，日志是企业后台服务系统的重要组成部分，企业每天通过日志分析监控可以及时发现系统运行中出现的问题，从而尽量将损失减到最少。由于企业中的日志数据一般规模比较庞大，需要 Hadoop 这样的大数据处理系统来处理大量的日志。

下面以一个运行一段时间的 Hadoop 集群产生的日志文件为例来说明使用 Hadoop 进行日志分析的过程。现在有 Hadoop 运行的日志文件，需要找出 WARN 级别的日志记录信息，输出结果信息包括日志文件中的行号和日志记录内容。

该问题的解决方法是采用类似 Grep 的方法，在 Map 阶段对输入的每条日志记录匹配查找，如果有匹配关键字 WARN，则产生<行号，记录内容>这样的键值对；在 Reduce 阶段，基本上不采取任何操作，只是把所有的键值对输出到 HDFS 文件中。

其中关键部分代码如图 22.18 所示。

详细、完整的代码和数据可以从 GitHub 上下载（https://github.com/bdintro/bdintro.git）。

编译源代码采用 mvn package 的方式，测试数据为 hadoop-user-datanode-dell119.log.zip。

在测试之前先把对应数据上传到 HDFS 集群中，把使用 mvn package 编译好的 JAR

```
public static class MyMapper extends Mapper<LongWritable, Text, LongWritable, Text> {
    public void map(LongWritable linenumber, Text line, Context context)
        throws IOException, InterruptedException {
        String pattern = context.getConfiguration().get("grep");

        String linecontent = line.toString();
        if (linecontent.indexOf(pattern) == -1) {
            return ;
        }

        context.write(linenumber, line);
    }
}

public static class MyReducer extends Reducer<LongWritable, Text, LongWritable, Text> {
    public void reduce(LongWritable linenumber, Iterable<Text> line, Context context)
        throws IOException, InterruptedException {
        for (Text element : line) {
            context.write(linenumber, element);
        }
    }
}
```

图 22.18　Map 和 Reduce 关键代码

文件复制到 Hadoop 集群节点上，当前测试复制到 dell119 机器上。

启动如图 22.19 所示的命令，执行日志分析任务。

```
#!/bin/bash

./bin/hdfs dfs -rm -R /user/root/log/output

./bin/hadoop jar /home/qzhong/bigdata-0.0.1.jar \
            bigdata.bigdata.Grep      \
            WARN                      \
            /user/root/log/input/hadoop-yangyaru-datanode-dell119.log \
            /user/root/log/output
```

图 22.19　执行日志分析任务的命令

部分运行结果如图 22.20 所示，图中左边是原始日志文件中对应 WARN 记录的行号，右边是对应 WARN 级别日志记录的具体内容。

```
409104  2017-02-24 04:05:46,056 WARN org.apache.hadoop.hdfs.server.datanode.DataNode: Problem connecting to server:
411577  2017-02-24 04:06:01,064 WARN org.apache.hadoop.hdfs.server.datanode.DataNode: Problem connecting to server:
414050  2017-02-24 04:06:16,071 WARN org.apache.hadoop.hdfs.server.datanode.DataNode: Problem connecting to server:
416523  2017-02-24 04:06:31,079 WARN org.apache.hadoop.hdfs.server.datanode.DataNode: Problem connecting to server:
418996  2017-02-24 04:06:46,086 WARN org.apache.hadoop.hdfs.server.datanode.DataNode: Problem connecting to server:
421469  2017-02-24 04:07:01,093 WARN org.apache.hadoop.hdfs.server.datanode.DataNode: Problem connecting to server:
423942  2017-02-24 04:07:16,100 WARN org.apache.hadoop.hdfs.server.datanode.DataNode: Problem connecting to server:
426415  2017-02-24 04:07:31,108 WARN org.apache.hadoop.hdfs.server.datanode.DataNode: Problem connecting to server:
452961  2017-02-24 04:17:55,462 WARN org.apache.hadoop.hdfs.server.datanode.DataNode: IOException in offerService
531203  2017-02-24 06:26:37,584 WARN org.apache.hadoop.hdfs.server.datanode.DataNode: IOException in offerService
605792  2017-02-24 07:26:16,723 WARN org.apache.hadoop.hdfs.server.datanode.DataNode: IOException in offerService
630880  2017-02-24 08:03:22,833 WARN org.apache.hadoop.hdfs.server.datanode.DataNode: IOException in offerService
733149  2017-02-25 22:49:15,269 WARN org.apache.hadoop.hdfs.server.datanode.DataNode: IOException in offerService
773075  2017-02-26 01:51:24,215 WARN org.apache.hadoop.hdfs.server.datanode.DataNode: IOException in offerService
```

图 22.20　部分运行结果

2. 交通流量分析

现在车辆迅速增多，交通产生了大量的数据，为了有效地减少交通事故及交通拥堵时间，需要有效地利用交通数据进行海量数据分析。

现在有交通违规的数据信息，需要找出每天的交通违规数据的统计信息。交通流量的数据是 CSV 格式文件，详细的交通流量数据格式如网站所述，其网址为 https://www.kaggle.com/jana36/us-traffic-violations-montgomery-county-polict，采用 MapReduce 的方式来解决上述问题。在 Map 阶段，产生<日期，1 >这样的键值对；在 Reduce 阶段，对相同的日期做总数相加统计操作。

交通违规统计对应的部分关键代码如图 22.21 所示。

```java
public static class MyMapper extends Mapper<Object, Text, Text, IntWritable> {
    public void map(Object obj, Text line, Context context)
        throws IOException, InterruptedException {
        String[] words = line.toString().split(",");
        if (words.length == 0 || words[0] == null || words[0].charAt(0) > '9' ||
                        words[0].charAt(0) < '0')
            return ;

        context.write(new Text(words[0]), new IntWritable(1));
    }
}

public static class MyReducer extends Reducer<Text, IntWritable, Text, IntWritable> {
    private static IntWritable result = new IntWritable();

    public void reduce(Text key, Iterable<IntWritable> values, Context context)
        throws IOException, InterruptedException {
        int sum = 0;
        for (IntWritable element : values) {
            sum += element.get();
        }

        result.set(sum);
        context.write(key, result);
    }
}
```

图 22.21　交通违规统计关键部分代码

完整的代码可以从 GitHub 上下载(https://github.com/bdintro/bdintro.git)，测试数据为 Traffic_Violations.csv.zip。采用 mvn package 编译运行的 JAR 文件，方式和上述的日志分析类似。

为了执行分析任务，执行如图 22.22 所示的命令。

```bash
#!/bin/bash
./bin/hdfs dfs -rm -R /user/root/traffic/output

./bin/hadoop jar /home/r⋯⋯:bigdata-0.0.1.jar \
            bigdata.bigdata.TrafficTotal  \
            /user/root/traffic/input/Traffic_Violations.csv  \
            /user/root/traffic/output
```

图 22.22　交通违规任务分析命令

交通违规任务执行的部分结果如图 22.23 所示。

```
12/27/2013    527
12/27/2014    462
12/27/2015    452
12/28/2012    409
12/28/2013    519
12/28/2014    335
12/28/2015    425
12/29/2012    326
12/29/2013    388
12/29/2014    444
12/29/2015    484
12/30/2012    300
12/30/2013    562
12/30/2014    678
12/30/2015    757
12/31/2012    386
12/31/2013    573
12/31/2014    536
12/31/2015    902
```

图 22.23　交通违规任务执行的部分结果

参 考 文 献

[1] 韩燕波,土磊,王桂玲,等.云计算导论——从应用视角开启云计算之门[M].北京:电子工业出版社,2015.

[2] THOMAS E,MAHMOOD Z.云计算概念、技术与架构[M].龚奕利,贺莲,胡创,译.北京:机械工业出版社,2014.

[3] CARLIN S,CURRAN K. *Cloud Computing Security*[J]. International Journal of Ambient Computing and Intelligence (IJACI),2011,3(1): 14-19.

[4] 王惠莅,杨晨,杨建军.云计算安全和标准研究[J].信息技术与标准化,2012(005): 16-19.

[5] WHITE T. Hadoop 权威指南[M].周敏,曾大聃,周傲英,等译.2 版.北京:清华大学出版社,2011.

[6] SMITH J E,NAIR R.虚拟机:系统与进程的通用平台[M].安虹,张昱,吴俊敏,译.北京:机械工业出版社,2008.

[7] 喻坚,韩燕波.面向服务的计算和应用[M].北京:清华大学出版社,2006.

[8] "IBM 虚拟化与云计算"小组.虚拟化与云计算[M].北京:电子工业出版社,2009.

[9] 韩燕波,王桂玲,刘晨,等.互联网计算的原理与时间[M].北京:科学出版社,2010.

[10] 卢锡城,怀进鹏.面向互联网资源共享的虚拟计算环境专刊前言[J]. Journal of Software,2007,18(8): 1855-1857.

[11] HAGIT A,WELCH J.分布式计算[M].骆志刚,黄朝晖,黄旭慧,等译.北京:电子工业出版社,2008.

[12] ANDREW S T,MAARTEN V S.分布式系统原理与范型[M].辛春生,陈宗斌,译.北京:清华大学出版社,2008.

[13] FOSTER I,ZHAO Y,RAICU I,et al. *Cloud Computing and Grid Computing 360-degree Compared*[C]. Grid Computing Environments Workshop,GCE'08. IEEE,2008: 1-10.

[14] BARROSO L A,DEAN J,HOLZLE U. *Web Search for a Planet: The Google Cluster Architecture*[J]. IEEE Micro,2003,23(2): 22-28.

[15] 王庆喜,陈小明,王丁磊.云计算导论[M].北京:中国铁道出版社,2018.

[16] 李伯虎,李兵.云计算导论[M].北京:机械工业出版社,2018.

[17] 吕云翔,张璐,王佳玮.云计算导论[M].北京:清华大学出版社,2017.

[18] 李伯虎.云计算导论[M].2 版.北京:机械工业出版社,2021.

[19] 张俊林.大数据日知录[M].北京:电子工业出版社,2014.

[20] 杨巨龙.大数据技术全解[M].北京:电子工业出版社,2014.

[21] 黄宜华.深入理解大数据[M].北京:机械工业出版社,2014.

[22] 赵刚.大数据技术与应用实践指南[M].北京:电子工业出版社,2013.

[23] 李军.大数据从海量到精准[M].北京:清华大学出版社,2014.

[24] 陈工孟.大数据导论[M].北京:清华大学出版社,2015.

[25] 汤银才.R 语言与统计分析[M].北京:电子工业出版社,2012.

[26] 吕云翔,钟巧灵,衣志昊.大数据基础及应用[M].北京:清华大学出版社,2017.

[27] 吕云翔,柏燕峥,许鸿智,等.云计算导论[M].2 版.北京:清华大学出版社,2020.

[28] 吕云翔,钟巧灵,张璐,等.云计算与大数据技术[M].北京:清华大学出版社,2018.

[29] 徐小龙.云计算与大数据[M].北京:电子工业出版社,2021.

[30] 吕云翔,钟巧灵,郭婉茹,等.大数据与人工智能技术[M].北京:清华大学出版社,2022.

[31] 安俊秀,靳恩安,黄萍,等.云计算与大数据技术应用[M].2 版.北京:机械工业出版社,2022.

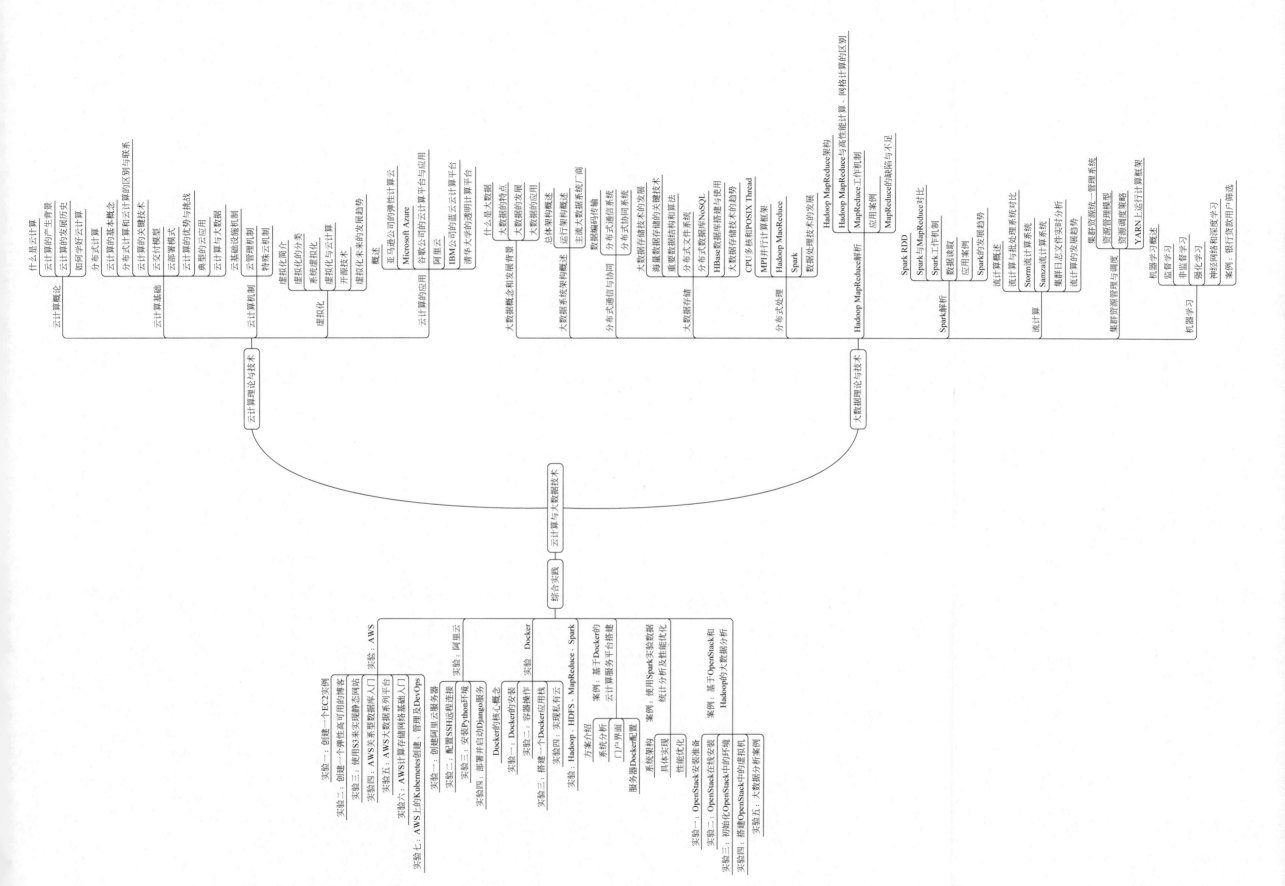